수 체계와 코드
디지털 논리 기초
자동 제어와 시퀀스 제어
시퀀스 기초 실험
PLC의 개요
GLOFA-GM PLC
프로그램 편집도구(GMWIN)
GMWIN 명령어 종류 및 프로그래밍
PLC 실험

GLOFA-GM을 이용한

PLC 기초 및 응용

김세찬 저

GLOFA-GM을 이용한 PLC 기초 및 응용

D.B.Info

PREFACE

PLC는 자동화가 요구되는 거의 모든 산업분야에서 사용되고 있는 제어장치로서 그 응용범위가 점차 넓어지고 있다. 최근에는 마이크로프로세서가 담당하고 있던 소규모 제어 시스템 분야도 PLC 제어로 대치되고 있으며, 기본적인 디지털 입출력 장치뿐만 아니라, 아날로그 입력 모듈, 아날로그 출력 모듈, 직렬통신 모듈, 이더넷 통신 모듈, 전동기 제어 모듈, 로봇제어 모듈 등 거의 모든 장치 및 기기들을 제어할 수 있는 도구를 제공하고 있다. PLC 제어 분야는 취업에 대한 전망도 매우 밝은 편이다. 과거에 PLC가 주로 사용되었던 컨베이어 라인 제어뿐만 아니라, 반도체 제조 공정, 빌딩 자동화, 신재생 에너지 제어 분야, 산업용 로봇 제어 분야 등 산업 전자에 있어서 필수적인 제어기기로 자리 잡고 있기 때문에, PLC 프로그래머 및 시퀀스 회로 기술자의 취업 분야는 매우 넓고 다양하다고 할 수 있다.

이 책은 전기, 전자 및 제어에 대한 기초적인 지식이나 프로그램에 대한 지식이 없는 사람들도 쉽게 이해할 수 있도록 기초 이론부터 응용 부분까지 실험을 통하여 학습할 수 있도록 구성되어 있다. 따라서 이 책을 통하여 공부한다면 누구나 쉽게 시퀀스 회로의 기본 동작과 PLC의 동작 원리를 이해하고 간단한 응용 프로그램을 작성할 수 있다.

이 책은 다음과 같이 구성되어 있다.

chapter 1에서는 PLC 내부에서 사용되는 수 체계를 이해하기 위한 수 체계와 코드에 관한 기초적인 지식을 학습한다. chapter 2에서는 PLC 래더 프로그램 작성의 기초적인 지식이 되는 이진논리, 논리 축약을 위한 카르노 맵 및 불 대수에 관하여 학습한다. chapter 3에서는 자동제어의 기본 개념을 학습하고 시퀀스 제어의 개념을 익힌다. chapter 4에서는 다양한 실험을 통하여 시퀀스 회로의 기본 동작을 이해하고 응용할 수 있도록 구성되어 있다. chapter 5에서는 PLC의 구성 및 동작원리를 이해할 수 있도록 구성되어 있고 chapter 6, chapter 7, chapter 8은 이 책이 사용하고 있는 PLC인 GLOFA-GM의 특성에 대한 이해와 프로그램 편집도구인 GMWIN 사용법 그리고 명령어 사용법에 대하여 설명하고 있다. 마지막으로 chapter 9에서는 PLC의 동작을 이해하고 응용할 수 있는 실험으로 구성되어 있다. 실험은 모두 6개의 기초적인 내용과 12개의 응용문제로 구성되어 있다. 그리고 8개의 연습문제를 통하여 PLC 제어 프로그램 작성 능력을 향상할 수 있도록 하였다.

PLC를 공부하는 가장 좋은 방법은 실제 프로그램을 작성하고 실험을 통하여 그 동작을 확인하여 보는 것이다. 이 책을 통하여 성실히 공부한다면 누구나 시퀀스 회로의 구성과 PLC 제어 프로그램 작성 기술을 쉽게 익힐 수 있을 것으로 기대된다.

CONTENTS

chapter 1 수 체계와 코드

chapter 2 디지털 논리 기초

chapter 3 자동 제어와 시퀀스 제어

chapter 4 시퀀스 기초 실험

CONTENTS

chapter 8 GMWIN 명령어 종류 및 프로그래밍

chapter 9 PLC 실험

chapter 1

수 체계와 코드

PLC에서는 연산을 위하여 10진수, 2진수, 16진수, 8진수 등이 기본적으로 사용된다. 그리고 통신, A/D 변환기 등 특수 기능을 수행하기 위하여 BCD 코드, 그레이 코드, 아스키 코드 등도 사용된다. 제1장에서는 PLC에서 사용되는 수 체계에 대한 기본적인 지식과 진법 변환 등에 대하여 학습한다.

1.1 10진수 체계

10진수는 가장 일반적으로 사용되는 수 체계이며 "10"을 기저수(base)로 하고 있다. 어떤 수 체계의 기수 또는 기저수는 그 수 체계에서 사용된 숫자 또는 서로 다른 심볼의 전체 개수를 결정한다. 예를 들어 10진수 체계에서는 10개의 유일한 수, 즉 10진수 "0 ~ 9"가 사용되며 전체 심볼의 개수는 기저수와 동일하다. 그리고 가장 큰 값을 가지는 심볼은 기저수 보다 "1" 작다. 10진수의 값은 구성되는 수와 각 수의 자리값에 의하여 결정된다. 자리값(가중치)은 오른쪽 수에서 왼쪽 수의 순서로 각 자리에 할당된다. 10진수 체계에서 가장 오른쪽 자리로부터 시작하는 첫째 자리는 "0", 둘째 자리는 "1", 셋째 자리는 "2" 등 마지막 자리까지 계속된다. 각 자리의 가중치는 자리의 승수로 증가되는 기저로서 표현될 수 있는데, 10진수 체계에서 자리 가중치는 $1(10^0)$, $10(10^1)$, $100(10^2)$, $1000(10^3)$ 등이다. 그림 1.1은 각 숫자에 자리 가중치를 곱하고 그 결과를 더함으로써 10진수 값이 계산되는 과정을 보여준다.

$$4728 = (4 \times 10^3) + (7 \times 10^2) + (2 \times 10^1) + (8 \times 10^0)$$

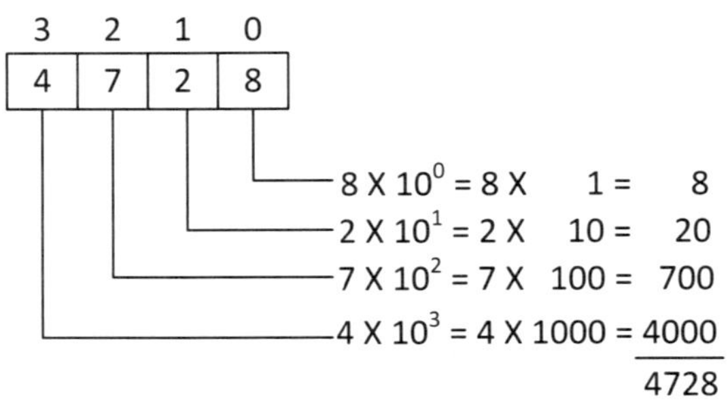

그림 1.1 10진수 체계에서의 가중치

1.2 2진수 체계

2진수 체계는 기저수로서 "2"를 이용한다. 따라서 2진수에서 허용되는 수는 "0"과 "1" 뿐이다. 2진수는 디지털 회로에서 두 개의 전압(5V, 0V)으로 쉽게 구현할 수 있기 때문에 컴퓨터, PLC 등과 같은 디지털 시스템에서는 주로 2진수 체계를 사용한다.

2진수 체계는 두 수(0, 1)만을 이용하기 때문에 2진수의 각 자리는 단지 두 번의 변화에 의해 자리 이동이 발생된다. 이때 "자리올림으로 발생한 1"은 인접한 상위자리(왼쪽자리)로 옮겨간다.

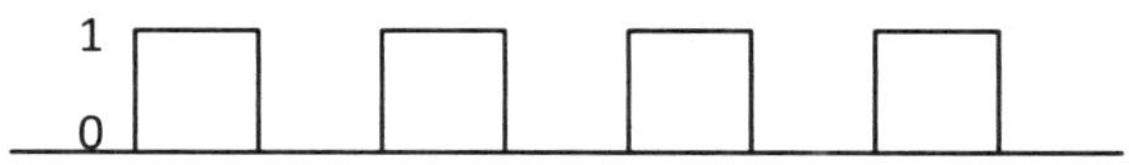

그림 1.2 디지털 신호파형

표 1.1은 4개의 일반적인 수 체계(10진수(기저수 : 10), 8진수(기저수 : 8), 16진수(기저수 : 16), 2진수(기저수 : 2))를 비교하여 보여준다.

표 1.1 수 체계 비교

10진법	8진법	16진법	2진법
0	0	0	0
1	1	1	1
2	2	2	10
3	3	3	11
4	4	4	100
5	5	5	101
6	6	6	110
7	7	7	111
8	10	8	1000
9	11	9	1001
10	12	A	1010
11	13	B	1011
12	14	C	1100
13	15	D	1101
14	16	E	1110
15	17	F	1111
16	20	10	10000
17	21	11	10001

2진수의 10진 등가수는 10진수에서 사용되었던 방법과 비슷하게 계산된다. 이때 자리 가중치는 $1(2^0)$, $2(2^1)$, $4(2^2)$, $8(2^3)$, $16(2^4)$, $32(2^5)$, $64(2^6)$ 등이다. 가중치는 자릿수에 따른 10의 누승이 되는 대신에 자릿수에 따른 2의 누승이 된다. 그림 1.3은 2진수 1011이 어떻게 10진수 11로 변환되는지를 보여준다.

2진수의 각 자리수는 특별히 비트라고 한다. PLC에서 메모리는 수백, 수천 개의 기억장소로 구성되며, 이들 기억장소(또는 레지스터)는 워드단위로 구분된다. 각 워드는 2진수 또는 비트의 형태로 데이터를 저장한다. 한 워드가 저장할 수 있는 비트의 수는 사용된 PLC의 CPU 종류에 따라 달라지는데 8비트 워드와 16비트 워드가 가장 일반적으로 사용된다. 기술이 발전함에 따라서 32비트 워드 또는 더 큰 워드도 가능하다. 또한 비트는 하나의 워드 단위 내에서 바이트로 그룹화 될 수도 있는데, 일반적으로 8비트 그룹이 1바이트가 된다.

$$1011 = (1 \times 2^3) + (0 \times 2^2) + (1 \times 2^1) + (1 \times 2^0) = 11$$

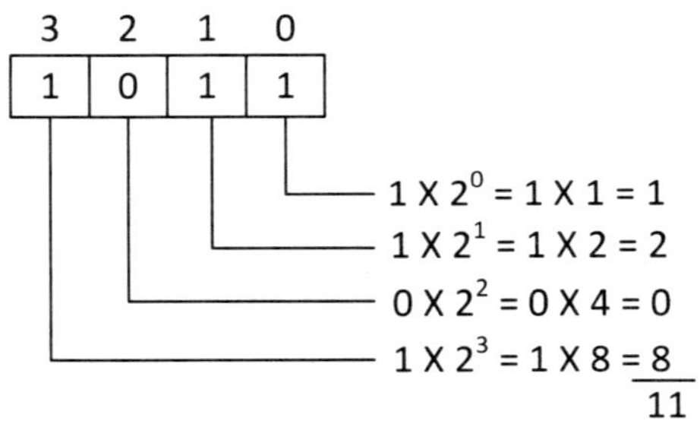

그림 1.3 2진수를 10진수로 변환

그리고 1개 또는 그 이상의 바이트를 워드라 한다. 그림 1.4는 2바이트로 구성된 16비트 워드를 보여준다. 여기서 LSB는 가장 작은 값을 나타내는 자리수이고, MSB는 가장 큰 값을 나타내는 자리수이다. 그리고 어떤 워드 내에 있는 하나의 비트는 단지 두 가지 논리적 상태(논리적 1(ON) 조건 또는 논리적 0(OFF) 조건)만 가진다.

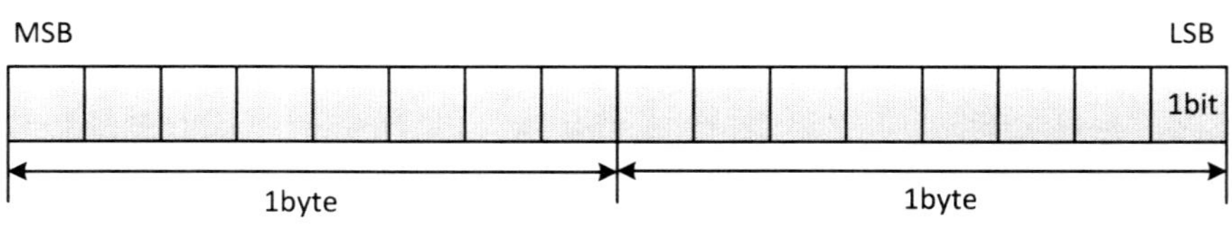

그림 1.4 16비트 워드

PLC 메모리의 크기는 저장될 수 있는 사용자 프로그램의 크기를 나타낸다. 만약 메모리 크기가 884 워드라면 16비트 워드를 사용하여 14,144(884×16)비트의 정보를 저장할 수 있다. 또는 8비트 워드를 사용하여 7072(884×8)비트의 정보를 저장할 수 있다. 그래서 서로 다른 PLC 시스템을 비교할 때 시스템 메모리의 상대적 능력을 결정하기 위해서는 메모리의 워드당 비트의 수를 알아야 한다. 일반적으로 PLC는 128K 바이트 이상의 저장 공간을 필요로 하지 않는다.

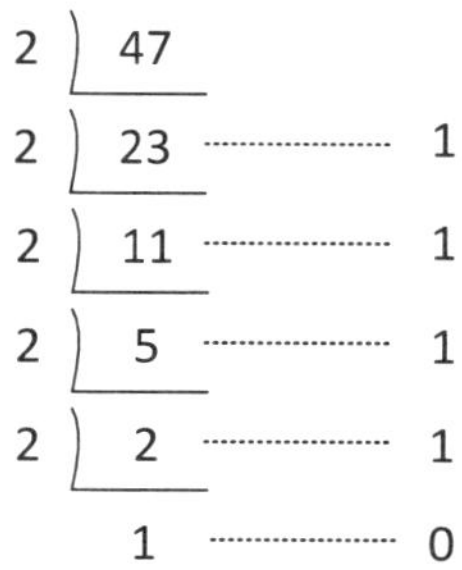

그림 1.5 10진수를 2진수로 변환

한편, 10진수를 이진 등가수로 변환하기 위해서는 그림 1.5와 같이 단순히 10진수를 2로 나누는 과정을 더 이상 나눌 수 없을 때까지 반복적으로 수행하면 된다. 그림 1.5는 10진수 47을 2진수로 변환하는 과정을 보여준다. 이것은 10진수를 "2"로 나눔으로 시작한다. 만약 나머지가 있다면 그 값은 2진수의 LSB가 된다. 그러나 나머지가 없다면 LSB의 값은 "0"이 된다. 그 후 나누기 결과의 몫은 아래로 내려온다. 이러한 과정은 나머지의 결과가 "0"이 될 때까지 반복된다.

1.3 음수 체계

10 진수에서 양수값은 플러스(+) 기호를 가지며 음수값은 마이너스(-) 기호를 가진다. 그러나 2진수 체계에서는 수의 부호를 나타내기 위하여 플러스(+), 마이너스(-) 기호를 사용하는 것이 불가능하다. 따라서 2진수에서는 양수값과 음수값을 표현하기 위하여 수의 MSB 자리에 별도의 자리 수 또는 부호비트를 사용한다. 표 1.2에서와 같이 만약 부호비트의 값이 "0"이면 양수 값을 나타내고 "1"이 되면 음수값을 나타낸다.

표 1.2 부호 있는 2진수 표현

부호표시	2진법	10진법
0	111	+7
0	110	+6
0	101	+5
0	100	+4
0	011	+3
0	010	+2
0	001	+1
0	000	0
1	001	-1
1	010	-2
1	011	-3
1	100	-4
1	101	-5
1	110	-6
1	111	-7

표 1.3 1의 보수와 2의 보수

10진법	1의 보수	2의 보수
+7	0111	0111
+6	0110	0110
+5	0101	0101
+4	0100	0100
+3	0011	0011
+2	0010	0010
+1	0001	0001
0	0000(+0) 1111(-0)	0000
-1	1110	1111
-2	1101	1110
-3	1100	1101
-4	1011	1100
-5	1010	1011
-6	1001	1010
-7	1000	1001

디지털 시스템에서 음수를 표현하는 또 다른 방법은 2 진수의 보수를 이용하는 것이다. 2진수의 보수를 구하는 방법은 매우 간단하게 이루어지는데 '1'은 '0'으로 바꾸고 '0'은 '1'로 바꾸면 된다. 이렇게 하여 얻어진 2진수의 보수는 '1'의 보수라 한다. 예를 들어 "1001"의 '1'의 보수는 "0110"이 된다. 그러나 '1'의 보수는 두 개의 '0'(+0과 −0)을 가지므로 마이크로프로세서에서 사용이 불가능하다.

따라서 마이크로프로세서가 연산장치로 사용되는 PLC에서는 '1'의 보수가 아니라 '1'의 보수에 다시 '1'을 더함으로써 얻어지는 '2'의 보수를 사용한다. 표 1.3은 2진수의 '1'의 보수와 '2'보수를 보여준다. 여기서 부호비트가 '0'이면 양수를 나타내고 '1'이면 음수를 나타낸다.

2의 보수의 사용은 PLC가 수학적 연산을 더욱 쉽게 할 수 있도록 해 준다. 만약 PLC가 메모리로부터 어떤 값을 읽어 왔을 때 MSB가 "1"이라면 PLC는 그 수를 음수로 판단한다. 그리고 어떤 데이터 값이 키보드로부터 입력되었을 때 그 값이 음수라면 PLC는 그 값을 2의 보수로 변환하여 저장한다.

1.4 8진수 체계

앞에서 언급한 바와 같이 2진수 체계로 수를 표현하는 경우 10진수로 표현하는 경우 보다 많은 자리 수를 필요로 한다. 이러한 문제점을 해결하기 위하여 약간 다른 수 체계가 사용되는데, 8을 기저로 하는 8진수와 16을 기저로 하는 16진수 체계가 있다.

8을 기저로 하는 8진수 체계와 16을 기저로 하는 16진수 체계는 주로 마이크로프로세서, 컴퓨터, PLC 시스템에서 사용된다. 왜냐하면 8개의 데이터 비트는 PLC 사용자 또는 프로그래머에 의하여 주소지정 될 수 있는 1바이트의 정보를 구성하기 때문이다. 그림 1.6은 8진수 체계를 이용한 입/출력 모듈의 주소지정을 보여준다. 수의 범위는 0 ~ 7까지이며 8, 9는 허용되지 않는다. 8진수는 큰 2진수를 다루기 편리하기 때문에 사용된다. 표 1.4에서 보여준 것처럼 한자리의 8진수는 3자리의 2진수를 표현하기 위하여 사용될 수 있다. 8진수 체계는 8개의 숫자(0 ~ 7)를 사용한다. 다른 수 체계에서처럼 8진수에서 각 숫자는 그 자릿수에 따라 가중 8진값을 가진다. 그림 1.7은 8진수 462가 10진수 306으로 변환되는 과정을 보여준다.

앞에서 언급했던 것처럼 8진수는 큰 2진수를 표현하는데 편리하게 이용된다. 예를 들어 8진수 462는 그림 1.8에서처럼 3비트 그룹을 결합함으로써 2진 등가수로 변환할 수 있다. 그래서 8진수 "462"는 2진수 "100 110 010"이 된다.

입력모듈0	입력모듈1	입력모듈2	입력모듈3
100	110	120	130
101	111	121	131
102	112	122	132
103	113	123	133
104	114	124	134
105	115	125	135
106	116	126	136
107	117	127	137

그림 1.6 8진수 체계를 이용한 입/출력 모듈의 주소지정

표 1.4 이진법과 8진법

이진법	8진법
000	0
001	1
010	2
011	3
100	4
101	5
110	6
111	7

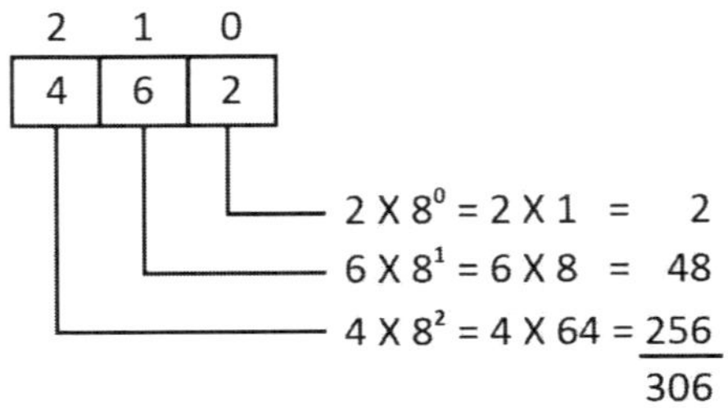

그림 1.7 8진수를 10진수로 변환

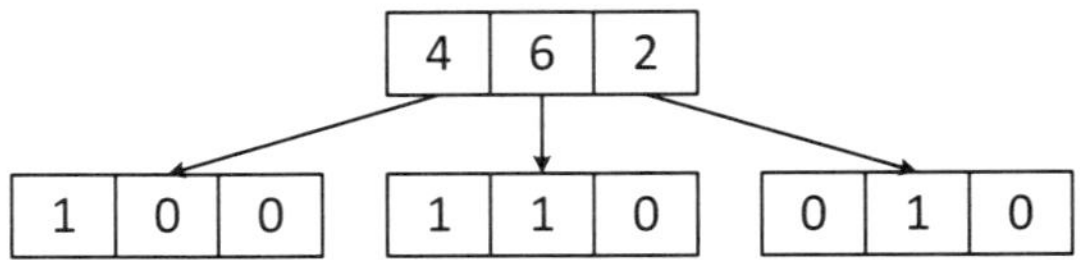

그림 1.8 8진수를 2진수로 변환

1.5 16진수 체계

16진수 체계는 데이터가 16비트, 또는 8비트로 구성되며, PLC 등 디지털 기기에서 주로 사용되는 수 체계이다.

표 1.5 16진수 체계

16진법	2진법	10진법
0	0000	0
1	0001	1
2	0010	2
3	0011	3
4	0100	4
5	0101	5
6	0110	6
7	0111	7
8	1000	8
9	1001	9
A	1010	10
B	1011	11
C	1100	12
D	1101	13
E	1110	14
F	1111	15

16진수 체계는 기저가 "16"이므로 16개의 심볼을 필요로 한다. 따라서 표 1.5에서와 같이 "0 ~ 9"까지의 수는 기존의 10진수에서 사용되는 아라비아 수를 사용하지단 "10 ~ 15"를 나타내기 위하여 영문자 "A ~ F"를 사용한다.

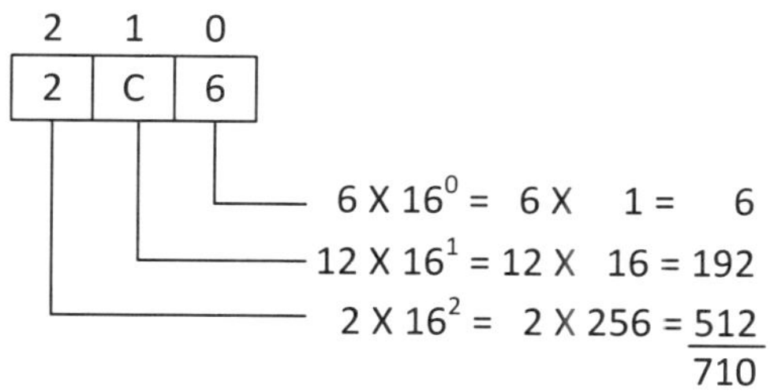

그림 1.9 16진수를 10진수로 변환

16진수를 10진수로 변환하는 방법은 2진수와 8진수의 변환방법과 동일하다. 16진수를 10진 등가수로 변환하기 위하여 16진수의 각 자리수는 가중도에 따라 가중치 16을 곱한다. 그림 1.9는 16진수 "2C6"이 어떻게 10진수 "710"으로 변환되는지를 보여준다.

8진수와 마찬가지로 16진수는 쉽게 2진수로 변환된다. 그림 1.10에서와 같이 각 자리마다 16진수의 4비트 이진 등가수를 쓰면 된다. 그림 1.9, 그림 1.10에서와 같이 16진수 2C6은 2진수로"0010 1100 0110"이고 10진수로 "710"이 된다.

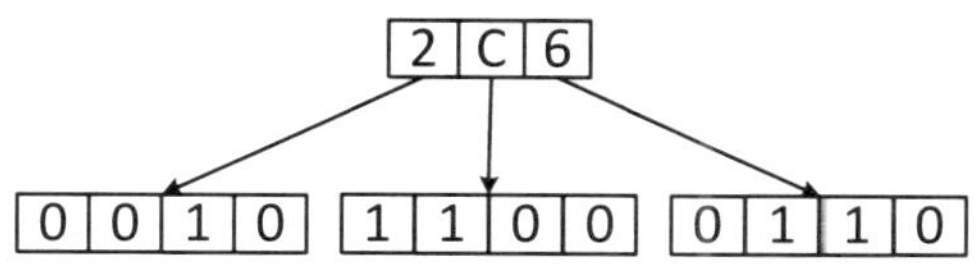

그림 1.10 16진수를 2진수로 변환

1.6 BCD 체계

이진화 십진법(Binary-coded decimal, BCD)은 2진수 네 자리를 묶어 10진수 한 자리로 사용하는 기수법이다. BCD 수 체계는 2진수 네 자리가 10진수 한 자리에 바르 대응되기 때문에 변환이 편리하다는 장점이 있으나, 쓰이지 않고 버려지는 메모리가 많아 같은 데이터를 저장하더라도 더 많은 메모리가 필요하다는 단점이 있다.

BCD 수 체계는 특히 숫자의 십진 출력을 요하는 전자 회로와 마이크로프로세서에서 많이 사용되는데, 이는 순수 이진법으로 표현된 숫자를 십진법으로 출력하기 위해서는 복잡한 나눗셈 회로가 필요하기 때문이다. BCD를 사용할 경우 각 자리 별로 하나씩 간단한 변환 회로를 만들어서 7세그먼트 표시 장치 등에 바로 연결할 수 있기 때문에 전체적인 구현을 간편하게 할 수 있다. 이 때문에 일부 프로세서는 아예 BCD로 덧셈과 뺄셈 등의 간단한 연산을 할 수 있는 명령을 갖추고 있다. BCD에서 십진법의 각 자리는 표 1.6과 같이 표현된다.

많은 컴퓨터가 8비트를 묶어서 1바이트로 처리하기 때문에, 이런 환경에서 이진화 십진법을 저장하는 방법은 두 가지가 있을 수 있다. 즉 한 바이트에 한 자리만을 저장하고, 남는 네 자리를 0000이나 1111(EBCDIC의 경우), 또는 0011(ASCII의 경우) 등으로 채우는 방법과 한 바이트에 두 자리를 저장하는 방법이다.

PLC Thumb-wheel 스위치 그리고 LED 디스플레이는 BCD 시스템을 사용하는 장치의 한 예이다. 10진수의 BCD 표현은 각 자리의 10진수를 BCD 등가수로 대치함으로써 얻어진다. BCD수 체계와 2진수 체계를 구분하기 위하여 BCD라는 문자가 BCD수의 오른쪽에 자리한다. 10진수 7863의 BCD표현은 그림 1.11에서 보여준다.

표 1.6 BCD와 이진 등가수 그리고 10진 등가수

10진수	BCD	2진수
0	0000	0
1	0001	1
2	0010	10
3	0011	11
4	0100	100
5	0101	101
6	0110	110
7	0111	111
8	1000	1000
9	1001	1001
10	0001 0000	1010
11	0001 0001	1011
12	0001 0010	1100
13	0001 0011	1101
14	0001 0100	1110
15	0001 0101	1111

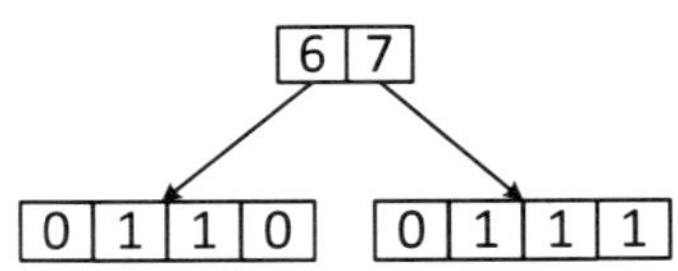

그림 1.11 10진수의 BCD 표현

1.7 그레이 코드

그레이 코드는 자리 가중치를 두지 않는 2진수의 특수한 형태이다. 다른 말로 하면 각 자릿수는 한정된 지정 가중치를 가지지 않는다. 그레이 코드는 단지 하나의 비트만을 변화시킴으로서 한 수로부터 다른 수로 천이 될 수 있도록 한다. 이것은 카운팅 회로에 있어서는 꽤 혼란스러울 수 있지만 엔코드 회로에는 이상적이다. 예를 들어 절대치 엔코드는 각 위치를 결정하기 위하여 그레이 코드를 이용하는 위치 변환기이다. 그레이 코드는 각 카운터(어떤 수에서 다음 수로의 각 천이)마다 단지 하나의 자릿수만 변화한다. 표 1.7은 그레이 코드와 이진 코드의 비교를 보여준다. 2진수에서는 한번 카운트함으로서 최대 4개의 자리수가 변화할 수 있다. 예를 들어 2진수 0111에서 1000으로의 변화는 4개의 자릿수 모두를 변화하게 한다. 이러한 종류의 변화는 어떤 디지털 회로에서 에러가 발생할 확률을 높여준다. 이러한 이유로 그레이 코드는 에러 최소화 코드이다. 한 번에 단지 하나의 비트가 변화하기 때문에 그레이 코드에서의 변화의 속도는 BCD와 같은 코드들의 변화 속도보다 빠르다.

표 1.7 그레이 코드와 이진 등가수

그레이 코드	2진수
0000	0000
0001	0001
0011	0010
0010	0011
0110	0100
0111	0101
0101	0110
0100	0111
1100	1000
1101	1001
1111	1010
1110	1011
1010	1100
1011	1101
1001	1110
1000	1111

1.8 아스키 코드

아스키 코드는 정보 교환을 위한 미국 표준 코드(Ameriacn Standard Code for Information Interchange)이다. 이것은 숫자, 문자 겸용 코드이다. 왜냐하면 아스키 코드는 문자와 숫자를 모두 포함하기 때문이다. 아스키 코드에 의하여 엑세스될 수 있는 문자는 26개의 소문자와 25개의 알파벳 그리고 25개의 특수 문자(@, #, $, %, * 등)를 포함하여 10개의 숫자도 포함하고 있다. 표 1.8은 아스키 코드를 보여준다. 이것은 숫자, 문자 겸용 키보드 그리고 프린트와 함께 PLC와 CPU를 인터페이스하기 위하여 사용된다.

1.9 엔코딩과 디코딩

대부분의 PLC는 어떤 수 체계로부터 다른 수 체계로의 변환을 위하여 디지털 IC를 이용하고 있다. 엔코드 IC는 10진수를 2진수로 변환하기 위하여 사용된다. 그림 1.12는 10진수 "0 ~ 9"를 2진수로 바꾸기 위한 엔코드 회로를 보여준다. 수치신호의 범위는 제한되어 있지 않다. 대부분의 PLC는 수치값을 엔코딩하기 위하여 16비트 정수를 이용한다. 그래서 가능한 수의 범위는 "-32768 ~ 32767"까지이다. 전원이 연결되었을 때 모든 입력 스위치가 오픈 되었다면 LED는 모두 오프 될 것이다. 이것은 출력에 2진수 0000이 나타남을 나타낸다.

예를 들어 십진 입력 스위치 3번을 닫으면 10진수 3이 엔코드로 입력된다. 결국 이것은 2진수 "0011"을 나타내도록 LED1번과 2번이 켜지게 된다. 디코드 IC는 2진수를 10진수로 다시 바꾸기 위하여 이용된다.

그림 1.13은 2진수 "0000 ~ 1001"까지를 10진수로 변환하는 회로를 보여준다. 전원이 연결되었을 때 모든 입력스위치가 개방되면 출력 LED는 켜지지 않는다. 이것은 2진수 "0000"을 나타낸다. 예를 들어 이진입력 스위치 2번과 4번을 닫으면 2진수 "0110"이 디코드로 입력된다. 이것은 결국 10진수 6을 나타내는 10진 출력 6번 LED가 켜지게 한다.

표 1.8 아스키 코드

Hex	Dec	ASCII	Hex	Dec	ASCII	Hex	Dec	ASCII	Hex	Dec	ASCII
00	0	NULL	20	32	SP	40	64	@	60	96	.
01	1	SOH	21	33	!	41	65	A	61	97	a
02	2	STX	22	34	"	42	66	B	62	98	b
03	3	ETX	23	35	#	43	67	C	63	99	c
04	4	EOT	24	36	$	44	68	D	64	100	d
05	5	ENQ	25	37	%	45	69	E	65	101	e
06	6	ACK	26	38	&	46	70	F	66	102	f
07	7	BEL	27	39	`	47	71	G	67	103	g
08	8	BS	28	40	(	48	72	H	68	104	h
09	9	HT	29	41	)	49	73	I	69	105	i
0A	10	LF	2A	42	*	4A	74	J	6A	106	j
0B	11	VT	2B	43	+	4B	75	K	6B	107	k
0C	12	FF	2C	44	`	4C	76	L	6C	108	l
0D	13	CR	2D	45	-	4D	77	M	6D	109	m
0E	14	SO	2E	46	.	4E	78	N	6E	110	n
0F	15	SI	2F	47	/	4F	79	O	6F	111	o
10	16	DLE	30	48	0	50	80	P	70	112	p
11	17	DC1	31	49	1	51	81	Q	71	113	q
12	18	SC2	32	50	2	52	82	R	72	114	r
13	19	SC3	33	51	3	53	83	S	73	115	s
14	20	SC4	34	52	4	54	84	T	74	116	t
15	21	NAK	35	53	5	55	85	U	75	117	u
16	22	SYN	36	54	6	56	86	V	76	118	v
17	23	ETB	37	55	7	57	87	W	77	119	w
18	24	CAN	38	56	8	58	88	X	78	120	x
19	25	EM	39	57	9	59	89	Y	79	121	y
1A	26	SUB	3A	58	:	5A	90	Z	7A	122	z
1B	27	ESC	3B	59	;	5B	91	[	7B	123	{
1C	28	FS	3C	60	〈	5C	92	\	7C	124	|
1D	29	GS	3D	61	=	5D	93	]	7D	125	}
1E	30	RS	3E	62	〉	5E	94	·	7E	126	~
1F	31	US	3F	63	?	5F	95	_	7F	127	DE

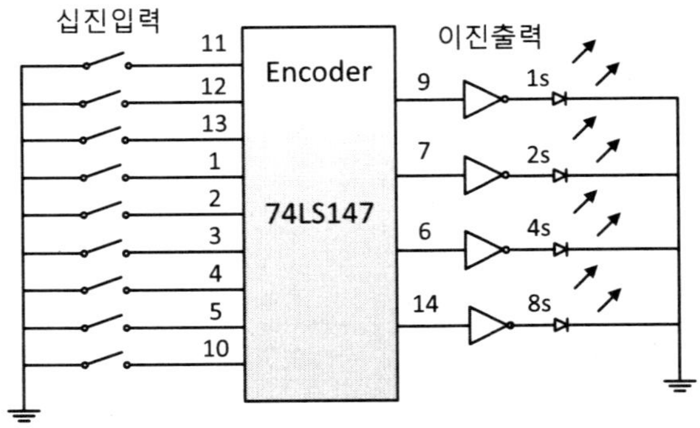

그림 1.12　10진수-2진수 엔코드

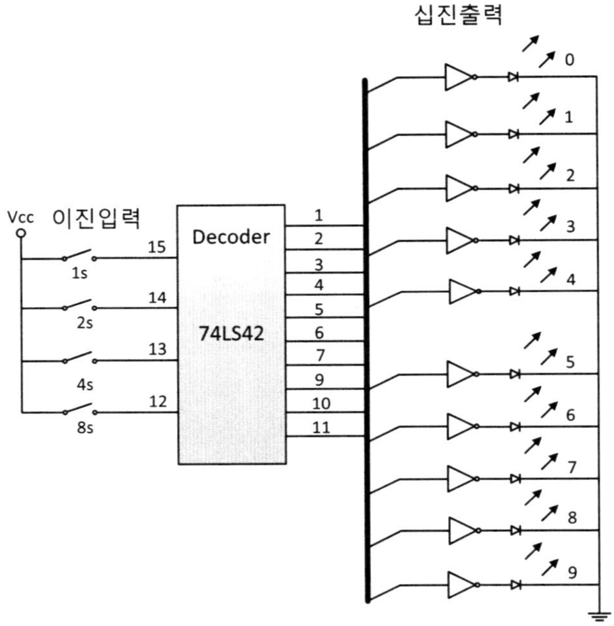

그림 1.13　2진수-10진수 디코드

1.10 패리티 비트

PLC 통신 시스템은 데이터 전송의 정확성을 검사하기 위하여 2진수를 이용한다. 예를 들어 데이터가 PLC들 사이에 전송될 때 이진 자리수 중의 하나가 외부 노이즈 또는 전송망의 이상에 의하여 '1'에서 '0'으로 바뀔 수 있다. 패리티 비트는 어떤 워드가 전송될 때 발생할지도 모르는 에러를 검출하기 위하여 사용된다. 패리티 비트는 전송 중 노이즈 등에 의하여 발생된 에러를 검출하기 위하여 전송되는 문자의 마지막에 부가적으로 포함되는 비트를 말한다. 패리티 비트는 문자 자체의 '1' 또는 '0'의 개수에 따라서 2진수 '0'또는 '1'이 된다.

일반적으로 두 가지 종류(홀수(odd) 또는 짝수(even))의 패리티 비트가 사용된다. 홀수 패리티는 전송될 어떤 이진코드에서 "1"의 개수가 패리티 비트를 포함하여 홀수가 됨을 의미하며, 짝수 패리티는 전송될 어떤 이진코드에서 "1"의 개수가 패리티 비트를 포함하여 짝수가 됨을 의미한다. 표 1.9는 짝수, 홀수 패리티에 대한 예를 보여준다.

표 1.9 짝수, 홀수 패리티

문자	짝수 패리티	홀수 패리티
0000	0	1
0001	1	0
0010	1	0
0011	0	1
0100	1	0
0101	0	1
0110	0	1
0111	1	0
1000	1	0
1001	0	1

1.11 이진 연산

덧셈, 뺄셈, 곱셈, 나눗셈을 포함한 산술 연산은 CPU 내부의 산술 연산장치인 ALU에서 이루어진다.

1. 이진 덧셈

이진 덧셈은 10진수 덧셈과 유사하게 다음의 규칙을 따른다. 2진수 덧셈이 실행될 때는 단지 네 가지 규칙만이 있다.

① 0 + 0 = 0	② 0 + 1 = 1
③ 1 + 0 = 1	④ 1 + 1 = 10

10진수 덧셈에서와 마찬가지로 ①, ②, ③번의 연산은 10진수와 동일하며 이해하기 쉽다. 그러나 ④번의 연산은 약간 다르다. 10진수에서 1+1=2가 된다. 그러나 2진수에서는 사용가능한 수가 '0'과 '1' 뿐이며, 따라서 '2'는 자리올림이 발생하여 "10"으로 표현된다. 그림 1.14는 10진 덧셈과 이진 덧셈의 예를 비교하여 보여준다.

10진수 연산	등가 이진수 연산
5 + 2 = 7	101 + 10 = 111
11 + 2 = 13	1011 + 10 = 1101
23 + 16 = 39	0010 0011 + 0001 0110 = 0011 1001

그림 1.14 10진 연산과 이진 연산의 예

2. 이진 뺄셈

수치연산기능에서 뺄셈에 의하여 결합되어지는 처음 값은 피감수와 감수이다. 뺄셈의 결과는 차라고 하며 다음과 같이 표현된다.

```
   A (피감수)
 – B (피감수)
 ────────────
   C (차)
```

더 큰 2진수의 뺄셈은 각 자리끼리 뺀다. 그리고 필요하면 이웃 자리에서 빌려온다. 이웃자리에서 빌려오면 두 자리 수가 된다. 즉 '0'이 '1'을 빌리면 "10"을 빌려오는 것이 된다.

예 1.1 1101로부터 0101을 뺀다.

```
   1011
 - 0101
 ──────
   0110
```

2진수는 음수일 수 있다. 음수 연산과정은 10진수의 연산과정과 일치한다. 왜냐하면 더 작은 값은 더 큰 수로부터 빼질 수 있고 음수 표시는 결과의 앞에 위치하기 때문이다.

예 1.2 1000으로부터 1101을 뺄셈한다.

```
   1000
 - 1101
 ──────
 - 1011
```

그러나 컴퓨터 내부에서 음수 부호(-)의 사용은 불가능하다. 따라서 음수의 표현은 다른 방법이 사용되고 있는데 보수 표현이 그것이다. 이 보수 표현은 컴퓨터 내부에서 뺄셈 연산을 용이하게 하기 위하여 사용되는 연산 방법이다. 보수의 표현에는 1의 보수와 2의 보수가 있다. 1의 보수 표현은 0이 2개(+0, -0)가 되므로 컴퓨터 내부 연산에서 사용되지 않으며 컴퓨터 내부 연산에서는 2의 보수가 뺄셈을 위하여 사용된다.

1의 보수를 구하는 방법은 2진수에서 모든 자리수를 반전시키면 된다. 예를 들어 "1010"의 1의 보수값은 "0101"이 된다. 그리고 2의 보수를 구하는 방법은 1의 보수에 단순히 1을 더함으로써 얻어진다. 따라서 "1010"의 2의 보수는 "1010"의 1의 보수인 "0101" 값에 1을 더하여

"0110"이 된다. 2의 보수를 이용한 뺄셈에서는 감수의 2의 보수를 구한 다음 피감수와 더하면 된다. 이때 그 연산 결과에서 캐리가 발생하면 그 결과는 양수가 되고 캐리가 없으면 그 결과는 음수가 되고 음수 표시를 한다. 예 1.3은 2의 보수를 이용한 뺄셈을 보여준다.

예 1.3 "0110"로부터 "0011"을 뺀다.

먼저 뺄셈을 위하여 감수인 "0011"의 2의 보수를 구하면 "1101"이 되고 이 보수값을 이용하여 "0110"과 덧셈을 실행하면 된다.

```
   0110
 + 1101
 ------
 [1]0011
 캐리
```

연산 결과 캐리가 발생했으므로 연산 결과는 양수가 되고 캐리는 버리면 된다.

다음은 연산 결과가 음수인 예를 보여준다.

예 1.4 "0110"로부터 "0111"을 뺀다.

```
   0110
 + 1001
 ------
 [0]1111
 캐리
```

먼저 감수인 "0111"의 1의 보수를 구하면 "1000"이 되고 여기에 1을 더하면 2의 보수인 "1001"이 얻어진다. 이 값을 피감수인 "0110"과 덧셈을 취하면 0110-0111의 결과를 얻을 수 있다. 연산 결과 캐리의 값이 0이므로 연산결과는 음수가 된다. 따라서 이 음수 값을 구하기 위하여 연산결과에서 1을 뺀 다음 1의 보수를 구하고 음수 부호를 붙인다. 즉 1111-1=1110이 되고 이 값의 1의 보수를 구하고 음수 부호를 붙이면 -0001이 된다. 따라서 그 연산 결과는 -1이 된다.

하지만 컴퓨터 내부에서 이러한 여러 단계의 연산을 거치는 것은 매우 비효율적이다. 따라서 컴퓨터 내부에서 사용되는 뺄셈은 최상위 비트를 부호 비트로 사용하고 감수의 2의 보수를 취하여 연산을 수행한다. 연산결과 최상위 부호 비트가 0이면 양수를 나타내고 1이면 음수를 나타내게 된다.

예 1.5	"3 − 5"를 연산한다.

먼저 감수인 5의 2의 보수를 구하면 1011이 된다. 따라서 3의 2진수 값인 0011과 1011을 더하면 다음과 같이 된다.

$$\begin{array}{r} 0011 \\ +\ 1011 \\ \hline 1110 \end{array}$$

여기서 최상위 비트는 부호 비트가 되고 연산 결과 부호비트가 1이므로 음수가 된다. 따라서 연산결과는 -2이다.

3. 이진 곱셈

2진수는 10진수와 똑같은 방법으로 곱해진다. 이진 곱셈을 할 때는 아래와 같이 단지 네 가지 조건이 있다.

① 0 × 0 = 0	② 0 × 1 = 0
③ 1 × 0 = 0	④ 1 × 1 = 1

한자리 이상의 수를 곱하기 위해서는 아래의 예에서 보는 것과 같이 브분 곱셈을 실행하고 그것을 서로 더한다.

예 1.6	"6 X 2"를 연산한다.

10진수 연산	등가 이진수 연산
$\begin{array}{r} 6 \\ \text{X}\ 2 \\ \hline 12 \end{array}$	$\begin{array}{r} 0110 \\ \text{X}\ \ 10 \\ \hline 0000 \\ 0110\ \ \\ \hline 01100 \end{array} \rightarrow 12$

4. 이진 나눗셈

하나의 2진수를 다른 2진수로 나누기 위한 과정은 예 1.7에서 보는 것과 같이 10진수나 2진수 모두 같다.

예 1.7 "6 ÷ 2"를 연산한다.

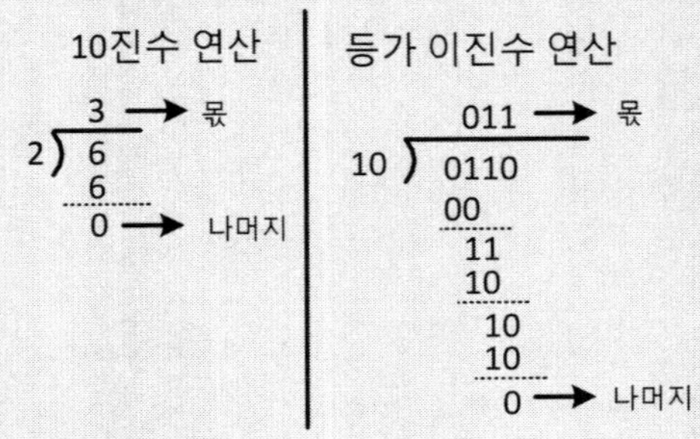

학습평가문제

01 다음 2진수를 10진수로 변환하시오.

2진수	10진수	2진수	10진수
㉠ 10		㉦ 10101	
㉡ 100		㉧ 11111	
㉢ 111		㉨ 11001101	
㉣ 1011		㉩ 11100011	
㉤ 1100		㉪ 01011101	
㉥ 10010		㉫ 01101010	

02 다음 10진수를 2진수로 변환하시오.

10진수	2진수	10진수	2진수
㉠ 7		㉧ 67	
㉡ 19		㉨ 159	
㉢ 28		㉩ 229	
㉣ 46		㉪ 112	
㉤ 57		㉫ 148	
㉥ 86		㉬ 230	
㉦ 94		㉭ 126	

03 다음 8진수를 10진수로 변환하시오.

8진수	10진수	8진수	10진수
㉠ 36		㉣ 216	
㉡ 104		㉤ 360	
㉢ 120			

04 다음 8진수를 2진수로 변환하시오.

8진수	2진수	8진수	2진수
㉠ 74		㉣ 1510	
㉡ 130		㉤ 2551	
㉢ 250		㉥ 2634	

05 다음 16진수를 10진수로 변환하시오.

16진수	10진수	16진수	10진수
㉠ 5A		㉤ 4D3	
㉡ C7		㉥ 23C	
㉢ 9B5		㉦ 3A3D	
㉣ 1A6			

06 다음 16진수를 2진수로 변환하시오.

16진수	2진수	16진수	2진수
㉠ 5A		㉣ 1A6	
㉡ C7		㉤ 4D3	
㉢ 9B5			

07 다음 10진수를 BCD로 변환하시오.

10진수	BCD	10진수	BCD
㉠ 146		㉣ 3452	
㉡ 389		㉤ 2572	
㉢ 1657			

08 그레이 코드의 가장 중요한 특징은 무엇인가?

09 엔코드 회로의 기본적인 기능은 무엇인가?

10 디코드 회로의 기본적인 기능은 무엇인가?

11 이진체계는 왜 컴퓨터 회로에 잘 적용될 수 있는가?

12 다음 용어를 설명하시오.

㉠ 비트
㉡ 바이트
㉢ 워드
㉣ LSB
㉤ MSB

13 다음의 수 체계에서 사용된 기저수는 무엇인가?

㉠ 8진수
㉡ 10진수
㉢ 2진수
㉣ 16진수

14 부호 비트를 정의하시오.

15 1의 보수와 2의 보수와의 차이점을 설명하시오.

16 ASCII 코드는 무엇인가?

17 패리티 비트는 왜 사용되는가?

18 다음 2진수 덧셈을 하시오.

㉠ 110 + 111　　㉡ 101 + 011

㉢ 1100 + 1011

19 다음 2진수 뺄셈을 하시오.

㉠ 1101 - 1011　　㉡ 1001 - 1100

㉢ 10111 - 10010

20 다음 2진수 곱셈을 하시오.

㉠ 110 × 110　　㉡ 010 × 101

㉢ 101 × 11

21 다음 부호 없는 2진수 나눗셈을 하시오.

㉠ 1010 ÷ 10　　㉡ 1100 ÷ 11

㉢ 110110 ÷ 10

22 10진수 18을 다음 각 수 코드로 표현하시오.

㉠ 2진수　　㉡ 8진수

㉢ 16진수　　㉣ BCD

chapter 2

디지털 논리 기초

chapter 2에서는 디지털 논리 회로의 전반적인 내용과 이러한 디지털 논리 회로를 어떻게 시퀀스 회로와 PLC 프로그램으로 변경할 수 있는지를 학습한다.

2.1 2진수 개념

모든 디지털 기기에서와 같이 PLC도 이진 논리로 동작한다. 이진 논리란 모든 상태가 두 상태 중의 하나로 존재한다는 것을 의미한다. 이들 두 상태는 "HIGH", "LOW", "ON", "OFF", "YES", "NO" 또는 "0", "1"의 두 상태가 될 수 있다. 예를 들어 전구는 스위치를 켜거나 꺼서 "ON", "OFF" 상태로 할 수 있고 전동기는 운전 상태 또는 정지 상태로 할 수 있다. 이 회로에 적용된 이진 논리는 결정론의 기본이 된다. 논리 회로는 논리적인 결정을 수행하는 한 개 또는 그 이상의 입력과 그 결론을 출력하는 한 개의 출력부분으로 구성되는 장치를 말한다. 그림 2.1과 그림 2.2는 논리 회로의 결정이 어떻게 이루어지는지를 보여주는 예이다. 논리란 어떤 동작이 발생하기 전 한 개 또는 그 이상의 다른 요소들이 입력되었을 때 동작을 결정을 할 수 있는 능력을 말하는데 이것은 PLC 동작의 기본이 된다.

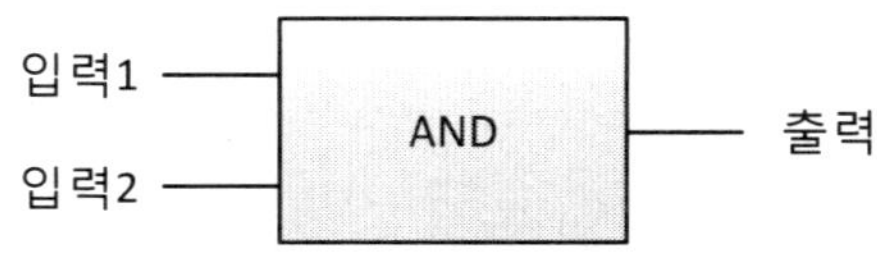

그림 2.1 논리 AND

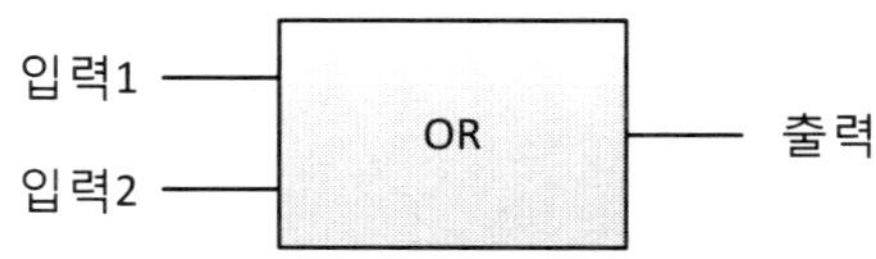

그림 2.2 논리 OR

2.2 논리연산

디지털 기기에 의해서 수행되는 동작은 기본적인 논리 함수인 AND, OR, NOT를 기본으로 한다. 각 논리함수는 출력을 결정하는 규칙과 동작을 나타내는 심볼을 가진다. 이러한 디지털 논리회로에서 일반적으로 출력은 Y라고 하고 신호 입력은 A, B, C 등이라 한다. 또한 2진수 “1”은 신호의 존재 또는 사건의 발생을 나타내고, 2진수 “0”은 신호의 부재 또는 사건이 발생하지 않음을 나타낸다.

1. AND 함수

그림 2.3은 AND 회로를 나타낸다. AND 회로는 두 개 또는 그 이상의 입력과 한 개의 출력을 가지는 장치이다. AND 회로 출력은 단지 모든 입력이 ‘1’일 때만 출력이 ‘1’이 된다. 그림 2.3의 진리표는 모든 가능한 입력조합으로부터의 결과 출력을 보여준다.

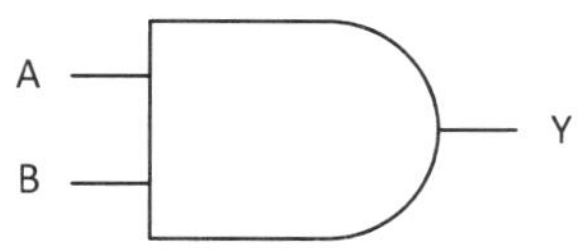

2입력 1출력 AND 게이트 기호

입력		출력
A	B	Y
0	0	0
0	1	0
1	0	0
1	1	1

AND 게이트 진리표

그림 2.3 AND 논리회로와 진리표

그림 2.4와 그림 2.5는 AND 회로의 실제적인 응용 예를 보여준다. 여기서, 스위치 A, B가 모두 “ON”되면 출력 Y 또는 램프는 활성 상태가 된다(즉 전구가 켜진다). 만약 활성 상태를 논리적 “1” 그리고 비활성 상태를 논리적 “0”이라고 하면 그림 2.3과 같이 AND 함수에 대한 진리표가 만들어진다. “1”은 활성 상태를 “0”은 비활성 상태를 설명하는데 사용되었을 때 정논리가 사용된다. 그림 2.5와 같이 AND 회로는 각각의 입력에 전압이 나타났을 때 출력전압이 만들어지는 직렬회로와 같이 동작한다.

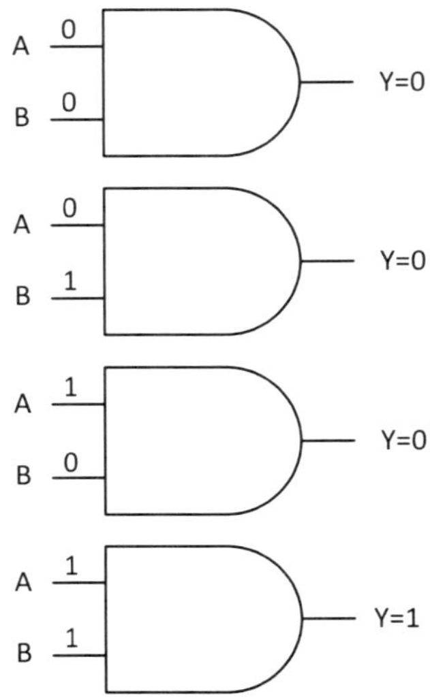

입력		출력
A	B	Y
0	0	0
0	1	0
1	0	0
1	1	1

AND 게이트 진리표

그림 2.4 AND 논리회로 함수 응용–예1

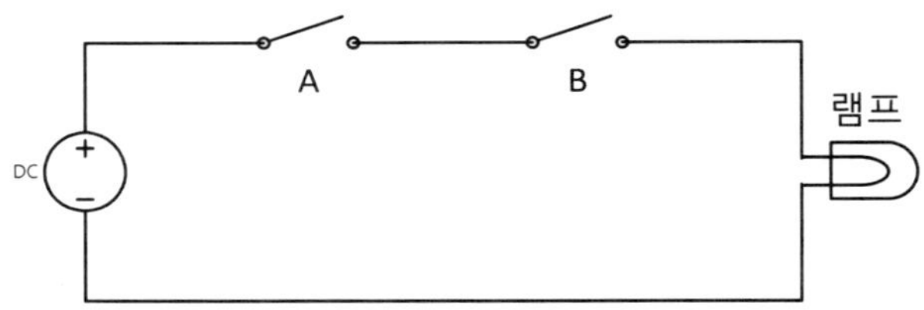

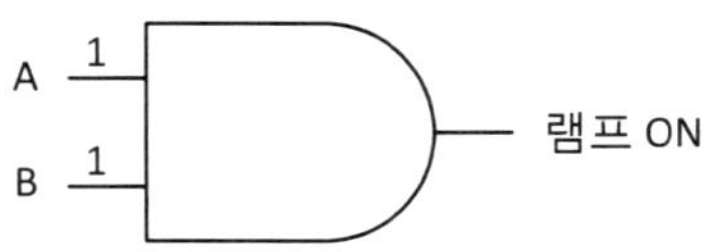

입력		출력
A	B	Y
0	0	0
0	1	0
1	0	0
1	1	1

AND 게이트 진리표

그림 2.5 AND 논리회로 함수 응용–예2

2. OR 함수

그림 2.6에 그려진 기호는 OR 회로이다. OR 회로는 여러 개의 입력을 가지지만 출력은 단 한 개만을 가진다. 만약 한 개 이상의 입력이 "1"이라면 OR 회로 출력은 "1"이 된다. 그림 2.6에서 보여준 진리표는 각 입력조합에 대한 출력 Y값을 보여주고 있다.

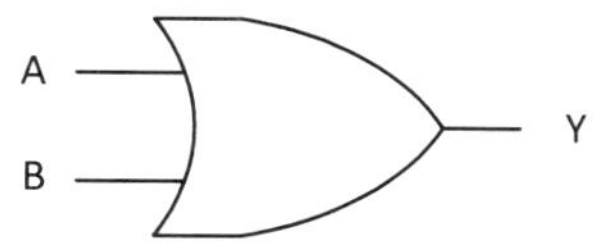

OR 게이트 기호

입력		출력
A	B	Y
0	0	0
0	1	1
1	0	1
1	1	1

OR 논리회로 진리표

그림 2.6 OR 논리 회로

그림 2.7과 그림 2.8은 OR 회로의 실제적인 응용 예를 보여준다. OR 회로는 본질적으로 어떤 입력이든지 하나만 전압이 나타나면 출력전압이 만들어지는 병렬회로로 동작한다.

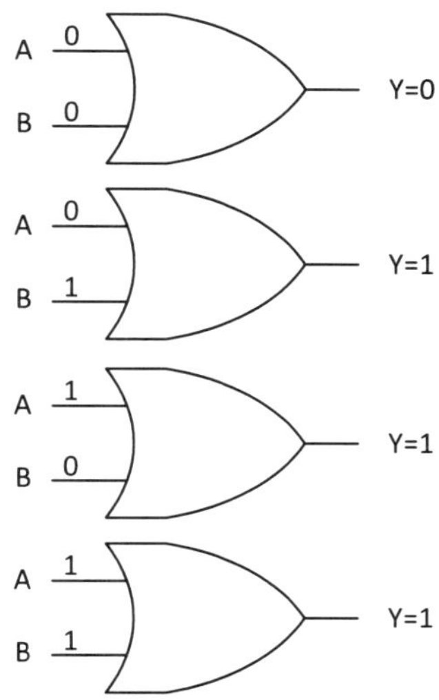

입력		출력
A	B	Y
0	0	0
0	1	1
1	0	1
1	1	1

OR 논리회로 진리표

그림 2.7 OR 회로 함수 응용-예1

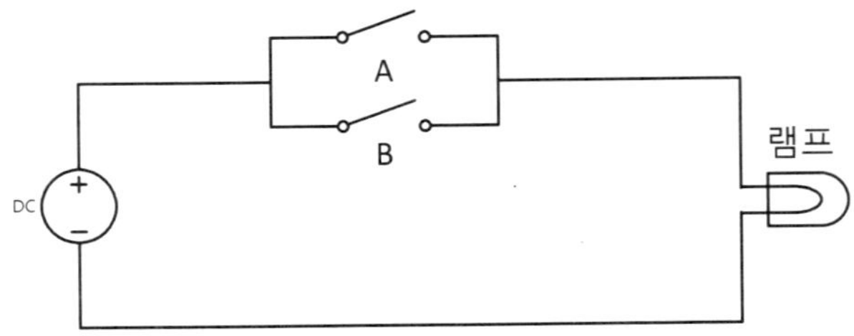

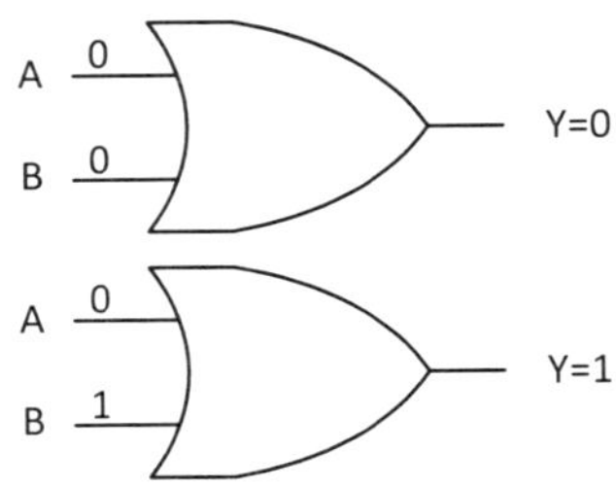

입력		출력
A	B	Y
0	0	0
0	1	1
1	0	1
1	1	1

OR 논리회로 진리표

그림 2.8 OR 회로 함수 응용–예2

3. NOT 함수

그림 2.9에서 보여준 심볼은 NOT 함수이다. AND, OR 회로와는 다르게 NOT 함수는 단지 한 개의 입력을 가진다. NOT 함수에서는 입력이 "0"이면 출력이 "1"이 되고, 입력이 "1"이면 출력은 "0"이 된다. NOT 동작의 결과는 항상 입력의 반대이다. 그리고 NOT 함수는 가끔 문자의 위에 바를 그어 표현되기도 한다. 인버터 출력의 작은 원은 상태 표시기로 불리며 논리적 함수의 역이 발생했다는 사실을 나타낸다.

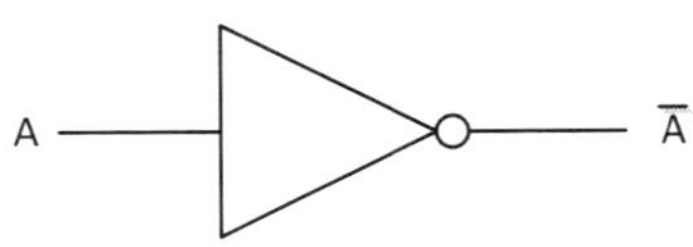

NOT 게이트 기호

입력	출력
1	0
0	1

NOT 논리회로 진리표

그림 2.9 NOT 함수 기호

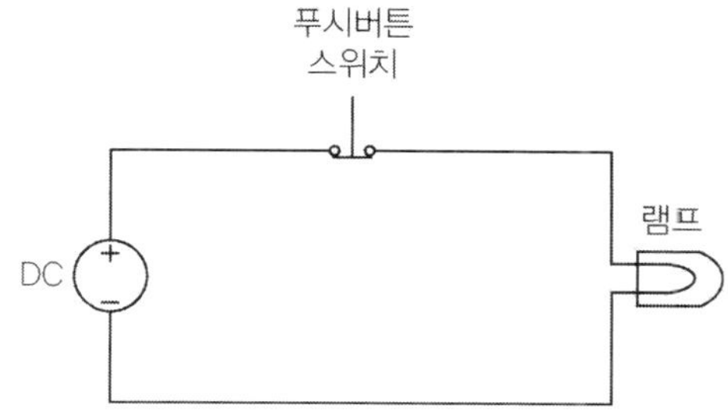

그림 2.10 NOT 회로 함수 응용 예

그림 2.10은 NOT 함수의 실제적인 응용 예를 보여준다. 여기서 NC(normally closed)형 푸시버튼이 출력과 직렬로 연결되어 있다. 푸시버튼이 동작하지 않을 때 출력은 "ON"이고 푸시버튼이 동작했을 때 출력은 "OFF"이다.

4. NAND 함수

AND 회로의 출력에 있는 NOT 심볼은 회로 출력을 반전시킨다. 반전된 출력을 가지는 AND 회로는 NAND 회로라 한다. 그림 2.11은 NAND 회로의 심볼과 진리표를 보여준다.

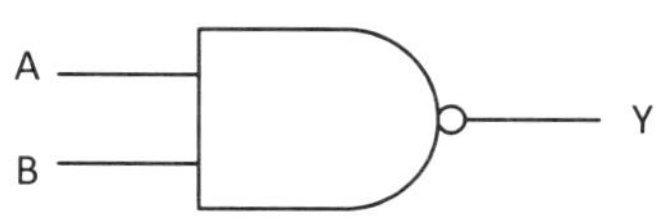

NAND 게이트 기호

입력		출력
A	B	Y
0	0	1
0	1	1
1	0	1
1	1	0

NAND 논리회로 진리표

그림 2.11 NAND 회로 심볼과 진리표

NAND 회로는 가끔 집적회로의 논리 배열에 이용된다. 그리고 PLC에서 복잡한 논리를 해결하기 위하여 사용될 수 있다.

5. NOR 함수

NOT 심볼이 OR 회로의 출력에 붙어 있다면 똑같은 결과를 가져온다. 즉 회로의 출력값은 반전된다. 그리고 이 함수는 NOR 회로라 한다. 그림 2.12는 NOR 회로 심볼과 진리표를 보여준다.

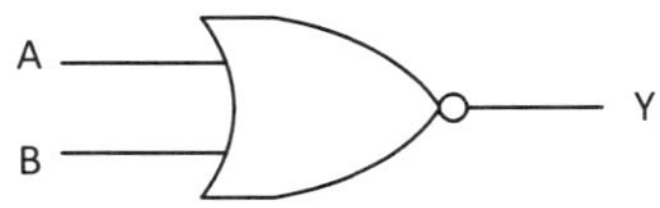

NOR 게이트 기호

입력		출력
A	B	Y
0	0	1
0	1	0
1	0	0
1	1	0

NOR 논리회로 진리표

그림 2.12 NOR 회로 심볼과 진리표

6. 배타적-OR(XOR) 함수

그림 2.13은 XOR 함수의 논리회로와 논리회로의 진리표를 보여준다. 이 회로의 출력은 단지 두 입력 중 한 개의 입력이 "HIGH"일 때만 출력이 "HIGH"가 된다. XOR 회로는 일반적으로 두 2진수의 비교를 위하여 이용된다.

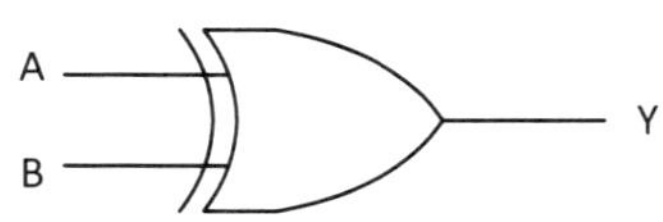

XOR 게이트 기호

입력		출력
A	B	Y
0	0	0
0	1	1
1	0	1
1	1	0

XOR 논리회로 진리표

그림 2.13 XOR(배타적-OR)회로 심볼과 진리표

2.3 불 대수

불 대수는 18세기 중반 조지 불이 고안한 논리 수학의 대표적 형태이다. 이 불 대수는 디지털 회로 설계에 있어서 필수적인 지식이며, 이진 체계와 이진 논리에 대한 수학적 이론 토대를 제공한다. 불 대수를 이용하면 디지털 회로 설계 또는 PLC 프로그램에 필요한 복잡한 논리적 표현을 간단하게 구현할 수 있다.

다음은 불 대수의 기본 법칙을 보여준다.

(1) 0과 1의 법칙

㉠ $A + 0 = A$ ㉡ $A \cdot 1 = A$

㉢ $A + 1 = 1$ ㉣ $A \cdot 0 = 0$

㉤ $A + \overline{A} = 1$ ㉥ $A \cdot \overline{A} = 0$

(2) 동일 법칙

㉠ $A + A = A$ ㉡ $A \cdot A = A$

(3) 교환법칙

㉠ $A + B = B + A$ ㉡ $A \cdot B = B \cdot A$

(4) 결합법칙

㉠ $A + (B + C) = (A + B) + C$

㉡ $A + (B \cdot C) = (A + B) \cdot (A + C)$

(5) 분배법칙

㉠ $A \cdot (B + C) = A \cdot B + A \cdot C$

㉡ $A + (B \cdot C) = (A + B) \cdot (A + C)$

(6) 흡수 법칙

㉠ $A + A \cdot B = A(1 + B) = A$

㉡ $A + (\overline{A} \cdot B) = (A + \overline{A}) \cdot (A + B) = A + B$

㉢ $A + \overline{A} \cdot B = A(1 + B) + \overline{A} \cdot B$

$= A + A \cdot B + (\overline{A} \cdot B)$

$= A + B(A + \overline{A})$

$= A + B$

㉣ $A \cdot (A + B) = A \cdot A + A \cdot B$

$= A + A \cdot B$

$= A(1 + B)$

$= A$

(7) 누승 법칙

$\overline{\overline{A}} = A$

(8) 드-모르강 법칙

㉠ $\overline{A + B} = \overline{A} \cdot \overline{B}$ ㉡ $\overline{A \cdot B} = \overline{A} + \overline{B}$

표 2.1은 불 대수 공리를 보여준다.

표 2.1 불 대수 공리

	공리1	공리2	공리3	공리4	공리5
①	$A \neq 0$ 이면 $A = 1$	$0 \cdot 0 = 0$	$1 \cdot 1 = 1$	$0 \cdot 1 = 0$	$1' = 0$
②	$A \neq 0$ 이면 $A = 1$	$0 + 0 = 0$	$1 + 1 = 1$	$0 + 1 = 1$	$0' = 1$
③	$A \neq 1$ 이면 $A = 0$				
④	$A = 0$ 이면 $A' = 1$				

몇몇 불 대수식의 법칙은 이진 대수식의 규칙과 다른 형식을 가지고 있다. 그림 2.14에서 보여준 3개의 기본적인 법칙은 불 대수와 이진 대수 사이를 잘 비교해 주고 있다. 뿐만 아니라 두 대수 사이의 차이점도 잘 보여준다.

논리기호	불 대수식	설명
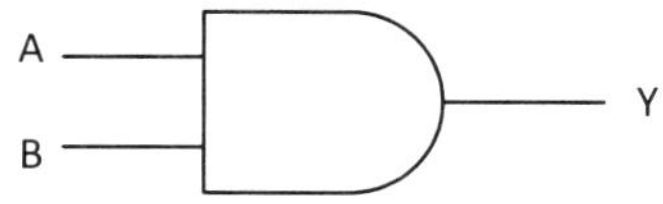	Y = A · B Y = AB	A와 B가 모두 1이면 Y는 1이 된다.
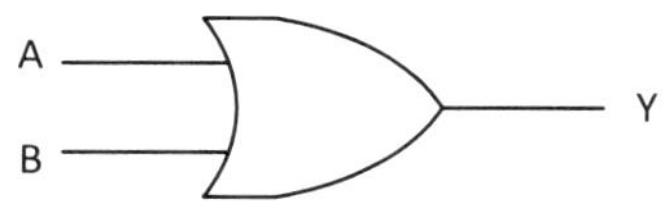	Y = A + B	A 또는 B가 1이면 Y는 1이 된다.
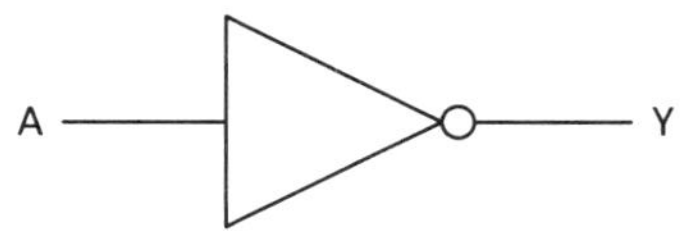	$Y = \overline{A}$	A가 1이면 Y는 0이 된다. A가 0이면 Y는 1이 된다.

그림 2.14 AND, OR 그리고 NOT 함수와 관련된 불 대수

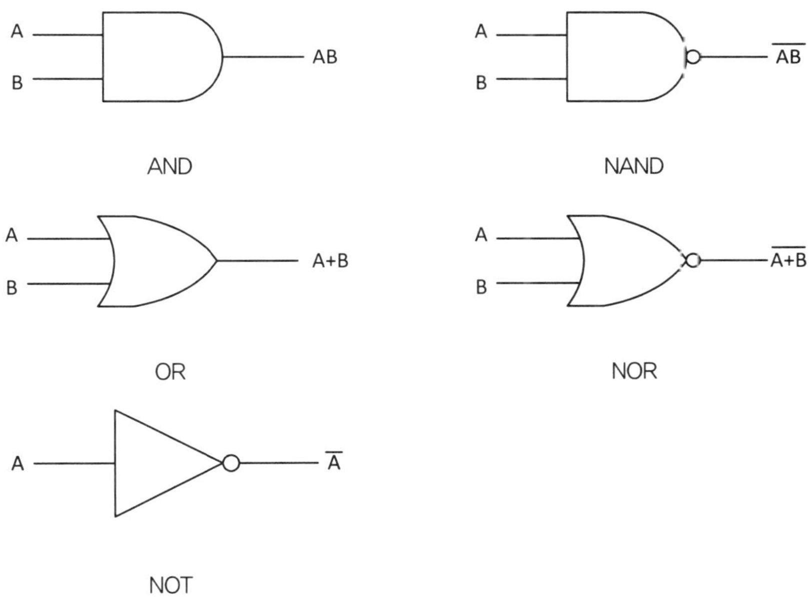

그림 2.15 불 대수식–예1

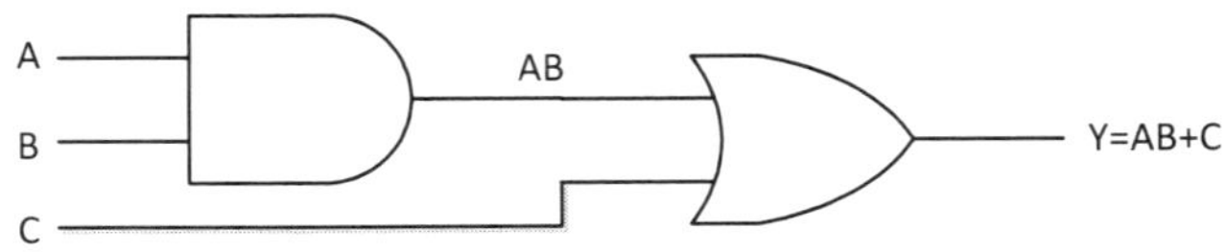

(a)

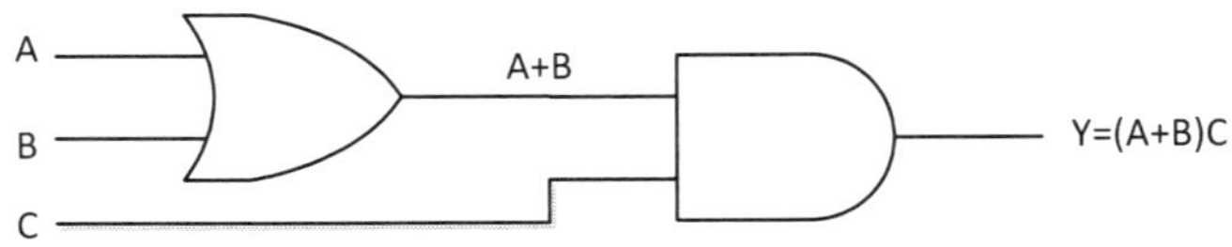

(b)

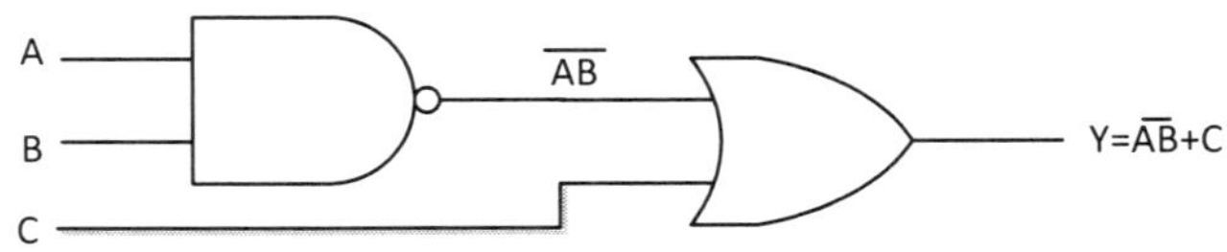

(c)

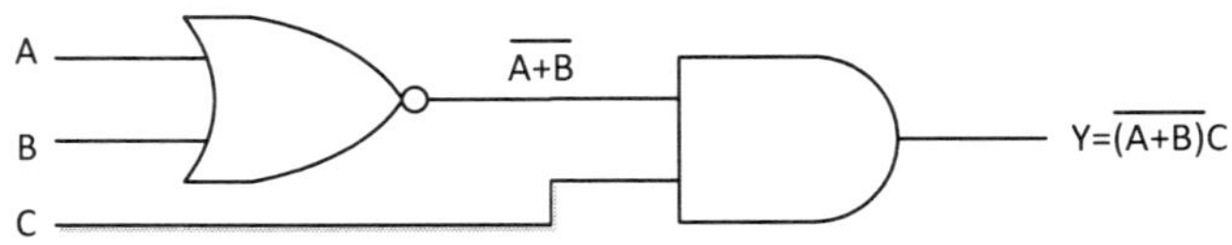

(d)

그림 2.16 불 대수식-예2

드-모르강 법칙은 불 대수의 가장 중요한 규칙 중 하나이다. 드-모르강 법칙은 그림 2.17과 같이 어떤 논리적 함수가 AND 회로와 인버터 또는 OR 회로와 인버터로서 충족되어질 수 있다는 사실을 보여준다.

$$\overline{AB} = \overline{A} + \overline{B}$$

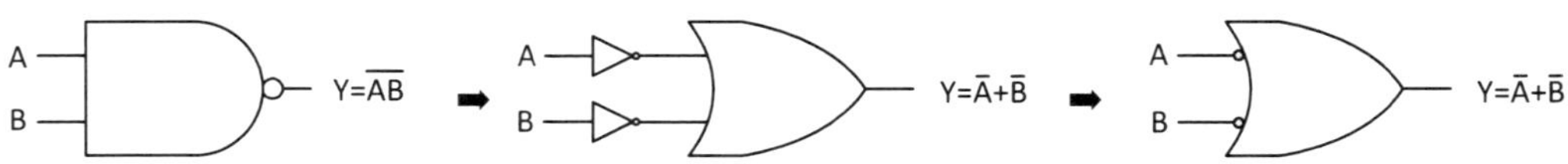

$$\overline{A+B} = \overline{A} + \overline{B}$$

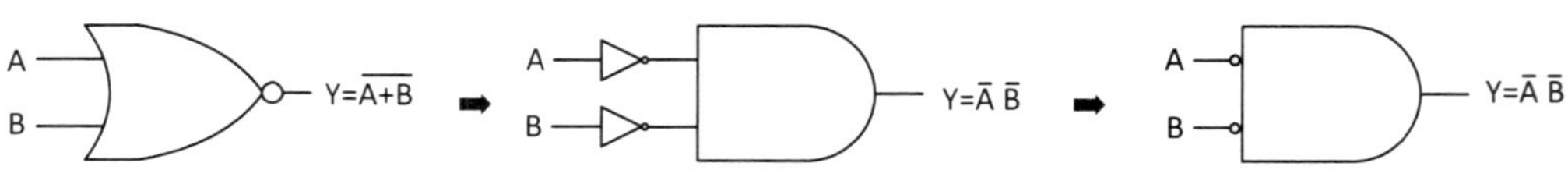

그림 2.17 드-모르강 법칙

2.4 불 표현으로부터 회로 구성

논리 회로가 보다 복잡해짐에 따라서 이러한 회로를 불 형식으로 표현해야 될 필요성이 점점 커지고 있다. 간단한 논리 회로는 동작이 상당히 쉽다. 하지만 이러한 회로들의 조합이 모여지면 어떤 입력 조합이 어떤 출력을 만들어낼지를 결정하는 것이 점점 어려워진다. 그림 2.18, 그림 2.19는 불 표현으로 회로를 전개하기 위하여 사용된 방법을 보여준다.

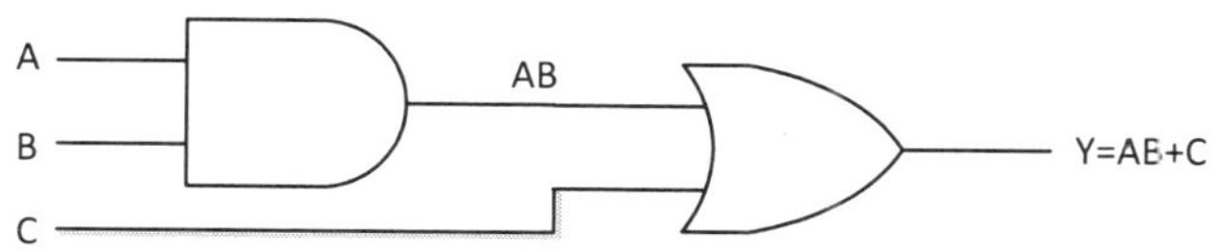

그림 2.18 불 대수식을 이용한 회로 전개-예1

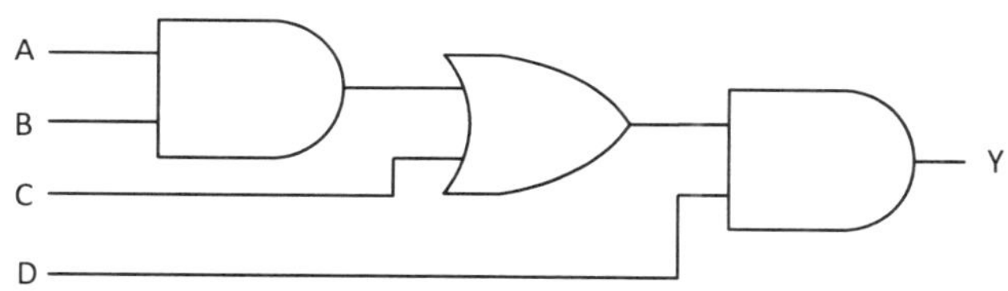

그림 2.19 불 대수식을 이용한 회로전거-예2

2.5 회로로부터 불 대수식 유도

그림 2.20과 그림 2.21는 주어진 회로로부터 어떻게 불 대수식을 만들어 내는가를 보여준다.

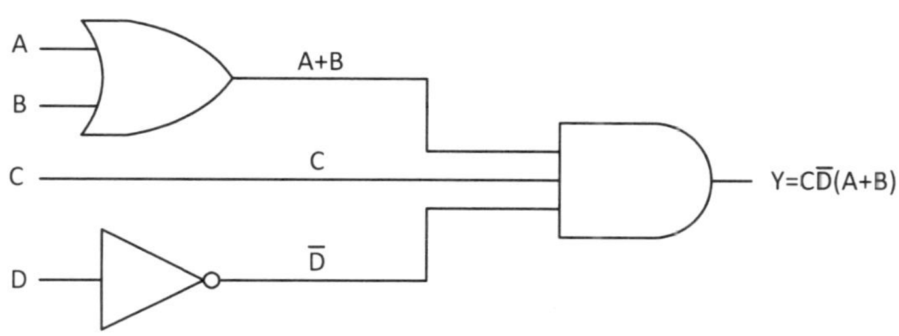

$$Y = C\overline{D}(A+B)$$

그림 2.20 주어진 회로로부터 불 대수식 유도-예1

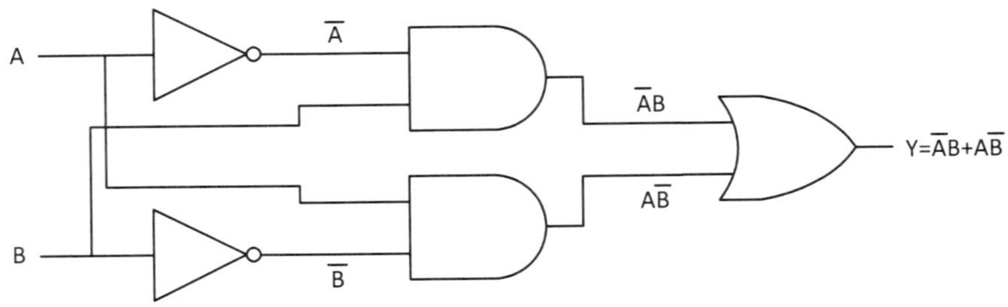

$$Y=\overline{A}B+A\overline{B}$$

그림 2.21 주어진 회로로부터 불 대수식 유도-예2

2.6 카르노 맵을 이용한 불 대수의 간략화

카르노 맵은 1953년 모리스 카르노(Maurice Karnaugh)에 의하여 소개되었으며, 복잡한 논리식을 간략화 하기 위하여 사용되는 진리표의 2차원적인 표현이다. 일반적으로 입력변수가 2~5개정도일 경우에 대단히 효과적인 방법이다. 변수가 5개를 초과하는 경우에는 다른 방법이 사용된다.

카르노 맵은 여러 개의 사각형으로 된 그림으로, 진리표의 각 항(최소항 또는 최대항)들은 카르노 맵 각 한 칸의 사각형에 표시된다. 그리고 카르노 맵에서의 간소화 규칙에 따라 과정을 거치면 간략화된 불 대수식을 얻을 수 있다. 카르노 맵에서의 간소화 과정은 다음과 같다.

1. 카르노 맵에서의 간소화 과정

① 논리회로를 불 함수로 표시한다.

② 진리표로 나타낸다.

③ 카르노 맵에 진리표의 각 값을 적합한 칸에 기입한다.

④ SOP(Sum Of Products)로 최소화할 때는 '1'로 구성되는 최대 인접항으로 묶고 POS(Product Of Sums)로 최소화할 때는 '0'으로 구성되는 최대 인접항으로 묶는다.

⑤ 각항들은 중복되어 묶일 수 있다.

⑥ 모든 최소항은 한 번 이상은 묶여야 한다.

⑦ 큰 항의 묶음에서 남아있는 변수들로 간소화된 불 대수식을 구한다.

- 정규(X) 및 반전($\overline{X}$)인 변수가 묶음 내에 존재하면 그 변수는 식으로부터 소거시킨다.
- 모든 칸에 나타나는 같은 변수는 최종식에 남는다.
- 보다 큰 1(0)의 묶음은 더 많은 수의 변수를 소거시킨다.

- '1'로 묶은 함수는 정규형이므로 SOP로 바로 구하여진다.
- '0'으로 묶은 함수는 보수형이므로 그 결과를 반전하여 POS형의 정규함수를 구한다.

(1) 2변수 카르노 맵

2변수 카르노 맵은 2개의 2진 변수에 대한 4개의 최소항으로 구성되어 있다. 각 최소항은 각각 하나씩 4개의 사각형에 배치된다.

$X \backslash Y$	$\overline{Y}$	Y
$\overline{X}$	m_0	m_1
X	m_2	m_3

그림 2.22 2변수 카르노 맵

예 2.1 다음의 논리식을 카르노 맵을 이용하여 간략화 하시오.

$f = \overline{A}\,\overline{B} + \overline{A}B + A\overline{B}$

① 각 최소항을 표의 해당 칸에 각각 배치한다.
② 각각의 항을 2, 4, 8, 16개의 인접항으로 묶는다.

카르노 맵

$B \backslash A$	$\overline{A}$	A
$\overline{B}$	1	1
B	1	

③ 각 묶여진 항에서 변하지 않는 변수를 추출한다.
④ 그러므로 $f = \overline{A} + \overline{B}$

예 2.2 다음의 논리식을 카르노 맵을 이용하여 간략화 하시오.

$f = A + \overline{A}B$

① 각 최소항을 표의 해당 칸에 각각 배치한다.
② 각각의 항을 2, 4, 8, 16개의 인접항으로 묶는다.

카르노 맵

A \ B	$\overline{A}$	A
$\overline{B}$		1
B	1	1

③ 각 묶여진 항에서 변하지 않는 변수를 추출한다.

④ 그러므로 $f = A + B$

(2) 3변수 카르노 맵

3변수 카르노 맵은 3개의 2진 변수에 대한 8개의 최소항으로 구성되어 있다. 각 최소항은 하나씩 8개의 사각형에 배치된다.

YZ \ X	$\overline{YZ}$	$\overline{Y}Z$	YZ	$Y\overline{Z}$
$\overline{X}$	m_0	m_1	m_3	m_2
X	m_4	m_5	m_7	m_6

그림 2.23 3변수 카르노 맵

3변수 맵 구성시 변수의 0과 1 배열 순서에 주의해야 한다. 카르노 맵은 그레이 코드를 기반으로 하고 있으므로 한 번에 하나의 변수만이 변화하게 된다. 따라서 그림 2.24에서 YZ의 변화 순서는 00→01→11→10으로 변화하는 것에 주목한다.

예 2.3 카르노 맵을 이용하여 다음 논리식을 간략화 하시오.

$f = \overline{A}BC + \overline{A}B\overline{C} + A\overline{B}C + AB\overline{C}$

카르노 맵

BC \ A	$\overline{BC}$	$\overline{B}C$	BC	$B\overline{C}$
$\overline{A}$			1	1
A		1		1

그러므로 $f = \overline{A}B + B\overline{C} + A\overline{B}C$

예 2.4 카르노 맵을 이용하여 다음 논리식을 간략화 하시오..

$f = \overline{A}\,\overline{B}\,\overline{C} + A\overline{B}\,\overline{C} + \overline{A}B\overline{C} + AB\overline{C}$

카르노 맵

A \\ BC	$\overline{B}\,\overline{C}$	$\overline{B}C$	BC	$B\overline{C}$
$\overline{A}$	1			1
A	1			1

그러므로 $f = \overline{C}$

(3) 4변수 카르노 맵

WX \\ YZ	$\overline{Y}\,\overline{Z}$	$\overline{Y}Z$	YZ	$Y\overline{Z}$
$\overline{W}\,\overline{X}$	m_0	m_1	m_3	m_2
$\overline{W}X$	m_4	m_5	m_7	m_6
WX	m_{12}	m_{13}	m_{15}	m_{14}
$W\overline{X}$	m_8	m_9	m_{11}	m_{10}

그림 2.24 4변수 카르노 맵

4변수 카르노 맵은 4개의 2진 변수에 대한 16개의 최소항으로 구성되어 있다. 각 최소항은 하나씩 16개의 사각형에 배치된다.

예 2.5 카르노 맵을 이용하여 다음 논리식을 간략화 하시오.

$f = \overline{A}\,\overline{B}\,\overline{C}\,\overline{D} + \overline{A}\,\overline{B}\,\overline{C}D + \overline{A}\,\overline{B}C\overline{D} + \overline{A}B\overline{C}D + \overline{A}BCD + \overline{A}BC\overline{D} + AB\overline{C}D + ABCD$

카르노 맵

AB \\ CD	$\overline{C}\,\overline{D}$	$\overline{C}D$	CD	$C\overline{D}$
$\overline{A}\,\overline{B}$	1	1		1
$\overline{A}B$		1	1	1
AB		1	1	
$A\overline{B}$				

그러므로 $f = \overline{A}\,\overline{B}\,\overline{C} + BD + \overline{A}C\overline{D}$

(4) Don't Care에 의한 간략화

어떤 논리함수에서는 입력변수가 있는 조합에 대응하는 출력이 절대로 발생하지 않는 경우가 있다. 그 대표적인 예가 BCD 코드의 경우이다. BCD 코드는 아래 표와 같이 입력변수 ABCD의 조합이 $10_{(10)}$~$15_{(10)}$로 되는 조건은 발생하지 않는다. 따라서 그때의 논리 출력 f는 '0'이거나 '1'의 어느 쪽도 상관없게 되어 이것을 Don't Care라 부르고 통산 d 또는 x를 기입한다.

Don't Care는 카르노 맵을 이용하여 간략화 할 때 대단히 융통성을 지닌 작용을 발생한다. 즉, 0이나 1 일지라도 마음대로 해석해도 되는 것이다.

예 2.6 Don't Care가 있는 논리 함수의 표현

10진	A	B	C	D	f
0	0	0	0	0	1
1	0	0	0	1	0
2	0	0	1	0	0
3	0	0	1	1	1
4	0	1	0	0	1
5	0	1	0	1	0
6	0	1	1	0	0
7	0	1	1	1	1
8	1	0	0	0	1
9	1	0	0	1	0
10	1	0	1	0	d
11	1	0	1	1	d
12	1	1	0	0	d
13	1	1	0	1	d
14	1	1	1	0	d
15	1	1	1	1	d

카르노 맵

CD \ AB	$\overline{AB}$	$\overline{A}B$	AB	$A\overline{B}$
$\overline{CD}$	1	1	d_{12}	1
$\overline{C}D$			d_{13}	
CD	1	1	d_{15}	d_{11}
$C\overline{D}$			d_{14}	d_{10}

그러므로 $f = CD + \overline{CD}$로 간략화 된다.

2.7 결선 논리와 프로그램 논리

시퀀스 제어로 알려진 결선논리는 장치들을 전선을 이용하여 서로 연결함으로써 결정된다. 결선 논리는 릴레이나 릴레이 래더도 이용하여 구현될 수 있으며, 릴레이 래더도는 산업체에서 광범위하게 이용된다. 그림 2.25는 상태표시등을 가진 전동기 정지/기동 제어 시스템의 전형적인 래더도를 보여준다.

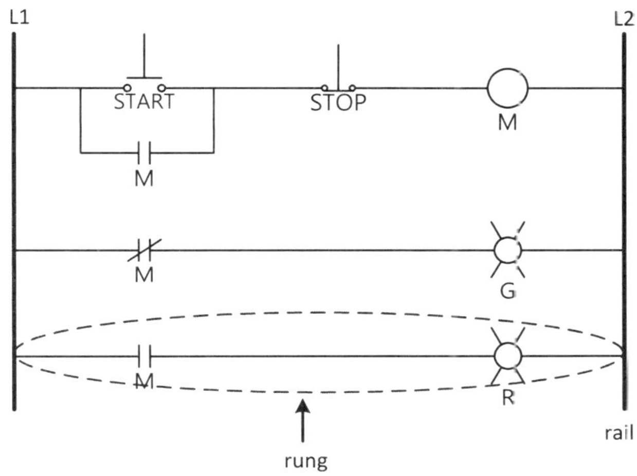

그림 2.25 릴레이 래더도

제어도는 수직으로 그려진 두 개의 전원 공급선 사이에 그려진다. 모든 요소는 레일(rail) 또는 레그(leg)라고 하는 이들 두 선 사이에 놓여진다. 그리고 이들 두 전원선을 연결하는 것이 마치 사다리의 렁과 같이 보이기 때문에 래더 논리 프로그램이라고 한다.

결선 논리는 고정적이다. 즉 이것은 연결된 장치들을 바꾸어야만 변경할 수 있다. 이와 대조적으로 프로그래머블 논리는 기본적인 논리 함수를 토대로 하고 있으며 이것은 프로그래머블 하고 쉽게 변경할 수 있다.

이들 함수(AND, OR, NOT)는 장치가 온 또는 오프 할 것인가를 결정하는 명령어를 구성하기 위하여 단독 또는 조합으로 사용된다. 이들 명령어가 PLC에게 명령을 전달하기 위하여 적용되는 형식을 래더 논리라 한다. 가장 일반적인 PLC 언어는 래더 논리이다. 그림 2.26에서 그림 2.25의 릴레이 래더도를 위한 전형적인 논리 프로그램을 볼 수 있다.

사용된 명령어는 NO(Normally Open)접점, NC(Normally Closed)접점 그리고 코일의 등가 릴레이이다. 접점 심볼은 릴레이 제어회로에서 사용된 심볼 항으로 제어논리를 표현하는 간단한 방법이다. 렁(rung)은 어떤 출력을 제어하기 위하여 필요한 접점의 상징적 표현이다. 몇몇

PLC는 렁(rung)이 다중 출력을 가질 수 있도록 한다. 그래서 완전한 래더 논리 프로그램은 몇 개의 렁(rung)으로 구성되어지며 그 각각은 출력을 제어한다.

PLC는 래더 논리도를 이용하기 때문에 기존의 릴레이 논리로부터 프로그램 논리로의 변환이 간단하다. 각 렁(rung)은 왼쪽으로부터 오른쪽으로 연결된 입력조건(심볼)의 조합이며 가장 오른쪽의 심볼은 출력을 나타낸다.

입력을 나타내는 심볼은 원하는 논리를 얻기 위하여 직렬, 병렬 또는 이들 두 가지의 조합으로 연결되어진다. 다음의 예들은 릴레이 래더도, 래더 논리도 프로그램, 등가논리 회로 사이의 관계를 보여준다.

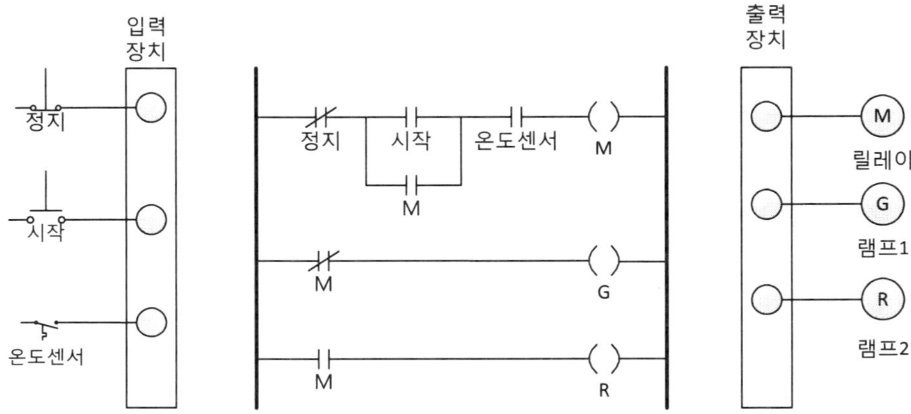

그림 2.26 래더 논리 프로그램

예 2.7 두 개의 리밋 스위치가 직렬로 연결되어 솔레노이드 밸브를 제어하기 위하여 사용되었다.

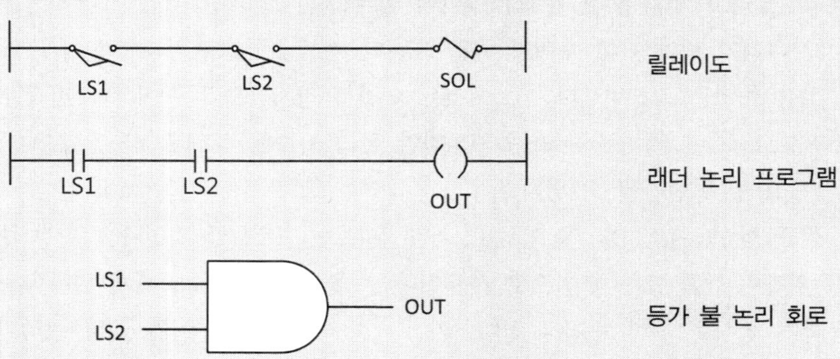

예 2.8 두 개의 리밋 스위치가 병렬로 연결되어 솔레노이드 밸브를 제어하기 위하여 사용되었다.

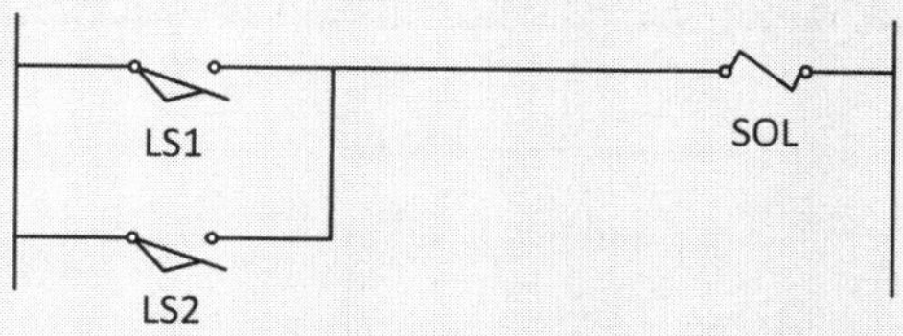

릴레이도

래더 논리 프로그램

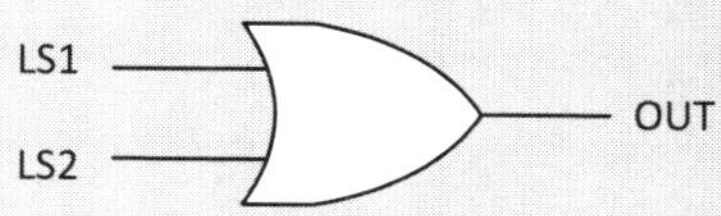

등가 불 논리 회로

예 2.9 두 개의 리밋 스위치가 서로 병렬로 연결되었고 이것은 다시 한 개의 릴레이 접점과 직렬로 연결되어 표시등을 제어하기 위하여 사용된다.

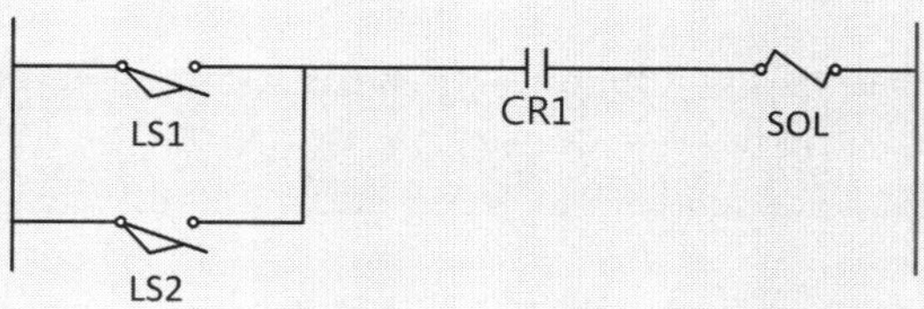

릴레이도

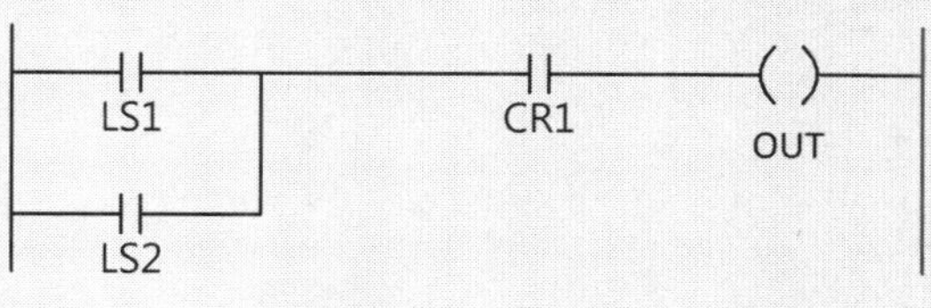

래더 논리 프로그램

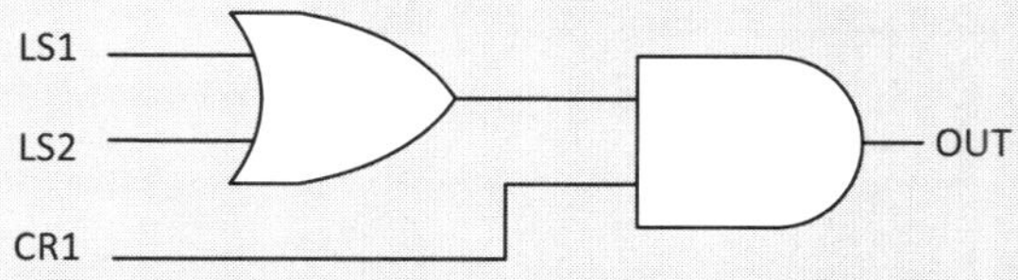

등가 불 논리 회로

예 2.10 두 개의 리밋 스위치가 서로 병렬로 연결되었고 이것은 다시 병렬로 연결된 두 개의 릴레이 접점과 직렬로 연결되어 표시등을 제어하기 위하여 사용된다.

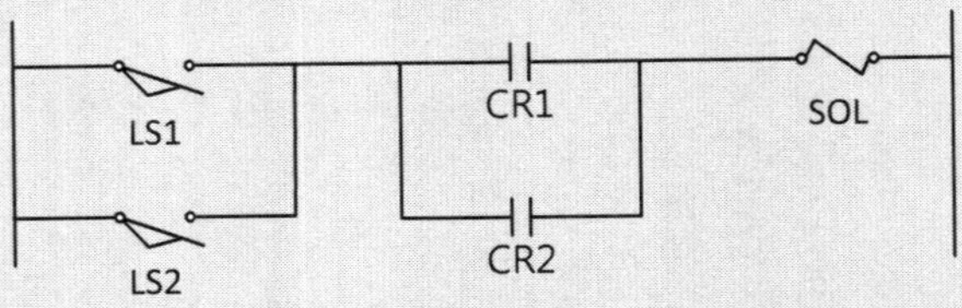

릴레이도

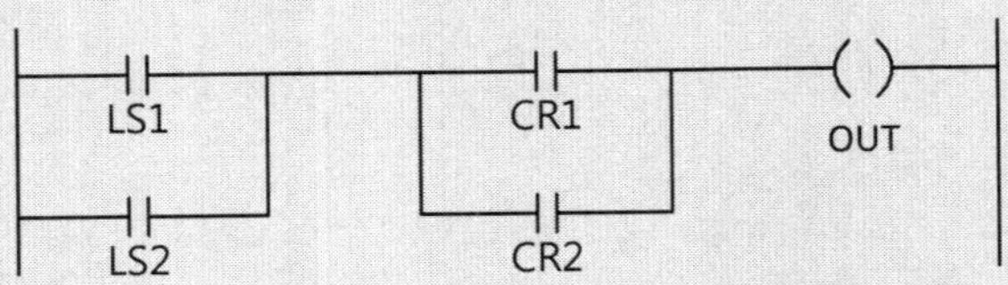

래더 논리 프로그램

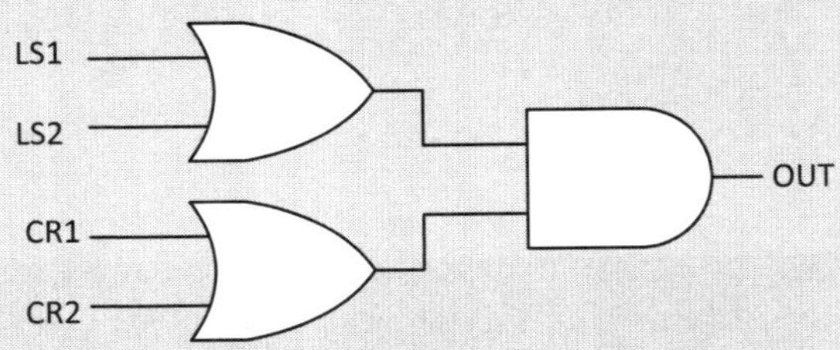

등가 불 논리 회로

예 2.11 두 개의 리밋 스위치가 직렬로 연결되고 이것은 다시 세 번째 리밋 스위치와 병렬로 연결되어 경고용 부저를 제어하기 위하여 사용된다.

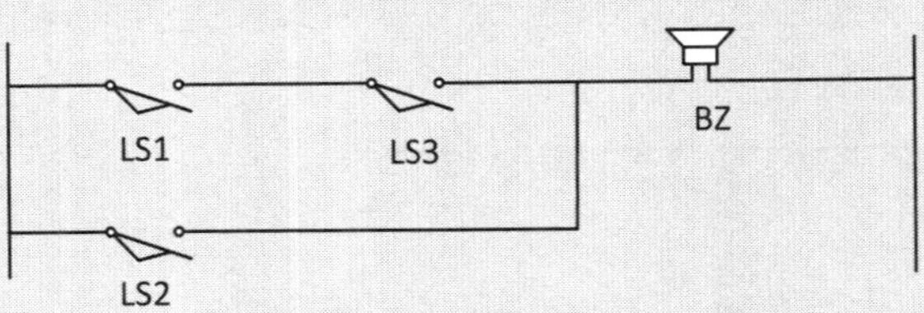

릴레이도

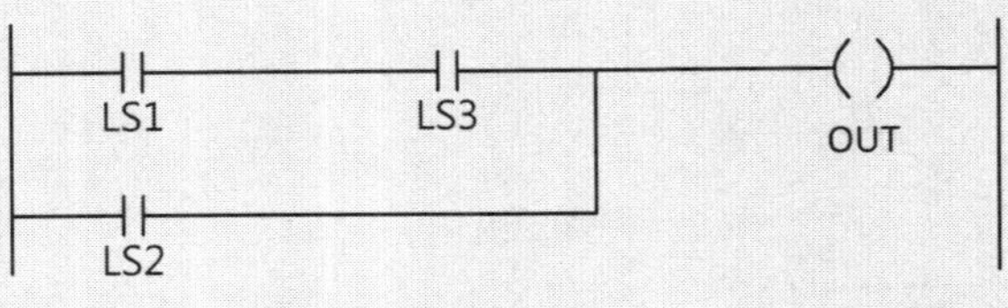

래더 논리 프로그램

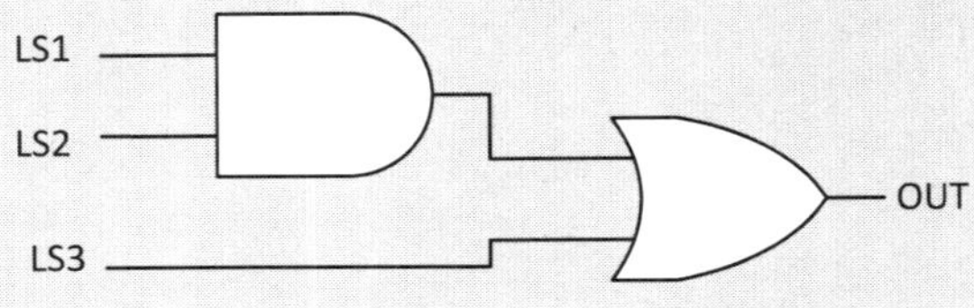

등가 불 논리 회로

예 2.12 두 개의 리밋 스위치가 직렬로 연결되고 이것은 다시 두 개의 직렬연결 리밋 스위치와 병렬로 연결되어 표시등을 제어하기 위하여 사용된다.

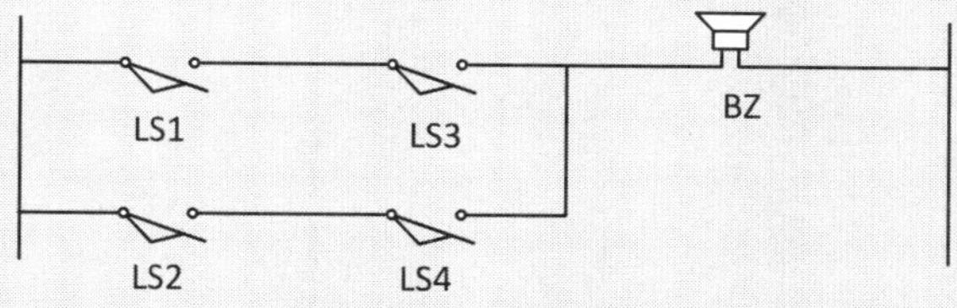

릴레이도

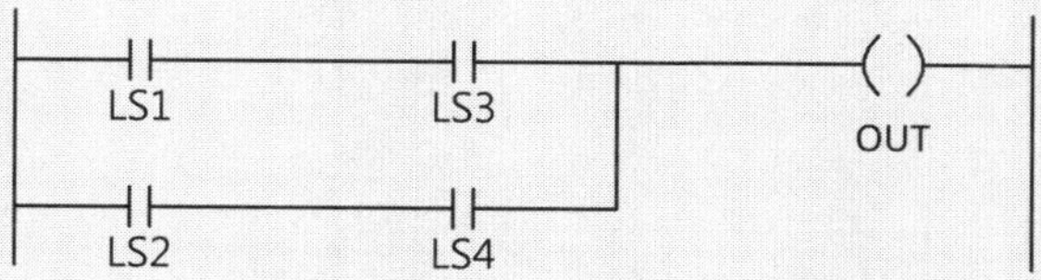

래더 논리 프로그램

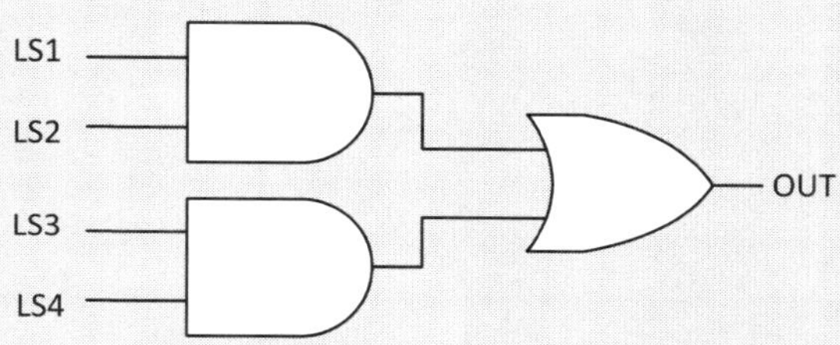

등가 불 논리 회로

예 2.13 하나의 리밋 스위치가 NC 릴레이 접점과 직렬로 연결되고 이것은 솔레노이드 밸브를 제어하기 위하여 사용된다.

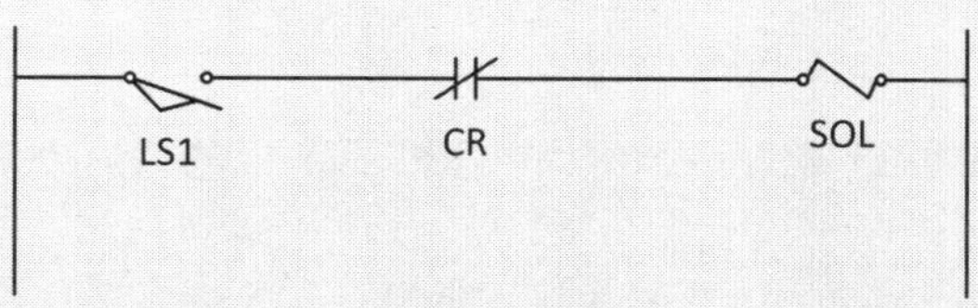

릴레이도

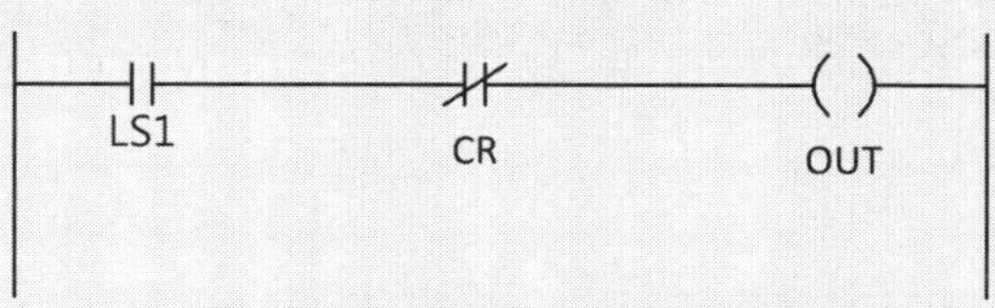

래더 논리 프로그램

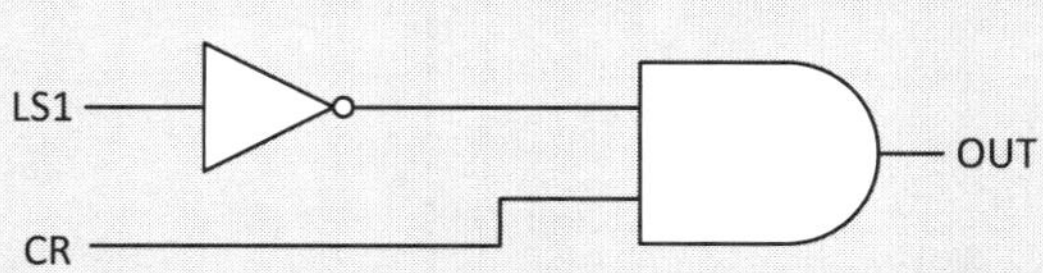

등가 불 논리 회로

예 2.14	배타적 OR 회로이다. 이 회로의 출력은 푸시버튼 스위치 A, B 모두가 눌러졌을 때가 아니라 두 개 중 하나가 눌러졌을 때만 온 된다. (⊕기호는 배타적 OR 심볼)

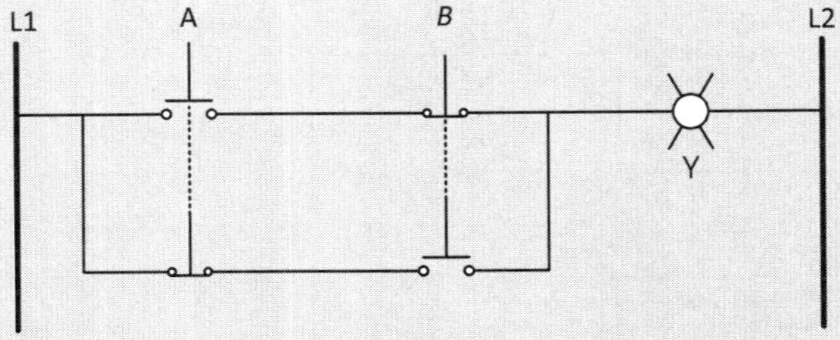

릴레이도

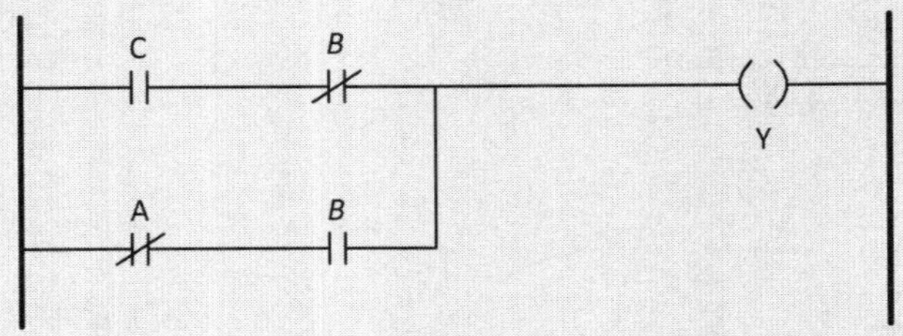

래더 논리 프로그램

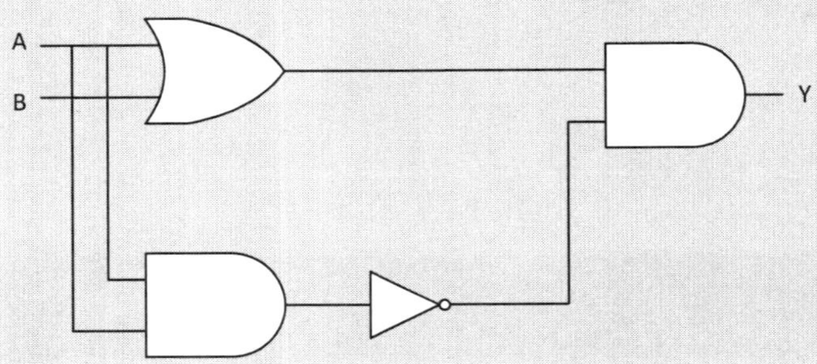

등가 불 논리 회로

예 2.15	두 개의 정지 스위치를 가진 전동기 제어회로이다. 기동 버튼이 눌러지면 전동기는 운전된다. 자기유지회로에 의하여 기동 버튼이 복귀해도 운전상태를 유지한다. 정지 버튼이 눌러지면 전동기는 정지한다.

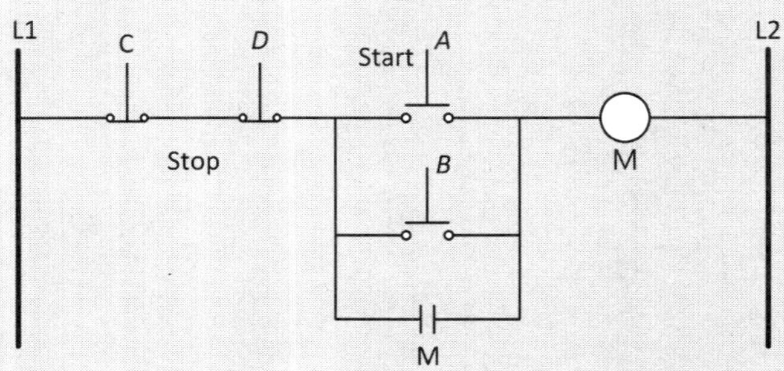

릴레이도

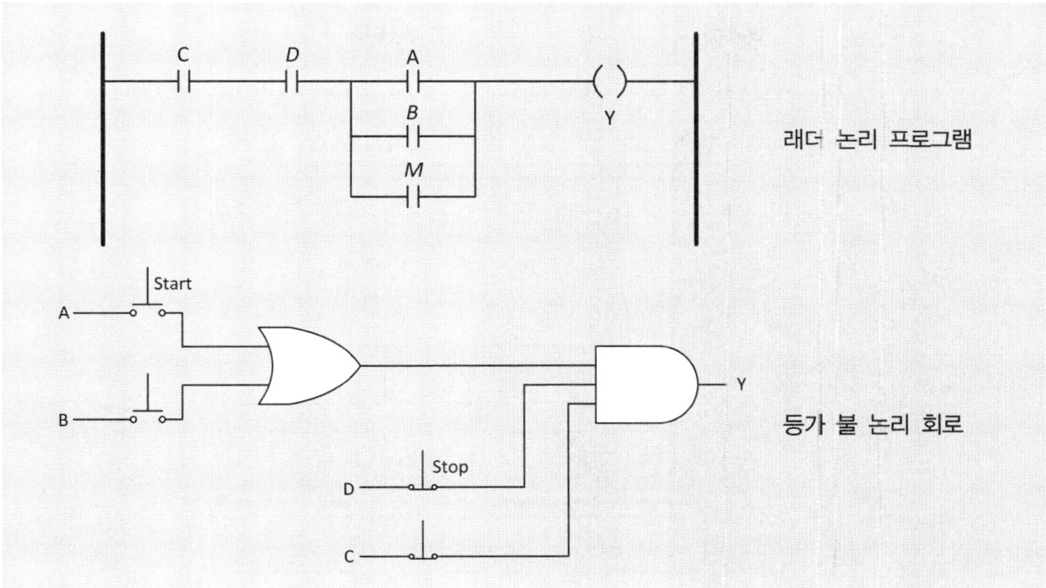

2.8 비트 연산

일부 PLC는 비트 연산 명령어를 제공한다. 그림 2.27은 두 데이터의 비트 AND 동작을 수행하기 위한 비트 AND 명령어의 동작을 보여준다. 그림 2.28은 비트 OR 연산 동작을 보여준다. 이 동작은 소스 A에 있는 데이터와 소스 B에 있는 데이터를 비트 단위로 OR 연산을 실행한다. 그리고 그 결과는 목적지 주소에 저장된다. 그림 2.29는 XOR 연산 동작을 보여준다. XOR 동작은 각 비트가 서로 일치하지 않을 경우 "1"이 되고 서로 일치하는 경우 "0"이 된다. XOR는 리밋 스위치와 같은 실제 입력과 원하는 상태를 비교하는 진단용으로 이용된다. 그림 2.30은 NOT 연산 동작을 보여준다. 각 비트를 반전시키는 동작을 수행한다.

1	0	1	1	0	0	1	0
1	1	0	1	1	0	1	1
1	0	0	1	0	0	1	0

그림 2.27 비트 AND 연산

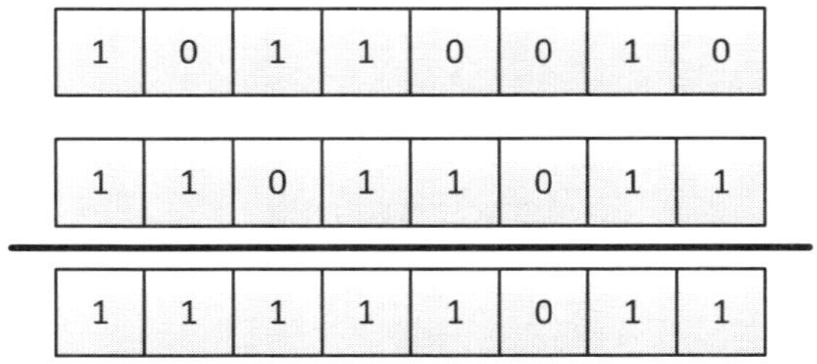

그림 2.28 OR 연산

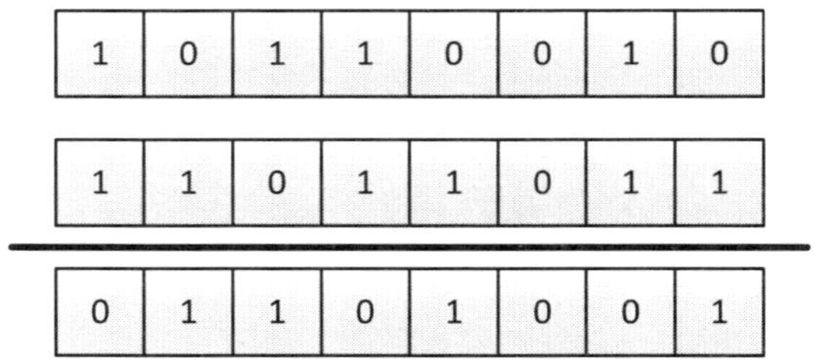

그림 2.29 XOR 연산

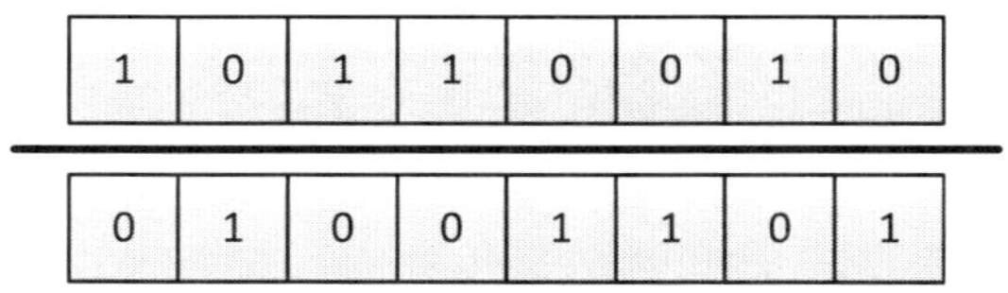

그림 2.30 NOT 연산

학습평가문제

01 다음에 주어진 각각에 대한 논리회로의 심볼을 그리고 진리표를 작성하시오. 그리고 다음 각각에 대하여 불 대수식을 쓰시오.

㉠ 2입력 AND 회로　　㉡ NOT 함수

㉢ 3입력 OR 회로　　㉣ XOR 함수

02 다음 각 논리식으로부터 논리회로를 구성하시오.

㉠ $Y=(A+B)CD$　　㉡ $Y=A\overline{B}+\overline{D}+E$

㉢ $Y=[(\overline{A}+\overline{B})C]+DE$　　㉣ $Y=(\overline{A}B\overline{C})+(D\overline{E}F)$

03 다음 결선도로부터 논리식을 도출하고 논리 회로를 구성하시오.

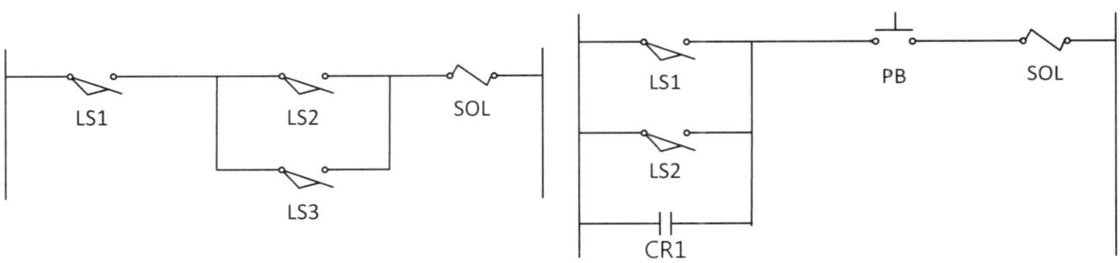

(a)　　(b)

그림 2.31

04 AND, OR, NOT 회로를 이용하여 다음의 각 논리식에 대한 논리 회로를 그성하시오.

㉠ $Y=ABC+D$　　㉡ $Y=AB+CD$

㉢ $Y=(A+B)(\overline{C}+D)$　　㉣ $Y=\overline{A}(B+CD)$

㉤ $Y=\overline{A}B+C$　　㉥ $Y=(ABC+D)(E\overline{F})$

05 다음 상황에서 사용되는 논리 연산은 무엇인가?

㉠ 서로 다른 두 워드에서 하나 또는 모든 매칭 비트가 ON 일 때를 알기를 원할 때

㉡ 한 워드에서 비트의 상태를 역으로 하기를 원할 때

㉢ 서로 다른 두 워드에서 매칭 비트가 모두 ON이 될 때를 알기를 원할 때

㉣ 서로 다른 두 워드에서 모든 비트가 아니라 매칭 비트의 하나 또는 다른 비트가 ON이 되는 때를 알기를 원할 때

06 다음의 조건이 충족되면 표시등이 켜지는 것이 요구된다. 이때 AND, OR, NOT 회로를 이용하여 이 문제를 해결하기 위한 논리 회로를 구성하시오.

㉠ 모든 4개의 압력 스위치가 ON 된다.

㉡ 3개의 리밋 스위치 중 적어도 두 개가 ON 된다.

㉢ 리셋 스위치가 ON 된다.

07 그림 2.32(a)에서 그림 2.32(e)까지의 각 논리 회로에 대한 논리식을 작성하시오.

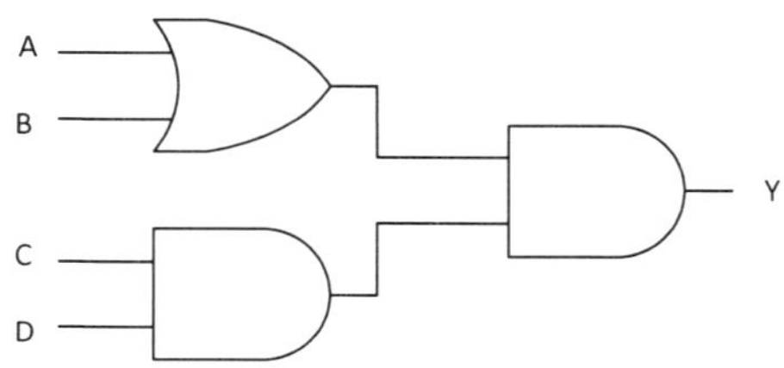

(a)

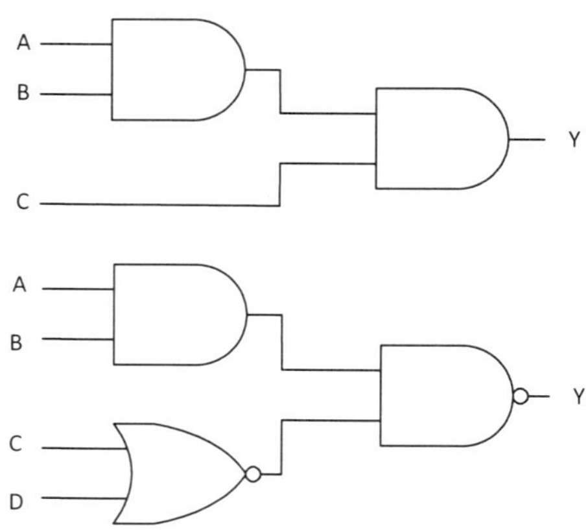

(b)

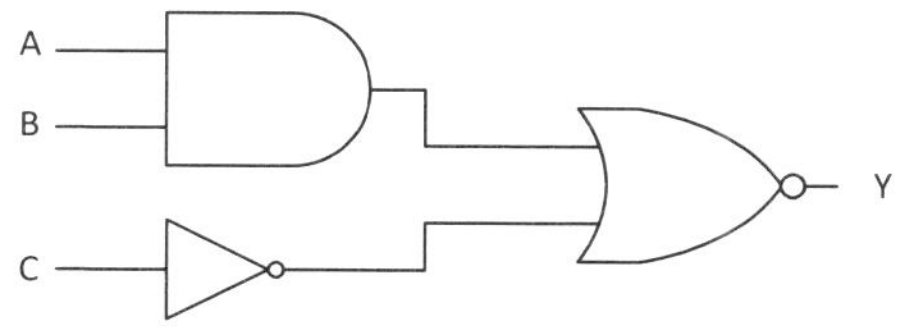

(c)

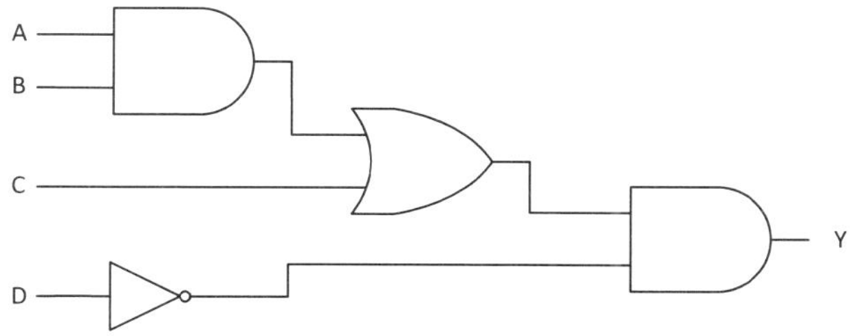

(d)

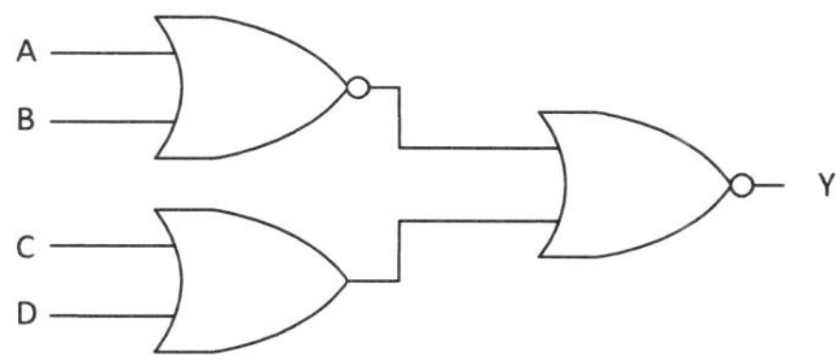

(e)

그림 2.32 논리회로

08 그림 2.33의 논리 회로는 출력(Y)이 "1"일 때 알람을 활성화시키기 위하여 사용된다. 16개의 모든 가능한 입력 조건에 대한 출력 결과를 보여주는 회로에 대한 진리표를 작성하시오.

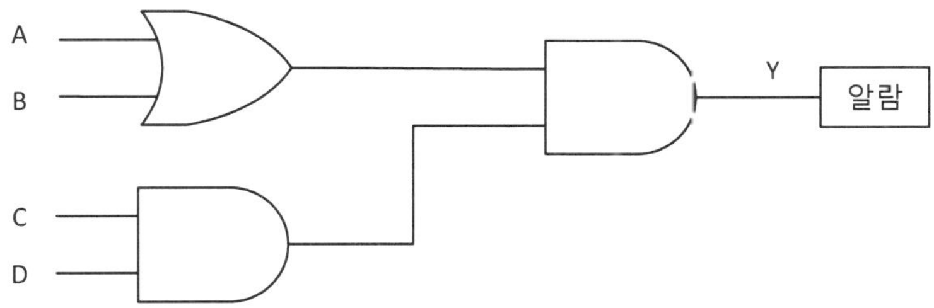

그림 2.33 논리회로

09 다음의 상황(㉠에서 ㉤까지)을 그림 2.34에서 유사한 논리회로와 연결시키시오.

㉠ 새로운 PLC를 구입하기 위해서는 기존의 PLC와 50만원 현금을 이용하여 보상 구매하던지 또는 100만원을 가지고 신규 구매하여야 한다.

㉡ 가습기를 동작시키기 위해서는 전원이 투입되어 있고 수조에 최소한의 물이 있는 상태에서 가습기에 있는 시작 스위치를 누르거나 또는 리모컨에 있는 시작 스위치를 누르면 된다.

㉢ PLC 과목을 이수하기 위해서는 중간평가와 기말평가를 모두 통과하여야 하고 결석은 전체 수업일수의 1/4을 넘지 말아야 한다.

㉣ 카드게임에서 한 쌍의 킹이나 한 쌍의 에이스를 가진 사람은 그 게임을 이긴다.

㉤ 회사에 입사하기 위해서는 자격증을 소지하거나 또는 해당 관련 학과를 졸업한 후 면접시험에 통과하거나 또는 필기시험과 실기시험에 모두 합격한 후 면접시험에 통과하여야 한다.

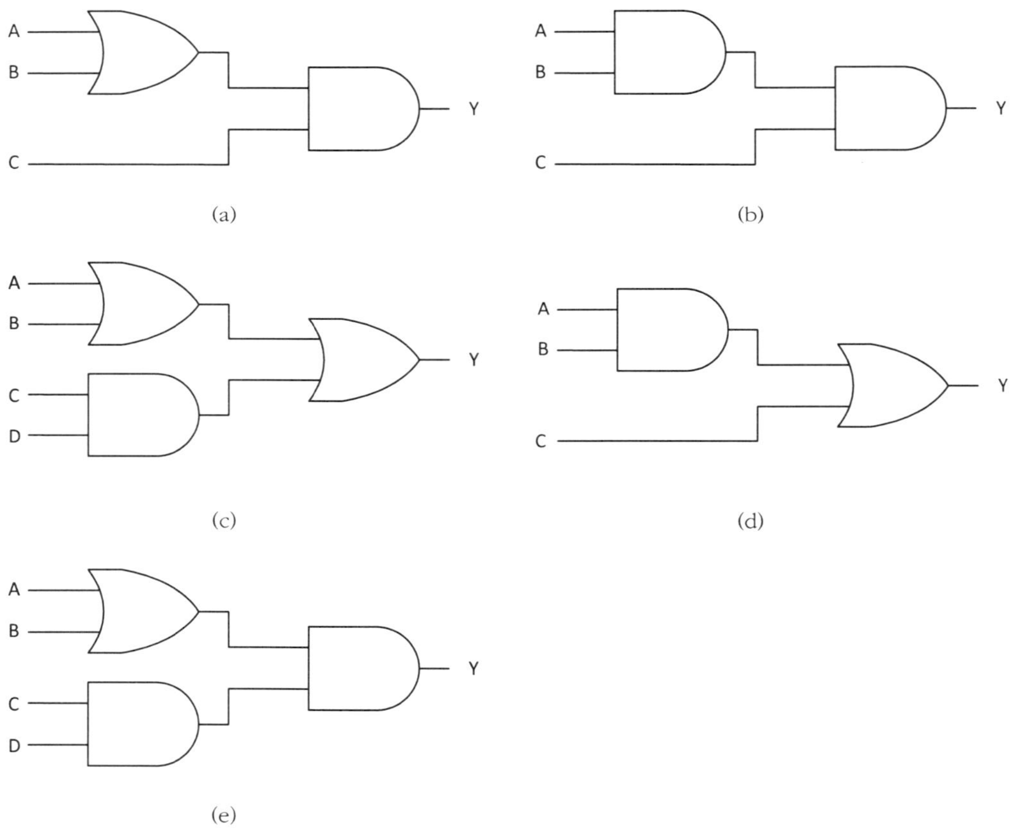

그림 2.34 논리회로

10 두 개의 2진수를 다음과 같이 연산하면 그 결과는 얼마인가?

1	0	0	1	1	0	1	0
0	1	0	1	1	0	1	1

그림 2.35

㉠ 비트 AND 연산

㉡ 비트 OR 연산

㉢ 비트 XOR 연산

11 다음 주어진 조건에 대한 논리식을 구하고 논리회로를 구성하시오.

㉠ 입력 A는 OFF

㉡ 입력 B는 ON 또는 입력 C는 ON 또는 입력 B와 C는 ON

㉢ 입력 D 그리고 E는 모두 ON

㉣ 입력 F, G, H 중 하나 또는 그 이상이 ON

MEMO

chapter 3

자동 제어와 시퀀스 제어

3.1 자동 제어의 개념

제어란 "어떤 목적에 적합하도록 제어 대상에 필요한 조작을 가하는 것"이라고 정의할 수 있다. 예를 들면 수도꼭지로 더운물과 찬물의 유량을 조절함으로써 물의 온도와 세기를 제어할 수 있다. 자동제어의 또 다른 예로는 실내온도 조절기의 온도 값을 설정하여 방안의 온도를 제어하는 것이다. 앞의 두 가지 예에서 수도꼭지의 물 온도와 세기를 조정하는 것은 사람이 직접 조절하게 되는데, 이와 같이 사람이 직접 하는 제어방식을 수동제어라고 한다. 그러나 두 번째 예에서는 방안의 온도조절을 하기 위하여 온도조절기의 값을 설정하면 설정된 방안 온도를 유지하기 위하여 방안의 온도가 설정치 보다 높으면 보일러를 끄고, 낮으면 보일러를 켜는 동작을 자동으로 수행한다. 이와 같이 컴퓨터 또는 기계에 의하여 원하는 양이 자동으로 조절되는 제어방식을 자동제어라 한다.

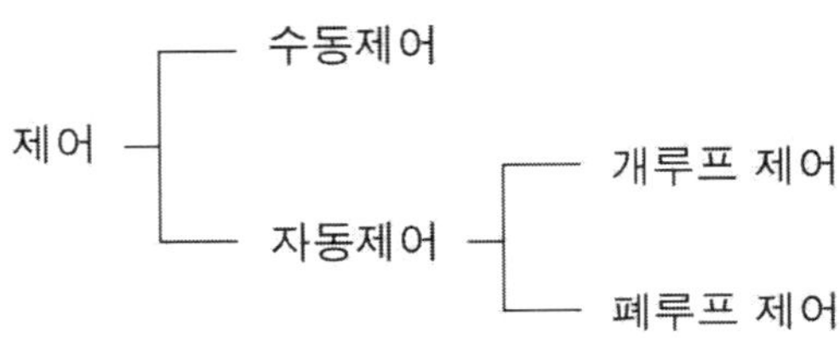

그림 3.1 제어의 종류

3.2 자동 제어계의 종류

자동 제어계는 크게 개루프 제어와 폐루프 제어 두 가지로 나누어진다.

1. 개루프 제어계

개루프 제어의 가장 대표적인 예는 그림 3.2와 같이 세탁기와 커피 자동판매기이다. 세탁기는 사용자가 세탁기에 세탁물을 넣고 시작 스위치를 누르면 설정된 순서에 따라 급수, 세탁, 탈수, 건조 순으로 진행된다. 이렇게 동작하는 세탁기는 세탁물이 완전히 세탁되었는지는 알 수 없으며 단지 세탁 순서가 종료되면 세탁물의 세탁 여부에 상관없이 세탁동작을 완료하게 된다. 커피 자동판매기도 마찬가지로 동작된다. 동전을 투입하고 원하는 형태의 커피 선택 스위치를 누르면 원하는 커피가 정상적으로 만들어지는지는 상관없이 컵을 배출한 후 컵에 미리 설정된 양의 물을 커피, 설탕과 함께 배출한다. 하지만 최종적으로 컵에 담긴 커피가 정상적으로 제조 되었는지는 알지 못한다. 예를 들어 내부 컵 스택에 컵이 없는 경우 이를 인지하지 못하고 정해진 순서대로 진행되어 커피와 설탕 그리고 물은 컵이 없는 상태에서 배출된다. 이와 같이 개루프 제어계는 구조가 간단하고 설계가 용이하여 단순하고 경제적인 장점이 있으나 예상치 않은 외란 등에 의하여 초기설계와 달리 출력에 오차가 발생할 경우가 있는데, 개루프 제어 시스템은 이 오차를 교정할 수 없는 단점을 가지고 있다. 그러므로 개루프 제어계는 입력과 전체 시스템을 정확히 알거나 출력을 예측할 수 있는 작은 규모의 시스템에 적합하다.

그림 3.3는 개루프 제어계의 일반적인 구성도를 보여준다. 개루프 제어계는 그림 3.3에서와 같이 제어 입력을 받아 동작신호를 생성하는 제어기 부분과 동작신호를 받아 실제 동작을 실행하는 제어공정 부분으로 나누어진다. 여기서 동작신호는 제어공정을 제어하여 규정된 기준에 맞게 출력을 내도록 한다. 개루프 제어는 시퀀스 제어 방식으로 많이 응용되고 있다. 시퀀스 제어는 세탁기, 엘리베이터 등과 같이 정해진 순서에 따라 각 제어 단계를 진행하는 제어 방식을 말한다.

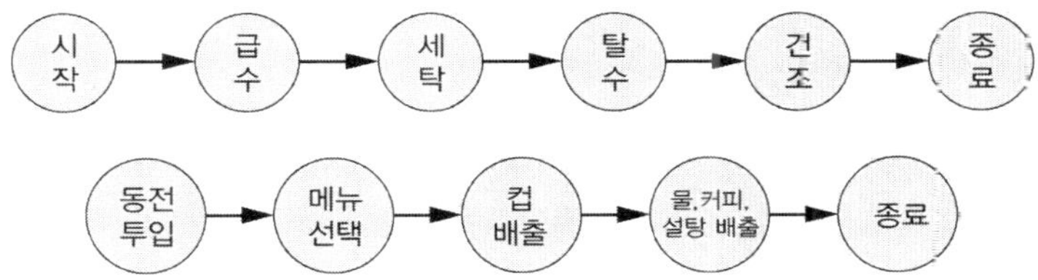

그림 3.2 개루프 제어계의 예

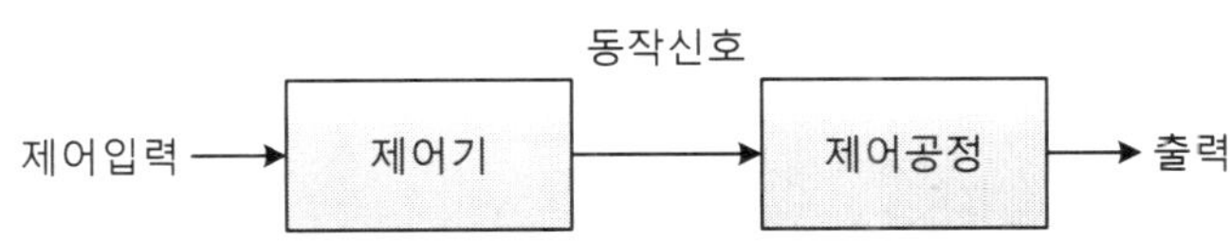

그림 3.3 개루프 제어계의 일반적인 구성도

2. 폐루프 제어계

폐루프 제어계의 대표적인 예는 가정에서 사용되는 전기담요이다. 전기담요의 경우 온도센서가 있어 설정된 온도보다 높을 경우 자동으로 전원을 차단하고 설정온도보다 낮을 경우 자동으로 전원을 투입하여 항상 설정된 온도가 유지되도록 제어하게 된다. 전기담요의 자동온도조절기의 형태는 그림 3.4와 같다.

전기담요의 온도제어기에서 목표온도를 설정하고 전원스위치를 켜면 전기담요의 전열기는 열을 발생한다. 이때 전기담요의 온도는 센서에 의하여 매 순간 감지되어 입력되어 있는 목표온도와 비교된다. 이때 전기담요의 온도가 설정된 목표온도보다 높으면 전열기의 동작 스위치가 차단되어 온도가 낮아지며, 온도제어기에 의하여 설정된 목표온도보다 낮아지면 다시 동작 스위치가 켜지게 되어 항상 설정된 온도를 유지하도록 한다.

이와 같이 폐루프 제어계는 제어계의 출력과 기준입력을 비교하여 두 값이 일치할 때까지 제어를 계속해 나가는 궤환 루프가 있는 제어계이다. 여기서, 제어기는 동작신호를 받아서 제어편차를 감소시켜 조작신호를 만들어 제어공정에 넘기는 제어동작을 하며 보통 조절부와 조작부로 이루어진다.

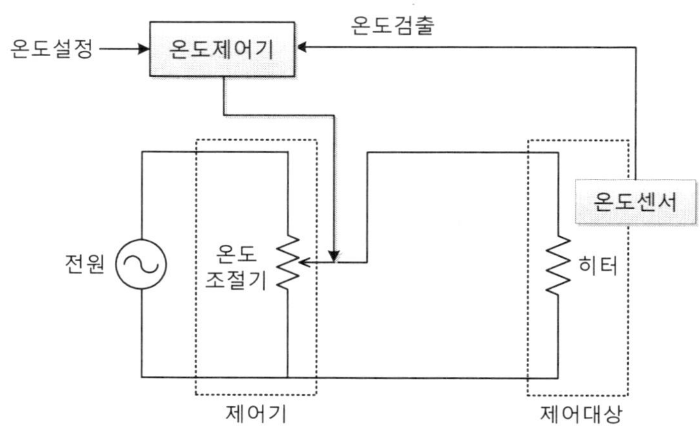

그림 3.4 폐루프 제어기의 예(전기담요 자동온도조절장치)

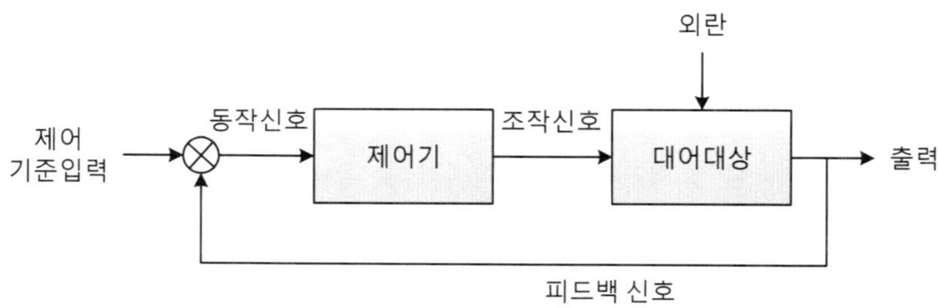

그림 3.5 폐루프 제어계의 일반적인 구성도

3.3 피드백 제어와 시퀀스 제어

제어이론에 따라 제어 시스템을 분류해 보면 피드백 제어는 페루프 제어 이론에 바탕을 두고 있고 시퀀스 제어는 개루프 제어 이론을 바탕으로 이루어진다.

1. 피드백 제어

피드백 제어는 그림 3.6과 같이 피드백 루프를 가지고 있는 제어 시스템을 말한다. 피드백 제어는 목표값에 따라 자동적으로 행해지는 제어로 제어량의 종류에 따라 공정제어, 서보기구, 자동조정 등으로 나눈다. 시퀀스 제어와 비교해 보면 비교부가 존재하여 현재의 출력값과 제어 목표값을 비교하여 원하는 출력을 얻을 수 있을 때까지 계속 제어를 수행하는 제어계이다.

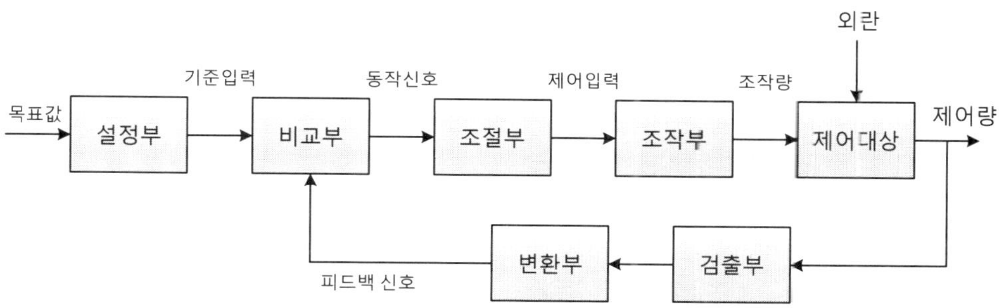

그림 3.6 피드백 제어의 신호전달 계통

이와 같은 피드백 제어의 장점은 정확도와 정밀도를 높일 수 있고 인간과 같이 기분에 좌우되지 않으므로 신뢰성을 향상시킬 수 있다. 또한 생산량을 높일 수 있으며 인건비가 절감되고 작업환경이 열악한 곳에서도 노동 조건을 향상시킬 수 있다. 피드백 제어는 현재 자동화 분야의 핵심 기술로 자리 잡고 있으며 PLC의 기술에도 많이 도입되어 PLC의 성능을 한층 향상시키고 있다.

2. 시퀀스 제어

시퀀스 제어 회로는 결과가 처음부터 알려져 순서대로 실행되는 회로로서 피드백 제어에서와 같이 오차를 수정할 수 있는 피드백 회로가 없고 입력 신호에서 출력신호까지 정해진 순서에 따라 일방적으로 제어 명령이 전해지는 순차제어 시스템을 말한다. 표 3.1은 피드백 제어 시스템과 시퀀스 제어 시스템의 장단점을 보여 준다.

표 3.1 피드백 제어와 시퀀스 제어의 장단점

제어 방식	장점	단점	예
피드백 제어	정밀 제어	복잡 고비용 숙련된 기술 필요	인공위성 제어, 크루즈 미사일, 전기장판
시퀀스 제어	간단 저렴 조작 및 운용이 간단	오차 발생	세탁기, 밴딩머신 신호등 제어, 전기밥솥, 엘리베이터 제어

3.4 시퀀스 제어 시스템

시퀀스 제어는 신호등과 같이 정해진 순서에 따라 차례대로 진행되는 제어를 말하며 인간의 생활과 매우 밀접한 관계를 가지고 있다. 최근의 제어기술은 시퀀스제어와 피드백 제어가 결합되어 하나의 제품을 만드는데 이용되고 있는데, 대표적으로 PLC를 이용한 제어 기술이 여기에 속한다.

1. 시퀀스 제어이론

시퀀스 제어는 그림 3.7과 같이 출력이 전혀 입력에 영향을 주지 못하는 개루프 이론에 바탕을 두고 있다. 따라서 신호가 $C_1 \rightarrow C_2 \rightarrow C_3$ 순으로 진행하여 제어대상을 제어한다.

그림 3.7 시퀀스 제어 시스템

시퀀스 제어 방식을 사용하는 목적은 피드백 제어에 비하여 구성이 간단하고 가격이 저렴하며 순차제어가 가능하기 때문이다. 이와 같은 시퀀스 제어의 종류를 살펴보면 다음과 같이 나눌 수 있다.

(1) 순서제어

기억과 판단 기억에 의하여 미리 정해진 순서에 따라 순차적으로 제어를 행한다.

(2) 시한제어

기억과 타이머나 카운터와 같은 시한 기구에 의하여 미리 정해진 시간에 따라 제어를 행한다.

(3) 조건제어

판단기구에 의하여 미리 정해진 조건에 따라 제어를 행한다. 단 피드백 제어와 다른 것은 피드백 제어는 목표치의 조건에 미치지 못하면 출력이 입력에 영향을 주어 원하는 목표 값까지 제어를 수행하나 시퀀스 조건 제어는 제어 목표치에 미달하더라도 출력이 입력에 영향을 주지 못한다.

(4) 프로그램 제어

컴퓨터나 프로세서에 의하여 메모리에 입력된 정해진 프로그램에 따라 수행되는 제어를 말한다.

이상은 명령처리에 따라 분류한 것이며, 이를 제어장치에 따라 븐류하면 다음과 같다.

(1) 유접점 시퀀스 제어

릴레이 전자 개폐기 등 기계적 유접점을 이용한 제어를 말한다.

(2) 무접점 시퀀스 제어

IC 등 전자기구와 반도체의 무접점을 이용하여 수행하는 제어장치로서 PLC 제어의 기본이 되는 제어이다.

(3) PLC 제어

시퀀스 회로를 프로그램화 하여 무접점 시퀀스를 이용하여 행하여지는 제어를 말한다.

2. 시퀀스 제어의 구성

시퀀스 제어계는 그림 3.8과 같이 명령 처리부, 제어부, 제어대상, 표시 정보부, 검출부 등으로 구성된다. 피드백 제어기와 비교해 보면 목표치와 피드백된 신호를 조절하는 조절부가 시퀀스 제어계에는 없다는 것을 알 수 있다.

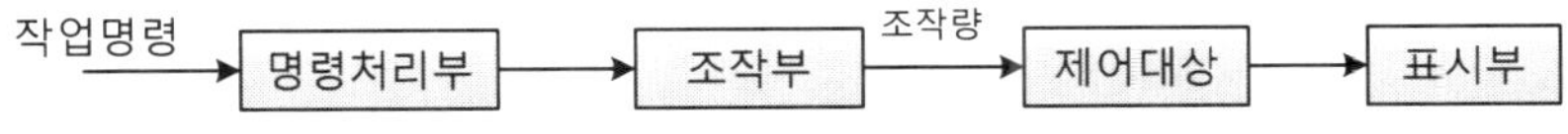

그림 3.8 시퀀스 제어계의 구성

시퀀스 제어계를 표시하는 방법에는 기기의 접속과 배치를 중심으로 표시하는 실제 배선도가 있는데 실제로 회로를 배선하는 경우에는 편리하나 회로가 복잡하여 회로 해독이 어렵다. 이러한 복잡한 문제를 해결하기 위해서 블록선도나 논리회로, 각종 기호나 심볼, 차트 등을 이용하여 누구나 쉽게 알 수 있도록 작성하는 것을 원칙으로 한다. PLC의 래더 다이어그램이나 타임 차트, 플로차트 등이 대표적인 경우이다.

3. 시퀀스 제어의 기본 용어

시퀀스 제어계에서 사용되는 용어들을 살펴보면 다음과 같다.

(1) 작업명령

시퀀스 제어계에 외부에서 주어지는 입력신호를 말한다.

(2) 명령 처리부

작업명령 또는 검출신호를 미리 기억시켜 둔 순서나 신호에 의하여 제어명령을 지령하는 부분이다.

(3) 제어명령

제어대상을 제어하는 신호로서 정성적 제어와 정량적 제어가 있다.

(4) 조작부

제어대상을 직접 제어하는 부분으로서 제어 명령신호를 증폭하여 제어대상을 조작하기에 편리한 조작 신호로 만든다. 조작 신호의 형태는 디지털 신호와 아날로그 신호가 있다.

(5) 제어대상

제어를 하고자 하는 장치를 말한다.

(6) 표시 경보부

제어상태를 표시하거나 문제가 발생시에 경보 등을 발생하는 부분이다.

(7) 제어량

제어대상의 결과를 나타내는 제어대상의 상태이다.

(8) 검출신호

제어량이 제어를 목표로 하는 정해진 조건을 만족하고 있는지를 나타내는 신호이다.

(9) 제어부

명령처리부, 조작부, 검출부, 경보부를 총칭하여 제어부라 한다.

4. 시퀀스 제어의 응용

시퀀스 제어를 위해 사용되는 부품들은 반도체의 기술 혁신에 힘입어 날로 발달함과 동시에 시퀀스 제어 응용범위도 넓어지고 있다 최근 많은 기계의 시퀀스 제어화가 실행되고 있다. 지금까지는 시퀀스 제어용 장치를 위한 시퀀스 제어반이 제조되었는데, 최근에 PLC의 출현으로 회로 구성의 자유로운 변경이 가능하게 되었다. 종래 널리 사용되고 있던 시퀀스 제어 장치는 릴레이, 타이머, 무접점 릴레이 등을 이용하여 배선하여 구성되었지만, 오늘날 PLC는 컴퓨터처럼 기억 능력을 가지고 있어 시퀀스 내용을 프로그램화 하여 기억 저장시킬 수 있으며 또한 시퀀스 내용의 변경을 간단히 할 수 있다. 오늘날 시퀀스 제어가 활용되고 있는 범위를 열거하면 광범위하지만 크게 나누어 보면 다음과 같다.

(1) 각종 기계에 응용

공장기계, 트랜스퍼 머신, 컨베이어, 크레인, 압연기, 인쇄기, 용접기, 펌프, 발전기, 보일러, 통신기 등 기타 모터를 응용하는 제반 기계

(2) 일상생활에 응용

교통신호, 엘리베이터, 광고탑, 자동판매기, 세탁기, 전기밥솥 냉장고 등

(3) 조업관리에 대한 응용

물품 운송관리, 창고관리, 생산수량관리, 자동차 조립라인 관리, 송배전 관리, 열차의 운전관리, 선박의 운항 및 하역 항공제어의 제어장치 등

(4) 각종 공업 프로세서에 응용

원심분리기, 여과기, 염색조, 각종로, 이온 교환장치, 분뇨처리 장치, 발효조, 각종 원료혼합장치 등

(5) 기타

인공위성의 발사 및 추적 의료관계 과학용 측정장치, 원자로 관계 제어

3.5 시퀀스 제어회로의 구성 부품

1. 조작용 스위치

(1) 푸시버튼 스위치

푸시버튼 스위치는 수동으로 버튼을 누르면 접점기구부가 개폐동작을 행하여 전로 또는 폐로 하며 손을 떼면 자동으로 원상태로 복귀하는 제어용 조작 스위치를 말한다.

그림 3.9 푸시버튼 스위치

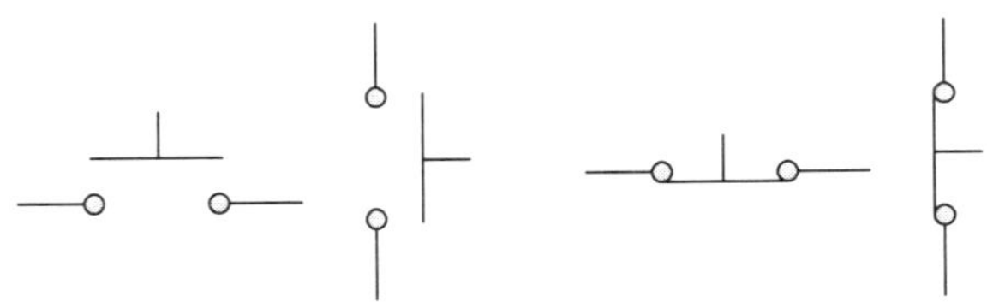

(a) A접점 (b) B접점

그림 3.10 푸시버튼 스위치의 그림기호

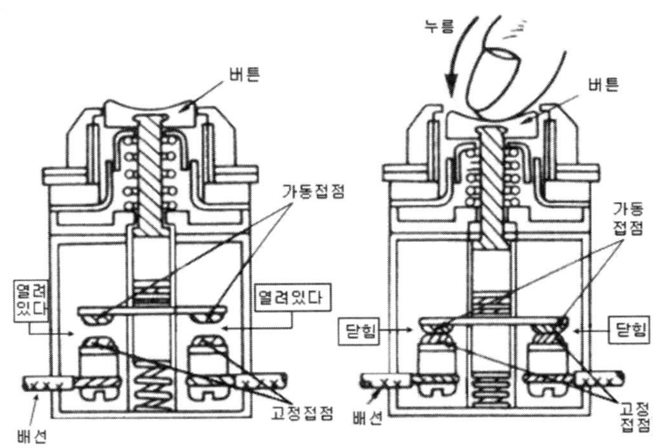

(a) 복귀상태 (b) 동작상태

그림 3.11 푸시버튼 스위치의 접점 복귀 상태와 동작상태

(2) 토글 스위치

손가락 끝으로 손잡이 레버를 직선적으로 왕복 운동시켜 이것을 기계적으로 접점부에 전달함으로서 회로의 개폐 조작을 하는 스위치로서 수동, 자동 절환 등 전원 스위치 및 전로의 절환 조작에 주로 사용된다.

그림 3.12 토글 스위치

(3) 회전 스위치

셀렉터 스위치, 로터리 스위치 등이 이에 속하며 손잡이나 레버의 회전에 의하여 개폐하는 스위치로서 온/오프 및 2단 이상의 전환용 스위치로 사용한다.

그림 3.13 회전 스위치

(4) 캠 스위치

캠 스위치는 캠의 회전에 의하여 접점이 개폐되는 스위치로서 여러 개의 단자를 이용할 수 있는 장점이 있다.

그림 3.14 캠 스위치

(5) 검출용 스위치

① 온도 스위치

온도가 설정치에 도달했을 때 동작하는 스위치로서 온도가 상승하면 저항값이 증가하고 온도가 내려가면 저항값이 낮아지는 원리로 온도를 검출한다.

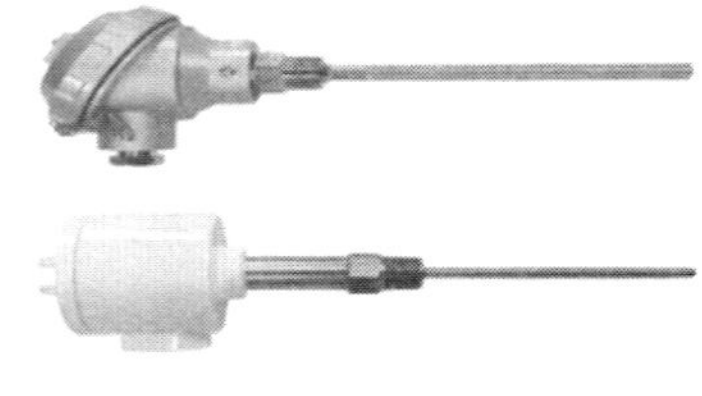

그림 3.15 온도 스위치

② 근접 스위치

자계 에너지를 이용하여 검출 헤드 부분에 접근하는 금속체를 검출하여 전기회로를 개폐하는 스위치이다.

그림 3.16 근접 스위치

③ 플로트 스위치

액체의 액위를 검출하는 스위치로서 부자를 사용하는 플로우트식과 밑면의 수압을 이용하는 압력식, 액체가 전극에 접촉할 때 전극간의 저항의 변화를 검출하는 전극식 등이 있다.

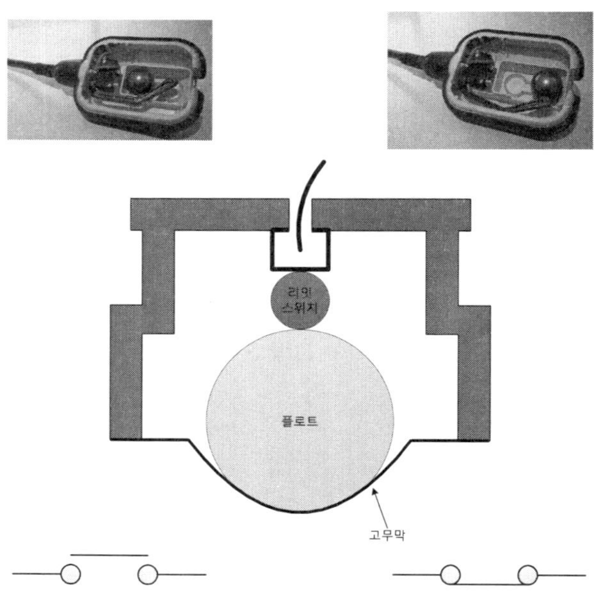

그림 3.17 플로트 스위치의 원리와 기호

④ 광전 스위치

빛을 신호로 사용하는 스위치로서 투광부와 수광부로 나뉘어 있다. 투광부의 빛을 수광부에서 받아들이면 스위치가 온 되고 차단하면 오프 된다.

그림 3.18 광전 스위치

⑤ 리미트 스위치

검출용 스위치 중에서 가장 많이 사용하는 스위치로서 사용이 편리하고 저렴하다. 물체가 닿으면 접촉자가 움직여 접점이 개폐되는 방식이다. 물체의 형 또는 뾰족한 부분을 캡 또는 도그라 하며 캠은 정해진 위치보다 더 진행했는지를 검출하고 도그는 정해진 위치에 있는지를 검출한다.

그림 3.19 리밋 스위치와 기호

2. 제어용 계전기

(1) 전자 계전기(릴레이)

그림 3.20은 전자계전기의 외관 및 내부 구조를 보여 준다. 전자계전기는 릴레이라고도 불리며 전자석에 의한 철편의 흡입력을 이용해서 접점을 개폐하는 기능을 가진 기기를 말한다.

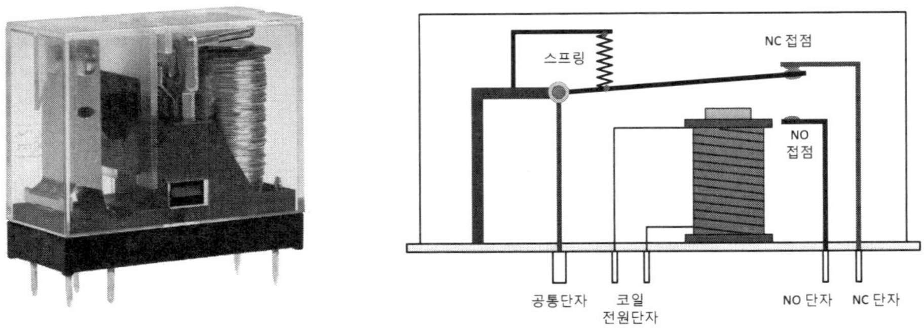

그림 3.20 릴레이의 외관 및 내부구조

릴레이 시퀀스 제어에서 제어기기 가운데 주역이 되는 것으로서 소형으로 접점의 수가 많은 제어용 전자 계전기에서부터 큰 전류의 개폐도 할 수 있는 전력용 전 자계전기 등 여러 가지 종류가 있다. 그림 3.21은 전자계전기의 그림 기호를 나타낸다. 전자 계전기는 일반적으로 A 접점과 B 접점을 모두 가지고 있다.

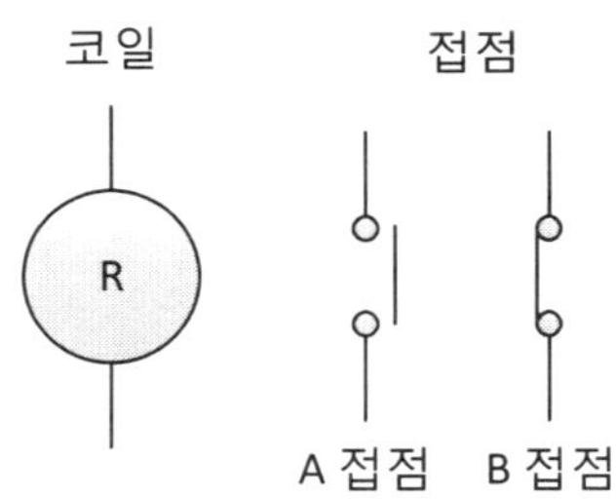

그림 3.21 전자계전기의 그림 기호

릴레이의 작동 원리는 그림 3.22에서 보여준다. 그림 3.22(a)는 동작 전 상태를 보여준다. 동작 전 상태는 스프링에 의하여 NC 접점이 온 되어 있고 NO 접점은 오프 되어 있는 상태이다. 전자 릴레이를 동작시키기 위해서는 그림 3.22(b)와 같이 외부에 전원을 연결하여 내부 여자 코일에 전류를 공급하면 된다. 내부 봉상 코일에 전류가 공급되면 봉상 코일은 전자석이 되며, 따라서 스프링의 힘에 의하여 NC 접점에 연결되어 있던 접점은 전자석의 힘에 의하여 NO 접점과 연결된다.

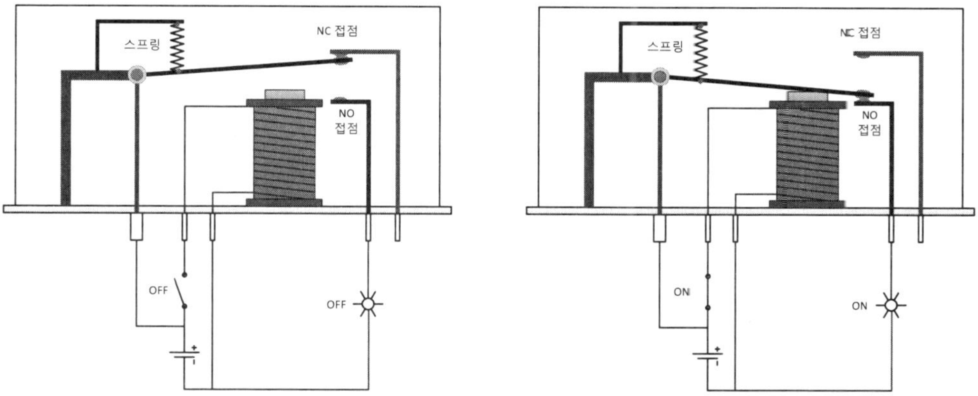

(a) OFF 동작　　　　　　　　　　(b) ON 동작

그림 3.22 릴레이의 동작원리

이와 같이 전자 계전기는 전자석과 스프링의 힘에 의하여 NC 접점과 NO 접점을 자동으로 절환할 수 있다.

릴레이의 접점을 살펴보면 다음과 같다.

표 3.2 릴레이의 종류와 호칭

접점의 종류	접점의 상태	동작 설명
a 접점	상시 열린 접점 Normal Open Contect(NO)	동작 전 스위치 접점이 오프 되어 있다가 동작되면 접점이 온 된다.
b 접점	상시 닫힌 접점 Normal Close Contect(NC)	동작 전 스위치 접점이 온 되어 있다가 동작되면 접점이 오프 된다.
c 접점	전환접점 Change Over Contact	a, b 접점이 모두 존재하며 동작 전에는 a 접점이 온 상태를 유지하다가 동작 후에는 b 접점이 온 되는 절환 접점을 가진다.

(2) 타이머 계전기

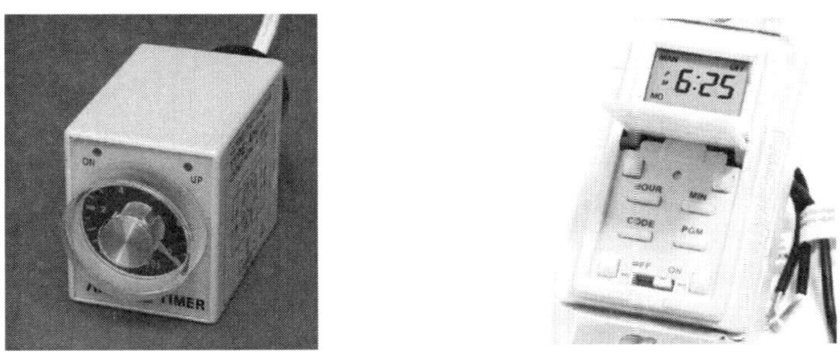

(a) 기계식 타이머　　　　　　　　　　(b) 전자식 타이머

그림 3.23 타이머 외관

일반적으로 전자 계전기는 전자 코일에 전류를 흐르게 하면 그 접점은 순간적으로 폐로 또는 개로가 된다. 그러나 한시 계전기는 전기적 또는 기계적 입력을 부여하면 전자 계전기와는 달리 설정된 시한이 경과된 후에 그 접점이 폐로 또는 개로 하는 것으로서 인위적으로 시간 지연을 만들어내는 계전기를 말한다. 타이머의 시간차를 만들어내는 방법에 따라서 모터식 타이머, 전자식 타이머, 제동식 타이머 등이 있다. 그림 3.23은 타이머의 외관을 보여준다. 그림 3.23(a)는 기계식 타이머이고 그림 3.23(b)는 전자식 타이머이다.

표 3.3 타이머 접점과 동작

한시 접점	접점의 종류	심벌	시간적인 동작내용
전자 코일 또는 타이머 구동모터	코일	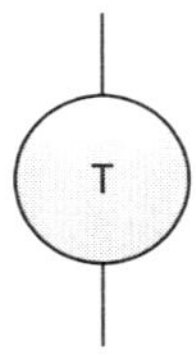	전류가 흐르면 여자 된다.
한시 동작 접점	a 접점	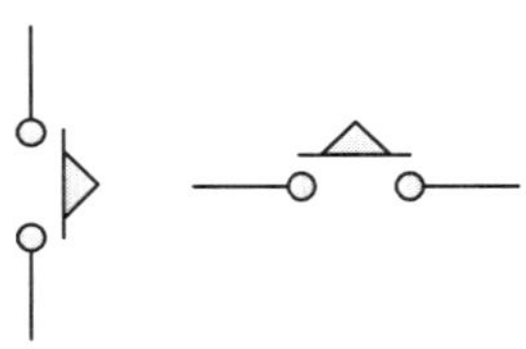	코일이 여자 되면 한시 동작 접점은 설정된 시간이 흐른 후 동작한다. 즉 a 접점은 신호가 입력되어 코일이 여자 되면 설정된 시간이 경과된 후 접점이 동작(온)된다. 그리고 신호가 소멸되면 즉시 복귀(오프)된다.
	b 접점	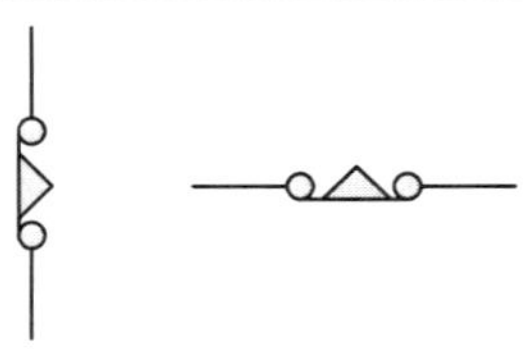	b 접점은 신호가 입력되어 코일이 여자 되면 설정된 시간이 경과된 후 동작(오프)된다. 그리고 신호가 소멸되면 즉시 복귀(온)된다.
한시 복귀 접점	a 접점	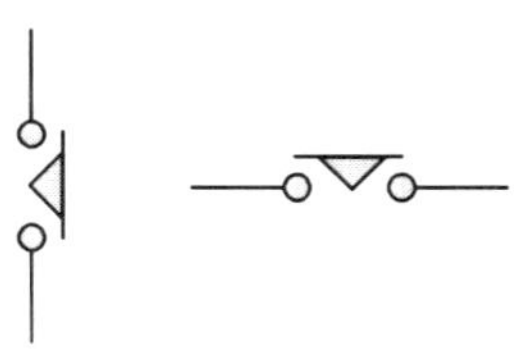	한시 복귀 접점은 신호 입력 후 즉시 동작하고 신호 소멸 후 설정된 시간이 지나면 복귀한다. 즉 a 접점의 경우 신호 입력 후 즉시 온 되지만 신호가 소멸되면 설정된 시간이 지난 후 복귀(오프)된다.
	b 접점	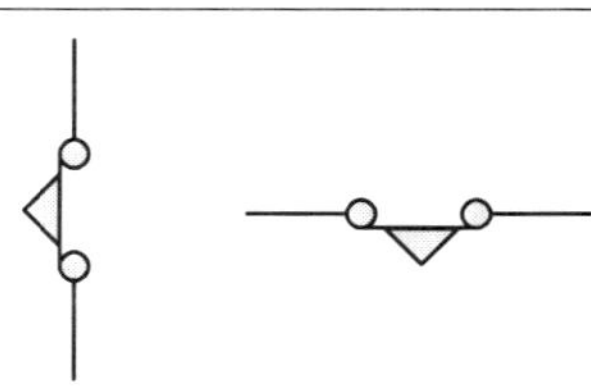	b 접점의 경우 신호 입력 후 즉시 오프 되지만 신호가 소멸되면 설정된 시간이 지난 후 복귀(온)된다.

3. 전자 접촉기(Magnetic Contact)

(1) 전자접촉기의 외형 및 내부구조

전자접촉기의 동작원리는 전자계전기의 동작원리와 동일하다. 전자 코일에 전류가 흐르면 고정 철심이 전자석으로 되어 가동 철심을 흡인하여 가동 철심에 부착된 주 접점과 보조 접점을 폐로하고 전자 코일에 전류가 흐르지 않으면 개로한다. 전자 접촉기는 주로 주회로 전류와 같이 대전류의 개폐나 전동기의 빈번한 시동 정지 제어 등에 사용된다. 그림 3.24는 전자 접촉기의 외형과 내부구조 그리고 접점기호를 보여준다. 그리고 그림 3.25는 전자접촉기의 사용예를 보여준다.

(a) 전자 접촉기 외형

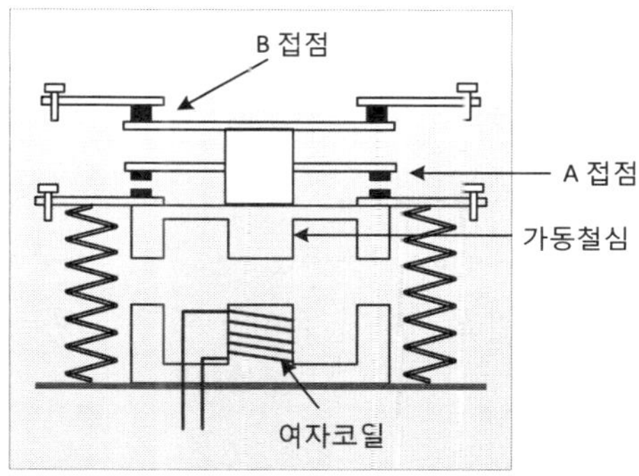

(b) 전자접촉기 내부구조

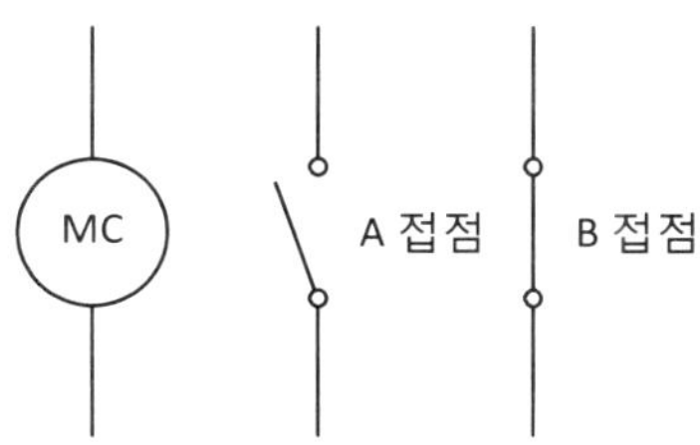

(c) 전자접촉기 기호와 접점

그림 3.24 전자 접촉기 외형/내부구조 및 기호

(2) 접점과 회로 구성

① 주접점

큰 전류가 흘러도 안전한 대전류 용량의 접점으로 주 회로를 구성한다.

② 보조접점

작은 전류 용량의 접점으로 주회로의 개폐조작에 필요한 것으로 조작 회로 또는 보조회로를 구성한다.

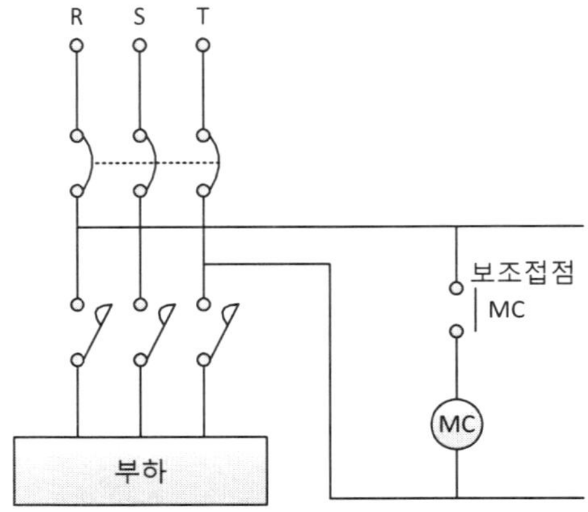

그림 3.25 전자 접촉기 사용 예

4. 열동형 과전류 계전기

열동 계전기라고도 부르며 설정치 이상의 전류가 흐르면 접점을 동작시키는 계전기로서 전동기의 과부하 보호에는 필수적인 부품이다. 주 회로에 삽입된 히터에 과전류가 흐르면 바이메탈이 열을 받아서 굽어져 접점이 동작된다.

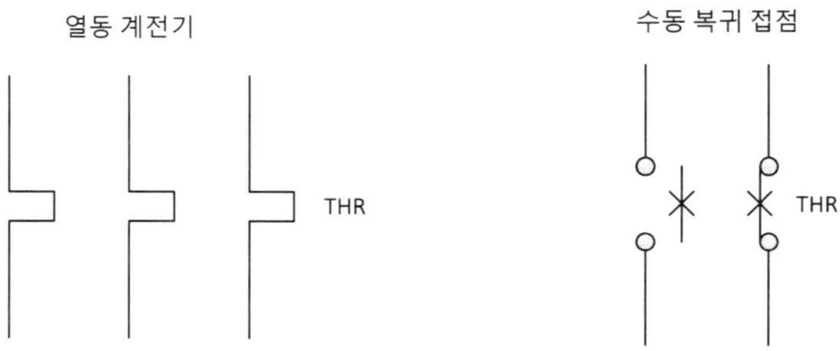

그림 3.26 열동 계전기의 그림기호

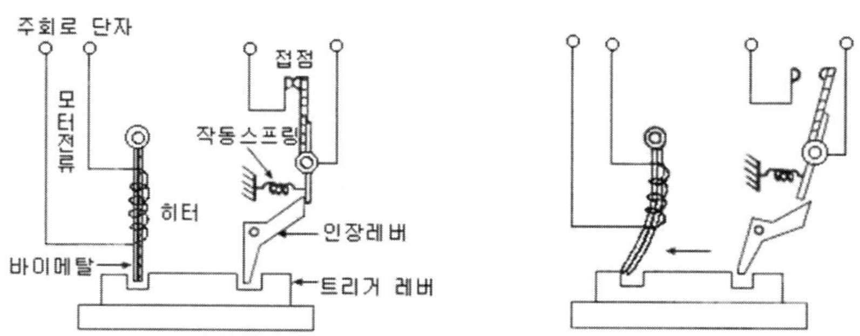

(a) 통상상태 (b) 과전류가 흘러 트립된 상태

그림 3.27 열동 계전기의 동작원리

그림 3.26은 열동 계전기의 그림기호를 나타내고, 그림 3.27은 열동 계전기의 동작 원리를 보여준다. 작동과정은 전동기에 과부하 또는 구속 상태 등으로 이상 전류가 흐르면 주 회로에 접속된 과부하 전류에 의해 히터의 발열로 바이메탈이 작용하여 접점부를 동작시킨다. 그림 3.26에서 a접점은 경보용 접점으로 경보 램프를 점등하는데 사용되고, b접점은 조작 회로용 접점으로 전자 접촉기의 여자 회로를 차단하는 접점으로 사용된다. 그리고 열동계전기의 복귀는 수동으로 이루어진다.

5. 전자 개폐기

전자 개폐기는 전자 접촉기와 과전류에 의해 동작하는 과부하 계전기가 조합되어 외부의 조작 스위치에 의해 동작하는 개폐기이다. 전자 접촉기와 전자 개폐기를 비교하면 다음과 같다.

(1) 전자 접촉기

전동기와 같이 비교적 대용량에 사용하는 계전기이다.

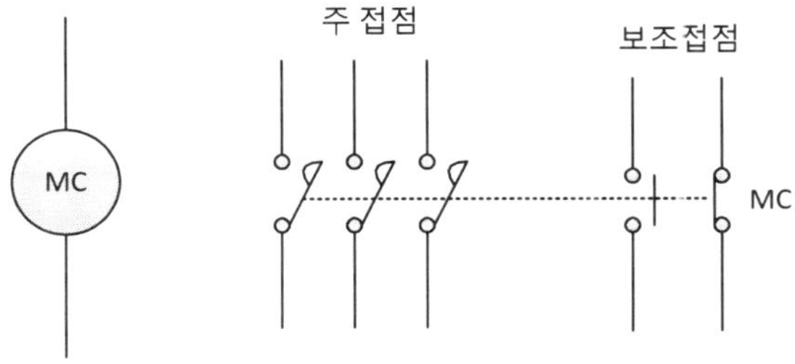

그림 3.28 전자 접촉기의 그림기호

(2) 전자 개폐기

전자 접촉기와 열동 계전기를 조합하여 하나로 합친 것을 전자 개폐기라 하면 마그네트 스위치라고도 한다.

그림 3.29 전자 개폐기 외형

시퀀스도는 다음과 같다.

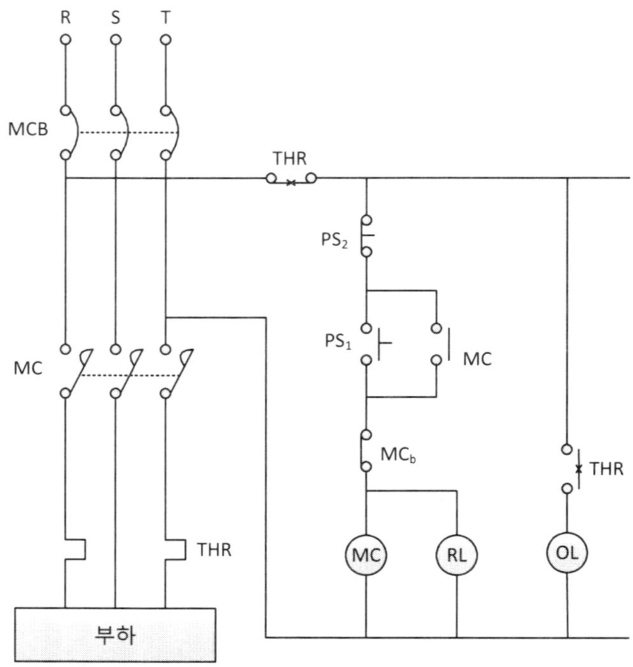

그림 3.30 시퀀스도

(3) 전자 개폐기의 동작 설명

그림 3.30에서 PBS1을 누르면 MC가 여자 되어 MC의 주 접점과 보조 접점이 온 되어 부하인 전동기가 구동되고 MC의 보조 접점이 붙어 자기유지가 된다. 그리고 PBS2를 누르면 MC가 무여자 되어 MC의 주접점과 보조접점이 모두 오프 되고 전동기는 정지한다.

3.6 시퀀스 작도법

여러 가지 장치들로 구성된 제어회로에서 기기 상호간의 접속을 표시할 때, 단선 접속도나 복선 접속도, 배치도 등을 보아서는 동작이 어떻게 이루어지는지, 또는 어떤 형태로 제어회로가 이루어지는지 이해하기 어렵다. 이 경우 제어방식이나 동작 순서를 알기 쉽게 표시한 접속도가 필요하다.

1. 시퀀스 도면 작성 규칙

시퀀스 도면은 일반적으로 다음 규칙에 의하여 작성된다.

① 전원모선은 도면 상하 또는 좌우에 표시한다.
② 제어기기를 접속하는 접속선은 전원 모선 사이에 표시한다.
③ 접속선은 작동순서에 따라 좌에서 우 또는 위에서 아래로 그린다.
④ 제어기기는 비작동 상태로 그리며 모든 전원은 차단한 상태로 그린다.
⑤ 개폐 접점이 있는 제어기기는 그 기구 부분이나 지지 보호부분 등의 기계적 관련 상태를 생략하고 접점 및 코일 등으로 표시하며, 접속선에서 분리하여 표시한다.
⑥ 제어기기가 분산된 각 부분에는 그 제어기기 명을 표시한 문자 기호를 첨가하여 기기의 상태를 표시한다.

2. 시퀀스도의 가로 그리기와 세로 그리기

(1) 가로 그리기

① 전원모선은 도면의 좌측과 우측에 세로선을 그린다.
② 접속선은 전원 모선 사이에 가로선으로 그린다.
③ 접속선은 작동순서에 따라서 위에서 아래로 그린다.

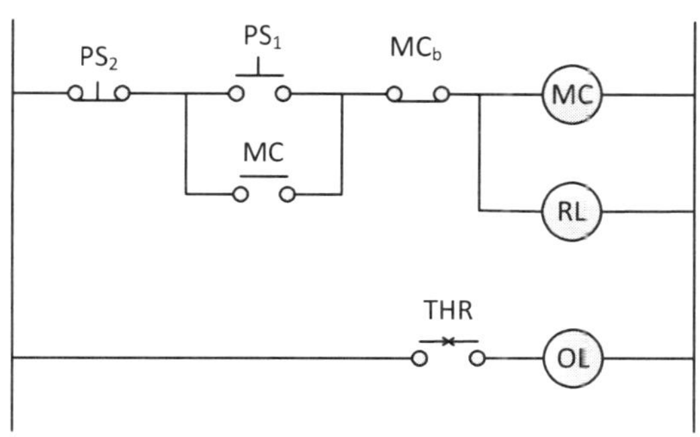

그림 3.31 가로그리기

(2) 세로 그리기

① 전원 모선은 도면의 위와 아래 측에 가로선으로 그린다.
② 접속선은 전원 모선 사이에 가로선으로 그린다.
③ 접속선은 작동 순서에 따라서 좌에서 우로 그린다.

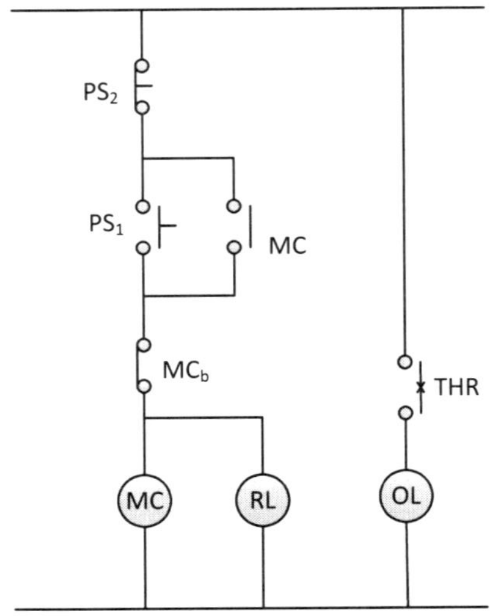

그림 3.32 세로 그리기

학습평가문제

01 제어란 무엇을 말하는가?

02 개루프 제어와 폐루프 제어의 차이점은 무엇인가?

03 시퀀스 제어의 장점과 단점에 대하여 설명하시오.

04 접점이란 무엇을 말하는가?

05 접점의 종류에 대하여 설명하시오.

06 타이머의 동작원리를 설명하시오.

07 전자 릴레이의 동작 원리를 설명하시오.

08 열동 계전기의 동작원리를 설명하시오.

09 시퀀스 제어회로 도면 작성법을 설명하시오.

10 시퀀스 제어회로 도면 작성법 중 가로 그리기와 세로 그리기의 차이점을 설명하시오.

MEMO

chapter 4

시퀀스 기초 실험

실험1 기초논리회로

전자릴레이와 램프를 이용하여 기초논리회로를 구성하고 배선논리회로 구성방법과 릴레이 사용법을 학습한다.

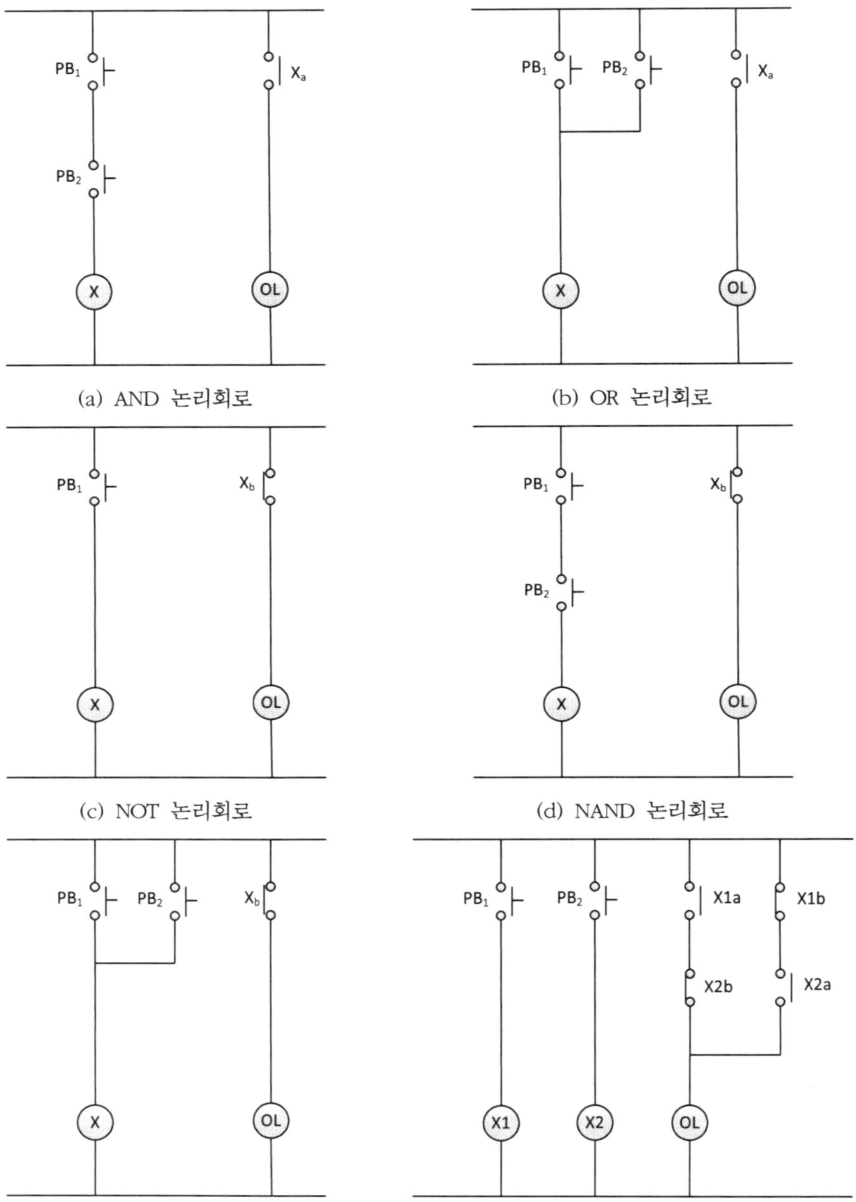

(a) AND 논리회로

(b) OR 논리회로

(c) NOT 논리회로

(d) NAND 논리회로

(e) NOR 논리회로

(f) XOR 논리회로

그림 4.1 기초논리회로

(1) 동작설명

스위치 PB_1, PB_2를 누르면 AND, OR, NOT, NAND, NOR, XOR 동작을 수행한다.

(2) 필요 부품 및 기자재

① 푸시버튼 스위치 : 2개
② 릴레이 : 2개
③ Pilot Lamp : 1개
④ 압착 터미널(포트 타입) : 1.5SQ 30개
⑤ 배선용 전선(CV선) : 50M(CV 1.25SQ/1C)
⑥ Marking Tube : 3SQmm(5M)
⑦ 배선용 덕트
⑧ 넘버링기
⑨ 터미널 압착기

(3) 실험순서

① 릴레이와 푸시버튼 스위치 그리고 램프를 이용하여 그림 4.1 (a), (b), (c), (d), (e), (f)의 논리회로를 구성한다.
② 스위치 PB_1과 스위치 PB_2를 누르며 릴레이와 램프의 동작을 관찰하고 입력에 대한 출력의 진리표를 작성한다.
③ 실험 결과를 리포트로 작성하여 제출한다.

실험2 자기유지회로

자기유지회로를 릴레이를 이용하여 구성하고 동작을 확인한다. 자기유지회로는 계전기 자신의 접점에 의하여 동작 회로를 구성하고 스스로 동작을 유지하는 회로로서 복귀신호를 주어야만 복귀하는 회로이다. 일반 릴레이를 사용한 자기유지 회로와 정전시에도 자기유지가 되는 자기유지형 릴레이를 사용한 회로가 있다.

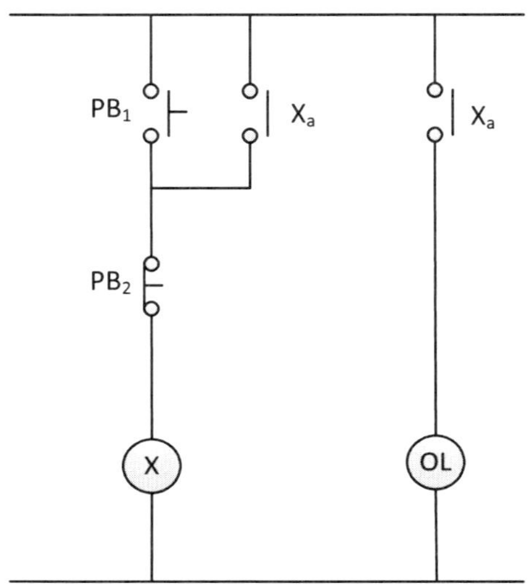

그림 4.2 자기유지회로

(1) 동작설명

① 기동 스위치 PB_1을 누르면 릴레이 X가 여자 된다. 따라서 보조 접점 X_a가 붙어 자기유지상태가 되고 표시램프 OL이 점등된다.

② 정지 스위치 PB_2를 누르면 릴레이 X가 무여자 되고 보조접점 X_a가 떨어져 자기유지가 상실되며 표시램프 OL이 소등된다.

(2) 필요 부품 및 기자재

① 푸시버튼 스위치 : 2개

② 릴레이 : 1개

③ Pilot Lamp : 1개

④ 압착 터미널(포트 타입) : 1.5SQ 30개

⑤ 배선용 전선(CV선) : 50M(CV 1.25SQ/1C)

⑥ Marking Tube : 3SQmm(5M)

⑦ 배선용 덕트

⑧ 넘버링기

⑨ 터미널 압착기

(3) 실험순서

① 릴레이와 푸시버튼 스위치 그리고 램프를 이용하여 그림 4.2의 자기유지 회로를 구성한다.

② 기동 스위치(PB_1)와 정지 스위치(PB_2)를 누르며 릴레이와 램프의 자기유지 동작을 관찰한다.

③ 실험 결과를 리포트로 작성하여 제출한다.

실험3 인터록 회로

릴레이를 이용하여 인터록 회로를 구성하고 동작을 확인한다. 인터록 회로는 두 개 이상의 계전기가 동시에 동작하지 않도록 하는 회로로서 기기의 보호 및 운전자의 안전을 위하여 사용되는 회로이다. 그림 4.3은 일반적인 인터록 회로를 보여준다.

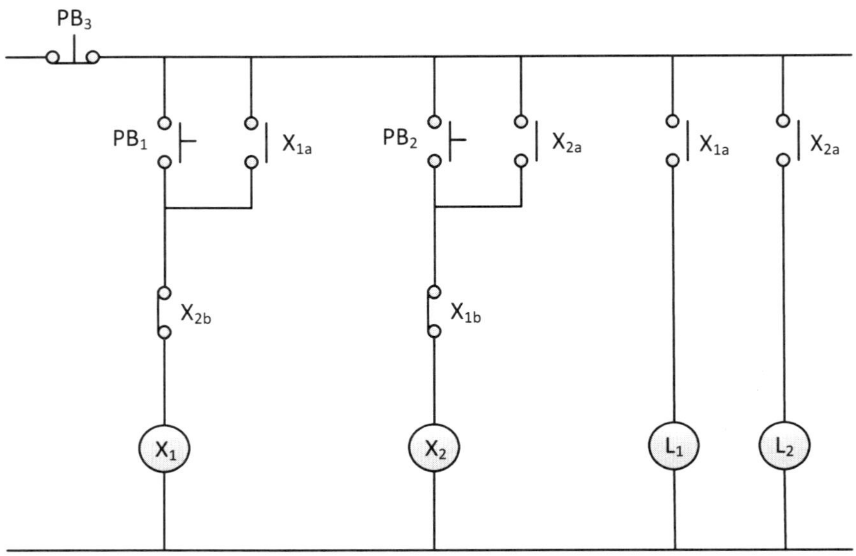

그림 4.3 인터록 회로

(1) 동작설명

① 기동 스위치 PB_1을 누르면 릴레이 X_1이 여자 되고 보조접점 X_{1a}가 붙어 자기유지 된다.

② 동시에 램프 L_1이 점등되며, 보조접점 X_{1b}는 떨어져 릴레이 X_2의 회로는 개방된다.

③ 정지 스위치 PB_3를 누르면 릴레이 X_1이 무여자 되고 보조접점 X_{1a}가 떨어져 자기유지가 상실되며 램프 L_1이 소등된다. 그리고 보조접점 X_{1b}는 다시 붙는다.

④ 기동 스위치 PB_2를 누르면 릴레이 X_2가 여자 되고 보조접점 X_{2a}가 붙어 자기유지 되고 램프 L_2가 점등되며, 보조접점 X_{2b}는 떨어져 릴레이 X_1의 회로는 오픈 된다.

⑤ 정지 스위치 PB_3를 누르면 릴레이 X_2가 무여자 되고 보조접점 X_{2a}가 떨어져 자기유지가 상실되며 램프 L_2가 소등된다. 그리고 보조접점 X_{2b}는 다시 붙는다.

(2) 필요 부품 및 기자재

① 푸시버튼 스위치 : 3개

② 릴레이 : 2개

③ Pilot Lamp : 2개

④ 압착 터미널(포트 타입) : 1.5SQ 30개

⑤ 배선용 전선(CV선) : 50M(CV 1.25SQ/1C)

⑥ Marking Tube : 3SQmm(5M)

⑦ 배선용 덕트

⑧ 넘버링기

⑨ 터미널 압착기

(3) 실험순서

① 그림 4.3과 같이 인터록 회로를 구성한다.

② 입력 스위치 PB_1, PB_2 그리고 정지 스위치 PB_3를 누르며 릴레이와 램프의 인터록 동작을 관찰한다. 인터록된 회로 중 먼저 입력된 신호만 출력되고 후 순위로 입력된 신호는 출력되지 않는다.

③ 실험결과를 보고서로 작성한다.

실험4 타이머 회로

릴레이와 타이머를 이용하여 회로를 구성하고 시간지연 동작을 확인한다. 입력신호가 있은 후 일정 시간이 지연된 후 출력값이 변화하도록 구성된 회로를 타이머 회로라 하며 동작지연 타이머와 복귀지연 타이머가 있다.

1) 동작지연 타이머 회로

입력신호를 인가한 후 설정시간 만큼의 시간이 지연된 후 접점이 동작하는 타이머로서 필요에 따라 한시동작 a 접점과 한시동작 b 접점으로 회로를 구성할 수 있다. 그림 4.4는 동작지연 타이머 회로이다.

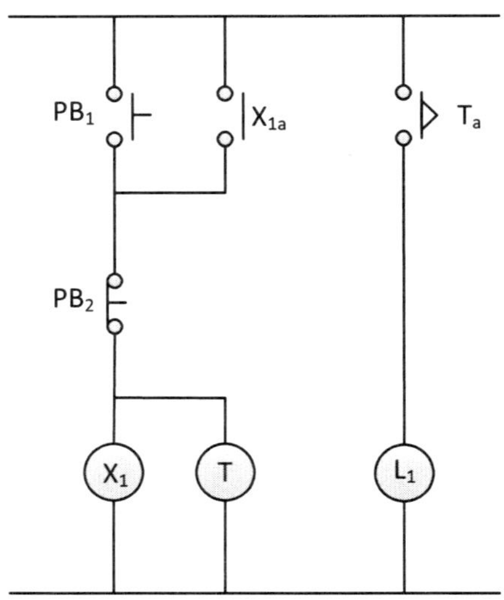

그림 4.4 동작지연 타이머 회로

(1) 동작설명

① 기동스위치 PB_1을 누르면 릴레이 X_1이 여자되고 보조접점 X_{1a}가 붙어 자기유지 된다. 그와 동시에 릴레이 X_1과 병렬로 연결된 타이머 릴레이 T가 여자 된다.

② 타이머 T의 설정시간이 경과된 후 타이머의 보조접점 T_a가 붙어 램프 L_1이 점등된다.

③ 정지스위치 PB_2를 누르면 릴레이 X_1과 타이머 릴레이 T가 무여자 되어 보조접점 X_{1a}가 오프 된다. 따라서 자기유지가 상실되며 램프 L_1은 소등된다.

(2) 필요 부품 및 기자재

① 푸시버튼 스위치 : 2개
② 릴레이 : 1개
   동작지연 타이머 : 1개
③ Pilot Lamp : 1개
④ 압착 터미널(포트 타입) : 1.5SQ 30개
⑤ 배선용 전선(CV선) : 50M(CV 1.25SQ/1C)
⑥ Marking Tube : 3SQmm(5M)
⑦ 배선용 덕트
⑧ 넘버링기
⑨ 터미널 압착기

(3) 실험순서

① 그림 4.4의 회로를 구성한다.
② 기동 스위치 PB_1과 정지 스위치 PB_2를 누르며 타이머 릴레이와 램프의 동작을 관찰한다.
③ 실험결과를 리포트로 작성한다.

2) 복귀지연 타이머 회로

복귀지연 타이머 회로는 입력신호 인가시 동시에 타이머 접점이 동작하지만 정지 신호시 설정시간이 지나서 접점이 복귀되는 타이머 회로를 말한다. 그림 4.5는 복귀지연 타이머 회로를 보여준다.

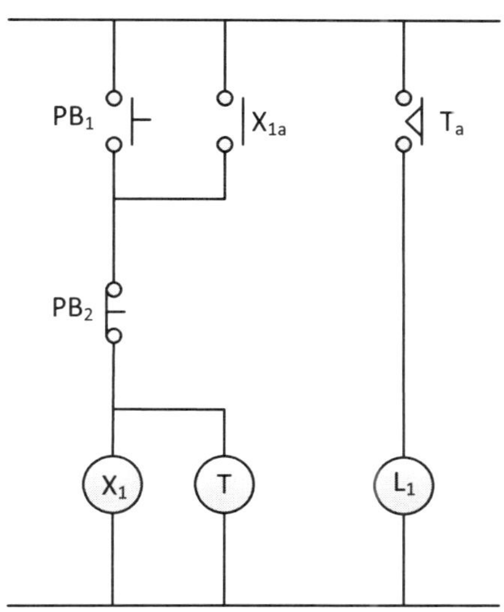

그림 4.5 복귀지연 타이머 회로

(1) 동작설명

① 기동스위치 PB_1을 누르면 릴레이 X_1이 여자 되고 보조접점 X_{1a}이 붙어 자기유지 되며, 동시에 타이머 릴레이가 여자 되고 보조접점 T_a가 붙어 램프 L_1이 점등된다.

② 정지 스위치 PB_2를 누르면 릴레이 X_1 과 타이머 릴레이가 무여자 되어, 타이머 설정시간이 경과된 후 보조접점 T_a가 떨어지고 램프 L_1이 소등된다.

(2) 필요 부품 및 기자재

① 푸시버튼 스위치 : 2개

② 릴레이 : 1개

복귀지연 타이머 : 1개

③ Pilot Lamp : 1개

④ 압착 터미널(포트 타입) : 1.5SQ 30개

⑤ 배선용 전선(CV선) : 50M(CV 1.25SQ/1C)

⑥ Marking Tube : 3SQmm(5M)

⑦ 배선용 덕트

⑧ 넘버링기

⑨ 터미널 압착기

(3) 실험순서

① 그림 4.5의 회로를 구성한다.

② 기동스위치 PB_1과 정지스위치 PB_2를 누르며 타이머 릴레이와 램프의 동작을 확인한다.

③ 실험 결과를 보고서로 작성한다.

실험5 선순위 우선 회로

릴레이를 이용하여 선순위 우선 회로를 구성하고 동작을 확인한다. 선순위 우선 회로는 동작 조건을 미리 결정하고 결정된 순서에 따라 회로를 동작시킬 때 사용된다. 선순위 우선 회로에서는 램프 L_1이 온 되어 있는 상태에서만 램프 L_2가 온 될 수 있다. 반대의 순서에서는 동작되지 않는다.

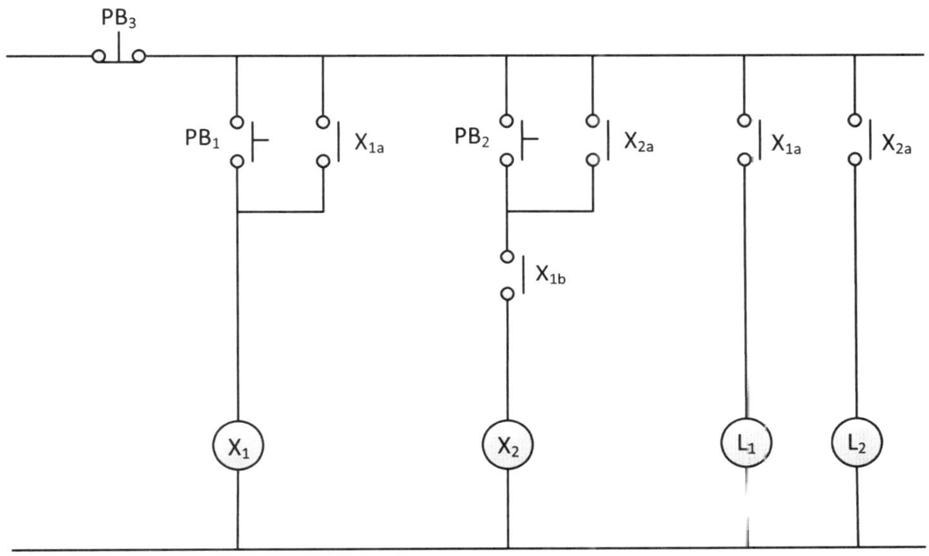

그림 4.6 선순위 우선동작 회로

(1) 동작설명

① 기동스위치 PB_1을 누르면 릴레이 X_1이 여자 되고 보조접점 X_{1a}가 붙어 자기유지 된다. 또한 동시에 램프 L_1이 점등되며 보조접점 X_{1b}가 붙어 릴레이 X_2의 기동 스위치 온 시 여자 될 수 있는 조건을 만든다.

② 기동 스위치 PB_2를 누르면 릴레이 X_2가 여자 되고 보조접점 X_{2a}가 붙어 자기유지가 되며 램프 L_2가 점등된다.

③ 정지스위치 PB_3를 누르면 릴레이 X_1, X_2가 모두 무여자 되어 램프 L_1, L_2가 모두 소등된다.

(2) 필요 부품 및 기자재

① 푸시버튼 스위치 : 3개

② 릴레이 : 2개

③ Pilot Lamp : 2개

④ 압착 터미널(포트 타입) : 1.5SQ 30개

⑤ 배선용 전선(CV선) : 50M(CV 1.25SQ/1C)

⑥ Marking Tube : 3SQmm(5M)

⑦ 배선용 덕트

⑧ 넘버링기

⑨ 터미널 압착기

(3) 실험순서

① 그림 4.6의 회로를 구성한다.

② 기동 스위치 PB_1, PB_2와 정지 스위치 PB_3을 누르며 동작 순서를 관찰한다.

③ 실험결과를 보고서로 작성한다.

실험6 신입력 신호 우선동작 회로

릴레이를 이용하여 신입력 신호 우선동작 회로를 구성하고 동작을 확인한다. 신입력 신호 우선동작 회로는 새로 입력되는 신호가 우선이고, 이전에 입력된 신호는 신입력 인가시 오프되는 시퀀스 회로이다.

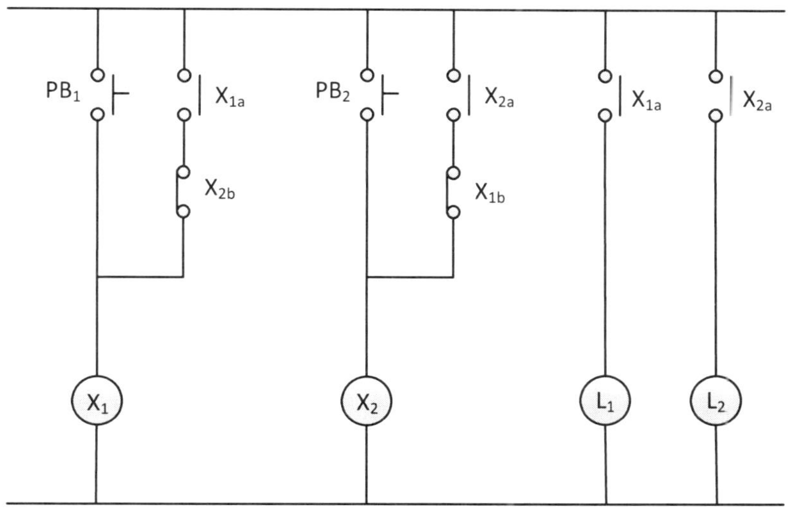

그림 4.7 신입력 신호 우선동작 회로

(1) 동작설명

① 스위치 PB_1을 누르면 릴레이 X_1이 여자 된다.

② X_1이 여자 되면 보조접점 X_{1a}가 온 되어 X_1의 자기유지 회로가 만들어 진다. 그리고 보조접점 X_{1b}가 오프되어 X_2를 무여자 시킨다. 따라서 램프 L_1은 점등되고 L_2는 소등된다.

③ 스위치 PB_2를 누르면 릴레이 X_2가 여자된다.

④ X_2가 여자되면 보조접점 X_{2a}가 온 되어 X_2의 자기유지회로가 만들어 진다. 그리고 보조접점 X_{2b}가 오프되어 X_1을 무여자 시킨다. 따라서 램프 L_2는 점등되고 L_1은 소등된다.

⑤ 다시 스위치 PB_1이 눌러지면 릴레이 X_1이 여자 되고 X_2는 무여자 되어 램프 L_1이 점등되고 L_2는 소등된다.

(2) 필요 부품 및 기자재

① 푸시버튼 스위치 : 2개

② 릴레이 : 2개

③ Pilot Lamp : 2개

④ 압착 터미널(포트 타입) : 1.5SQ 30개

⑤ 배선용 전선(CV선) : 50M(CV 1.25SQ/1C)

⑥ Marking Tube : 3SQmm(5M)

⑦ 배선용 덕트

⑧ 넘버링기

⑨ 터미널 압착기

(3) 실험순서

① 그림 4.7의 회로를 구성한다.

② 스위치 PB_1과 PB_2를 누르며 동작을 확인한다.

③ 실험결과를 보고서로 작성한다.

실험7 플리커 회로

플리커 릴레이를 이용하여 플리커 회로를 구성하고 동작을 확인한다. 플리커 회로는 입력신호 인가시 설정시간 경과 주기로 주기적으로 온/오프를 반복하는 시퀀스회로이다.

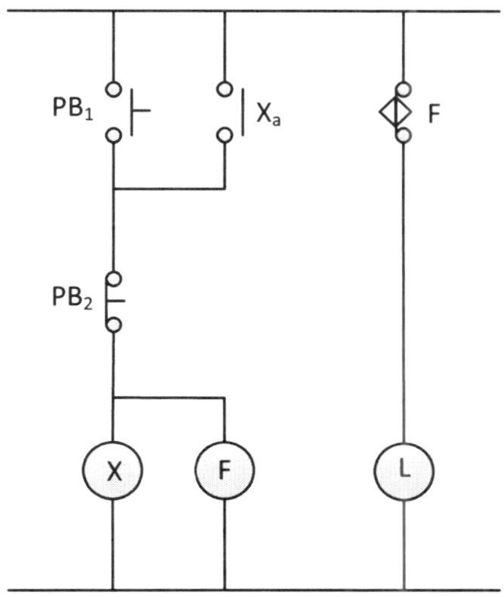

그림 4.8 플리커 회로

(1) 동작설명

① 기동스위치 PB_1을 누르면 릴레이 X가 여자 되고, 보조접점 X_a가 온 되어 자기유지회로가 동작된다. 그리고 동시에 릴레이 X와 병렬로 연결된 플리커 릴레이가 여자 된다.

② 설정시간 경과 주기로 보조접점 F가 온/오프를 반복하여 램프 L이 점멸된다.

③ 정지스위치 PB_2를 누르면 릴레이 X 및 플리커 릴레이 F가 무여자 되고, 보조접점 X_a가 오프 되어 자기유지가 상실되므로 램프 L이 소등된다.

(2) 필요 부품 및 기자재

① 푸시버튼 스위치 : 2개

② 릴레이 : 1개

플리커 타이머 : 1개

③ Pilot Lamp : 1개

④ 압착 터미널(포트 타입) : 1.5SQ 30개

⑤ 배선용 전선(CV선) : 50M(CV 1.25SQ/1C)

⑥ Marking Tube : 3SQmm(5M)

⑦ 배선용 덕트

⑧ 넘버링기

⑨ 터미널 압착기

(3) 실험순서

① 그림 4.8의 회로를 구성한다.

② 기동스위치 PB_1과 정지스위치 PB_2를 누르며 플리커 릴레이와 램프의 동작을 관찰한다.

③ 실험결과를 보고서로 작성하여 제출한다.

실험8 횡단보도 신호등 회로

보행자 정지신호인 적색등이 10초간 점등된 후 적색등이 꺼지고 보행자 신호등인 녹색등이 10초간 점등된다. 이후 보행자 신호등이 10초간 점멸한 후 소등 되면 즉시 적산등이 점등된다.

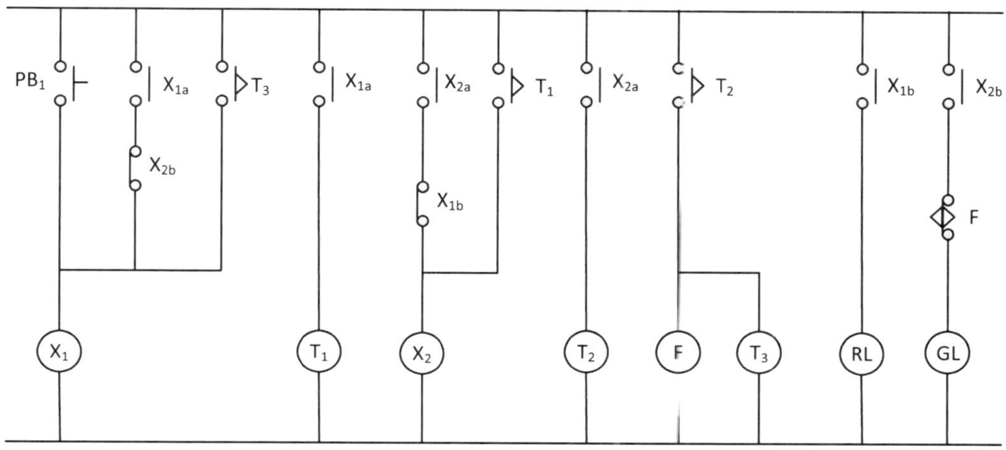

그림 4.9 횡단보도 신호등 회로

(1) 동작설명

① 기동스위치 PB_1을 누르면 릴레이 X_1이 여자 되고 보조접점 X_{1a}가 붙어 자기유지 된다. 그리고 적색등이 점등되며, 동시에 타이머 릴레이 T_1이 여자 되어 타이머T_1의 설정시간 경과 후 릴레이 X_2가 여자 된다.

② 릴레이 X_2가 여자 되면 보조접점 X_{2a}가 온 되어 자기유지 되고 녹색등이 점등된다. 그리고 릴레이 X_1은 무여자 되어 적색등은 소등된다. 동시에 타이머 릴레이 T_2가 여자 된다.

③ 타이머 T_2의 설정 시간 경과 후 타이머 T_3가 여자 되고 플리커 릴레이가 동작된다. 그리고 플리커의 설정시간 경과 주기로 보조 접점 F가 은 오프를 반복하여 램프 GL이 점멸된다.

④ 그 후 타이머 T_3의 설정시간이 경과되면 릴레이 X_1 회로의 타이머 보조접점 T_3가 붙어 X_1이 여자 된다. 동시에 릴레이 X_2 회로의 X_{1b} 접점이 오프 되어 릴레이 X_2가 무여자 되고, 위의 과정 반복한다.

(2) 필요 부품 및 기자재

① 푸시버튼 스위치 : 1개

② 릴레이 : 1개

   시간지연 타이머 : 3개

   플리커 타이머 : 1개

③ Pilot Lamp : 2개

④ 압착 터미널(포트 타입) : 1.5SQ 30개

⑤ 배선용 전선(CV선) : 50M(CV 1.25SQ/1C)

⑥ Marking Tube : 3SQmm(5M)

⑦ 배선용 덕트

⑧ 넘버링기

⑨ 터미널 압착기

(3) 실험순서

① 그림 4.9의 회로를 구성한다.

② 횡단보도 신호등과 타이머의 동작을 관찰한다.

③ 실험결과를 리포트로 작성한다.

실험9 단상 유도전동기 운전 회로

단상 유도전동기 운전 회로는 가장 기본적인 전동기 구동 회로로서 전동기의 운전 정지를 표시하는 램프와 전자 개폐기 그리고 전동기 과부하를 방지하기 위한 열동 계전기로 구성되어 있다.

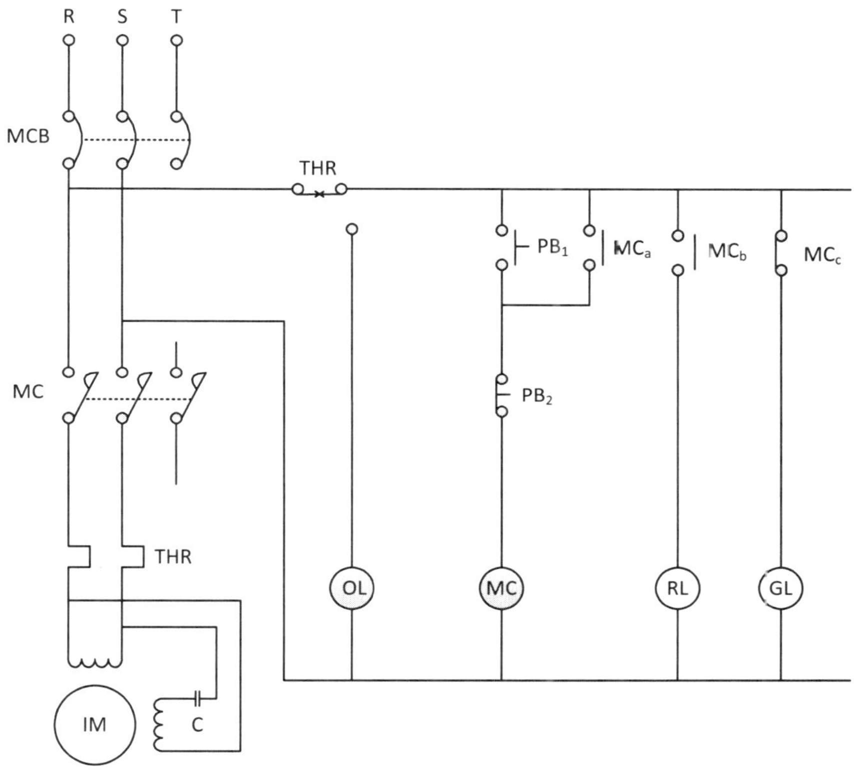

그림 4.10 단상 유도전동기 운전 회로

(1) 동작설명

① 기동스위치 PB_1을 누르면 전자개폐기 MC가 여자 되고 보조접점 MC_a가 붙어 자기유지 되고 전동기는 기동된다. 그리고 동시에 MC의 보조접점 MC_b가 여자되어 기동 표시램프 RL이 점등된다.

② 정지스위치 PB_2를 누르면 전자개폐기 MC가 무여자 되어 보조접점 MC_a가 떨어져 자기유지가 해제된다. 따라서 전동기는 정지되고 MC의 보조접점 MC_c가 붙어 정지 표시램프 GL이 점등된다.

③ 과전류가 발생하면 열동 계전기의 접점 THR이 떨어져 회로 전체가 개방되므로 전동기는 정지하고 과전류 표시 램프 OL이 점등된다.

(2) 필요 부품 및 기자재

① 푸시버튼 스위치 : 2개

② 열동계전기 : 1개

전자접촉기(MC) : 1개

회로차단기(MCB) : 1개

③ Pilot Lamp : 3개

④ 압착 터미널(포트 타입) : 1.5SQ 30개

⑤ 배선용 전선(CV선) : 50M(CV 1.25SQ/1C)

⑥ Marking Tube : 3SQmm(5M)

⑦ 배선용 덕트

⑧ 넘버링기

⑨ 터미널 압착기

⑩ 단상 유도 전동기

(3) 실험순서

① 그림 4.10의 회로를 구성한다.

② 기동 스위치와 정지 스위치를 누르며 전동기 구동과 표시 램프의 동작을 관찰한다.

③ 실험결과를 리포트로 작성한다.

실험10 3상 유도전동기 운전 회로

3상 유도전동기 직입 운전회로는 MC에 의하여 전동기에 직접 정격전압을 인가하여 기동시키는 방법으로 기동전류가 크지 않은 중, 소형 전동기 운전에 이용되는 방법이다.

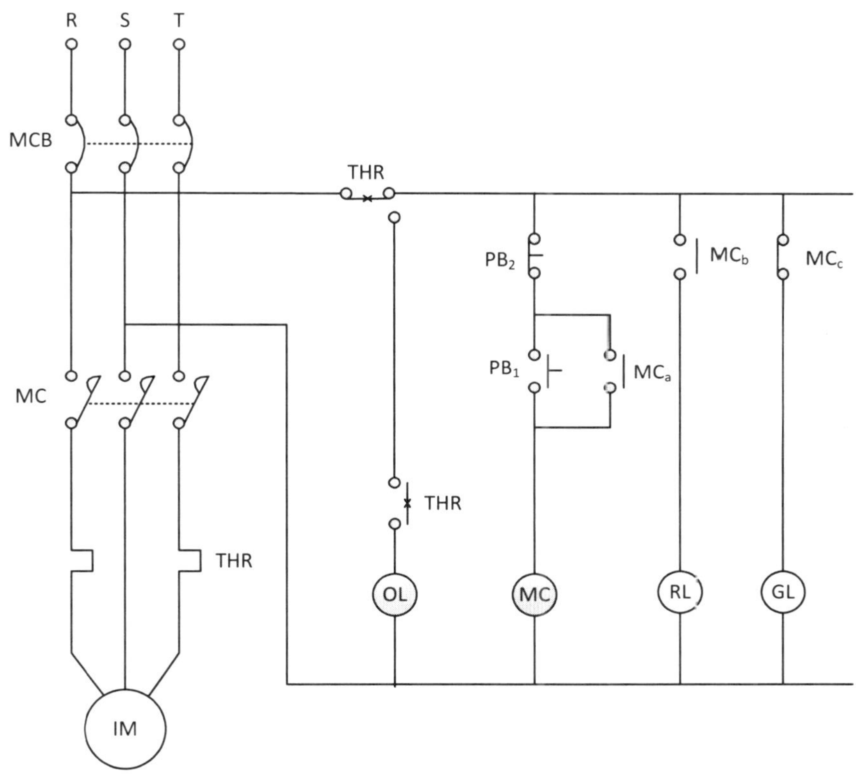

그림 4.11 3상 유도전동기 운전 호로

(1) 동작설명

① 기동 스위치 PB_1을 누르면 전자개폐기 MC가 여자 된다. 따라서 보조접점 MC_a가 붙어 자기유지 되고 전동기는 기동된다. 동시에 보조접점 MC_b가 붙어 기동 표시 램프 RL이 점등된다. 이때 보조접점 MC_c는 떨어져 정지 표시 램프 GL은 소등된다.

② 정지스위치 PB_2를 누르면 전자개폐기 MC는 무여자 된다. 따라서 보조접점 MC_a는 떨어져 자기유지가 상실되며 전동기 정지는 정지한다. 이때 보조접점 MC_b는 떨어져 운전 표시램프 RL은 소등되고 보조접점 MC_c는 붙어 정지표시 램프 GL이 점등된다.

③ 과전류가 발생하면 열동 계전기의 접점이 떨어져 회로 전체가 개방되므로 전동기는 정지하고 과전류 표시램프 OL이 점등된다.

(2) 필요 부품 및 기자재

① 푸시버튼 스위치 : 2개

② 열동계전기 : 1개

전자접촉기(MC) : 1개

회로차단기(MCB) : 1개

③ Pilot Lamp : 3개

④ 압착 터미널(포트 타입) : 1.5SQ 30개

⑤ 배선용 전선(CV선) : 50M(CV 1.25SQ/1C)

⑥ Marking Tube : 3SQmm(5M)

⑦ 배선용 덕트

⑧ 넘버링기

⑨ 터미널 압착기

⑩ 3상 유도 전동기

(3) 실험순서

① 그림 4.11의 회로를 구성한다.

② 기동 스위치와 정지 스위치를 누르면서 전동기의 구동과 표시램프의 동작을 관찰한다.

③ 실험결과를 보고서로 작성한다.

실험11 3상 유도전동기 2개소 기동 운전 회로

3상 유도전동기 한 대를 2개의 장소에서 제어하는 방법으로써 회로에는 기동 및 정지 스위치가 각각 두 군데 모두 구성되어 있다.

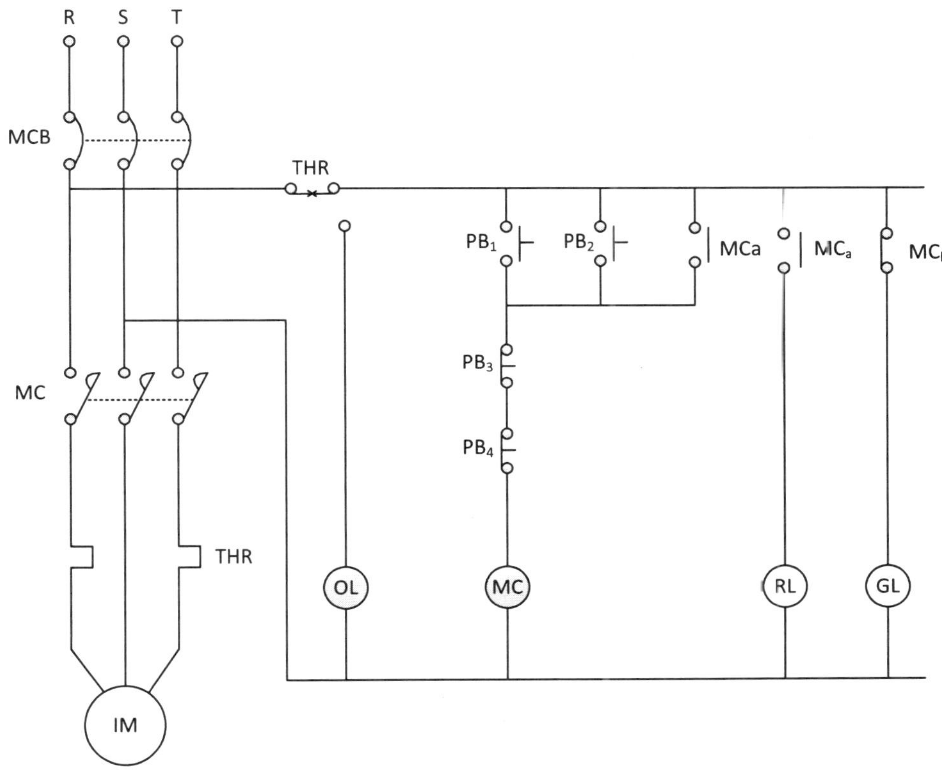

그림 4.12 3상 유도전동기 2개소 기동 운전 회로

(1) 동작설명

① 기동스위치 PB_1 또는 PB_2를 누르면 전자개폐기 MC가 여자 된다. 따라서 보조접점 MC_a가 붙어 자기유지 되고 전동기가 기동된다. 동시에 기동표시 램프 RL은 점등되고 정지램프 GL은 소등된다.

② 정지 스위치 PB_3 또는 PB_4를 누르면 전자개폐기 MC가 무여자 된다. 따라서 보조접점 MC_a가 떨어져 자기유지가 상실되며 전동기는 정지한다. 동시에 정지표시 램프 GL이 점등되고 기동표시 램프 RL은 소등된다.

③ 과전류가 발생하면 열동 계전기의 접점이 떨어져 회로전체가 개방되므로 전동기는 정지하고 과전류 표시램프 OL이 점등된다.

(2) 필요 부품 및 기자재

① 푸시버튼 스위치 : 4개

② 열동계전기 : 1개
 전자접촉기(MC) : 1개
 회로차단기(MCB) : 1개

③ Pilot Lamp : 3개

④ 압착 터미널(포트 타입) : 1.5SQ 30개

⑤ 배선용 전선(CV선) : 50M(CV 1.25SQ/1C)

⑥ Marking Tube : 3SQmm(5M)

⑦ 배선용 덕트

⑧ 넘버링기

⑨ 터미널 압착기

⑩ 3상 유도 전동기

(3) 실험순서

① 그림 4.12의 회로를 구성한다.

② 기동 스위치와 정지 스위치를 누르며 전동기의 구동과 표시램프의 동작을 관찰한다.

③ 실험결과를 보고서로 작성한다.

실험12 3상 유도전동기 촌동, 연속 운전 회로

촌동 운전은 운전자가 기동스위치를 누르고 있는 동안에만 전동기가 기동하는 운전방법이다.

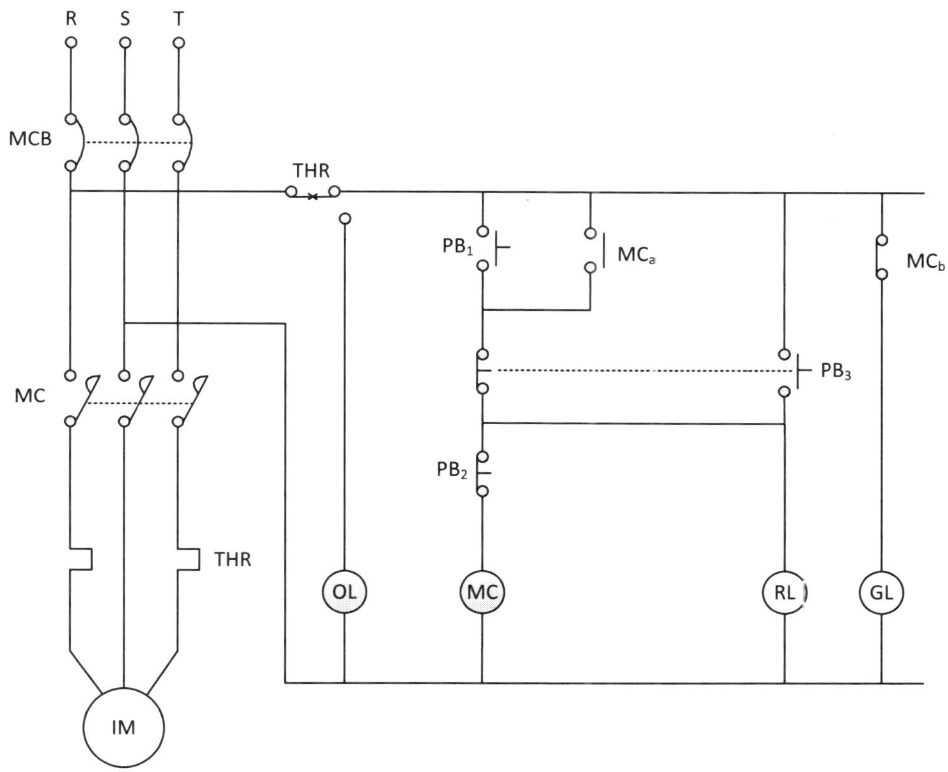

그림 4.13 3상 유동전동기 촌동, 연속 운전 회로

(1) 동작설명

① 기동스위치 PB_3를 누르면 전자개폐기 MC가 여자되고 전동기가 기동된다. 동시에 기동 표시 램프 RL이 점등되고 보조접점 MC_b가 떨어져 정지 표시 램프 GL은 소등된다.

② 기동 스위치 PB_3를 놓으면 전자개폐기 MC가 무여자 되어 보조접점 MC_a가 떨어진다. 따라서 전동기가 정지되고 운전표시 램프 RL은 소등된다. 동시에 정지 표시램프 GL이 점등된다.

③ 연속 운전 방법은 실험 11의 3상 유도전동기 운전 방법과 동일하다.

(2) 필요 부품 및 기자재

① 푸시버튼 스위치 : 3개

② 열동계전기 : 1개

전자접촉기(MC) : 1개

회로차단기(MCB) : 1개

③ Pilot Lamp : 3개

④ 압착 터미널(포트 타입) : 1.5SQ 30개

⑤ 배선용 전선(CV선) : 50M(CV 1.25SQ/1C)

⑥ Marking Tube : 3SQmm(5M)

⑦ 배선용 덕트

⑧ 넘버링기

⑨ 터미널 압착기

⑩ 3상 유도 전동기

(3) 실험순서

① 그림 4.13의 회로를 구성한다.

② 촌동 스위치를 누르며 전동기의 구동과 표시램프의 동작을 관찰한다.

③ 실험결과를 보고서로 작성한다.

실험13 3상 유도전동기 정/역 운전 회로

3상 유도전동기를 역회전 하려면 회전 자장의 방향을 반대로 하면 된다. 즉 R/S/T 3단자 중 임의의 2상을 서로 바꾸면 된다. 3상 유도전동기 정/역 운전회로에서는 두 개의 전자접촉기와 릴레이를 이용하여 3상 중 2상의 상순을 변경하여 유도전동기를 정/역 회전할 수 있는 시퀀스 회로를 구성하고 동작을 확인한다.

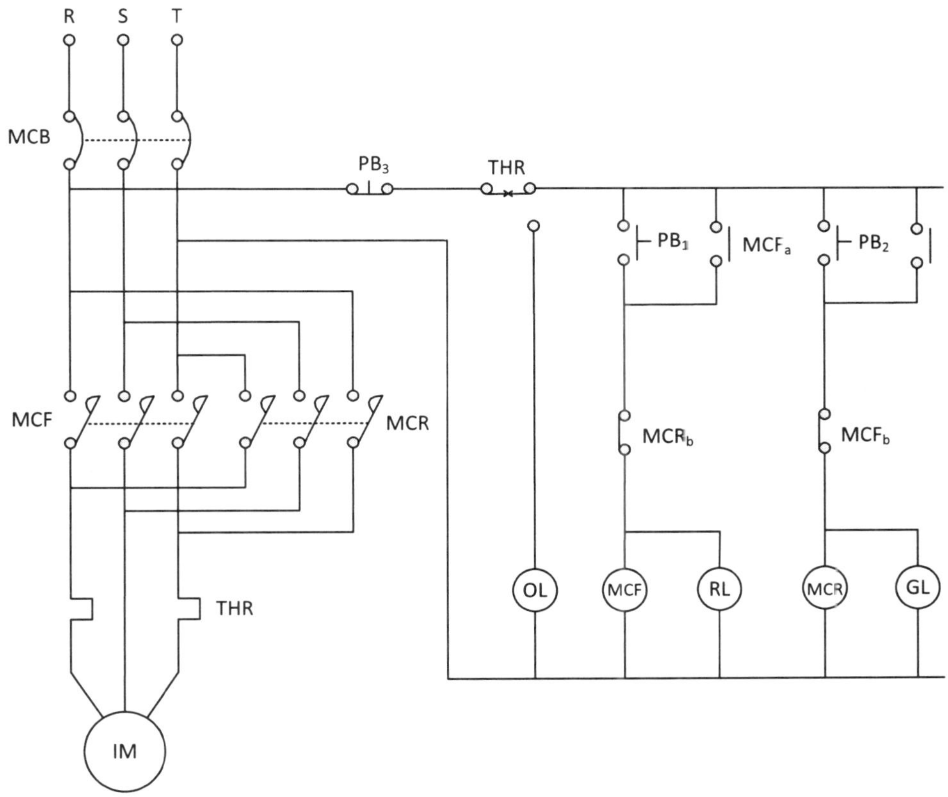

그림 4.14 3상 유도전동기 정/역 운전 회로

(1) 동작설명

① 기동스위치 PB_1을 누르면 전자개폐기 MCF가 여자 되고, 보조접점 MCF_a가 붙어 자기유지 된다. 이때 전동기는 정회전하고 정회전 표시램프 RL이 점등되며 보조접점 MCF_b는 떨어져 MCR의 회로는 개방된다.

② 정지스위치 PB_3를 누르면 전자개폐기 MCF가 무여자 되고, 보조접점 MCF_a가 떨어져 자기유지가 상실된다. 이때 전동기는 정지되고 정회전 표시램프 RL은 소등된다. 그리고 보조접점 MCF_b는 붙는다.

③ 역기동 스위치 PB_2를 누르면 전자개폐기 MCR이 여자 되고 보조접점 MCR_a이 붙어 자기유지 된다. 이때 전동기는 역회전하고 역회전 표시램프 GL이 점등되며 보조접점 MCR_b는 떨어져 MCF 회로는 차단된다.

(2) 필요 부품 및 기자재

① 푸시버튼 스위치 : 2개

② 열동계전기 : 1개

전자접촉기(MC) : 2개

회로차단기(MCB) : 1개

③ Pilot Lamp : 3개

④ 압착 터미널(포트 타입) : 1.5SQ 30개

⑤ 배선용 전선(CV선) : 50M(CV 1.25SQ/1C)

⑥ Marking Tube : 3SQmm(5M)

⑦ 배선용 덕트

⑧ 넘버링기

⑨ 터미널 압착기

(3) 실험순서

① 그림 4.14의 회로를 구성한다.

② 정회전 스위치 PB_1, 역회전 스위치 PB_2 그리고 정지 스위치 PB_3을 누르며 전동기의 정역회전과 표시램프의 동작을 관찰한다.

③ 실험시 정회전 운전 후 또는 역회전 운전 후에는 반드시 정지 스위치를 눌러 전동기가 정지상태에 도달하면 반대 반향의 운전스위치를 눌러야 한다. 만약 전동기가 정지 되지 않은 상태에서 역방향의 운전을 시도하는 경우 역기전력에 의하여 전동기가 소손되거나 또는 과전류에 의하여 열동 계전기가 동작하여 회로가 차단되므로 주의하여야 한다.

④ 실험결과를 보고서로 작성한다.

실험14 3상 유도전동기 $Y-\Delta$ 운전 회로

3상 유도전동기의 전전압 기동은 기동전류가 정격전류의 약 5~7배가 되므로 계통에 전압강하를 일으켜 다른 기기에도 영향을 준다. 따라서 기동전류를 줄이기 위하여 전동기의 권선을 Y결선으로 기동하면 전동기 코일에는 선간전압의 $1/\sqrt{3}$ 정도 밖에 걸리지 않으므로 각상에 $1/\sqrt{3}$ 에 해당하는 전류가 흐르게 되고 기동 후에는 선간전압이 모두 가해져 정상 운전이 되도록 Δ 결선으로 바꾸어 운전하는 방식이다.

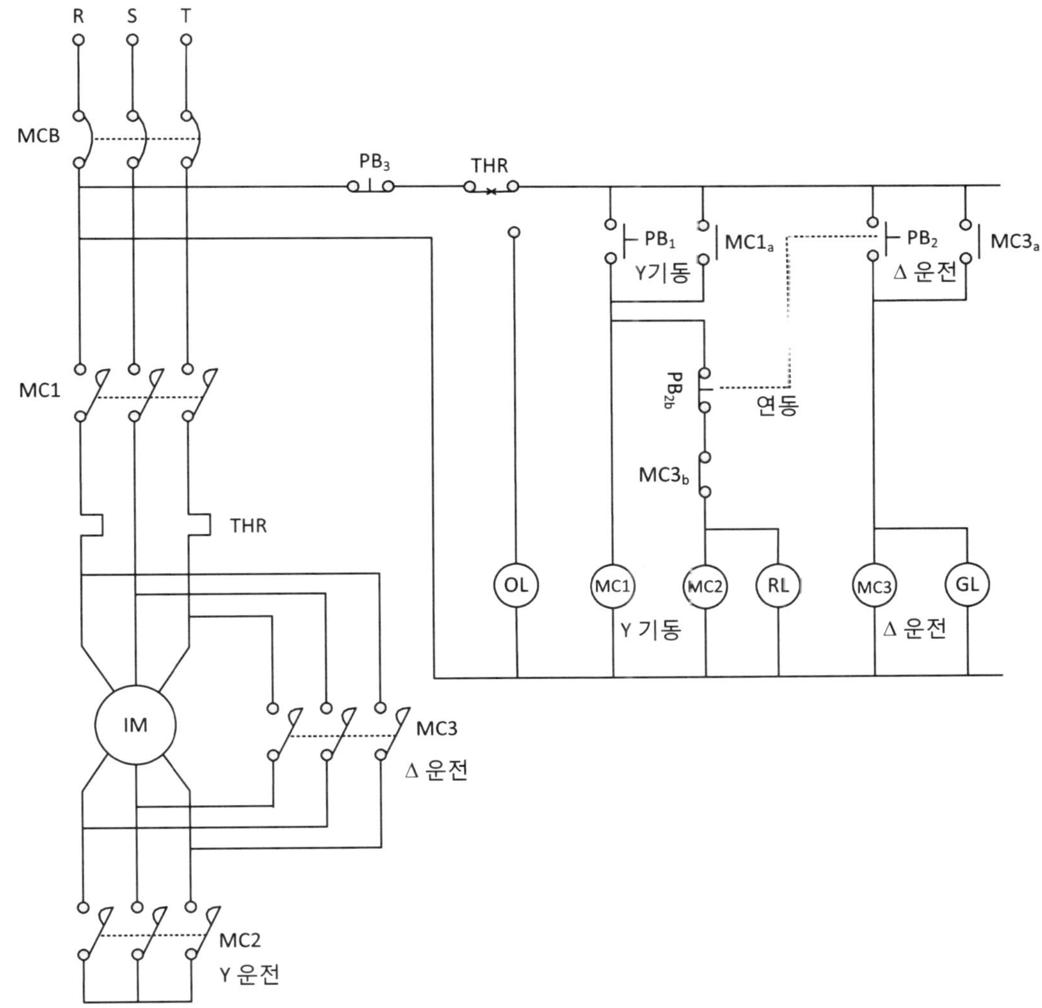

그림 4.15 3상 유도전동기 $Y-\Delta$ 운전 회로

(1) 동작설명

① 기동 스위치 PB_1을 누르면 전자개폐기 MC_1과 MC_2가 여자 되어 전동기가 Y 운전되며 보조접점 MC_{1a}이 붙어 자기유지 되고 Y 운전 표시등 RL이 점등된다.

② 기동 스위치 PB_2를 누르면 MC_2는 무여자 되고 MC_3가 여자 되어 전동기는 Δ 운전되며 보조접점 MC_3가 붙어 자기유지 되고 Δ 운전 표시등 GL이 점등된다.

(2) 필요 부품 및 기자재

① 푸시버튼 스위치 : 3개

② 열동계전기 : 1개
전자접촉기(MC) : 3개
회로차단기(MCB) : 1개

③ Pilot Lamp : 3개

④ 압착 터미널(포트 타입) : 1.5SQ 30개

⑤ 배선용 전선(CV선) : 50M(CV 1.25SQ/1C)

⑥ Marking Tube : 3SQmm(5M)

⑦ 배선용 덕트

⑧ 넘버링기

⑨ 터미널 압착기

(3) 실험순서

① 그림 4.15의 회로를 구성한다.

② $Y-\Delta$ 운전을 위한 전동기 구동과 표시램프의 동작을 관찰한다.

③ 실험결과를 보고서로 작성한다.

실험15 컨베이어 정/역 반복 회로

컨베이어 동작 제어회로는 시퀀스제어 회로가 일반적으로 사용되는 시스템이다. 컨베이어 정/역 반복 제어 회로는 컨베이어를 구동하는 전동기 구동부와 컨베이어의 정역 반향 전환을 위하여 사용되는 리밋 센서로 구성된다. 컨베이어 벨트가 회전하다가 리밋 센서를 만나면 컨베이어 벨트의 회전 방향이 전환되도록 회로가 구성된다.

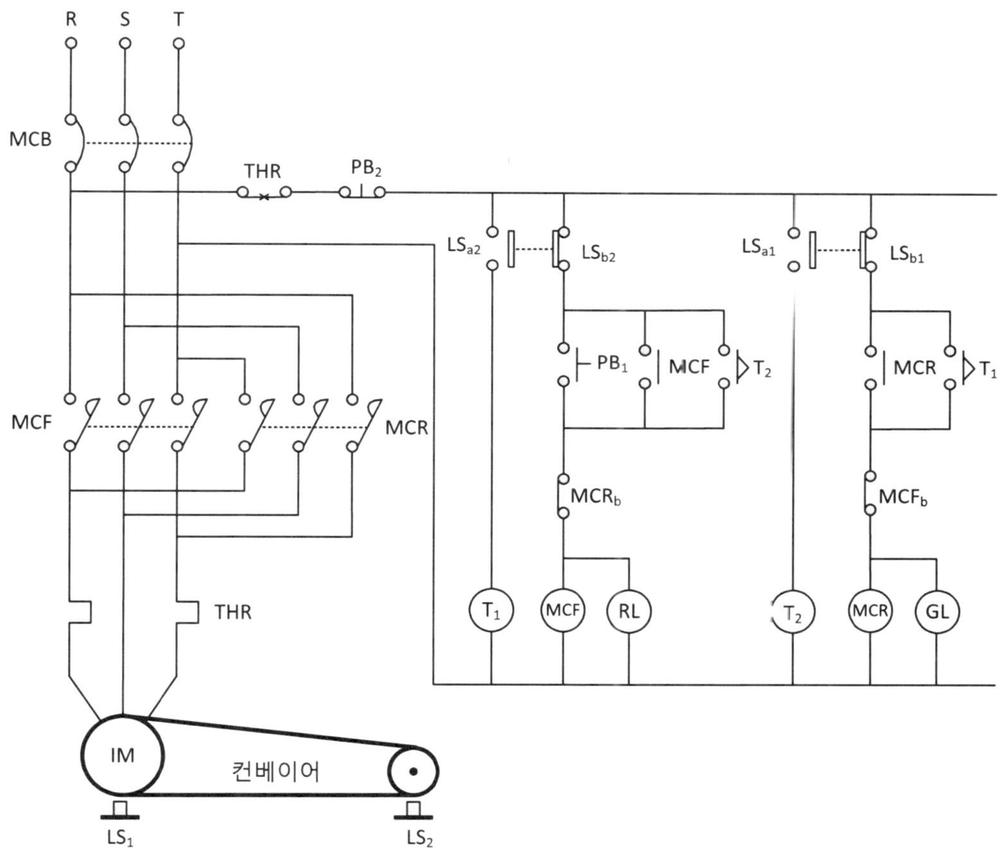

그림 4.16 컨베이어 정/역 반복 운전 회로

(1) 동작 설명

① 기동스위치 PB_1을 누르면 전자개폐기 MCF가 여자 된다. 따라서 보조접점 MCF가 붙어 자기유지 되고 컨베이어가 정회전 한다. 동시에 정회전 표시램프 RL이 점등되고 보조접점 MCF_b는 떨어져 MCR의 회로는 개방된다.

② 컨베이어가 동작하여 도그가 LS_2에 도달하면 전자개폐기 MCF가 무여자 된다. 따라서 보조접점 MCF가 떨어져 자기유지가 상실되며 전동기는 정지하고 정회전 표시램프 RL은 소등된다. 동시에 보조접점 MCF_b가 붙어 MCR의 회로는 다시 연결된다. 그리고 타이머 T_1이 여자 된다.

③ 타이머 T_1이 설정 시간에 도달하여 보조접점 T_1이 붙으면 전자개폐기 MCR이 여자되고, 보조접점 MCR이 붙어 자기유지 된다. 그리고 컨베이어가 역회전 하고 역회전 표시램프 GL이 점등된다. 이때 보조접점 MCR_b는 떨어져 MCF의 회로는 개방된다.

④ 컨베이어가 동작하여 도그가 LS_1에 도달하면 전자개폐기 MCR가 다시 무여자 되고 타이머 T_2가 설정시간에 도달하면 MCF가 여자 되어 컨베이어는 다시 정회전 한다.

(2) 필요 부품 및 기자재

① 푸시버튼 스위치 : 2개

② 전자접촉기(MC) : 2개

시간지연 타이머 : 2개

리미트 스위치 : 2개

열동계전기 : 1개

③ Pilot Lamp : 2개

④ 압착 터미널(포트 타입) : 1.5SQ 30개

⑤ 배선용 전선(CV선) : 50M(CV 1.25SQ/1C)

⑥ Marking Tube : 3SQmm(5M)

⑦ 배선용 덕트

⑧ 넘버링기

⑨ 터미널 압착기

(3) 실험순서

① 그림 4.16의 회로를 구성한다.

② 정/역 운전을 위한 전동기 구동과 표시램프의 동작을 관찰한다.

③ 실험결과를 리포트로 작성한다.

chapter 5

PLC의 개요

5.1 PLC의 정의

PLC(Programmable Logic Controller)란 전동기, 컨베이어 벨트, 공압 기기 등 각종 기기를 순차 제어하기 위하여 사용하던 제어반 내의 릴레이, 타이머, 카운터 등의 기능을 마이크로프로세서와 각종 반도체 소자로 대체 시켜, 순차 제어 기능 및 수치 연산 등의 기능이 가능하도록 만든 반도체 제어장치를 말한다. 그림 5.1은 PLC의 외형을 보여준다.

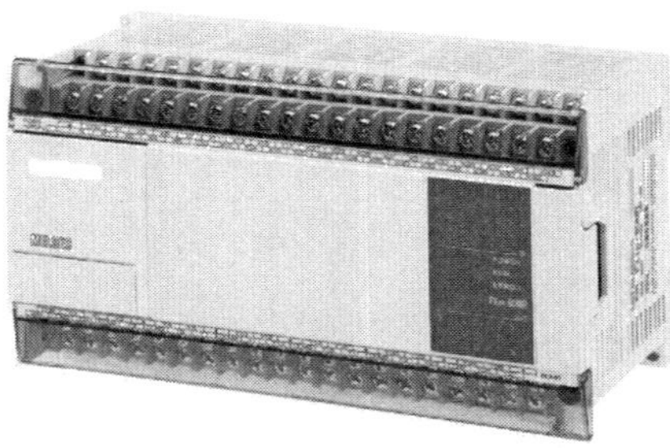

(a) 일체형 PLC

(b) 모듈형 PLC

그림 5.1 프로그래머블 로직 콘트롤러(PLC)

PLC의 구조는 기본적으로 컴퓨터와 유사하며 논리 연산을 수행하고 그 출력을 만들어 낸다. PLC는 기기 제어를 위한 컴퓨터이며 일반 컴퓨터와는 다르게 열악한 산업 환경에서도 잘 동작할 수 있도록 설계되었다. 그리고 특수한 입출력 인터페이스와 프로그램 언어를 가지고 있다. PLC는 산업체에서 PC라고도 하는데 개인용 컴퓨터의 약자인 PC와의 혼동을 피하기 위하여 일부 제조 회사들은 그냥 PLC라고 부른다. 초기의 PLC는 단지 릴레이 로직을 대체하기 위한 기능으로 사용되었으나 최근에는 그 기능과 사용분야가 매우 다양해지고 있다. 최근 PLC의 사용분야를 살펴보면 단순 순차제어뿐만 아니라 피드백 제어, 디지털 제어 등 매우 다양한 분야에서 사용되고 있으며 산업용 제어기 및 공장 자동화를 위한 핵심 기기로 자리잡아 가고 있다.

5.2 PLC의 역사와 발전

과거에 시퀀스 제어는 여러 개의 릴레이 및 타이머를 사용하여 원하는 동작을 수행하는 제어반을 구성하고 이를 제어장치로 사용하였으나 다음과 같은 문제점을 가지고 있었다.

① 제어 대상 시스템에 따라 각각 릴레이 제어회로를 배선하여 제어반을 구성해야 하기 때문에 시간이 많이 소요되며 제어반의 크기가 커진다.

② 제어 대상이 바뀌거나 기능이 변경되는 경우 배선을 변경하고 제어반을 다시 구성해야 하므로 경제적으로 손실이다.

③ 원하는 기능을 수행하기 위한 제어 배선을 모두 하드웨어적으로 구현해야 하기 때문에 접촉 불량, 배선 불량 등으로 인한 신뢰성 문제가 발생된다.

④ 릴레이 및 타이머는 모두 기계적인 접점을 가지고 동작하므로 그 동작 속도가 느려 고속 제어 시스템에 적용하기 어렵다.

⑤ 복잡한 배선으로 인하여 고장을 찾기 어렵다.

그림 5.2 릴레이로 구성된 시퀀스 회로

이상과 같은 여러 가지 문제를 해결하기 위하여 1968년 미국의 자동차 제조회사인 GM은 자동차 조립라인에 이용할 PLC의 10가지 요구조건을 다음과 같이 제시하였다.

① 프로그램의 작성 및 변경이 용이할 것

② 유지보수 및 수리가 용이할 것

③ 릴레이 제어반 보다 소형일 것

④ 출력 데이터는 중앙제어장치에 연결되어 있을 것

⑤ 릴레이 제어반 보다 저가일 것

⑥ 입력은 교류 115V를 이용할 수 있을 것

⑦ 출력은 최저 2A, 교류 115V일 것

⑧ 릴레이 제어반보다 신뢰성이 높을 것

⑨ 유니트 확장이 가능할 것

⑩ 4K 워드까지 확장 가능한 메모리를 가질 것

1969년 Bedford사를 포함한 여러 회사들이 이러한 조건에 맞는 제어장비를 제안하였는데, 다른 회사들이 제안한 제품은 크기가 너무 크거나 복잡하고 또는 메모리 문제가 발생하여 채택되지 못하고 Bedford사가 제안한 Modular digital Controller(MODICON)가 선정되었는데 이렇게 하여 탄생한 최초의 PLC가 바로 Bedford사의 MODICON 084이다.

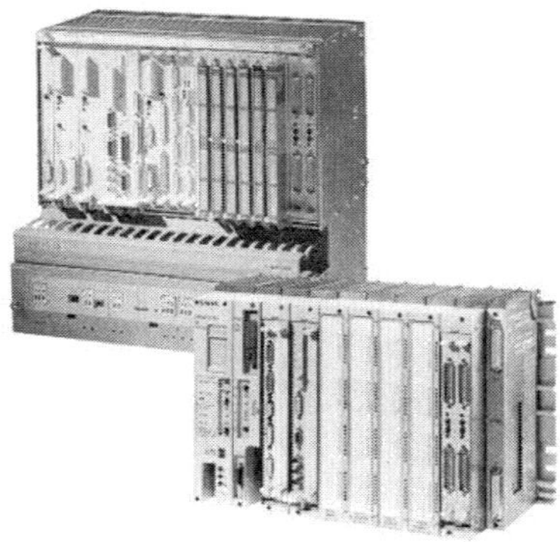

(a) Bedford사의 MODICON 084 외형

(b) Bulletin 1774 PLC의 외형

그림 5.3 최초의 PLC

그러나 현재 PLC로 불리는 최초의 이름을 가진 제품은 Allen-Bradley 사가 1971년 개발한 “Bulletin 1774 PLC”이다. 이렇게 개발된 마이크로프로세서와 반도체 회로를 기반으로 하는 PLC는 기존의 릴레이 기반 제어반에 비하여 경제성, 신뢰성, 편의성 등에서 월등한 우위를 가지게 되었고, 이로 인하여 철강, 화학 등 대형 공장으로부터 소규모 사업장까지 급격하게 보급되었다. 그 후 PLC는 마이크로프로세서 및 반도체 기술의 획기적 발달과 함께 단순 시퀀스 제어장치로부터 연산기능과 통신기능 아날로그 입출력 기능 위치제어 기능 등 매우 다양한 기능을 가진 고성능 제어기로서 다양한 분야에서 사용되고 있다.

5.3 PLC의 종류 및 특징

PLC의 가장 큰 특징 중 하나는 종래의 릴레이 제어반과는 다르게 하드웨어적으로 배선을 하지 않고 소프트웨어의 변경을 통하여 다양한 제어 시스템을 구현 할 수 있으며, 컴퓨터에 의하여 직접 프로그램, 제어 등이 가능하여 보다 다양하고 편리하게 산업현장에서 사용할 수 있다는 점이다. 표 5.1은 릴레이 제어반과 PLC 제어와의 차이점을 보여준다. 또한 PLC는 구성에 따라 전원부, 입출력부, CPU부, 메모리부 등이 하나로 구성되어 있는 일체형과 필요에 따라 카드 형태로 베이스에 조립하여 쓸 수 있는 모듈형이 있는데, 소형 PLC의 경우 주로 일체형으로 구성되고 중대형 PLC의 경우는 대부분 모듈형으로 구성되어 있다.

5.4 PLC의 구성

전형적인 PLC는 그림 5.4에서와 같이 크게 1. 중앙처리장치부, 2. 전원공급 장치부, 3. 입/출력부, 4. 프로그래밍 장치로 구분할 수 있다. 입/출력부와 PLC를 결합하는 방법은 두 가지 방법, 즉 고정식과 모듈식이 있다.

표 5.1 릴레이 제어반과 PLC의 비교

구분	릴레이 제어반	PLC 제어
제어방식	하드웨어로 구성된 논리 회로	프로그램으로 구성된 논리 회로
제어요소	유접점	무접점
제어기능	릴레이, 타이머, 카운터	릴레이, 타이머, 카운터, PID제어, 위치제어 등을 소프트웨어를 통하여 구현
제어대상 변경	하드웨어적 배선 변경	프로그램 변경
시스템 특성	해당 시스템에서만 적용	시스템 확장 가능, 프로그램 저장 가능
유지보수	유지 보수 어려움	유지 보수 쉬움
특징	유접점의 한정된 수명, 저속	긴 수명, 고속제어, 고신뢰성

표 5.2 컴퓨터와 PLC의 비교

구분		컴퓨터	PLC
하드웨어	입력	키보드, 마우스, 스캐너, 컴팩트 디스크 등	스위치, 센서, 전압신호 등
	출력	프린트, 모니터 등	릴레이, 모터, 표시등 등
	구조	약전	강, 약전 병용
	목적	연산 및 데이터 처리, 각종 통신	기계장치의 제어, 각종 통신
	사용 장소	사무실 등 쾌적하고 청결한 환경	분진, 소음, 각종 전기적 노이즈 등이 발생하는 산업 현장
소프트웨어	사용자	오퍼레이터, 프로그래머	현장 작업자
	프로그램 언어	C-언어 등 컴퓨터 언어	시퀀스 회로를 중심으로 하는 래더 프로그램 등

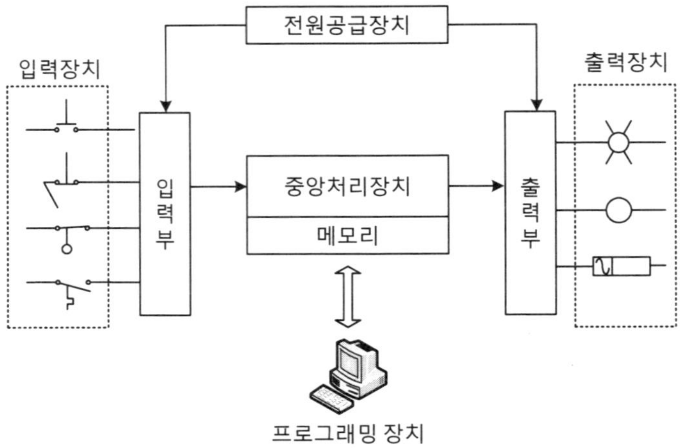

그림 5.4 PLC의 구성

1. 중앙처리장치부

중앙처리장치부는 PLC의 두뇌에 해당된다. 일반적으로 중앙처리장치부는 그림 5.5와 같이 CPU, 그리고 메모리와 CPU와 메모리에 적절한 전원을 공급하기 위한 전원공급 장치로 나눌 수 있다.

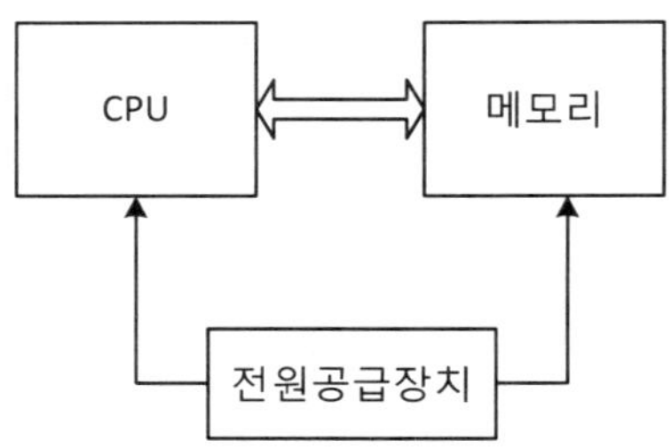

그림 5.5 중앙처리장치부

그림 5.5에서와 같이 중앙처리장치부는 일반적으로 논리연산을 수행하고 모듈들 사이의 통신을 제어하기 위한 마이크로프로세서(CPU)와 그 주변장치들로 구성된다. 또한 중앙처리장치부는 마이크로프로세서에 의하여 수행된 논리 연산 결과를 저장할 수 있는 기억장치를 가지고 있는데, 이러한 기억장치는 일반적인 연산을 위한 RAM, 각종 파라미터를 저장하기 위한 EEPROM, 논리 프로그램을 저장하기 위한 FLASH ROM 등으로 구성된다. 한편, 중앙처리장치부는 사용자가 필요한 회로를 릴레이 래더 로직으로 입력시킬 수 있도록 설계된다. 이 중앙처리장치는 여러 가지 센서장치들로부터 데이터를 입력받고 기억장치에 저장된 사용자 프로그램을 실행하여 적절한 출력명령을 제어장치로 보내는 역할을 수행한다.

2. 전원공급 장치부(power supply)

전원공급 장치부(power supply)는 PLC의 랙 또는 베이스에 삽입된 모든 다른 모듈에 직류전원을 공급한다. 대형 PLC 시스템에서 일반적으로 이 전원 공급기는 필드장치에 전원을 공급하지 않는다. 대형 시스템에서 필드장치에 공급되는 전원은 외부의 교류 또는 직류 전원을 이용한다. 그러나 소형 PLC 시스템에서는 필드 장치에 전원을 공급하기 위하여 전원 공급기가 이용되기도 한다.

직류전원 공급장치는 상용전원을 입력받아 중앙처리장치가 사용할 수 있는 저전압($5\,V_{DC}$)을 만든다. 이 전원 공급장치는 중앙처리장치부에 내장될 수도 있고 또는 별도의 분리된 모듈이 될 수도 있는데, 이것은 PLC 시스템 제조회사에 따라 다르다.

3. 입/출력부

CPU가 PLC의 두뇌라면 입/출력부는 눈과 귀에 해당한다. 입력부는 기계나 공정 장치로부터 신호를 받아들이고, 이 신호를 제어기가 사용할 수 있는 신호로 변환한다. 그리고 출력부는 제어기 신호를 기계나 공정을 제어하기 위하여 사용할 수 있는 신호로 변환한다. 입력부와 출력부는 분리되거나 제거될 수 없는 유니트가 없는 고정식 입출력부와 랙과 입출력 모듈로 구성되어 필요에 따라 추가하거나 제거할 수 있는 모듈식으로 구분할 수 있다. 입/출력 모듈부(I/O module)는 입력 모듈과 출력 모듈로 구성된다. 입/출력 시스템은 필드 장치가 제어기에 연결되도록 인터페이스를 구성한다. 이 인터페이스의 목적은 외부 입력 필드장치들로부터 신호를 받거나 또는 외부 출력 필드 장치로 신호를 내보내는 역할을 수행한다. 따라서 푸시버튼 스위치, 리미트 스위치, 각종센서, 선택 스위치, 휠 스위치 등과 같은 입력장치는 입력모듈 단자로 연결되고, 소형 전동기, 전동기 기동기, 솔레노이드 밸브, 지시등 등과 같은 출력장치는 출력모듈 단자로 연결된다. 이들 장치들은 또한 필드(field) 또는 리얼 월드(real world) 입력/출력이라고 한다. 필드(field) 또는 리얼월드(real world)는 물리적으로 결선 되어져 있는 실제적인 외부장치와 릴레이, 타이머, 카운트의 기능을 하는 내부 사용자 프로그램을 구분하기 위하여 사용된다.

(1) 고정식 입출력부

고정식 입/출력부(I/O)(그림 5.1(a))는 분리되거나 제거될 수 있는 유니트가 없는 소형 PLC이다. 프로세서와 I/O는 함께 일체화되어 있으며 입/출력 단자가 있지만 바꿀 수는 없다. 이러한 일체형의 주된 장점은 가격이 저렴하다는 것이다. 사용 가능한 입/출력점의 수는 다양하며 부가적인 고정식 입/출력 유니트를 구입하여 확장 가능하다. 고정식 입/출력의 단점은 유연성의 결핍이다. 즉 일체화에 의해서 이미 결정된 수량이나 형태 내에서 얻어질 수 있는 것은 제한되어 있다는 것이다. 또한 어떤 모델에서는 유니트의 일부가 고장난 경우 유니트 전체를 교체하여야 한다.

(2) 모듈식 입출력부

모듈식 입/출력부(I/O)(그림 5.1(b))는 개별모듈들이 삽입될 수 있는 칸막이들에 의하여 나누어진다. 이러한 특성은 사용자의 선택권과 유니트의 유연성을 높여 준다. 사용자는 제조회사가 생산하는 모듈들을 선택하여 사용하거나 목적에 맞게 혼합하여 사용할 수 있다. 기본적인 모듈식 제어기는 랙(rack) 혹은 베이스(Base), 전원공급기(power supply), 중앙처리장치(CPU) 모듈, 입/출력 모듈(I/O 모듈) 그리고 프로그래밍과 모니터링을 위한 오퍼레이터 인터페이스로 구성된다. 모든 모듈들은 랙에 삽입되어 사용된다. 모듈이 랙에 삽입되면 모듈은 랙의 후면에 있는 후면판(Backplane)이라고 하는 일련의 접촉장치와 전기적으로 연결된다. PLC 중앙처리장치 또한 후면판(Backplane)에 연결되며 랙(rack) 내에 있는 모든 모듈과 통신할 수 있다.

(3) 이산 입출력 모듈

대부분의 일반적인 입출력 모듈은 이산형태이다. 이러한 형태의 인터페이스는 선택 스위치, 푸시버튼 스위치, 리미트 스위치 등과 같이 온/오프 상태를 가지는 필드 입력장치와 연결된다.

표 5.3 이산 입출력 인터페이스 모듈을 위한 일반적인 전원 정격

입력 인터페이스	출력 인터페이스	입력 인터페이스	출력 인터페이스
24 V_{ac}/dc	12~48 V_{ac}	5 V_{ac}/dc	230 V_{ac}
48 V_{ac}/dc	120 V_{ac}		5 V_{dc}(TTL, Level)
120 V_{ac}/dc	230 V_{ac}		24 V_{dc}
230 V_{ac}/dc	120 V_{ac}		

또한 입력장치와 유사하게 출력장치는 전구, 소형 전동기, 솔레노이드 그리고 간단한 온/오프 스위칭을 요구하는 전동기, 기동기와 같은 장치로 제한된다. 이산입출력 모듈의 종류에는 비트 지향형 입력과 출력이 모두 포함된다. 이러한 형태의 입출력에서 각 비트는 그 자체로 완전한 정보 요소를 표현한다. 그리고 외부 접점 상태 또는 공정 회로 내에 전원이 존재하는가 하지 않는가 하는 정보를 제공한다.

각 이산 입출력 모듈은 필드 공급 전압원에 의하여 전원이 공급된다. 이들 전압의 크기나 형태가 서로 다르기 때문에 입출력 모듈은 표 5.3에 있는 것처럼 여러 가지 직류, 교류 전압에서 사용될 수 있다. 각 모듈은 모듈이 장착된 랙의 후면판으로 부터 적절한 동작을 하는데 필요한 전압, 전류를 공급 받는다. 이 전압원으로 부터 공급된 전력은 입출력 모듈 내에 있는 수동, 능동 소자에 전력을 공급하는데 이용된다. 출력 모듈의 부하에 의하여 요구되는 상대적으로 높은 전류는 사용자 공급 전압원에 의하여 공급된다. 모듈전원 공급기는 사용된 모듈의 수와 형태에 따라 3A, 12A, 16A의 정격이 있다.

그림 5.6은 교류 이산 모듈 하나의 입력에 대한 블럭도를 보여준다.

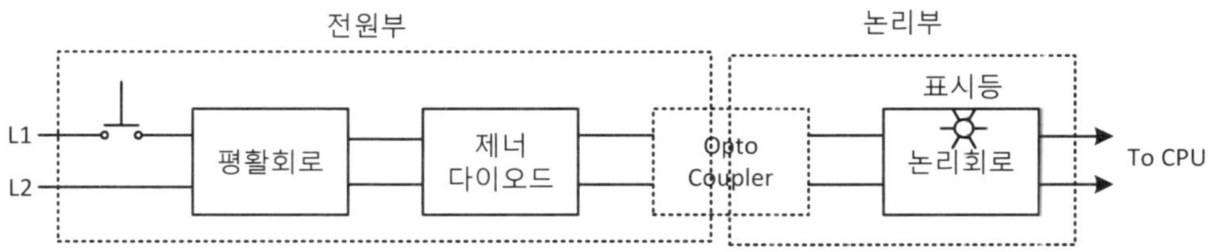

그림 5.6 교류 이산 입력 모듈 블럭도

입력회로는 전원부와 논리부 두 부분으로 나누어진다. 전원부와 논리부는 보통 서로 회로로 연결되어 있다. 그러나 전기적으로는 광 결합장치를 사용하여 두 부분이 서로 분리되어 있다. 교류입력 모듈 하나의 입력에 대한 개략도와 결선도는 그림 5.7(a), (b)에서 보여 준다.

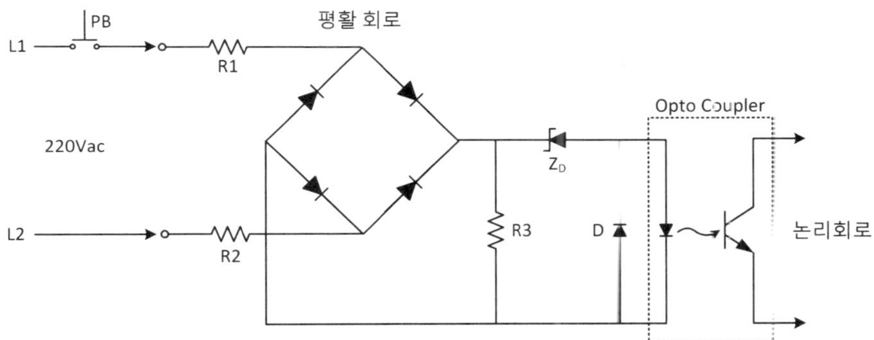

(a) 교류입력 모듈에 대한 개략도

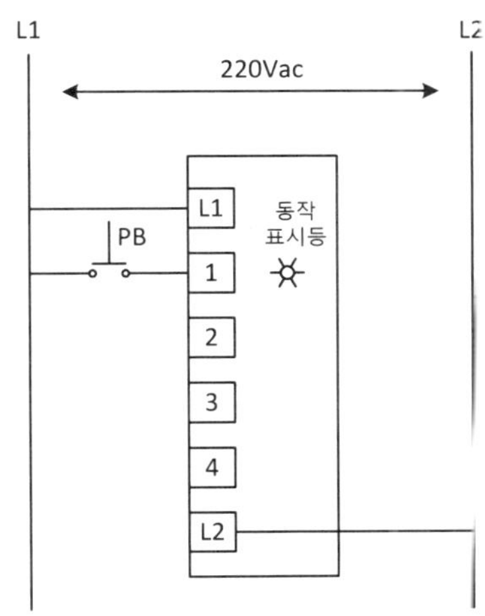

(b) 입력모듈 결선도

그림 5.7 교류입력 모듈에 대한 개략도와 결선도

푸시버튼이 닫히면 120V 교류가 저항 R_1, R_2를 통하여 브릿지 정류기로 인가되고, 이것은 낮은 직류전압을 만들고 광 절연장치의 LED로 인가된다. 제너 다이오드 Z_D의 전압정격은 검출될 수 있는 최소전압으로 설정된다. LED로부터의 빛이 광 트랜지스터에 비치면 도통 상태가 되고 푸시버튼의 상태는 논리 상태 또는 낮은 직류전압(LOW LEVEL)으로 중앙 처리장치에 전달된다. 광 절연장치는 논리회로와 높은 교류입력전압을 분리해줄 뿐만 아니라 중앙 처리장치가 과도한 선전압으로부터 손상되는 것을 막아준다. 광 절연장치는 산업환경에서 흔히 발생하는 전기적인 잡음에 대한 중앙처리장치의 오동작을 감소시킨다. 절연장치로는 펄스 트랜스포머도 이용된다. 입력 모듈은 입력상태를 표시하는 LED를 각 입력 마다 한 개씩 가지고 있다. 만약 입력이 온 상태이면 LED도 점등되며 이것은 고장 수리에 매우 유용하다.

입력 모듈은 PLC 시스템에서 다음과 같은 네 가지 임무를 수행한다.

① 기계에 부착된 센서로부터 신호가 들어왔을 때 이것을 인식한다.
② 입력신호를 PLC를 위한 적정 전압 수준으로 변환한다.
③ 입력신호의 입력, 전류 불안정으로부터 PLC를 절연시킨다.
④ 센서로부터 입력된 신호를 중앙처리장치로 보낸다.

그림 5.8은 교류 이산 출력 모듈 하나의 출력에 대한 블록도를 보여준다. 입력모듈과 마찬가지로 출력 모듈은 절연회로에 의하여 연결된 두 개의 기본적인 부분, 즉 전원부와 논리부분으로 나누어진다. 출력 인터페이스는 출력장치를 제어하기 위하여 전력이 공급되는 전기적인 스위치로 생각할 수 있다. 교류 출력 모듈 한 개의 출력에 대한 개략도와 결선도는 그림 5.9(a)에서 보여준다. 일반 동작의 일부처럼 중앙처리장치는 논리 프로그램에 따라 출력상태를 결정한다. 중앙처리장치가 어떤 출력을 요구할 때 전압이 절연 장치의 LED양단에 인가된다. 그러면 LED가 켜지고 이것은 광 트랜지스터를 도통 상태가 되게 한다. 결국 이것은 반도체 스위치(트라이액)를 도통 시키며 따라서 전구가 켜진다. 트라이액은 양방향으로 도통하므로 전구로의 출력은 교류가 된다. 트라이액은 실제로 온 오프의 성질을 가지기 보다는 오히려 높고 낮은 저항 수준을 가진다고 생각하는 것이 바람직하다. 따라서 오프 상태(고 임피던스)에서도 수 밀리암페어의 적은 누설전류가 트라이액을 통하여 흐른다. 출력 인터페이스는 입력회로와 마찬가지로 각 출력상태를 나타내는 LED가 장착되어 있다. 일반적으로 출력 모듈에는 단위회로 당 한 개씩 4개의 퓨즈가 필요하며 각 회로는 이러한 퓨즈에 의해 보호되고 독립적으로 동작될 수 있다. 몇몇 모듈은 퓨즈 상태를 알아 볼 수 있는 표시장치가 있다.

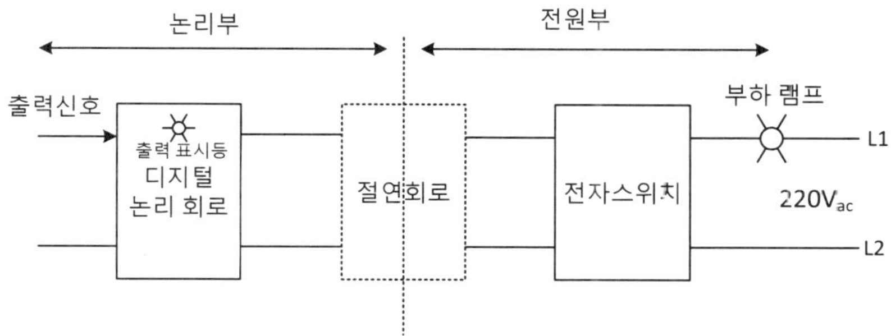

그림 5.8 교류 디지털 출력 모듈

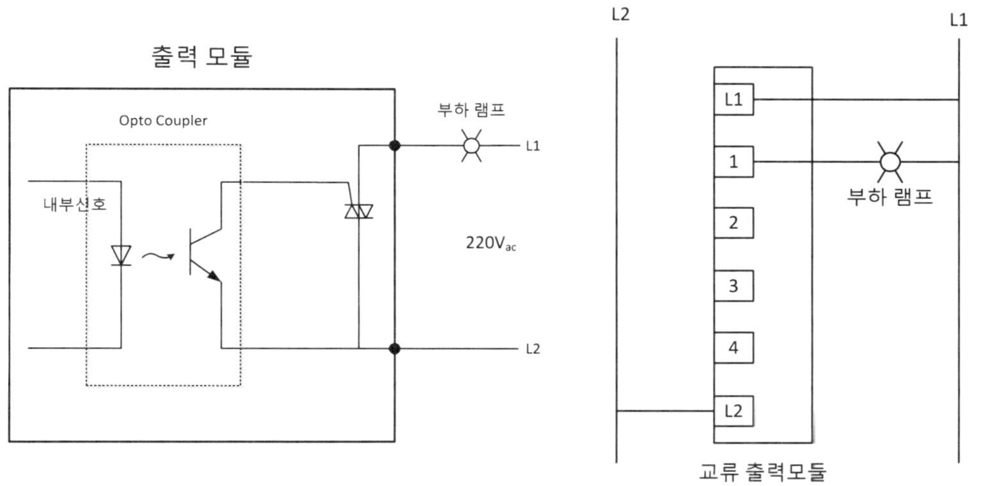

(a) 교류 출력 모듈 개략도

(b) 교류 출력 모듈 결선도

그림 5.9 교류 출력 모듈에 대한 개략도와 결선도

각 교류 출력은 보통 트라이액의 용량에 따라 출력전류가 결정된다. 어떤 한 모듈에 대한 최대 부하전류는 사양에 의해 지정된다. 따라서 출력 모듈 회로를 보호하기 위한 지정전류 정격은 초과되지 않아야 한다. 대형 전동기와 같은 큰 부하를 보호하기 위하여 지정전류 정격은 초과되지 않아야 한다. 대형 전동기와 같은 큰 부하를 제어하기 위하여 표준 제어 릴레이가 출력 모듈에 연결될 수 있다. 릴레이 접점은 그림 5.10에서와 같이 대형 부하나 전동기 기동기를 제어하기 위하여 사용될 수 있다. 제어 릴레이가 이 방법으로 사용될 때 이것을 중계 릴레이라 한다.

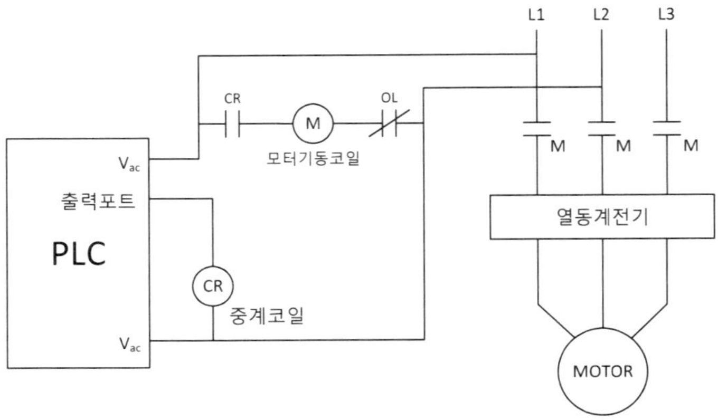

그림 5.10 중계 릴레이 연결

이산 출력 모듈은 실제 출력장치를 온 하거나 오프 하기 위하여 상용된다. 이들 모듈은 어떤 두 상태를 가지는 장치를 제어하기 위하여 사용될 수 있다. 그리고 직류와 교류 모두 사용 가능하며 다양한 전압, 전류 정격을 가지고 있다. 출력 모듈은 트랜지스터, 트라이액, 또는 릴레이 출력을 가진 것으로 구입 가능하다. 트라이액 출력은 교류장치만을 제어하기 위하여 사용된다. 한편, 트랜지스터 출력은 직류장치를 제어하기 위하여 사용된다. 릴레이 출력은 교류와 직류 장치를 모두 사용할 수 있지만 반도체 출력과 비교하여 동작시간이 늦다.

직류 필드장치의 설계는 장치의 내부 회로에 따라 특정한 방출(sinking) 또는 공급(sourcing)회로에서 사용되도록 한다. 방출 그리고 공급이라는 말은 제어 시스템의 필드 입출력 장치와 전원공급기 사이의 전류 신호 흐름을 설명하기 위하여 사용되는 단어이다.

이 관계는 그림 5.11에서 보여준다. 직류 입출력 필드 회로는 일반적으로 기능이 정상적으로 수행되기 위해서 직류신호 전압이 필요한 내부 반도체 회로의 형태를 가지는 필드장치와 함께 사용된다. 필드 전압 공급기의 양극과 연결된 필드장치는 공급 필드 장치이다. 그와 다르게 전원공급기의 음극과 연결된 필드장치는 방출 필드장치이다. 필드장치와 PLC 시스템 사이의 전기적인 조화성을 유지하기 위하여 이 정의는 디지털 직류 입출력 모듈에 있는 입출력 회로까지 확대된다.

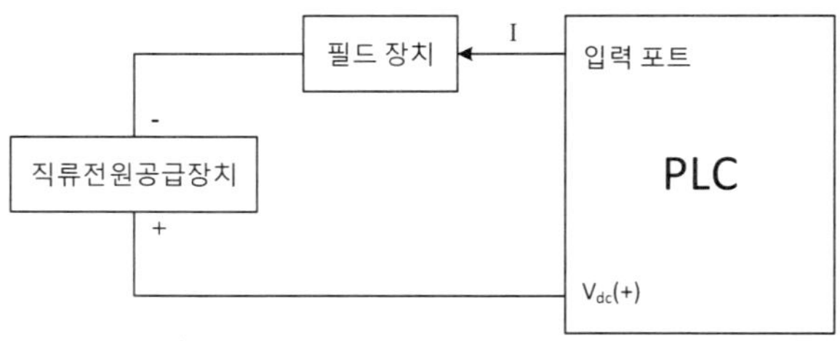

(a) 공급 입력 모듈 회로를 가진 방출장치

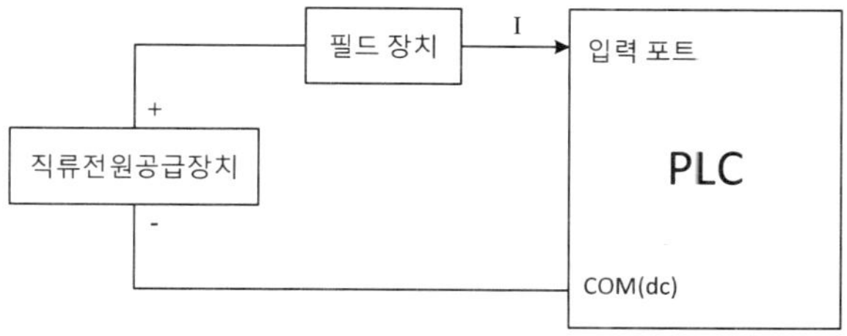

(b) 방출 입력 모듈 회로를 가진 공급장치

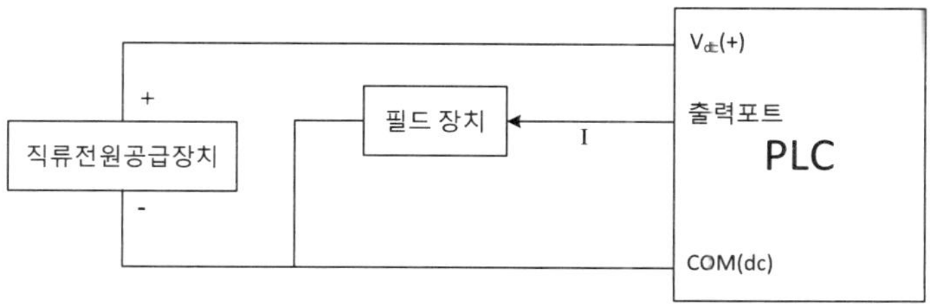

(c) 공급 출력 모듈 회로를 가진 방출장치

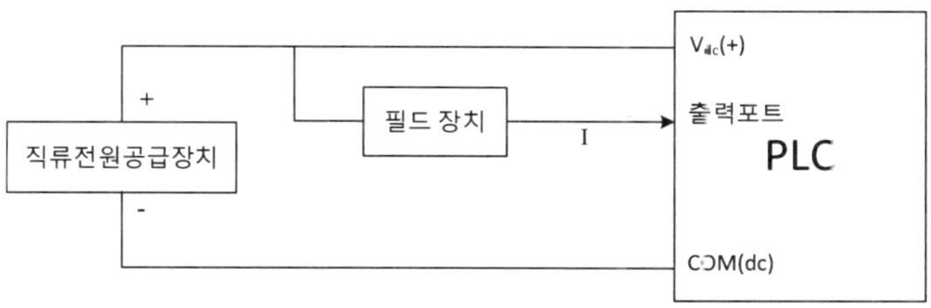

(d) 방출 출력 모듈 회로를 가진 공급 장치

그림 5.11 방출(Sinking)과 공급(Sourcing)

(4) 아날로그 입출력 모듈

초기의 PLC는 디지털 입출력 인터페이스로 제한되어 있었다. 이것은 단지 온, 오프 형태의 장치만이 연결될 수 있음을 의미한다. 이러한 제한은 PLC가 많은 공정제어 응용분야 중에서 부분적인 분야의 제어만 할 수 있다는 것을 의미한다. 하지만 오늘날은 디지털 입출력 영역과 아날로그 인터페이스 영역 모두에 적용될 수 있다. 아날로그 입력 인터페이스 모듈은 아날로그 필드 장치로부터 아날로그 신호 또는 아날로그 전압을 입력 받는 회로를 포함하고 있다. 이들 입력은 A/D 변환기를 통하여 아날로그 신호가 디지털 신호로 변환된다. 변환된 값은 중앙처리 장치가 이용할 수 있도록 아날로그 신호에 비례하여 12비트 또는 8비트의 디지털 값으로 변환된다. 아날로그 입력 감지 장치는 온도, 빛, 속도, 압력 등의 값을 포함한다.

그림 5.12는 온도센서가 연결된 아날로그 입력 인터페이스 모듈을 보여 준다. 온도 센서는 측정된 온도에 비례하여 밀리볼트 단위로 변화하는 직류전압을 만든다. 이 전압은 아날로그 입력모듈에 의하여 증폭되고 디지털 값으로 변환된다. 그리고 프로그램에 있는 명령어에 따라 중앙처리장치로 입력된다. 입력신호의 전압이 낮기 때문에 다른 선로로부터 도체에 유기될 수

있는 잡음을 줄이기 위하여 회로를 결선하는데, 차폐된 신호선이 사용된다. 이 잡음은 순간적으로 오동작을 일으킬 수 있다. 아날로그 입력 모듈 형태는 전압감지와 전류감지의 두 가지 형태가 있다.

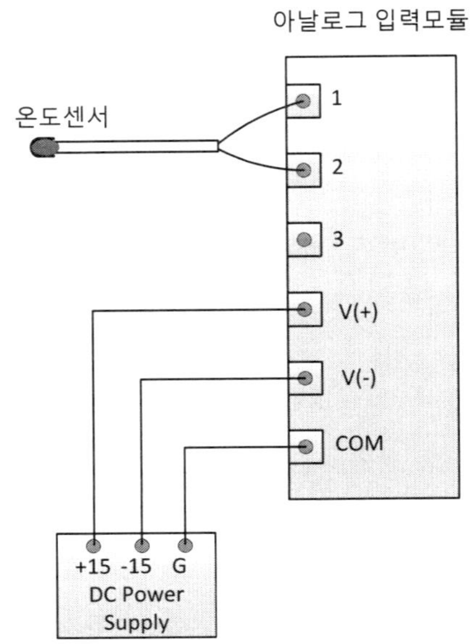

그림 5.12 온도센서가 연결된 아날로그 입력 모듈

전압입력 모듈도 유니폴러와 바이폴러의 두 가지 형태가 있다. 유니폴러 모듈은 입력으로 단지 한 극만을 입력 받을 수 있다. 예를 들어 만약 응용회로가 0 ~ 10V를 측정하기 위한 카드를 필요로 한다면 유니폴러 카드가 사용된다. 바이폴러 카드는 양극과 음극 입력을 모두 입력 받을 수 있다. 예를 들어 응용회로가 -10 ~ +10V 사이의 전압을 발생한다면 바이폴러 입력카드가 사용되어야 한다. 왜냐하면 측정전압이 양극과 음극이기 때문이다. 전류입력 모듈은 일반적으로 4 ~ 20[mA]범위까지 전류를 측정하도록 설계된다.

아날로그 출력 인터페이스 모듈은 중앙처리장치로부터 디지털 데이터를 입력 받는다. 이것은 아날로그 필드 장치를 제어하기 위하여 그에 비례하는 전압이나 전류로 변환된다. 디지털 데이터는 아날로그 신호를 발생시키기 위하여 그에 비례하는 전압이나 전류로 변환된다. 디지털 데이터는 아날로그 신호를 발생시키기 위하여 D/A 변환회로를 거치게 된다. 아날로그 출력 장치는 소형 전동기, 아날로그 값, 아날로그 계측기, 7 세그먼트 표시기 등을 포함한다.
그림 5.13은 PLC 시스템에서의 아날로그 입출력 모듈의 사용 예를 보여준다.

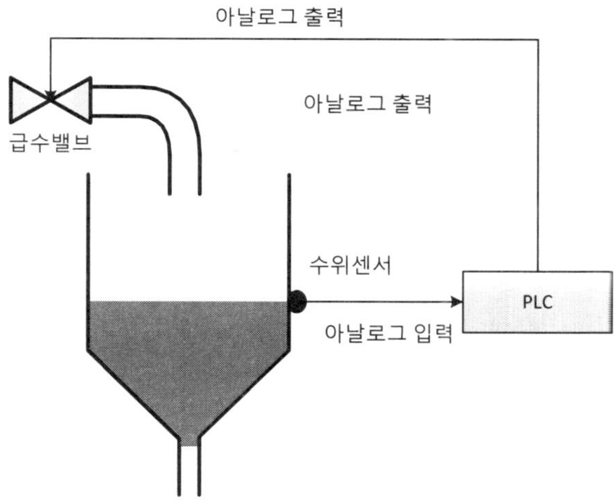

그림 5.13 아날로그 입출력 제어 시스템

이 응용 시스템에서 PLC는 밸브 개폐율을 조절함으로써 탱크 나에 있는 유량을 제어한다. 그 밸브는 초기에 100% 열려 있으나 탱크 내의 유량이 설정값에 가까워짐에 따라 중앙 처리장치는 유량이 설정치를 유지할 수 있도록 출력을 조정할 수 있다.

(5) 그 외 특수 입출력 모듈

① 고속 카운터 모듈

고속 카운터 모듈은 PLC 래더 프로그램의 능력 이상의 카운터 속도를 요구하는 응용을 위한 인터페이스를 제공하기 위하여 사용된다. 고속 카운터 모듈은 센서, 엔코드, 스위치 등으로부터 입력된 펄스를 고속으로 카운팅 하기 위하여 사용된다.

② BCD출력 모듈

BCD 출력 모듈은 PLC가 7 세그먼트와 같이 BCD 신호를 필요로 하는 장치를 구동할 수 있도록 해준다.

③ PID모듈

PID 모듈은 PID 알고리듬으로 동작하는 공정제어 응용에 사용된다. 이 알고리듬은 수학적 연산을 기초로 하는 복잡한 프로그램이다. PID 모듈은 공정제어가 중앙처리장치의 외부에서 일어나도록 한다. 그 이유는 복잡한 연산으로 인하여 PLC의 CPU가 과도한 부담을 지는 것을 방지한다.

④ 서보 모듈

서보 모듈은 폐루프 공정제어에서 사용된다. 폐루프 제어는 어떤 장치로부터 피드백을 함으로써 이루어진다. 이 모듈의 프로그래밍은 PLC를 통하여 이루어진다. 그러나 한 번 프로그램 되면 PLC의 동작에 관계없이 독립적으로 장치를 제어할 수 있다.

⑤ 통신 모듈

서로 다른 시스템들이 통합될 때 데이터는 시스템을 통하여 공유되어야 한다. PLC는 컴퓨터, CNC, 로봇 그리고 다른 PLC와 통신할 수 있어야 한다. 이 모듈은 사용자가 PLC와 함께 제공되는 네트워크 통신과는 다른 고속 로컬 네트워크로 PLC를 연결할 수 있도록 해준다.

4. 프로그래밍 장치

프로그래밍 장치 또는 단말기는 필요한 프로그램을 중앙처리장치의 메모리로 입력하기 위하여 사용된다. 이 프로그램은 릴레이 래더 로직을 사용하여 프로그램 되며 동작 순서와 장치나 기기의 최종적인 동작 제어를 결정하게 된다. 프로그래밍 장치는 프로그램을 입력하거나 모니터링 할 때만 제어기와 연결된다. 이러한 PLC 입력장치들은 일반적으로 전기기술자들이 쉽게 이용할 수 있도록 설계되었기 때문에, PLC는 컴퓨터 프로그래밍 경험이 많지 않은 사람도 쉽게 프로그램 할 수 있다. 프로그래밍 장치는 LED 표시장치가 내장된 핸디형 유닛 또는 개인용 PC를 프로그램 장치로 사용할 수 있다.

5.5 PLC의 동작원리

PLC의 동작원리를 알기 위해서 그림 5.14와 같은 간단한 공정제어를 생각해보자. 여기서 교반용 전동기는 온도와 압력이 설정값에 도달할 때 용기 내에 있는 액체를 자동으로 휘젓기 위하여 사용된다. 부가적으로, 전동기의 직접/수동조작은 별도의 푸시버튼 스위치 조작반을 이용한다. 전체 공정은 설정값에 도달되었을 때 그 접점이 붙는 온도 또는 압력 센서 스위치들의 상태와 함께 모니터링 된다.

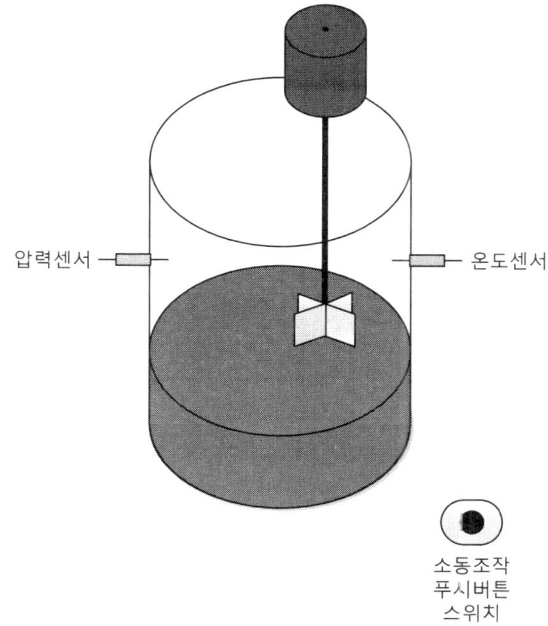

그림 5.14 교반 공정제어 문제

이 제어 문제는 그림 5.15의 릴레이 래더도에서 보여준 릴레이를 이용한 전동기 제어법을 이용하여 해결될 수 있다. 전동기 기동코일 (M)은 압력과 온도 스위치가 닫히거나 또는 수동 푸시버튼 스위치가 눌러졌을 때 여자 된다. 이제 PLC가 이러한 응용 동작을 위하여 어떻게 사용되는지 살펴보자. 같은 입력 필드 장치들(압력 스위치, 온도 스위치, 푸시버튼)이 이용된다.

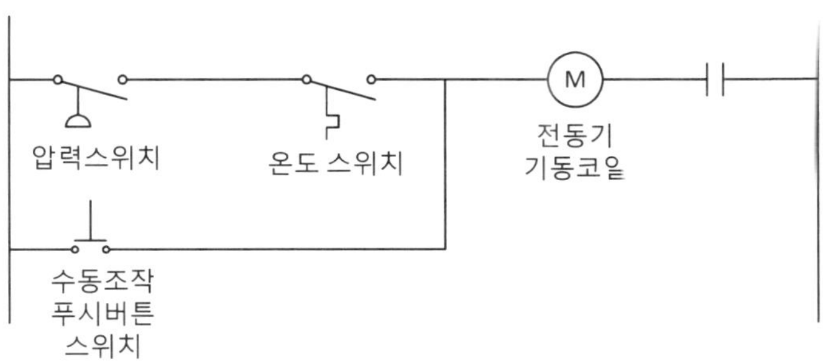

그림 5.15 공정제어 릴레이 래더 다이어그램

이들 입력 필드 장치들은 설계에 따라 적절한 PLC의 입력 모듈에 연결된다. 그림 5.16은 120V 교류 입력모듈을 위한 결선도를 보여준다.

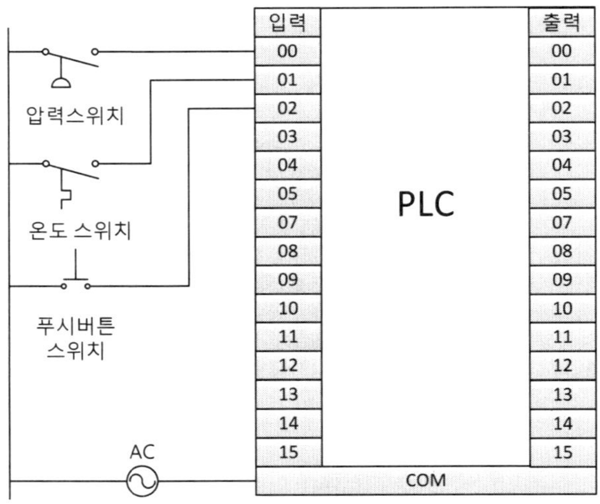

그림 5.16 입력모듈 결선도

같은 출력 필드 장치(전동기 기동코일)가 또한 사용된다. 이 장치는 제조회사의 라벨링 계획에 따라 적절한 출력모듈로 연결된다. 그림 5.17은 DC24V 직류 출력 모듈을 위한 결선도를 보여준다.

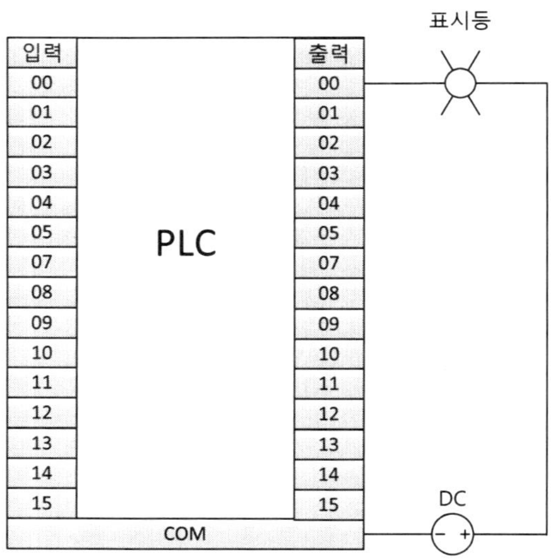

그림 5.17 출력모듈 결선도

다음 PLC 래더 로직도가 구성되고 CPU의 기억장치에 프로그램 된다. 그림 5.18은 이 공정을 위한 래더도를 보여준다. 사용된 형식은 릴레이 래더 로직 회로의 외형과 유사하다. 각 심볼은 명령어를 나타내며 숫자들은 명령어 주소를 나타낸다. 제어기를 프로그래밍 할 때 이들 명령어들은 오퍼레이터 단말기 키보드로부터 중앙처리장치의 메모리로 차례로 입력된다. 명령어는 중앙처리장치 메모리의 사용자 프로그램 위치에 저장된다. 프로그램을 동작시키기 위하여 제어기는 운전모드 또는 동작 주기에 있어야 한다.

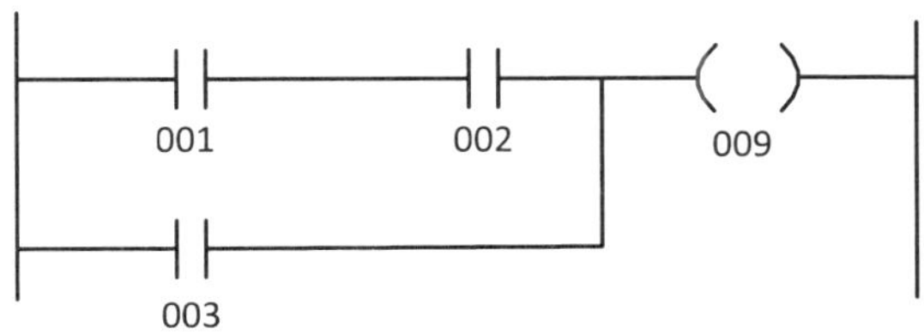

그림 5.18 공정제어 PLC 래더도

각 동작 주기 동안 제어기는 입력장치의 상태를 확인하고 사용자 프로그램을 실행시킨다. 그리고 그에 따라서 출력을 바꾼다. 각 ┤├는 NO(Normally Open)접점으로 생각될 수 있다. ┤( )├는 여자 되어졌을 때 접점이 붙는 코일을 나타낸다고 할 수 있다.

그림 5.18의 래더 로직도에서 코일 009는 접점 001과 접점 002가 붙었을 때 또는 접점 003이 붙었을 때 여자 된다. 이들 조건 중 어떤 것이든지 만족되면 그 코일을 포함하고 있는 렁(rung)을 왼쪽에서 오른쪽으로 지나는 연속적인 경로를 제공한다. 제어기의 운전(RUN)동작은 사건 발생 순서에 의하여 설명될 수 있다. 먼저 입력상태가 측정된다. 그리고 그 상태가 제어기의 기억장치에 저장된다.(닫힌 접점은 논리적 "1"의 신호로 기록되며 열린 접점은 논리적 "0"의 신호로 기록된다.) 그 다음 기록에 따라서 열린 상태 또는 닫힌 상태로 주어진 각 내부 접점과 함께 래더도가 평가된다. 만약 이들 접점이 래더도에서 왼쪽에서 오른쪽으로 현재 경로를 제공한다면 출력코일의 메모리 기억장소는 논리적 "1"의 값으로 주어지며 출력 모듈 인터페이스 접점은 닫힐 것이다. 만약 이들이 프로그램 렁(rung)에서 연결 경로를 구성하지 않는다면 출력 코일의 메모리 기억장소는 논리적 "0"의 값이 될 것이다. 그리고 출력 모듈 인터페이스 접점은 열릴 것이다. 제어기에 의한 이러한 시퀀스 1주기의 완료는 "1스캔"이라 한다. 전체 1주기 동안 필요한 시간으로 정의되는 스캔시간(scan time)은 PLC 응답속도를 측정 가능하게 해준다. 일반적으로 출력 메모리 기억장소 값은 스캔동안 수정되지만 실제 출력값은 그 입/출력장치가 스캔되어진 프로그램 스캔주기의 종료까지 수정되지 않는다. 즉 프로그램의 "1스캔"이 완료되어야만 실제 출력장치의 출력 값이 바뀌게 된다.

5.6 동작 변경

이미 언급한 것처럼 PLC의 중요한 특징 가운데 하나는 프로그램 변경이 쉽다는 것이다. 예를 들어 교반기 동작을 위한 원래의 공정 제어회로가 그림 5.19의 릴레이 래더도와 같이 수정되어야 한다고 가정해 보자. 그 변화는 수동 푸시버튼 스위치가 어떤 압력 조건에서 동작이 허용되어야 하지만 만약 특정 온도값에 도달하지 않는다면 동작되지 말아야 한다는 것을 요구한다. 만약 릴레이 시스템이 사용된다면 요구된 변화를 성취하기 위하여 그림 5.20에서 처럼 시스템의 재 결선이 요구된다. 하지만 만약 PLC시스템이 사용된다면 재 결선은 필요 없다. 입력과 출력은 여전히 동일하며 단지 필요한 것은 그림 5.20에서와 같이 PLC 래더도를 변경하는 것뿐이다.

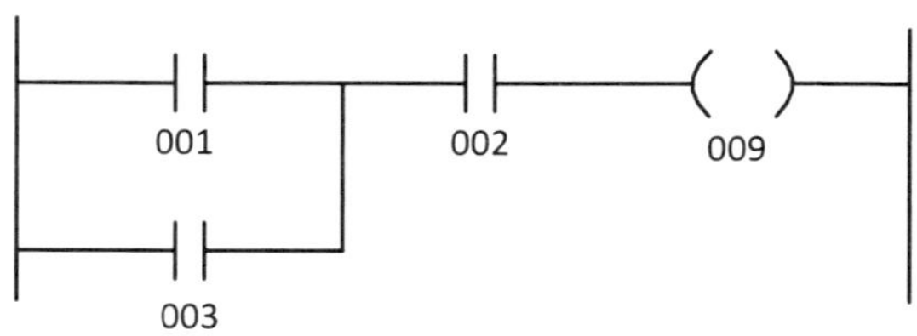

그림 5.19 변경된 공정을 위한 릴레이 래더도

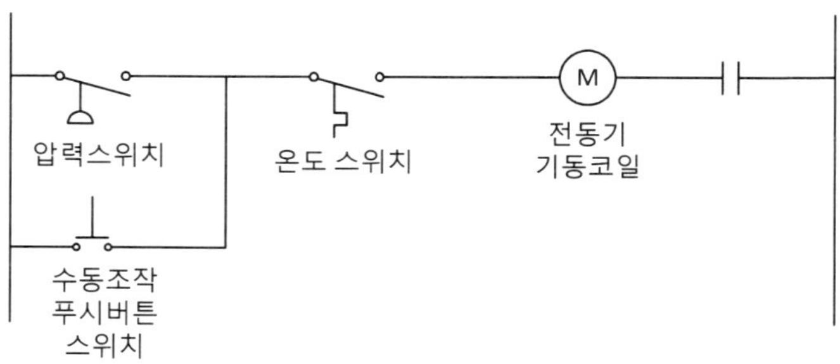

그림 5.20 변경된 공정을 위한 PLC 래더도

5.7 PLC 프로그램

PLC 프로그램은 크게 니모닉 방식과 래더 다이어그램 방식으로 구분된다. 이 밖에도 논리기호 방식 플로차트 방식, 타임차트 및 스텝 래더 방식 등이 있으나 일반적으로 니모닉 방식과 래더 다이어그램 방식이 가장 많이 사용되는 방식이다.

1. 니모닉 방식

니모닉은 어셈블리 형태의 문자기반 언어로서 시퀀스 회로를 LOAD, OR, NOT 등 다양한 명령어를 사용하여 프로그램 하는 방식으로 래더 다이어그램 방식과도 상호 변환이 가능하다. 이 방식은 핸디 로더 등을 사용할 때 사용에는 편리하나 프로그램 디버깅 등이 어려운 단점이 있다. 다음은 니모닉을 사용한 프로그램 예를 보여준다.

▶ 니모닉 프로그램 예

```
LOAD            P000
AND    NOT      P001
OR              P002
OUT             P020
```

2. 래더 다이어그램 방식

래더 다이어그램은 그림 5.21과 같은 도형기반 언어이다. 현재 가장 많이 사용되고 있는 방식으로써 릴레이 입력 접점이나 출력 코일 등 릴레이 회로를 구성하는 각종 요소장치들을 프로그램 편집 툴에서 제공하는 도형이나 기호 등으로 표시하는 방식이다. 이 방식은 래더 다이어그램을 그리기 위해서는 편집하기가 편리한 컴퓨터가 필요하므로 소규모 PLC에서는 비용이 많이 드는 단점이 있다. 그러나 래더 다이어그램은 회로를 눈으로 직접 확인 등이 가능하여 회로의 변경이나 디버깅 등이 쉬우며 니모닉 방식과 상호 변환이 가능하여 명령어 방식의 프로그램으로도 쉽게 볼 수 있다.

그림 5.21 래더 다이어그램

5.8 래더 다이어그램

1. PLC 래더 다이어그램과 논리회로의 비교

PLC 래더 다이어그램은 그림 5.22와 같이 디지털 논리회로로 간단히 변환할 수 있다. 이때 알아야 할 것은 접점이 직렬연결의 경우 AND 게이트로 변환되고, 병렬연결의 경우 OR 게이트로 변환되며, B접점의 경우는 NOT 게이트로 변환된다는 것이다.

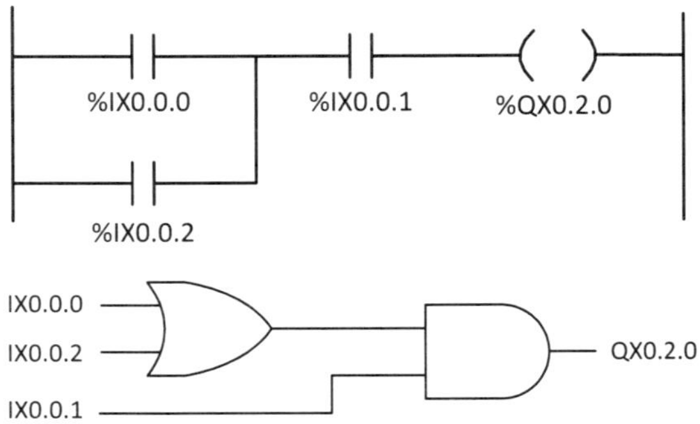

그림 5.22 PLC 래더 다이어그램의 논리회로로의 변환

2. 래더 다이어그램의 스텝 수 줄이기

PLC 래더 다이어그램은 PLC 편집 툴에 준비되어 있는 다양한 명령어를 사용하여 시퀀스 회로를 다양하게 구현할 수 있다. 회로를 구현할 때는 프로그램의 길이가 가장 짧게 구현될 수 있는 방법을 선택하는 것이 좋다. 프로그램 길이를 축약하고자 한다면 먼저 프로그램으로부터 논리식을 추출하고, 불대수식이나 카르노 맵을 이용하여 논리식을 축약한 다음 프로그램을 재구성하면 보다 쉽게 구현할 수 있다.

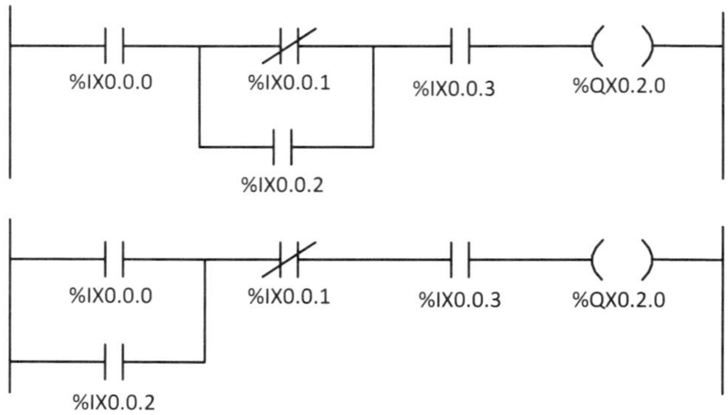

그림 5.23 회로 변경에 의한 프로그램 스텝수 감소 예

연습문제

01 PLC의 정의를 쓰시오.

02 PLC가 종래의 릴레이형 제어 시스템 보다 우수한 점을 4개만 쓰시오.

03 PLC가 릴레이 스위칭에 비하여 부가적으로 수행할 수 있는 네 가지 기능을 쓰시오.

04 PLC에 입/출력부를 부착할 수 있는 두 가지 방법을 쓰시오.

05 모듈형 PLC에서 입/출력 모듈이 어떻게 프로세서에 연결될 수 있는지를 쓰시오.

06 아래에 나열된 PLC 주요 부분의 주 기능을 쓰시오.

㉠ 프로세서 모듈(CPU)
㉡ 입/출력 모듈
㉢ 프로그래밍 장치
㉣ 전원 공급기

07 PLC 프로그램 장치의 일반적인 형태 세 가지를 쓰시오.

※ [08~09] 다음의 두 그림을 참고하여 문제를 푸시오.

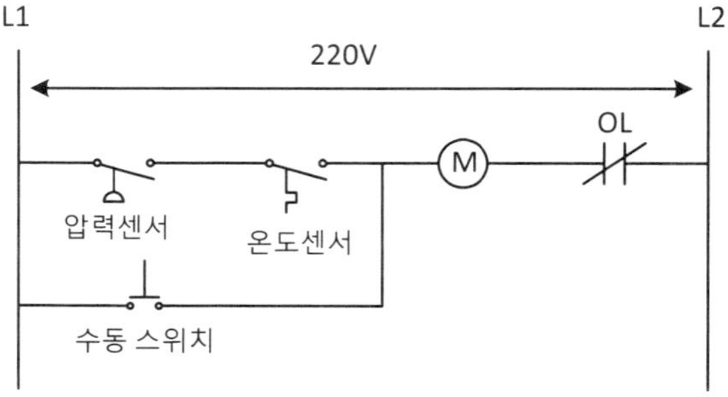

그림 5.24 공정제어 릴레이 래더 다이어그램

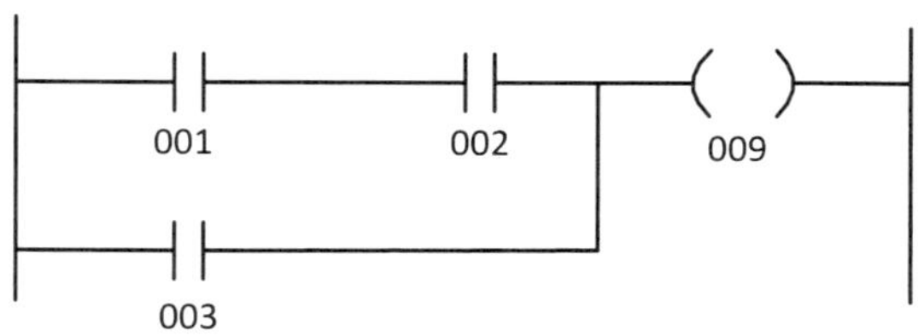

그림 5.25 공정제어 PLC 래더도

08 그림 5.24의 공정제어 릴레이 래더도를 참고로 하여 다음에 답하시오.

㉠ 압력 스위치 접점은 언제 닫히는가?

㉡ 온도 스위치 접점은 언제 닫히는가?

㉢ 압력 스위치와 온도 스위치는 어떻게 서로 각각 연결되는가?

㉣ 전동기 기동기 코일이 여자 되는 두 가지 조건을 설명하시오.

09 그림 5.24와 그림 5.25의 공정 제어 PLC 래더 로직도를 참고로 하여 다음에 답하시오.

㉠ 개별 심볼은 무엇을 나타내는가?

㉡ 숫자는 무엇을 나타내는가?

㉢ 숫자 002로 정의된 필드장치는 무엇인가?

㉣ 숫자 009로 정의된 필드장치는 무엇인가?

㉤ 렁(rung)의 왼쪽에서 오른쪽으로 가로지르는 연속적인 경로를 제공하는 두 가지 조건은 무엇인가?

㉥ 프로그램 1스캔을 위한 제어기의 동작 순서를 설명하시오.

10 공정제어 동작이 릴레이 시스템으로 변경되는 방법과 PLC 시스템을 위한 방법을 비교하시오.

11 PLC와 범용 컴퓨터 사이에서 다음을 비교하시오.

㉠ 동작환경

㉡ 프로그램 방법

㉢ 프로그램 실행

㉣ 보수

12 PLC의 크기별 종류 세 가지에 대하여 각각 설명하고 각 사이즈에 대한 일반적인 응용에 대하여 설명하시오.

13 두 개의 단극(single pole) 스위치가 주어졌다. 두 스위치 A, B가 닫혔을 때 출력이 턴 온 되는 프로그램을 작성하시오.

14 두 개의 단극(single pole) 스위치가 주어졌다. 두 스위치 A, B 중 하나만 닫혀도 출력이 턴 온 되는 프로그램을 작성하시오.

15 4개의 NO(Normally Open) 푸시버튼 스위치(A, B, C, D)가 있다. 이때 푸시버튼 A 그리고 B 또는 C 그리고 D가 닫혔을 때 출력 램프가 온 하는 프로그램을 작성하시오.

16 그림 5.26의 릴레이 래더도에 대하여 PLC 래더 프로그램을 작성하시오.

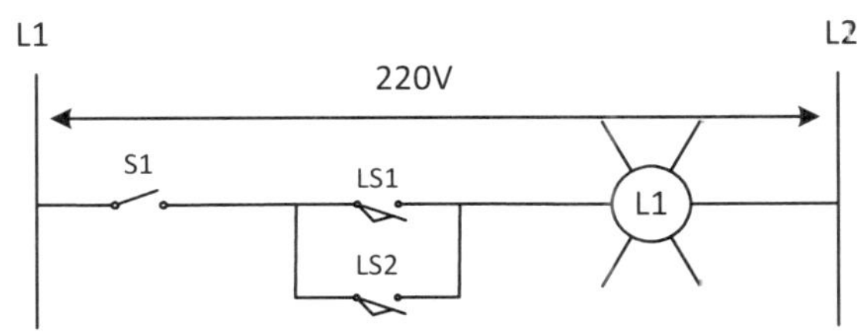

그림 5.26

17 그림 5.27의 릴레이 래더도에 대하여 PLC 래더 프로그램을 작성하시오.

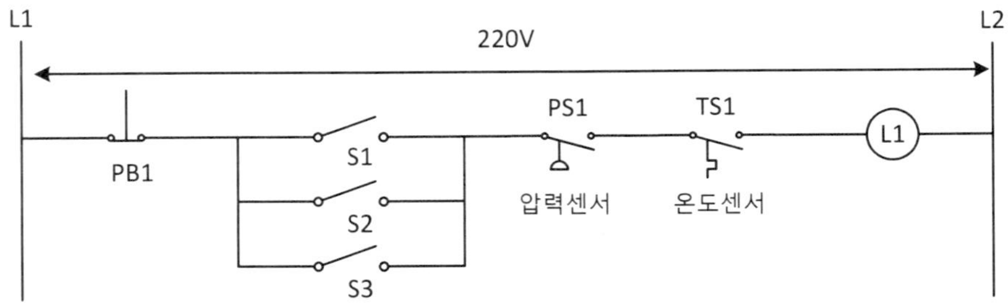

그림 5.27

chapter 6

GLOFA-GM PLC

지금까지 PLC는 제작사 마다 사용 언어와 통신 네트워크가 서로 달라 프로그램의 호환성에 있어서 많은 불편함을 겪어왔다. 이러한 불편함을 해소하고, PLC 사용자에게 편리성을 제공하고자 IEC(International Electrotechnical Commission : 국제 전기 표준 회의)에서 PLC 국제 표준화 규격이 제정되었는데, 국제 표준화 규격인 IEC1131은 다음과 같이 크게 다섯 가지 부분으로 구성되어 있다.

① PLC의 기본기능 및 용어정의
② 설비의 요구기능 및 시험조건
③ 프로그램 언어
④ 사용자 지침
⑤ 통신네트워크

GLOFA PLC는 이 IEC 규격을 적용하여 개발되었다.

6.1 GLOFA-GM의 특징 및 사양

1. GLOFA-GM의 특징

GLOFA-GM은 다음과 같이 국제 표준화 규격을 사용하여 다른 PLC와의 호환성을 유지할 수 있도록 구성되었다.

(1) IEC 표준 언어 채택

IEC 언어에서 새로 도입한 가장 중요한 특징들은 다음과 같다.

① 다양한 데이터 타입(type)을 지원한다.
② 펑션, 펑션 블록, 프로그램과 같은 프로그램 구성 요소가 도입되어 상향식, 또는 하향식 설계가 가능하며 프로그램을 구조적으로 작성할 수 있다.
③ 사용자가 작성한 프로그램을 라이브러리 화하여 다른 프로젝트에서 소프트웨어를 재사용할 수 있다.
④ 다양한 언어를 지원하므로 사용자는 최적의 언어를 선택하여 사용할 수 있다. IEC에서 표준화한 PLC용 언어는 두 개의 도형기반 언어와 두 개의 문자 기반 언어, 그리고 SFC(Sequential Function Chart)로 이루어져 있다. GLOFA PLC는 LD, IL 및 SFC 언어가 지원된다.

- 도형식(graphic) 언어 : 도형식 언어에는 릴레이 로직 표현 방식의 언어인 하여 프로그램을 표현하는 언어인 FBD(Function Block Diagram) 방식이 있다.
- 문자식(text) 언어 : 문자식 언어에는 어셈블리 언어형태의 언어인 IL(Instruction List) 언어와 파스칼 형식의 고수준 언어인 ST(Structured Text) 언어가 있다.

(2) 국제 규격의 통신 프로토콜 사용

GLOFA-GM은 다음과 같은 특징을 가지는 국제규격의 통신 프로토콜을 사용한다.

① Open 네트워크를 지향하여 이기종, 멀티 벤더 간의 통신이 가능
② 상위 네트워크로 Mini-MAP(5Mbps), Ethernet 채용
③ 하위 네트워크로 Fieldbus(1Mbps), Device net 채용

(3) 윈도우 환경의 프로그래밍 Tool(GMWIN) 지원

GMWIN(Programming & Debugging Tool)은 윈도우 환경 채용으로 프로그램의 작성, 수정 시 윈도우 장점을 모두 이용할 수 있다. 또한 MDI(Multiple Document Interface)를 지원함으로써 하나의 화면에 각기 다른 언어를 사용하여 동시에 프로그램 작성, 수정 및 모니터링이 가능하다.

(4) 프로그램 작성용이

GLOFA-GM은 프로그램의 구조화, 모듈화에 의해 프로그램 작성이 매우 편리하고, 표 6.1과 같이 입출력 식별자명을 실제 접속되는 기기명(한글/한자 또는 영문)으로 프로그래밍이 가능하다.

표 6.1

MASTER-K	GLOFA-GM
P000 ─┤├─	리밋 스위치1 ─┤├─

2. GLOFA-GM의 사양

GLOFA-GM의 사양은 표 6.2와 같고 그림 6.1은 GLOFA-GM의 제품군을 보여준다.

표 6.2 GLOFA-GM의 사양

항목		GMR	GM1	GM2	GM3	GM4	GM5
제어방식		저장된 프로그램 반복 연산, 정주기 연산, 인터럽트 연산					
입출력제어방식		스캔 동기 일괄처리 방식					
프로그램 언어		LD(Ladder Diagram) IL(Instruction List) SFC(Sequential Function Chart)					
언어 구성체 종류	오퍼레이터	LD : 13개, IL : 21개					
	기본펑션	156개	324개	324개	324개	194개	194개
	기본펑션블록	11개	11개	11개	11개	11개	12개
	전용펑션블록	이중화 전용 펑션 블록	특수 기능 전용 펑션 블록 오퍼레이터				
연산처리 속도	오퍼레이터	0.12 μs/명령			0.2 μs/명령		
	기본펑션 기본펑션블록	0.12 μs/명령			0.2 μs/명령		
프로그램 메모리 용량		512kbyte(128kstep)			256Kb (64kstep)	128kb (32kstep)	64kb (16kstep)
입출력 점수	32점 모듈 사용시	3,840점	8,000점	2,048점	1,024점	512점	192점
	64점 모듈 사용시	7,680점 32,000[*1]	16,000점	4,096점	2,048점	1,024점	
데이터 메모리	직접변수영역	0 ~ 64 kbyte	8 ~ 64 kbyte		8 ~ 64 kbyte	2 ~ 16 kbyte	2 ~ 16 데이터 kbyte
	네임드 변수영역 [*2]	최대 446 kbyte			최대 116 kbyte	최대 52 kbyte	최대 32 kbyte
타이머		점수 제한 없음, 시간범위 : 0.001초 ~ 4294967.295초(1,193시간)					
카운터		점수 제한 없음, 계수범위 : -32,768 ~ +32,767					
운전모드		Pause 모드 없음	Run, Stop, Debug, Pause				
정전시 데이터 보존		변수 정의시 보존(Retain)으로 설정된 데이터					
프로그램 블록수		180개					
프로그램 종류	스캔	점수 제한 없음, 시간범위 : 0.001초 ~ 4294967.295초(1,193시간)					
	정주기 태스크	32개					8개
	외부접점 태스크	없음	16개			8개	8개
	내부접점 태스크	16개					8개
	초기화 태스크	2개(_INT, _ H_INT)					
	에러 태스크	1개(_ERR_SYS)			없음		
자기진단기능		운전상태 감시, 연산지연 감시, 메모리 이상, 입출력 이상, 배터리 이상, 전원 이상 등					
재시작기능		콜드, 웜, 핫 리스타트					
증설가능 베이스 수		총16개	31개	7개	3개	3개	
다중 CPU운전		불가	최대 4개	불가			
이중화 운전		중복, 전환, 단독 입출력	불가능				

*1:네트워크 구성시 최대 입출력 점수 *2:네임드 변수 = 최대 네임드 범위 – 직접변수 지정 범위

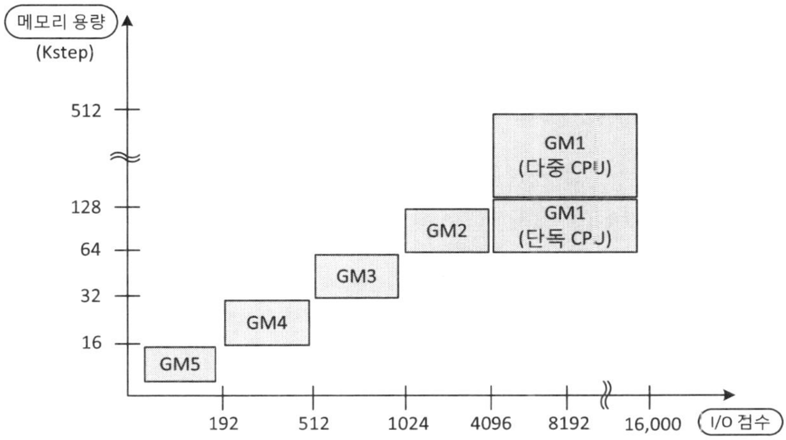

그림 6.1 GLOFA-GM의 제품군

6.2 GLOFA-GM 시스템 구성

1. GM1 시스템 구성

(1) GM1 단독 시스템 구성-1

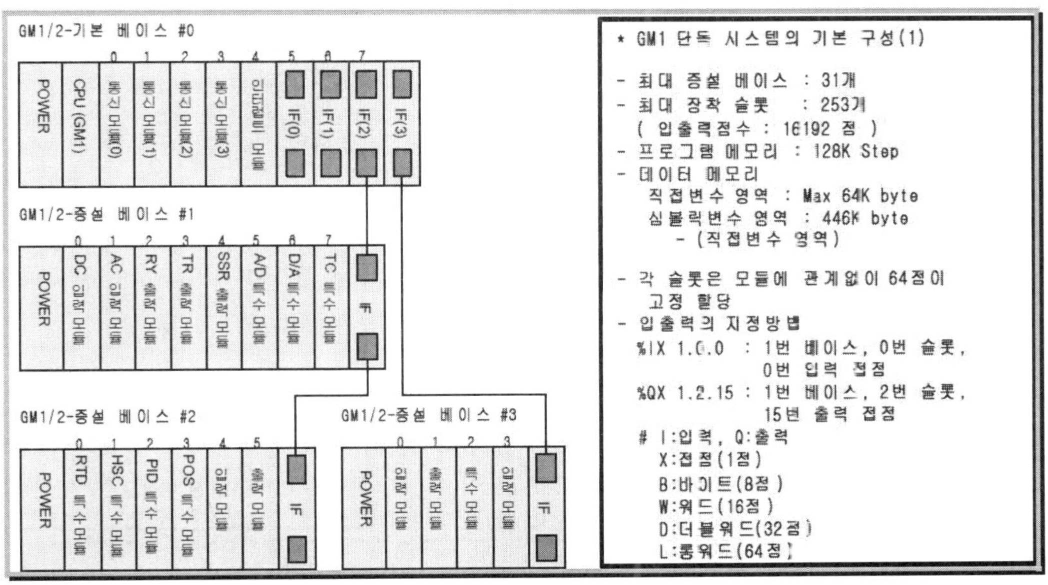

(2) GM1 단독 시스템 구성-2

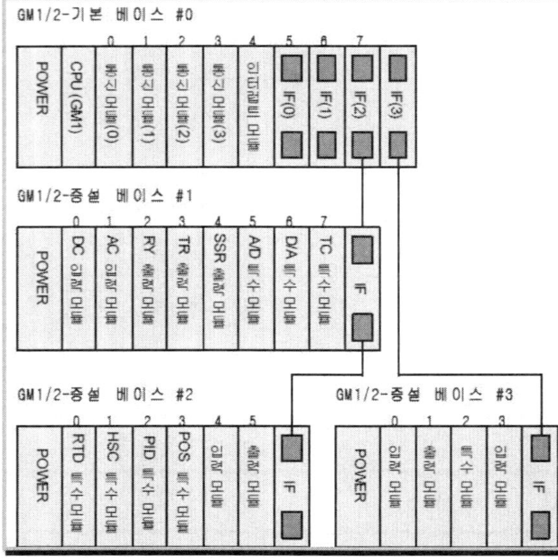

* GM1 단독 시스템의 기본 구성(2)
- CPU 모듈 : GM1-CPUA
- 기본 베이스 전원모듈
  GM1-PA2A(DC5V 12A/AC220V)
  GM1-PA1A(DC5V 12A/AC110V)
- 증설 베이스 전원모듈
  GM3-PA2A(DC5V 6A,DC24V 1.5A/AC220V)
  GM3-PA1A(DC5V 6A,DC24V 1.5A/AC110V)
- 기본 베이스
  GM2-B08M(8Slot),GM2-B06M(6Slot),
  GM2-B04M(4Slot)
- 증설 베이스
  GM2-B08E(8Slot),GM2-B06E(6Slot),
  GM2-B04E(4Slot)
- 증설 인터페이스
  GM2-FDIA/FRIA : 최대 100M 확장,
  8 베이스/드라이버,베이스 단위의
  전원차단 가능
  GM2-NDIA/NRIA : 최대 20M 확장,
  4 베이스/채널
- 증설 케이블 , - 메모리 모듈

(3) GM1 멀티 시스템 구성

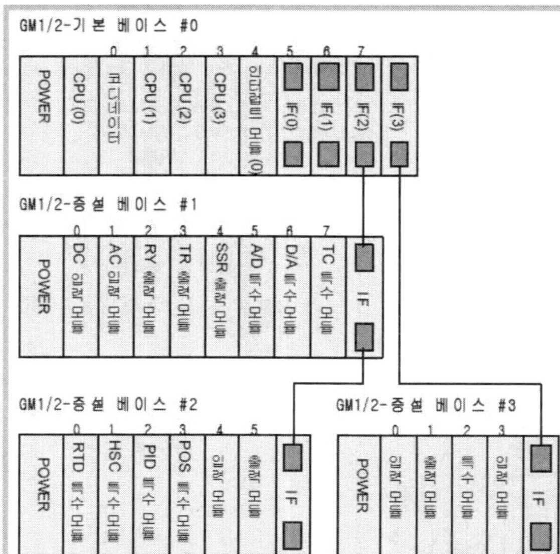

* GM1 멀티 시스템의 기본 구성

- 코디네이터 모듈 : GM1-CORA
- 최대 장착 CPU 모듈 : 4개
- 공용 데이타 메모리 : 4K Byte
- I/O 모듈의 CPU 할당
  GMWIN의 I/O 파라메터에 의해 설정
  예1) 베이스 1, 슬롯 0 : CPU 0
  - CPU 0 의 입력 모듈로 할당.
  예2) 베이스 2, 슬롯 0 : CPU 1
  - CPU 1 의 특수 모듈로 할당.
  예3) 베이스 3, 슬롯 0 : 공용
  - CPU 0,1,2,3 의 공용 입력모듈로 할당.
* 모든 모듈은 하나의 CPU 모듈에 할당
  - 모든 모듈은 할당된 각 CPU 모듈에 의해 제어
  단, 입력모듈은 공용으로하여 모든 CPU 모듈의 입력으로 사용 가능

2. GM3 시스템 구성

(1) GM3 시스템 구성-1

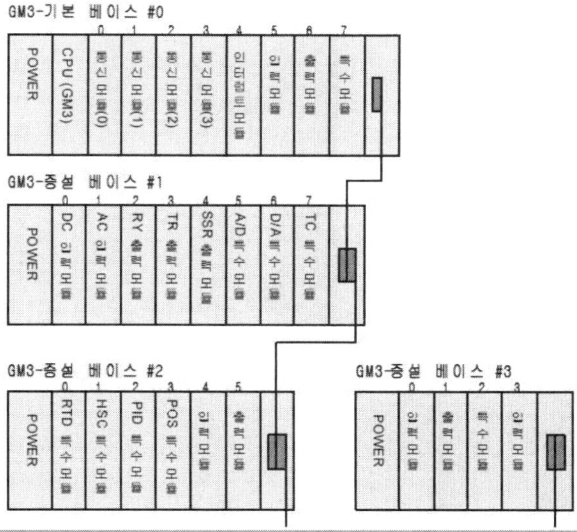

* GM3 시스템의 기본 구성(1)
- 최대 증설 베이스 : 3개
- 최대 장착 슬롯 : 32개
  (입출력점수 : 2048 점)
- 프로그램 메모리 : 64K Step
- 데이터 메모리
  직접변수 영역 : Max 32K byte
  심볼릭변수 영역 : 116K byte
  - (직접변수 영역)
- 각 슬롯은 모듈에 관계없이 64점이 고정 할당
- 입출력의 지정방법
  %IX 1.0.0 : 1번 베이스, 0번 슬롯, 0번 입력 접점
  %QX 1.2.15 : 1번 베이스, 2번 슬롯, 15번 출력 접점
  \# I:입력, Q:출력
  X:접점(1점)
  B:바이트(8점)
  W:워드(16점)
  D:더블워드(32점)
  L:롱워드(64점)

(2) GM3 시스템 구성-2

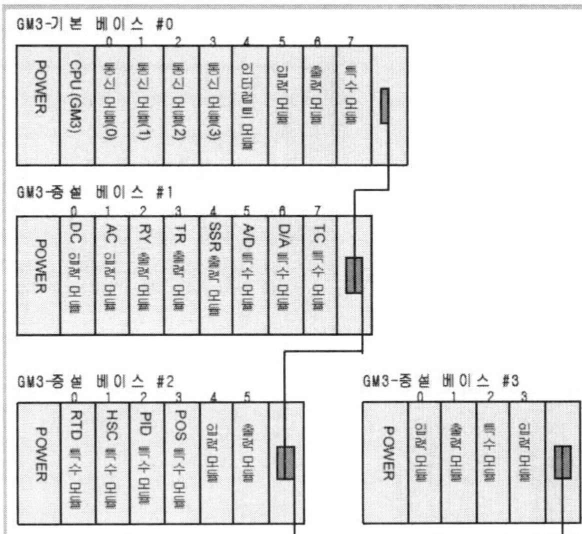

* GM3 시스템의 기본 구성(2)
- CPU 모듈 : GM3-CPUA
- 기본 베이스 전원모듈
  GM3-PA2A(DC5V 6A,DC24V 1.5A/AC220V)
  GM3-PA1A(DC5V 6A,DC24V 1.5A/AC110V)
- 증설 베이스 전원모듈
  GM3-PA2A(DC5V 6A,DC24V 1.5A/AC220V)
  GM3-PA1A(DC5V 6A,DC24V 1.5A/AC110V)
- 기본 베이스
  GM3-B08M(8Slot),GM3-B06M(6Slot),
  GM3-B04M(4Slot)
- 증설 베이스
  GM3-B08E(8Slot),GM3-B06E(6Slot),
  GM3-B04E(4Slot)
- 증설 케이블
  G3C-E061(0.6m),G3C-E121(1.2m),
  G3C-E301(3.0m)
- 메모리 모듈 : GM3-M064

3. GM4 시스템 구성

(1) GM4 시스템 구성–1

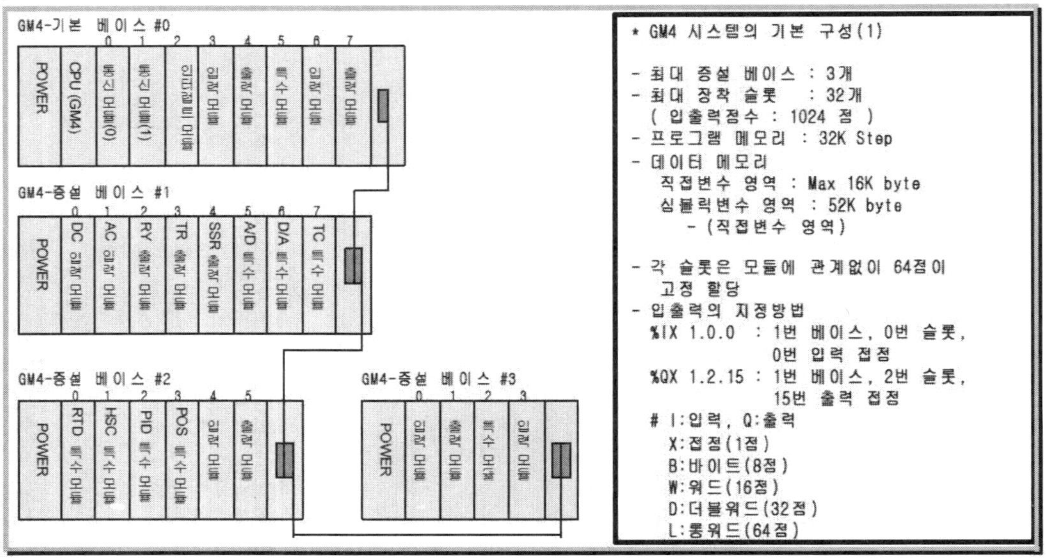

(2) GM4 시스템 구성–2

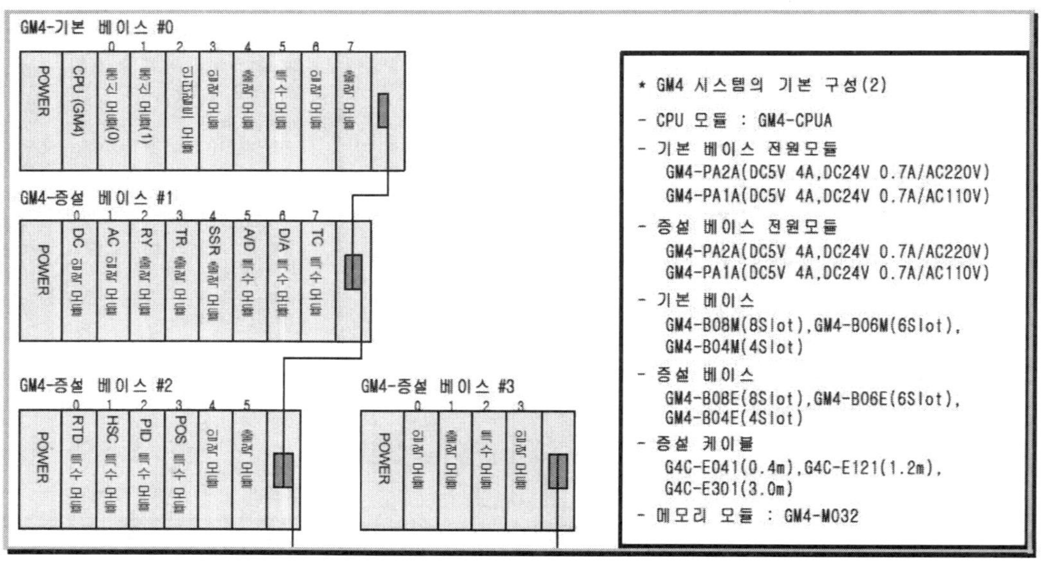

4. GM5 시스템 구성

(1) GM5 시스템 구성-1

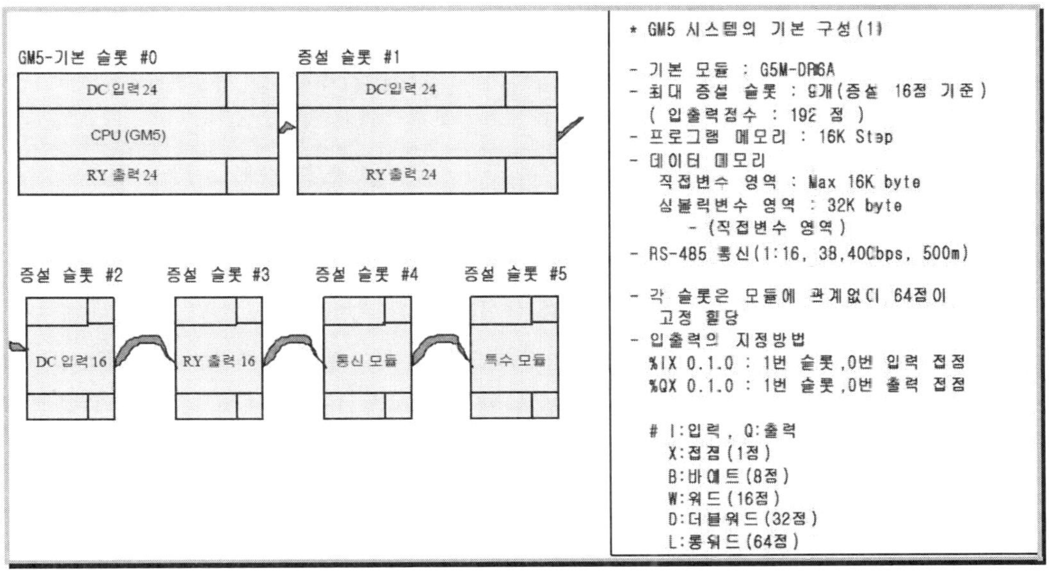

(2) GM5 시스템 구성-2

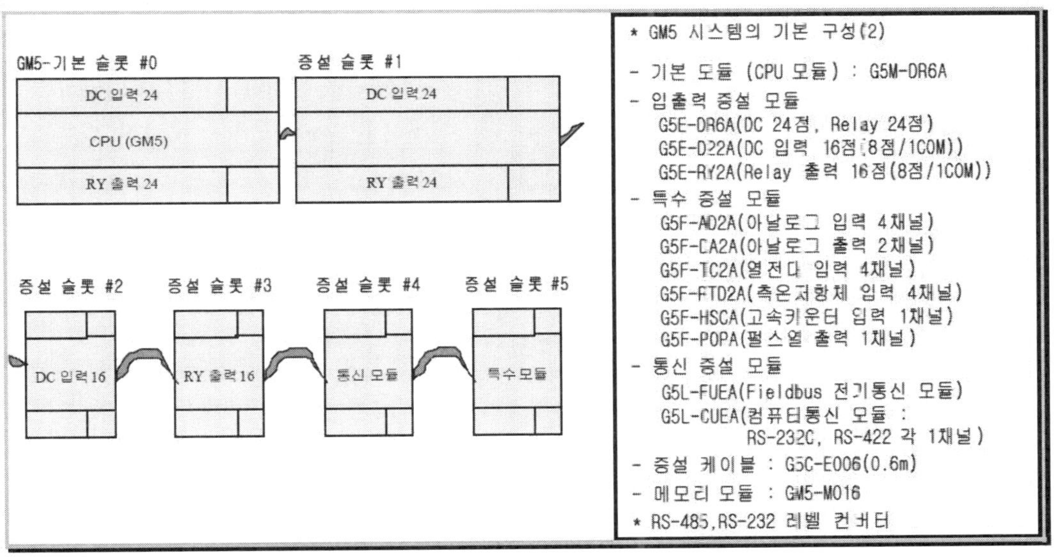

6.3 데이터 메모리 구성

1. 변수의 표현 방식

프로그램은 컴퓨터가 해야 할 일을 나타내는 지시문과 수행 중 사용하게 될 데이터로 구성된다. 그리고 데이터는 프로그램의 실행 중 그 값이 변하지 않는 상수와 그 값이 변하는 변수로 나누어진다. PLC 프로그램에서도 상수와 변수를 가지게 되는데, 이러한 변수는 프로그램 블록, 펑션, 펑션 블록 등의 프로그램 구성 요소에서 사용된다. GLOFA-GM PLC 프로그램에서 변수를 사용하기 위해서는 먼저 변수의 표현방식을 결정하여야 한다. GLOFA-GM PLC의 변수 표현 방식에는 직접 변수 표현 방식과 네임드 변수 표현 방식이 있다.

직접변수 방식은 사용자가 이름을 부여하지 않고 이미 제조사에 의해 지정된 메모리 영역의 식별자를 사용하는 방법이고, 네임드 변수 방식은 사용자가 이름을 부여하고 사용하는 방식이다.

(1) 직접 변수 방식

직접 변수 방식은 사용자가 변수 이름과 형 등의 선언이 없이 이미 제조사에 의해 정해진 메모리 영역의 식별자와 주소를 사용하는 방식이다. 그리고 직접 변수에는 %I, %Q의 입출력 변수와 %M의 내부 메모리 변수가 있으며, 입출력 변수와 내부 메모리 변수 크기는 PLC 종류에 따라 차이가 있다.

직접 변수는 별도의 변수 선언 없이 식별자의 위치를 표현하는 방식이므로 프로그램의 가독성이 떨어지며 사용자의 잘못으로 주소 등이 중복될 우려가 있다. 따라서 되도록 다른 변수 표현 방식인 네임드 변수 방식을 사용하는 것이 좋다.

표 6.3 접두어 형식(위치 접두어)

접두어	의미
I	입력 위치
Q	출력위치
M	내부 메모리 위치

표 6.4 접두어 형식(크기 접두어)

접두어	의미
X	1비트의 크기(X 문자에 한하여 생략 가능)
B	1바이트(8비트)
W	1워드(16비트)
D	1더블 워드(32비트)
L	1롱 워드(64비트)

직접 변수는 반드시 퍼센트 문자(%) 로 시작하고 다음에 위치 접두어와 크기 접두어를 붙인다. 그리고 그 뒤에 마침표로 분리되는 하나 이상의 부호 없는 정수가 오게 된다. 이 정수들은 각각 베이스 번호, 입출력 모듈이 장착된 슬롯번호, 입출력 접점번호를 나타낸다. 표 6.3과 표 6.4는 각각 위치 접두어와 크기 접두어를 나타낸다. 다음은 직접변수의 표현 형식 예를 보여준다.

직접변수 표현 형식 예 :

% [위치 접두어] [크기 접두어] 베이스 번호 . 슬롯 번호 . N

여기서 N은 [크기 접두어]에 따른 N번째 데이터(0부터 시작)

입출력 접점 및 내부 메모리의 표현 예는 다음과 같다.

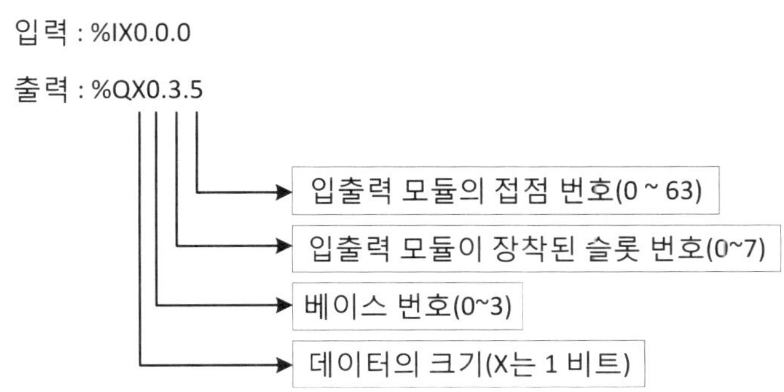

내부 메모리	%MX0	0의 위치에 있는 비트 단위의 내부 메모리
	%MB1	1의 위치에 있는 바이트 단위의 내부 메모리
	%MD48	48 위치에 있는 더블 워드 단위의 내부 메모리
	%MW20.3	20의 위치에 있는 워드 단위의 메모리 중 3번 비트

* 내부 메모리는 베이스, 슬롯 번호가 없다.

그림 6.2

위의 예에서 보면 입력과 출력 그리고 내부 메모리 모두 %로 시작되며, 입력인 경우 위치 접두어 I, 출력인 경우 위치 접두어 Q, 내부 메모리의 경우 접두어 M이 사용되고 있는 것을 알 수 있다. 그리고 위치 접두어 뒤에 크기 접두어 X가 사용되고 있는데 X는 1비트를 사용한다는 것을 알려 준다. 또한 그 뒤에 마침표로 구분되는 3개의 정수가 오는데, 입력의 경우 %IX0.0.0은 0번 베이스의 0번 슬롯에 장착된 입력 모듈의 0번 비트를 입력으로 사용한다는 의미를 가진다. 출력의 경우 %QX0.3.5는 0번 베이스에 3번 슬롯에 장착된 출력 모듈의 5번 비트를 출력으로 사용한다는 의미가 된다. 내부 메모리의 경우도 마찬가지로 %MX0은 내부 메모리 0번 위치에 있는 비트 단위의 내부 메모리를 사용한다는 의미를 가진다. 그림 6.3은 내부 메모리 맵을 보여준다.

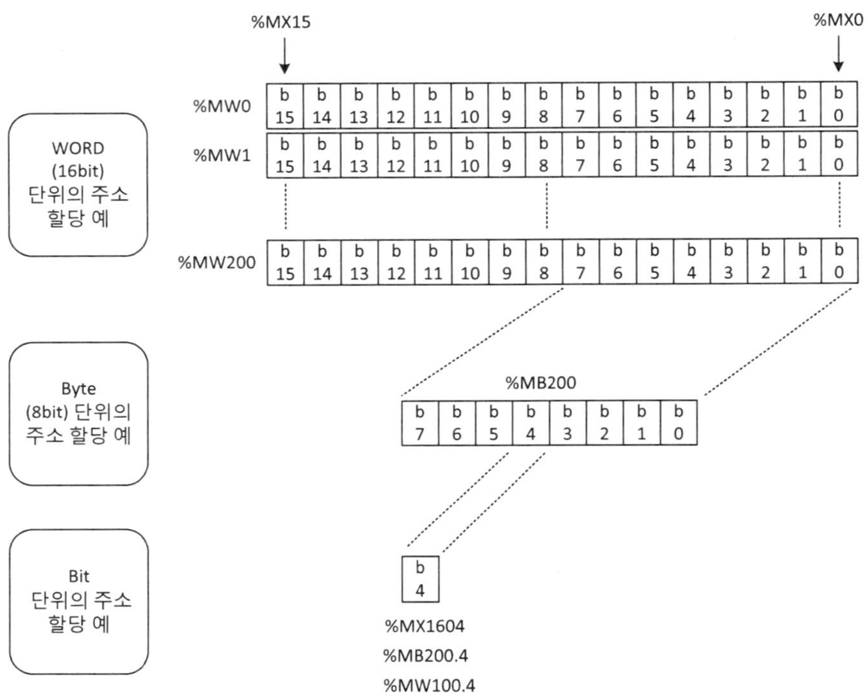

그림 6.3 내부 메모리 맵

(2) 네임드(Named) 변수 방식

네임드 변수방식은 사용자가 변수 이름과 형 등을 선언하고 사용하는 방식이다. 네임드 변수의 이름은 한글/한자는 8자, 영문은 16자까지 선언 가능하며 한글, 영문, 숫자 및 밑줄 문자(_)를 조합하여 사용할 수 있다. 또한 영문자의 경우 대·소문자를 구별하지 않고 모두 대문자로 인식하며 빈 칸을 포함하지 않아야 한다. 다음은 네임드 변수 예를 보여준다.

표 6.5 네임드 변수 예

종류	사용 예
한글, 숫자 및 밑줄 문자	모터1, 디지털 스위치1, 누름_검출
한글, 영문, 숫자 및 밑줄 문자	MOTOR_운전, 모터2_ON

① 네임드 변수의 변수 선언 절차

네임드 변수 선언 절차는 다음과 같다. 먼저 변수의 종류를 설정한 후 데이터 형을 지정한다. 그리고 마지막으로 메모리를 할당하면 된다.

변수의 종류 설정 ⇒ 데이터 형 지정 ⇒ 데코리 할당

② 네임드(Named) 변수의 종류(속성)

네임드 변수는 표 6.6과 같이 읽고 쓰는 것이 가능한 일반변스, 정전시 값이 유지되는 유지변수, 읽기만 가능한 상수 변수 그리고 외부변수로 나누어진다. 필요에 따라서 목적에 맞도록 변수의 종류를 선정하면 된다.

표 6.6 네임드 변수의 종류

변수의 종류	설명
VAR	읽고 쓸 수 있는 일반 변수
VAR_RETAIN	정전시 값이 유지되는 변수
VAR_CONSTANT	읽기만 가능한 변수
VAR_EXTERNAL	외부 변수(VAR_GLOBAL) 임을 지정하는 변수

③ 네임드(Named) 변수의 데이터 형(Type)

네임드 변수 데이터의 고유 성질을 나타내는 데이터 형은 크게 수치(ANY_NUM)를 나타내는 데이터 형과 비트 상태(ANY_BIT)를 나타내는 데이터 형으로 구분할 수 있다. 수치를 나타내는 대표적인 데이터 형은 정수형(INT)인데, 정수형 변수는 셀 수 있고 산술 연산이 가능한 데이터 형이다. 정수형 데이터의 대표적인 예는 카운터값과 A/D(아날로그 입력) 변환값 등이 있다. 비트상태를 나타내는 데이터 형은 하나의 비트상태를 표시하는 BOOL(Boolean; 1비트)형, 1바이트의 상태를 표시하는 BYTE(8개의 비트 열)형, 1워드의 상터를 나타내는 WOTD(16개의 비트 열) 등이 있다. 이들 데이터 형은 비트 열의 On/Off 상태를 나타내며 논리 연산을 할 수 있다. 비트 상태를 나타내는 데이터의 대표적인 예는 입력 스위치의 On/Off 상태, 출력 램프의 소등/점등 상태 등이 있다.

비트 상태는 산술연산이 불가능하지만 형(Type) 변환 평션을 사용하여 수치로 변환하면 산술 연산이 가능하다. 마지막으로 BCD는 10진수를 4비트의 2진 코드로 나타낸 것이므로 비트 열(ANY_BIT)에 해당된다. 표 6.7은 기본 데이터 형의 크기와 데이터 형의 예약어를 보여준다.

표 6.7 기본 데이터 형

구분	예약어	데이터 형	크기(비트)	범위
수치 (ANY_NUM)	SINT	Short Integer	8	$-2^7 \sim 2^7-1$
	INT	Integer	16	$-2^{15} \sim 2^{15}-1$
	DINT	Double Integer	32	$-2^{31} \sim 2^{31}-1$
	LINT	Long Integer	64	$-2^{63} \sim 2^{63}-1$
	USINT	Unsigned Short Integer	8	$0 \sim 2^8-1$
	UINT	Integer	16	$0 \sim 2^{16}-1$
	UDINT	Unsigned Double Integer	32	$0 \sim 2^{32}-1$
	ULINT	Unsigned Long Integer	64	$0 \sim 2^{64}-1$
	REAL	Real	32	-3.402823E38 ~ -1.401298E-45 1.401298E-45 ~ 30402823E38
	LREAL	Long Real	64	-1.7976931E308 ~ -4.9406564E-324 4.9406564E-324 ~ 1.7976931E308
시간	TIME	Duration	32	T#0S ~ T#49D17H2M47S295MS
날짜	DATE	Date	16	D#1984_01_01 ~ D#2163_6_6
	TIME_OF DAY	Time of day	32	TOD#00:00:00 ~ TOD#23:59:59.999
	DATE_AND _TIME	Date and Time of day	64	DT#1984_01_01_00:00:00 ~
문자열	STRING	Character String	30*8	30문자
비트상태 (ANY_BIT)	BOOL	Boolean	1	0, 1
	BYTE	Bit String of Length 8	8	16#0 ~ 16#FF
	WORD	Bit String of Length 16	16	16#0 ~ 16#FFFF
	DWORD	Bit String of Length 32	32	16#0 ~ 16#FFFFFFFF
	LWORD	Bit String of Length 64	64	16#0 ~ 16#FFFFFFFFFFFFFFFF

④ 데이터 형(Type)의 계층도

GLOFA PLC에서 사용되는 데이터 타입은 다음과 같이 분류하여 표현한다.

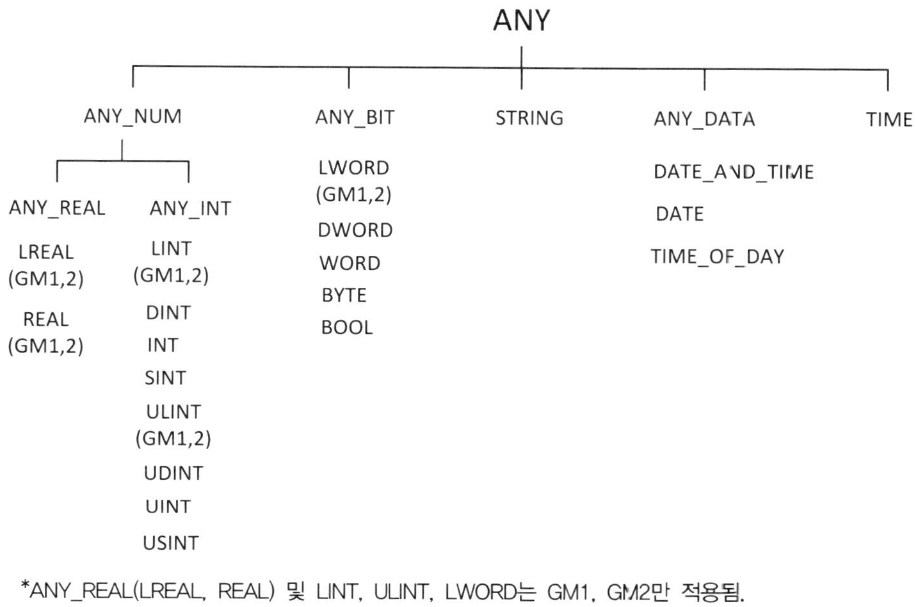

그림 6.4 데이터 형 계층도

⑤ 초기값

데이터의 초기값을 특별히 지정하지 않으면 표 6.8과 같이 자동지정 된다. 그러나 VAR_EXTERNAL의 선언은 외부에서 선언한 변수를 간접 지정한 것이므로 초기값을 줄 수 없다. 그리고 변수 선언시 %I와 %Q로 할당된 변수 또한 입출력에 해당하므로 초기값을 줄 수 없다.

표 6.8 데이터 형에 따른 초기값

데이터 형	초기값
SINT, INT, DINT, LINT, USINT, UINT, UDINT, ULINT	0
BOOL, BYTE, WORD, DWORD, LWORD	0
REAL, LREAL	0.0
TIME	T#0S
DATE	D#2003_03_02
TIME_OF_DAY	TOD#00:00:00
DATE_AND_TIME	DT#2003_03_02_00:00:00
STRING	" " (empty string)

⑥ 네임드(Named) 변수의 메모리 할당

네임드 변수의 메모리 할당에는 자동 할당과 사용자 정의가 있다. 자동 할당의 경우 컴파일러가 내부 메모리 영역에 변수 위치를 자동으로 지정한다. 예를 들어 "밸브"란 변수를 자동 메모리 할당으로 지정할 경우 변수의 내부 위치는 프로그램이 작성된 후 컴파일(Compile) 과정에서 정해지므로 사용자는 변수 위치에 신경을 쓸 필요가 없다. 선언된 변수는 외부 입출력과 관계없이 내부 연산 도중 신호의 중계, 신호 상태(내부 정보)의 일시 저장, 타이머나 카운터의 접점 이름(펑션 블록의 인스턴스) 지정 등에 사용된다.

메모리 할당에서 사용자 정의는 사용자가 직접 변수(%I, %Q, %M)를 사용하여 강제로 위치를 지정하는 것을 말한다. 사용자 지정 변수는 주로 입출력용(%I, %Q) 변수와 내부 메모리(%M) 변수 지정에 사용된다. 사용자 정의 메모리 할당의 표현 형식은 직접변수 지정 방식과 같다.

(3) 배열 변수

배열이란 동일한 이름과 동일한 데이터 형으로 된 데이터가 순서대로 나열된 형태의 변수를 말한다. 예를 들어 배열 변수의 이름을 "LED열"로 정의하고 배열 원소의 개수를 5개로 지정한 경우, 이 변수는 LED열[0], LED열[1], LED열[2], LED열[3], LED열[4]인 5개의 원소로 구성된다. 이때 [ ] 안의 숫자는 배열 변수에 할당된 주소로 정수형 변수로 지정할 수 있다.

다음은 배열 변수 활용 프로그램 예이다. 이 프로그램은 배열 변수 LED열의 배열 원소에 미리 입력해 둔 초기값 데이터를 1초 간격으로 원소 번호 순으로 변수 "LED_출력"으로 전송하여 %QW0.3.0의 출력 모듈로 출력하는 프로그램이다. 이 프로그램을 작성하기 위하여 먼저 배열 변수를 다음과 같이 정의한다.

① 배열 변수의 정의

표 6.9

배열 변수명	LED열	변수명	A
원소개수	5개	데이터 형	INT
데이터 형	WORD		

② 프로그램 편집

그림 6.5, 그림 6.6과 같이 프로그램 편집기능을 이용 배열 변수인 변수명 "LED_열"을 WORD형 배열 변수로 선언하고 초기값을 입력하고 프로그램을 작성한다.

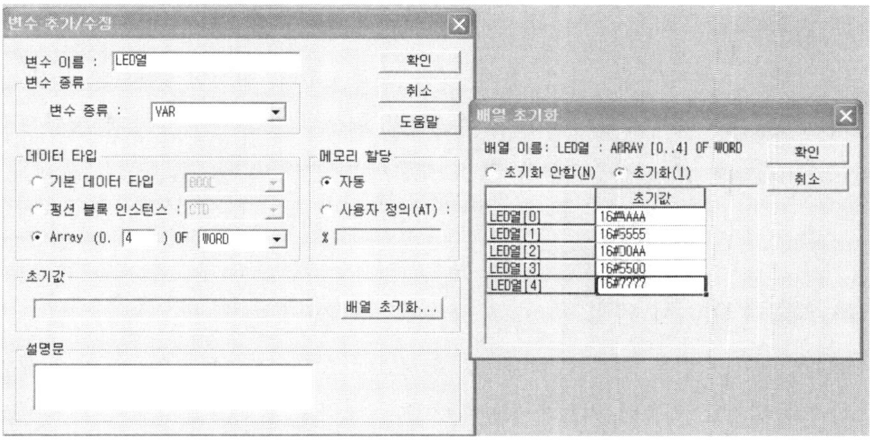

그림 6.5 배열변수의 선언 및 초기화

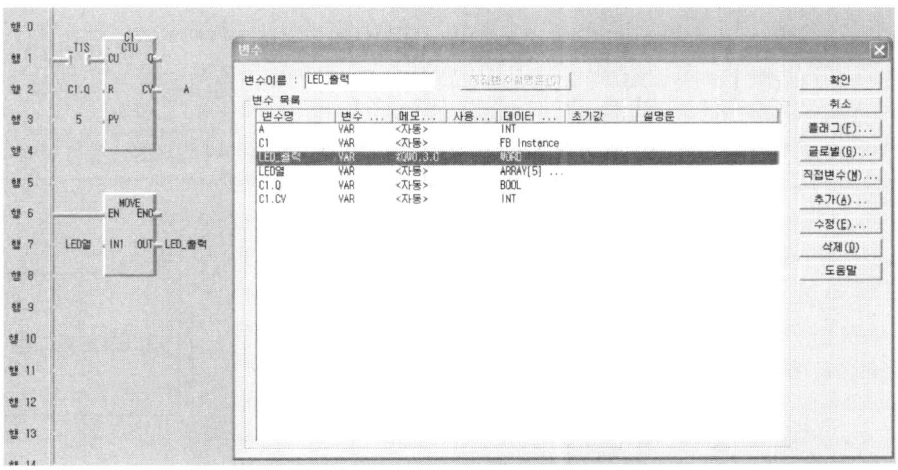

그림 6.6 프로그램 작성

6.4 연산 처리

1. 스캔 타임(Scan time)

PLC의 연산 처리 방법은 입력 리프레시(refresh)된 상태에서 이를 조건으로 프로그램 처음부터 마지막까지 순차적으로 연산을 실행하고 출력 리프레시(refresh)를 한다. 이러한 동작은 고속으로 반복되는데 이러한 방식을 '반복 연산 방식'이라 하고 한 바퀴 도는데 걸리는 시간을 '1 스캔 타임'(1 연산 주기)이라고 한다.

(1) 입출력 리프레시

프로그램의 연산을 시작하기 전에 입력 모듈로부터 접점의 상태를 읽어 들여 입력 이미지(input image) 영역에 저장하고 프로그램의 연산이 끝나면 프로그램 실행에 의해 변화된 출력 이미지(output image) 결과값을 출력 모듈에 쓰는데 이를 '입출력 리프레시'(I/O refresh)라고 한다.

(2) 입출력 이미지 영역

GLOFA PLC는 반복 연산 방식이므로 프로그램 연산 도중에는 입출력의 상태를 직접 바꾸지 않고 스캔 단위로 입출력 리프레시를 수행한다. 따라서 프로그램 연산 도중 변화된 각 입출력 접점의 상태를 PLC 내의 메모리 영역에 저장해 놓는데 이 영역을 입출력 이미지 영역이라고 한다.

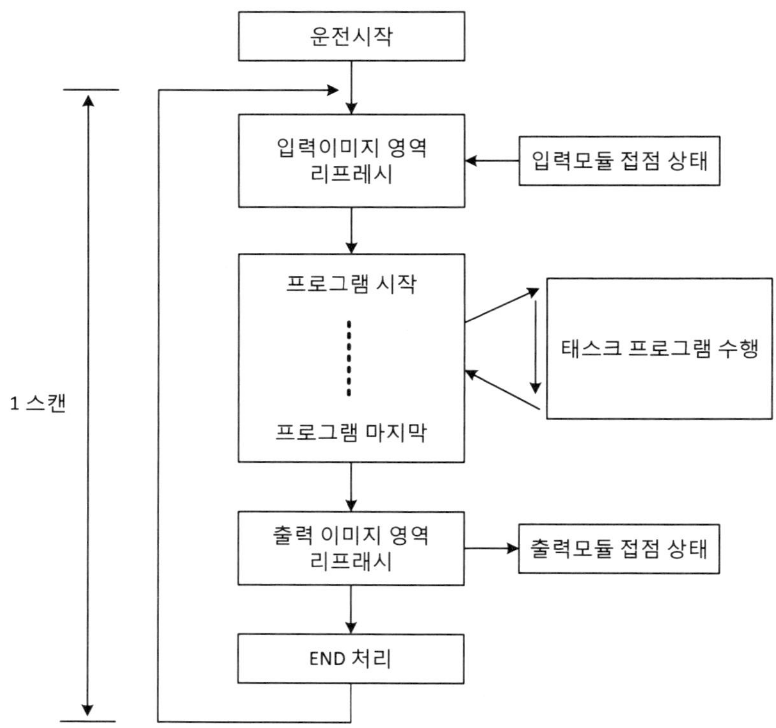

그림 6.7 스캔 타임과 리프레시

6.5 운전 모드

운전 모드는 RUN 모드, PAUSE 모드, STOP 모드로 구분된다.

1. RUN 모드

RUN 모드는 프로그램 연산을 정상적으로 수행하는 모드를 말한다. 다른 모드에서 RUN 모드로 변경되면 모드가 변경된 후 처음으로 시작되는 스캔 시작시에 데이터 영역의 초기화가 수행된다. 그리고 입출력 리프레시와 프로그램의 연산을 수행한다.

2. PAUSE 모드

PAUSE 모드는 프로그램의 연산이 일시 정지된 모드를 말한다. PAUSE 모드에서 다시 RUN 모드로 돌아갈 경우에는 정지되기 이전의 상태부터 연속하여 운전 된다.

RUN 모드에서 PAUSE 모드로 변경되면 데이터 영역의 초기화, 입출력 이미지 영역 클리어(clear)를 수행하지 않고 모드 변경 직전의 운전 상태를 유지한다. 그리고 입출력 리프레시를 수행한다.

3. 운전 모드 변경

(1) 운전모드 변경 방법

① CPU 모듈의 모드 키에 의한 변경
② CPU 모듈의 통신 포트에 GMWIN을 접속하여 변경
③ GMWIN을 F-net 상에 연결된 다른 CPU 모듈에 접속하여 변경
④ FAM, 컴퓨터 링크 모듈 등을 이용하여 사용자 명령으로 변경
⑤ 프로그램 수행 중 'STOP 펑션'에 의한 변경

(2) 모드 키에 의한 운전 모드 변경

리모트 RUN 모드에서 모드 키에 의해 로컬 RUN 모드로 변경되는 경우 PLC는 중단 없이 연속 운전한다.

표 6.10 모드 키와 운전모드

모드키 위치	운전모드
RUN	로컬 운전
STOP	로컬 정지
STOP → PAU/REM	리모터 정지
PAU/REM-)RUN *	로컬 운전
RUN-)PAU/REM	로컬 일시정지
PAU/REM-)STOP	로컬 정지

(3) 리모트 운전 모드 변경

리모트 모드 변경은 모드 키의 위치가 리모트 STOP으로 설정된 경우만 가능하다.

표 6.11 모드 키가 STOP PAU/REM의 위치에 있을 경우

모드 키 위치	모드 변경	GMWIN에 의한 모드 변경	FAM, 컴퓨터 통신 등을 이용한 변경
PAU/REM	리모트 STOP → 리모트 RUN	O	O
	리모트 STOP → 리모트 PAUSE	X	O
	리모트 STOP → DEBUG	O	X
	리모트 RUN → 리모트 PAUSE	O	O
	리모트 RUN → 리모트 STOP	O	O
	리모트 RUN → 리모트 DEBUG	X	X
	리모트 PAUSE → 리모트 RUN	O	O
	리모트 PAUSE → 리모트 STOP	O	O
	리모트 PAUSE → 리모트 DEBUG	X	X
	DEBUG → 리모트 STOP	O	O
	DEBUG → 리모트 RUN	X	X
	DEBUG → 리모트 PAUSE	X	X

(4) 리모트 운전 모드 변경 허가

시스템의 보호를 위하여 운전 모드 변경 소스(Source) 중 일부가 모드 변경을 할 수 없도록 할 수 있으며, 리모트 운전 모드 변경 금지시에는 모드 키와 GMWIN에 의해서만 운전 모드 변경이 가능하다. 설정은 기본 파라미터의 '통신에 의한 PLC 제어 허용' 항에서 한다.

6.6 재시작 모드

재시작 모드는 전원을 재투입 하거나 또는 모드 전환에 의해서 RUN 모드로 운전을 시작할 때 변수 및 시스템을 어떻게 초기화한 후 RUN 모드 운전을 할 것인가를 설정하는 것으로 콜드, 웜, 핫의 세 종류가 있으며 각 재시작 모드의 수행 조건은 다음과 같다.

1. 콜드 재시작(Cold Restart) 수행조건

파라미터의 재시작 모드를 콜드 재시작으로 설정하는 경우 콜드 재시작 모드로 수행된다. 이때 초기값이 설정된 변수를 제외한 모든 데이터는 '0'으로 소거하고 수행된다 그리고 파라미터를 웜 리스타트 모드로 설정해도 수행할 프로그램이 변경된 후 최초 수행 시는 콜드 재시작 모드로 수행된다. 또한 운전 중 수동 리셋 스위치를 누르면(GMWIN에서 리셋 명령을 한 경우와 동일) 파라미터에 설정된 재시작 모드에 관계없이 콜드 재시작 모드로 수행된다.

2. 웜 재시작(Warm Restart) 수행조건

파라미터의 재시작 모드를 웜 재시작으로 설정하는 경우 웜 재시작이 수행된다. 이때 이전값 유지를 설정한 데이터는 이전값을 그대로 유지하고 초기값만 설정된 데이터는 초기값으로 설정한다. 이외의 데이터는 '0'으로 소거된다. 그러나 파라미터를 웜 재시작 모드로 설정해도, 데이터 내용이 비정상일 경우(데이터의 정전 유지가 되지 못함)에는 콜드 재시작 모드로 수행된다.

– 참고
변수의 종류를 정전 시 값이 유지되는 VAR_RETAIN으로 설정하였을 경우 다음의 규칙에 따른다.

① 파라미터를 웜 재시작 모드로 설정해야 정전시 그 값이 유지된다.
② 파라미터를 콜드 재시작 모드로 설정하면 사용자가 정의한 초기값이나 기본 초기값으로 초기화된다.
③ VAR_RETAIN으로 선언되지 않은 변수는 콜드 재시작이나 웜 재시작 어느 경우에도 사용자가 정의한 초기값이나 기본 초기값으로 초기화된다.

3. 핫 재시작(Hot Restart)

정상 운전 중 전원이 꺼진 후 전원이 재투입될 때 RUN 모드이고 전원이 꺼진 후 재투입되기까지의 시간이 핫 재시작 허용 시간 이내면 핫 재시작 모드를 수행한다. 이때 모든 데이터와 프로그램 수행 요소들은 전원이 꺼지기 이전의 상태로 복원하여 수행된다. 전원이 꺼지기 직전의 상태에서 다시 프로그램을 수행하므로 순간적인 정전 등에도 프로그램의 연속성을 유지할 수 있다.

핫 재시작 허용 시간 초과 시는 파라미터에 설정된 재시작 모드(콜드/웜)로 수행된다. 그러나 데이터 내용이 비정상일 경우(데이터의 정전 유지가 되지 못함)에는 콜드 재시작 모드로 수행된다.

4. 재시작 모드에 따른 데이터의 초기화

리스타트 모드 수행 시 각 변수에 대한 초기화 방법은 다음과 같다.

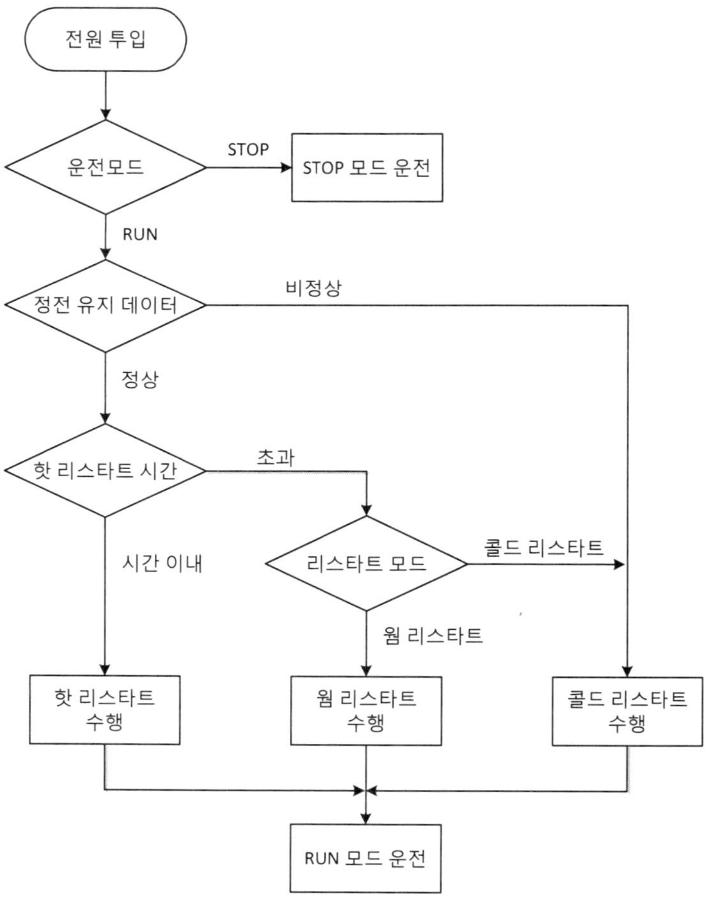

그림 6.8 운전 중 전원 재투입 시 재시작 모드 수행도

표 6.12 리스타트 모드 수행 시 각 변수에 대한 초기화 방법

모드 \ 변수지정	콜드(COLD)	웜(WARM)	핫(HOT)
디폴트	'0'으로 초기화	'0'으로 초기화	이전값 유지
리테인	'0'으로 초기화	이전값 유지	이전값 유지
초기화	사용자 지정값으로 초기화	이전값 유지	이전값 유지
리테인 & 초기화	사용자 지정값으로 초기화	이전값 유지	이전값 유지

5. 모드 변경 시 처리

▸ 처음 시작 시 데이터 영역의 초기화를 수행한다.

① 전원 투입시 RUN 모드일 때 : 설정된 리스타트 모드에 따름(콜드, 웜, 핫)
② STOP → RUN으로 모드가 바뀔 때 : 설정된 리스타트 모드에 따름(콜드, 웜)

▸ 프로그램의 유효성을 검사하여 수행 가능 여부를 판단한다.

6.7 GLOFA PLC 용어 설명

표 6.13

용어	정의	비고
모듈	시스템을 구성하는 일정한 기능을 가진 표준화된 요소로서 베이스에 삽입되도록 만들어진 장치(입출력 보드 등)	예) CPU 모듈, 전원 모듈, 입출력 모듈 등
유닛	PLC 시스템의 동작상에서 최소단위가 되는 모듈 또는 모듈의 집합체이며, 다른 모듈 또는 모듈의 집합체와 접속되어 PLC 시스템을 구성하는 것	예) 기본 유닛, 증설 유닛
PLC 시스템	PLC와 주변장치로 이루어지는 시스템으로 사용자 프로그램에 의하여 제어가 가능하도록 구성된 장치	
콜드 리스타트	모든 데이터(입출력 이미지 영역, 내부 데이터, 타이머, 카운터 등의 변수 및 프로그램)를 자동 또는 수동에 의하여 정해진 상태로 초기화 한 후 PLC 시스템 및 사용자 프로그럼을 다시 시동하는 것	
핫 리스타트	전원 차단된 후 최대 허용 시간 이내에 PLC 시스템이 모든 데이터를 그 이전 상태로 복귀시켜 다시 기동 하는 것	

용어	정의	비고
입출력 이미지 영역	입출력 상태를 유지하기 위하여 설치된 CPU 모듈 내부의 내부 메모리 영역	
위치독 타이머	프로그램의 미리 정해진 실행 시간을 감시하고 규정 시간 내에 처리가 완료되지 않을 때 경보를 발생하기 위한 타이머	
펑션	4칙 연산, 비교연산 등과 같이 연산 결과를 명령어 내부에 기억하지 않고 입력에 대한 연산 결과를 즉시 출력하는 연산 단위	
펑션 블록	타이머, 카운터 등과 같이 명령어 내부에 연산 결과를 기억하여 여러 스캔에 걸쳐 기억된 연산 결과를 이용하는 연산단위	
직접변수	이름, 형을 별도로 선언하지 않고 사용하는 변수로, %I, %Q, %M 영역이 이 변수에 해당함	예) %IX0.0.2, %QW1.2.1, %MD1234 등
네임드 변수	사용자가 이름, 형 등을 선업하고 사용하는 변수로 "스위치0 = %IX0.0.2", "결과값 = %MD1234" 등과 같이 선언하면 %IX0.0.2와 %MD1234 대신에 "스위치0"과 "결과값"의 이름으로 프로그래밍 할 수 있음	
GMWIN	프로그램 작성, 편집, 컴파일 및 디버깅 기능을 수행하는 GLOFA-GM 시리즈 용 로더	
싱크 입력	입력신호가 ON 될 때 스위치로부터 PLC 입력 단자로 전류가 유입되는 방식	
소스 입력	입력신호가 ON 될 때 PLC 입력 단자로부터 스위치로 전류가 유출되는 방식	
싱크 출력	PLC 출력 접점이 ON 될 때 부하에서 출력 단자로 전류가 유입되는 방식	
소스 출력	PLC 출력 접점이 ON 될 때 출력 단자로부터 부하로 전류가 유출되는 방식	

chapter 7

프로그램 편집도구(GMWIN)

7.1 GMWIN의 특징

GMWIN은 GLOFA PLC 전 시리즈의 프로그램을 작성하고 디버깅하는 소프트웨어 도구이다. GMWIN은 동시에 여러 개의 프로그램을 동시에 편집하고 디버깅 할 수 있는 기능을 가지고 있으며, LD, SFC, IL 등 다양한 언어로 프로그래밍이 가능하도록 해준다. 또한 프로그램 이해가 쉽도록 네임드 변수를 사용하여 프로그램을 작성할 수 있으며, 메모리 어드레스는 자동 또는 수동으로 할당되도록 선택할 수 있다. 그리고 다양한 데이터 형이 제공되어 프로그램을 고급화 할 수 있다.

GMWIN에서 작성된 PLC 프로그램은 프로젝트 단위로 구성되는데, 하나의 PLC 시스템에 여러 개의 프로그램을 포함시킬 수 있으므로 프로그램을 작성하고 시험하는 것이 훨씬 쉬워졌다. 그리고 직접 연결된 PLC뿐만 아니라, 네트워크로 연결된 다른 국번 PLC에 접속하여 프로그램을 작성하여 다운로드하거나 모니터 및 디버깅 하는 것이 가능하고 다양한 PLC 상태를 모니터링 할 수 있다.

GMWIN의 또 다른 기능 중 하나는 사용자 정의 펑션 또는 펑션 블록인데, 기본 펑션, 펑션 블록 외에 자주 사용하는 프로그램을 사용자 정의 펑션 또는 펑션 블록으로 작성하여 재사용할 수 있도록 해준다.

7.2 프로젝트의 구조

프로젝트는 GLOFA PLC의 프로그램을 구성하는 가장 기본적인 요소로서 한 PLC 시스템 당 하나의 프로젝트를 작성함을 기본으로 한다. 프로젝트는 크게 컨피그레이션 부, 파라미터 부 그리고 삽입된 라이브러리 파일들로 나눌 수 있다. 컨피그레이션 부는 글로벌 변수, 리소스 내용 등 소프트웨어적인 것들을 작성하는 부분이고 파라미터 부는 기본 파라미터, I/O 파라미터, 링크 파라미터 등 하드웨어적인 것들을 작성하는 부분이다. 그리고 삽입된 라이브러리 파일들에서 라이브러리 파일을 추가, 삭제할 수 있다. 프로젝트는 그림 7.1과 같은 계층 구조를 가지고 있다.

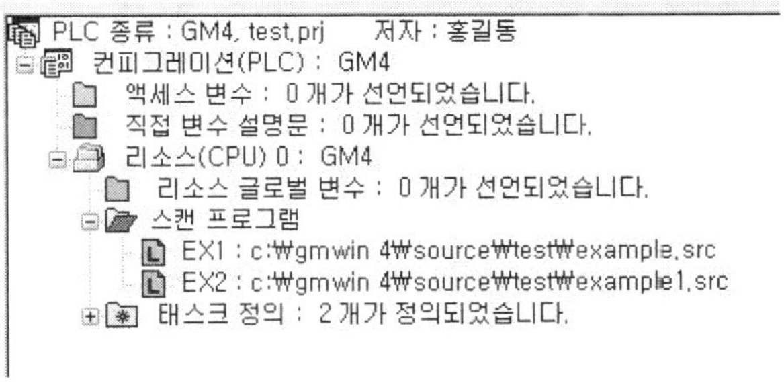

그림 7.1 컨피그레이션부

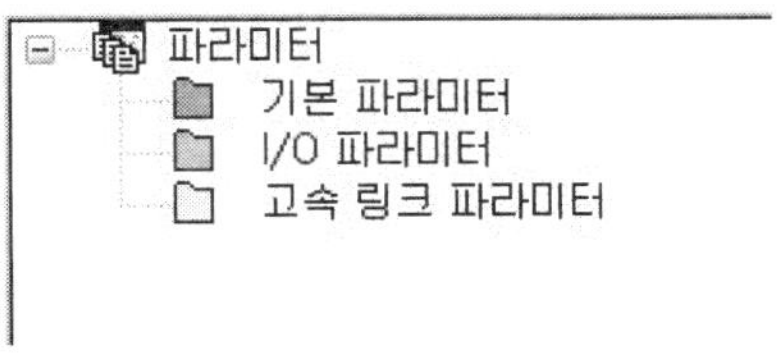

그림 7.2 파라미터부

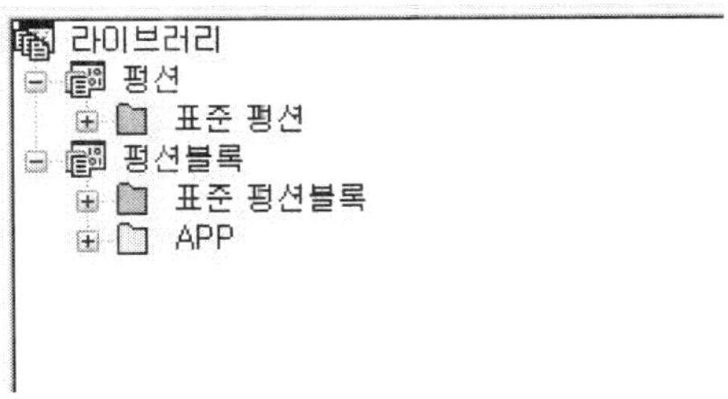

그림 7.3 라이브러리부

표 7.1 계층별 항목 및 설명

계층항목	설명
프로젝트	PLC 시스템 전체를 정의
컨피그레이션	PLC 프로그램에 관한 여러 정의 사항들을 설정
컨피그레이션 글로벌 변수	컨피그레이션 전체에서 사용되는 변수 리스트
엑세스 변수	다른 컨피그레이션이 접근 가능한 변수 리스트
리소스	CPU 모듈에 해당
리소스 글로벌 변수	한 리소스 전체에서 사용되는 변수 리스트
태스크 정의	프로그램의 실힝조건 정의
프로그램 정의	각 프로그램과 그 실행 조건 기술
직접 변수 설명문	직접 변수에 사용한 설명문 티스트
파리미터	PLC 시스템의 하드웨어에 관한 내용 정의
기본 파라미터	기본적인 하드웨어 파라미터 정의
I/O 파라미터	입출력 모듈에 관한 내용 기술
고속링크 파라미터	고속 링크 파라미터에 관한 내용기술
삽입된 라이브러리 파일들	현재 삽입되어 있는 라이브러리 파일들의 리스트

7.3 기본 사용법

GMWIN은 PLC의 프로그램을 편집하고 실행 파일을 만들어 PLC에 전송하며 PLC 데이터를 모니터링, 디버깅하는 프로그램이다. 그리고 다중 문서 인터페이스(MDI : Multiple Document Interface)방식으로 동시에 여러 개의 프로그램을 편집, 모니터링 할 수 있다.

1. 프로그램의 작성

윈도우의 [시작]-[프로그램]-[GMWIN]을 선택하여 마우스를 클릭하거나, 또는 바탕화면의 GMWIN 아이콘을 찾아 클릭하면 그림 7.4와 같은 GMWIN의 초기화면이 나타난다.

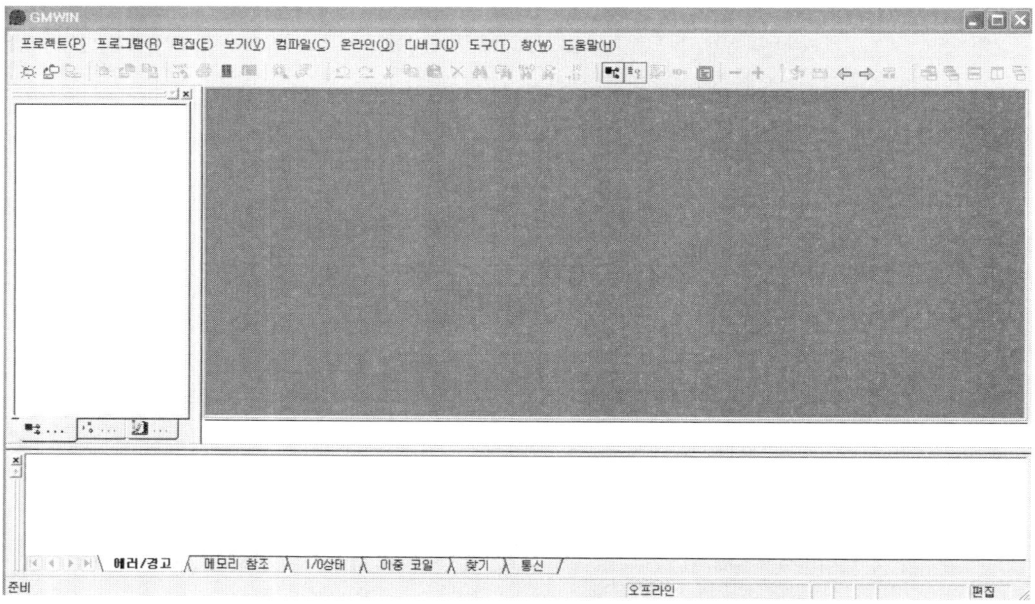

그림 7.4 GMWIN의 초기화면

1) 접속옵션 설정

그림 7.4의 GMWIN 초기화면에서 PLC 프로그램을 작성하기 위해서는 먼저 아래와 같은 절차를 통하여 PC와 PLC 사이의 통신을 연결하여야 한다. 이것은 PC에서 프로그램을 작성한 후 프로그램을 PLC로 다운로드 하거나 또는 온라인 상태에서 디버깅을 하기 위하여 PLC와 PC를 연결하는 방법을 설정하는 것이다.

(1) 접속방식 설정

접속 방식으로는 RS-232, 모뎀, PC용 GLOFA Fnet, PC용 GLOFA Mnet, Ethernet, USB 방식이 있다. 이 중에서 가장 간단하고 저렴한 방법은 GLOFA PLC에서 기본적으로 주어지는 RS-232C을 이용한 접속방식이다. RS-232C을 이용한 접속은 GMWIN에서 지정한 PC의 시리얼 포트와 PLC를 시리얼 케이블로 연결하는 방식으로 다음과 같은 순서로 메뉴를 설정한다.

① 메뉴의 [프로젝트] - [옵션] - [접속 옵션] 탭을 선택
② 접속 방식을 RS-232C로 설정
③ COM1 ~ COM4의 통신 포트를 설정

(2) 접속단계 설정

- 로컬 접속
① 그림 7.5의 하단에 보이는 [접속단계]에서 [로컬]을 선택
② 메뉴의 [온라인] - [접속]을 선택
- 리모트 접속
① 네트워크 타입, 국번, 슬롯을 설정
② 메뉴의 [온라인] - [접속]을 선택

모든 설정이 완료되면 [확인] 탭을 눌러 설정을 옵션 창을 종료한다.

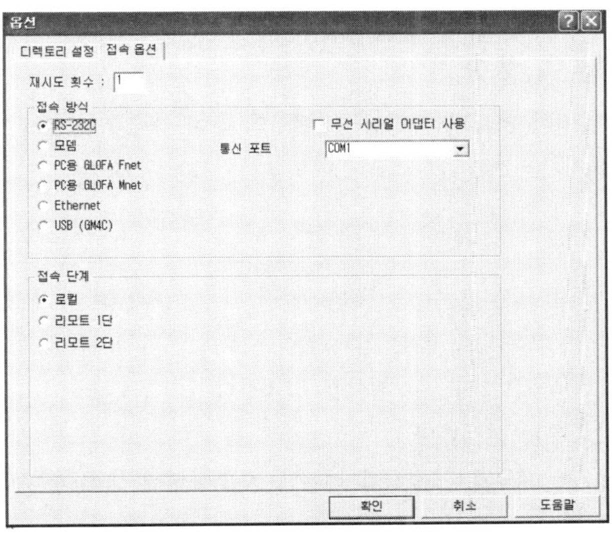

그림 7.5 옵션설정 화면

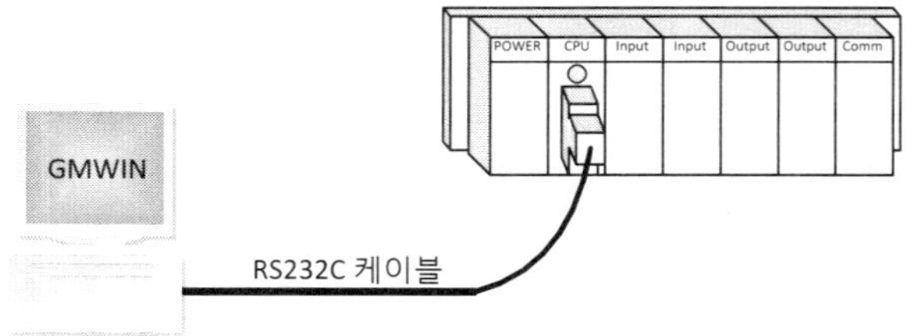

그림 7.6 GMWIN과 PLC의 RS-232C 연결

핀 번호	GWWIN(IBM PC)	GLOFA PLC	핀 번호
1	DCD/CD	DCD/CD	1
2	RXD	RXD	2
3	TXD	TXD	3
4	DTR	DTR	4
5	COM/SG	COM/SG	5
6	DSR	DSR	6
7	RTS	RTS	7
8	CTS	CTS	8
9	RI	RI	9

그림 7.7 GMWIN과 PLC의 RS-232C 커넥터 핀 규격

2) 프로젝트의 생성

접속옵션의 설정이 완료되면 그림 7.8에서와 같이 새로운 프로젝트를 생성하여야 한다. GLOFA PLC에서 모든 프로그램은 프로젝트 단위로 구성된다. 새로운 프로젝트를 생성하는 절차는 다음과 같다.

① [프로젝트(P)]-[새 프로젝트(N)]을 눌러 그림 7.8과 같이 새 프로젝트 대화 상자를 부른다.
② 생성된 새 프로젝트 화면 입력란에 프로젝트 파일이름을 입력한다.
③ 프로젝트 파일이 저장될 위치를 설정한다.
④ PLC의 종류를 설정한다.
⑤ 마지막으로 프로젝트 작성자 이름과 프로젝트에 대한 설명문을 입력한다.
⑥ 모든 입력이 완료되면 아래에 있는 [다음] 탭을 누른다.

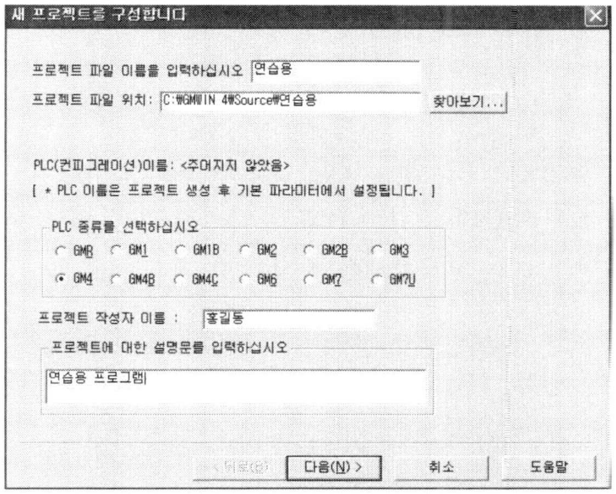

그림 7.8 프로젝트 생성

3) 프로그램의 정의

프로젝트 생성이 완료된 후 프로젝트 생성 창 하단에 있는 [다음(N)] 탭을 누르면 그림 7.9와 같은 프로그램 정의 대화상자가 나타난다.

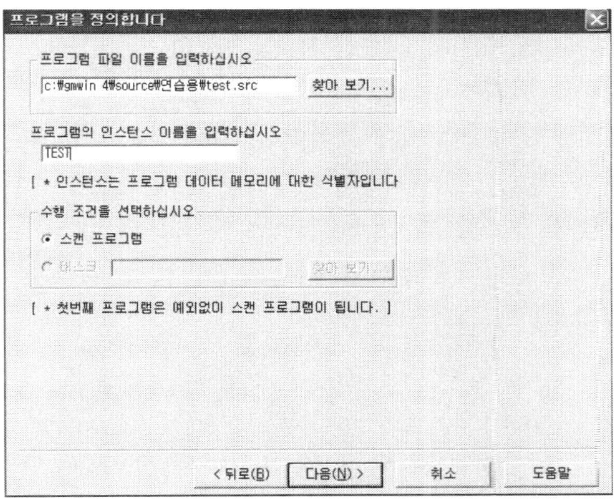

그림 7.9 프로그램의 정의

이 과정에서는 프로그램 파일 이름과 프로그램의 인스턴스 이름을 정의하고 프로그램 수행 조건을 선택한다. 프로그램의 정의 과정은 다음과 같다.

① 그림 7.9와 같이 프로그램 파일 이름을 입력한다. 이때 프로그택 저장 폴더는 사용자가 원하는 장소로 지정할 수 있다.

② 인스턴스(프로그램) 이름을 입력한다.

③ [다음(N)] 단추를 눌러 그림 7.10과 같이 "프로젝트에 포함될 프로그램" 대화 상자를 부른다.

④ "프로젝트에 포함될 프로그램" 대화상자에서 프로그램을 위한 사용 언어의 종류를 선택(LD)한다.

⑤ 설명문 작성란에 프로그램에 대한 설명 내용을 입력한 후 "마침" 단추를 누른다.

⑥ "마침" 단추를 누르면 그림 7.11과 같이 프로그램 편집 화면이 나타난다. 여기에서 우측의 편집화면에 래더 프로그램을 작성하면 된다.

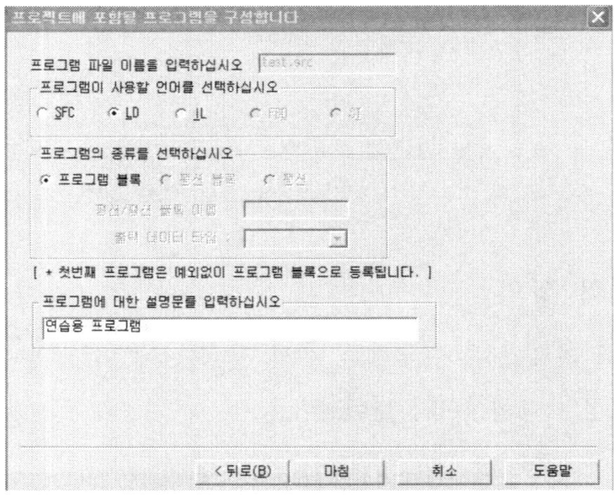

그림 7.10 프로젝트에 포함될 프로그램

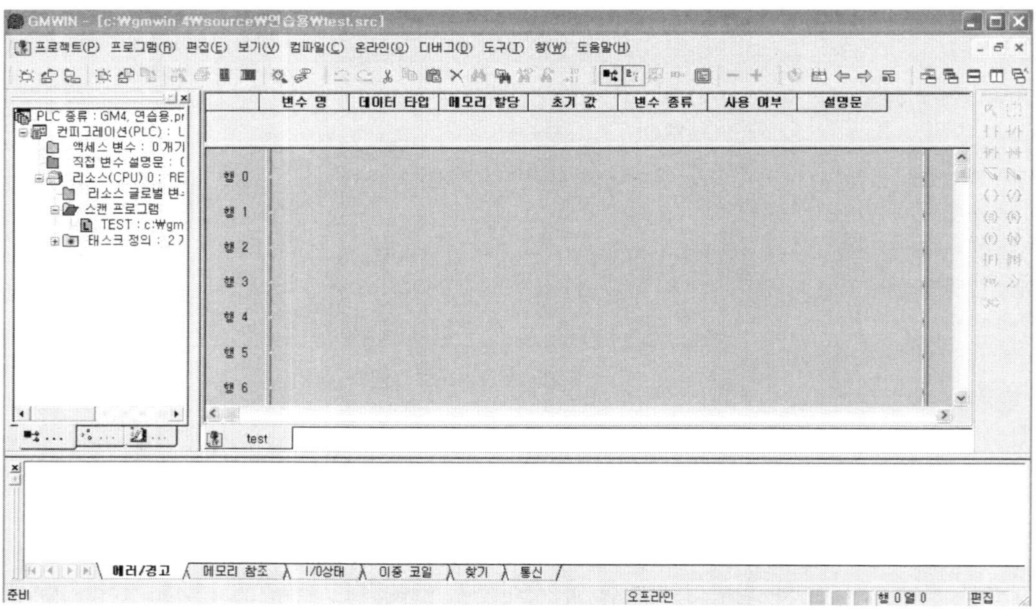

그림 7.11 프로그램 편집화면

4) 프로그램의 편집

프로그램 편집화면에서는 사용자 프로그램을 작성할 수 있으며 그 과정은 다음과 같다.

(1) 입력 접점과 출력 코일의 삽입

① 도구 상자에서 ┤├를 선택하여 LD 창의 행 0 위치에서 마우스의 왼쪽 단추를 누른다.

② 도구 상자에서 ─( )─를 선택한 후 ┤├ 접점 옆 위치에서 마우스의 왼쪽 단추를 누른다.

그림 7.12 입력접점과 출력코일의 삽입-1

③ 도구 상자에서 ┤├를 선택하여 LD 창의 행 1 위치에서 마우스의 왼쪽 단추를 누른다.

그림 7.13 입력접점과 출력코일의 삽입-2

(2) 펑션 사용

① 마우스를 이용하여 도구창의 ┤F├를 선택한 후, LD 창의 행 1, 열 2 위치에서 마우스의 왼쪽 단추를 누르면 그림 7.14와 같이 펑션 목록 대화 상자가 나타난다.

② 펑션 목록 대화 상자의 수치연산 펑션인 ADD를 선택한다.

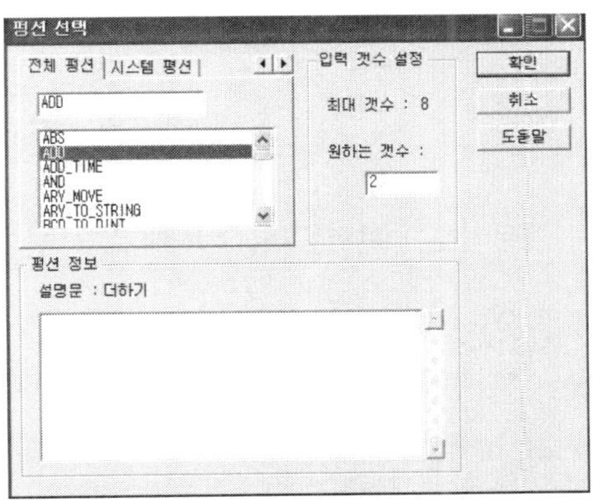

그림 7.14 펑션 목록 대화상자

③ 우측 콤보박스에서 원하는 입력개수를 2개로 설정한 후 [확인] 단추를 누르면 펑션이 완성된다.

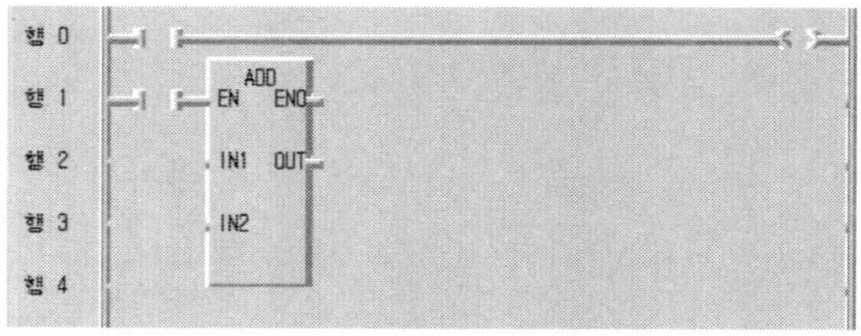

그림 7.15 펑션의 삽입

(3) 변수입력

① 도구 상자에서 ┤├를 선택하여 LD 창의 행 0, 열 1의 위치에서 마우스의 왼쪽 단추를 두 번 누르면 변수 대화상자가 나타나고, 이 변수 대화상자의 변수 입력란에 변수이름 "스위치1"을 입력한다.

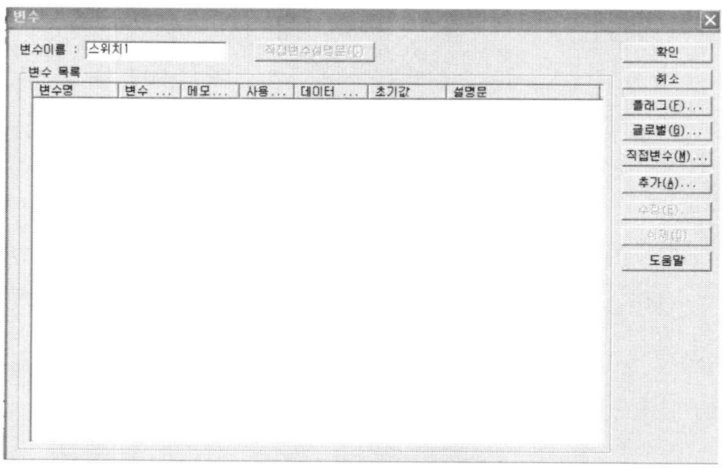

그림 7.16 변수의 입력

② 확인 단추 또는 엔터키를 누르면 그림 7.17과 같은 변수 추가/수정 대화 상자가 나타난다.

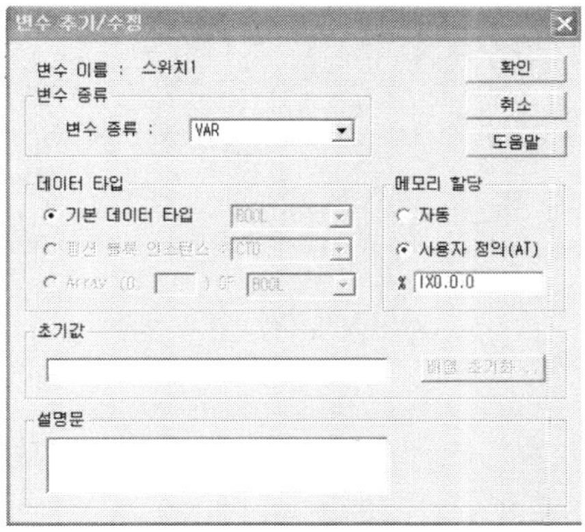

그림 7.17 변수 추가/수정 대화 상자

③ 여기서 변수의 종류는 "VAR", 데이터 타입은 "기본 데이터 타입", 메고리 할당은 사용자 정의 "%IX0.0.0"으로 설정한 후 [확인] 단추를 누르면 그림 7.18과 같은 화면이 나타난다. LD 창의 행 0 위치 위에 입력한 변수 이름을 확인할 수 있다.

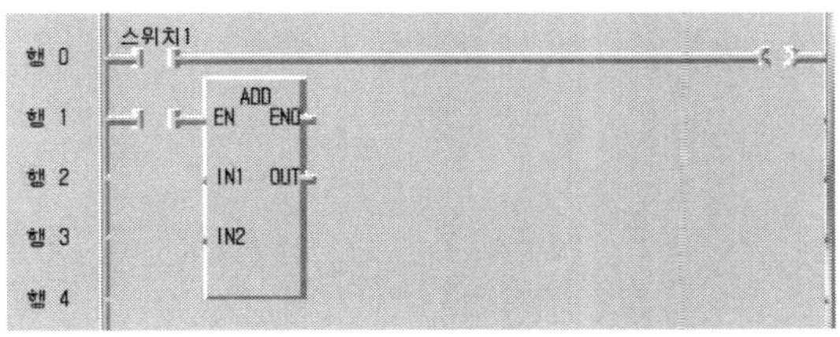

그림 7.18 변수의 입력

④ 출력 코일의 변수 입력도 출력 접점의 변수입력과 같은 방법으로 실행한다.

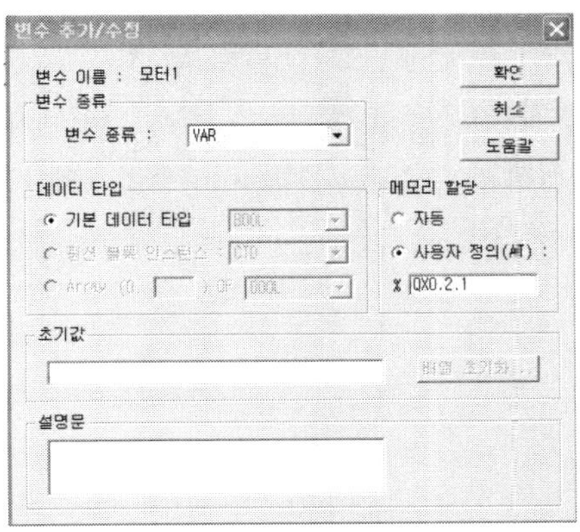

그림 7.19 출력변수 설정

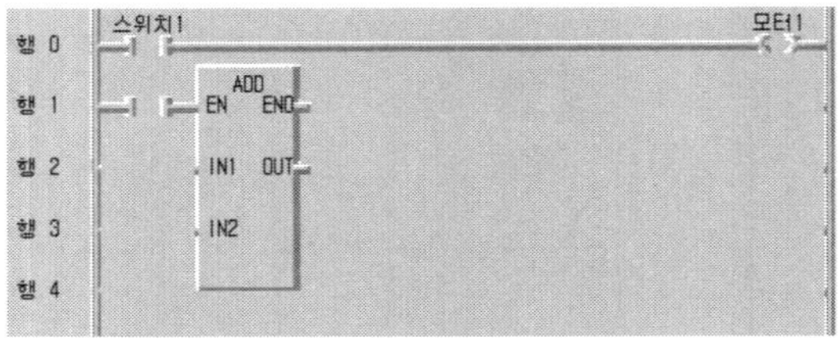

그림 7.20 출력변수 설정 확인

⑤ 펑션 ADD 변수 입력은 다음과 같은 방법으로 실행한다. 먼저 펑션 ADD의 EN 위치에 연결된 ┤├를 선택하여 두 번 클릭하면 그림 7.21과 같이 변수 입력 설정 대화 상자가 나타난다.

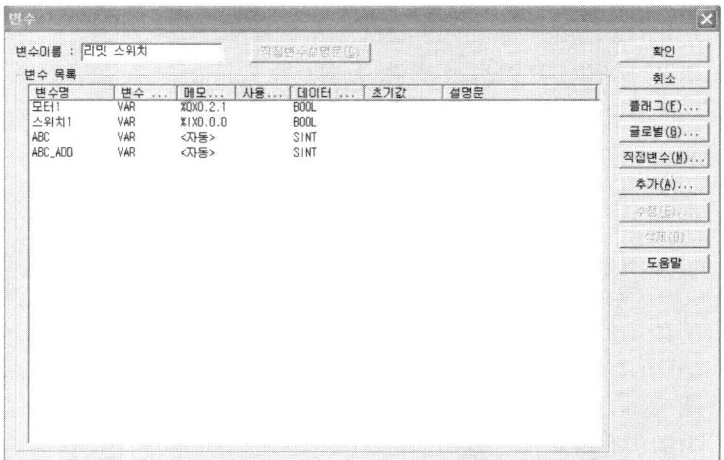

그림 7.21 입력 설정

⑥ 변수 이름을 리밋_스위치로 하고 [확인]을 누르면 그림 7.22와 같이 변수 추가 확인 창이 나타난다. 여기서 변수의 종류는 "VAR" 데이터 타입은 "기본 데이터 타입" 메모리 할당은 사용자 정의로 설정하고 메모리 할당 창에 IX0.0.1을 입력한다.

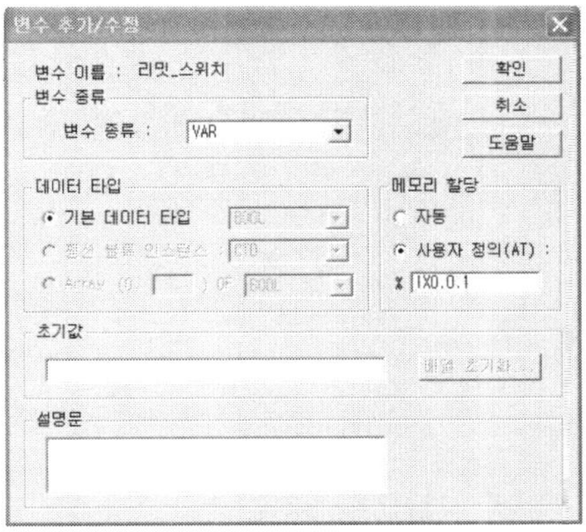

그림 7.22 입력 설정

⑦ 확인키를 누르면 그림 7.23과 같이 펑션 ADD 입력 EN에 연결된 접점의 변수명이 설정된 화면이 나타난다.

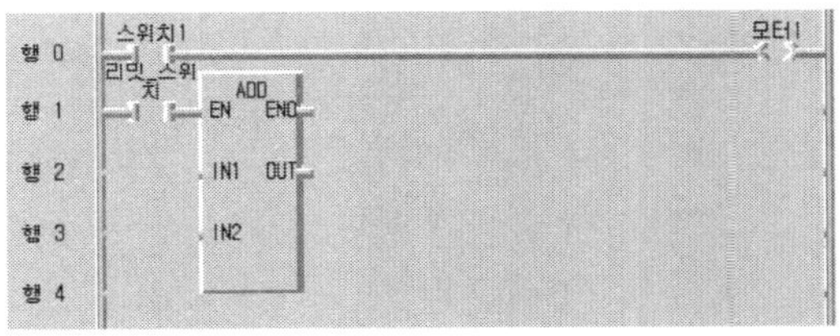

그림 7.23 입력설정

⑧ 다음은 펑션 ADD의 IN1 위치(행2, 열1)에서 마우스의 왼쪽 단추를 두 번 누르면 변수 입력 대화상자가 그림 7.24와 같이 나타난다. 여기서 변수 대화 상자의 변수 입력란에 변수명 ABC를 입력한다.

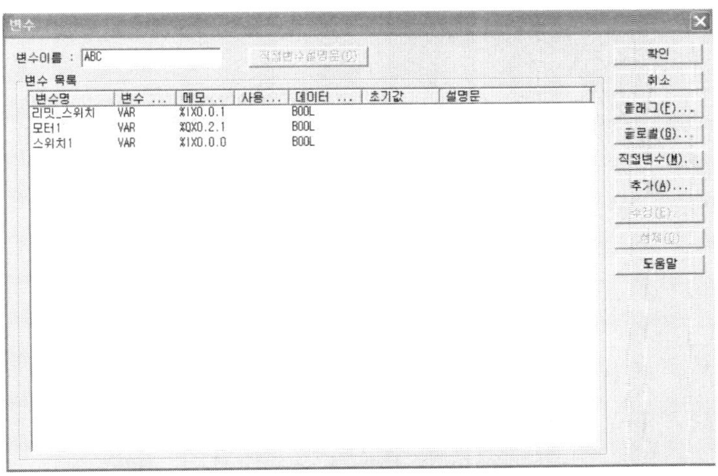

그림 7.24 변수입력 대화상자

⑨ 확인 단추를 누르면 그림 7.25와 같은 변수 추가/수정 대화 상자가 나타난다.

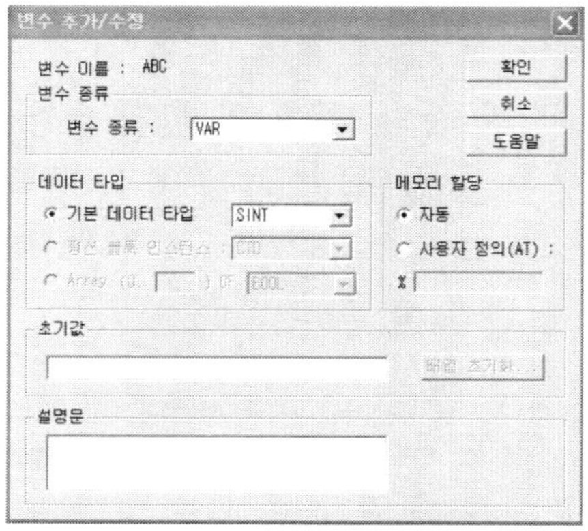

그림 7.25 변수 추가/수정 대화 상자

⑩ 확인 단추를 누른다. 펑션 ADD의 IN1에 변수 "ABC"가 입력되었다.

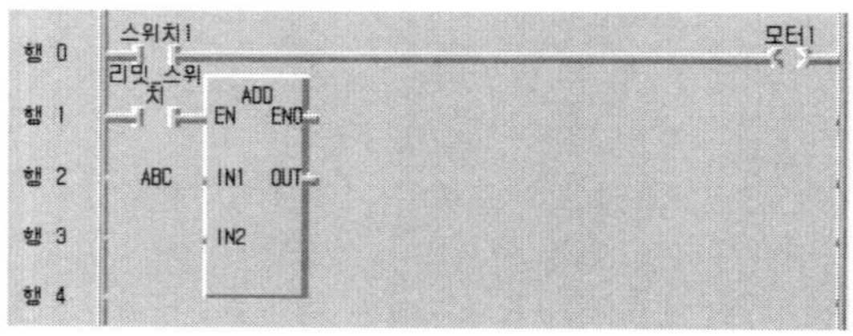

그림 7.26 펑션 ADD의 IN1 입력 완료

⑪ 펑션 ADD의 IN2 위치(행 3,열 1)에서 마우스의 왼쪽 단추를 두 번 누른다.

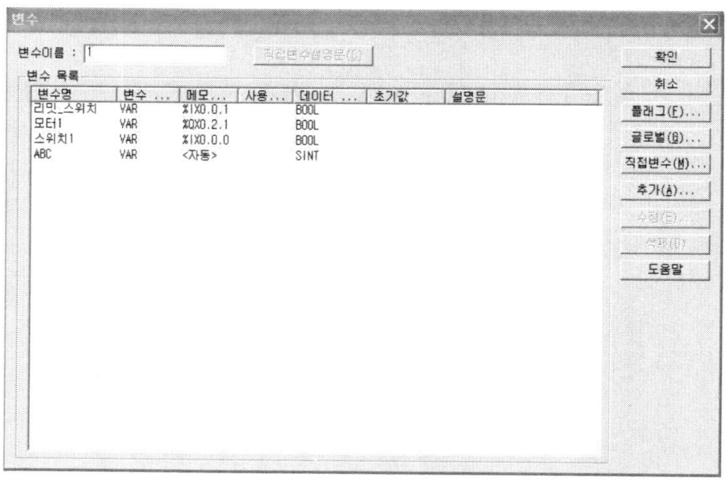

그림 7.27 상수입력

⑫ 변수 대화 상자의 변수 입력란에 상수 "1"을 입력한다.

⑬ 확인 단추를 누른다. 펑션 ADD의 IN2에 상수 1이 입력되었다.

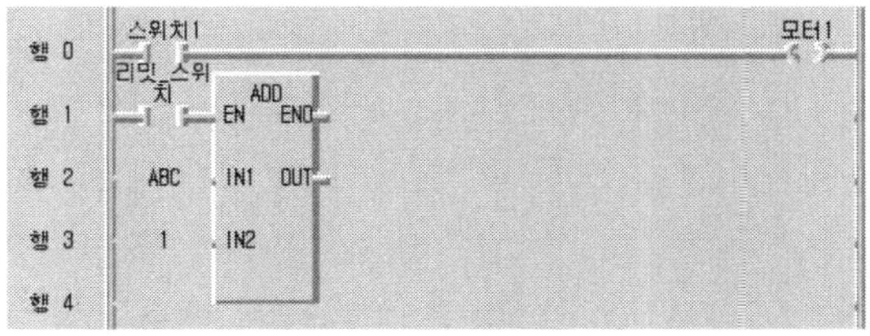

그림 7.28 상수 입력

⑭ 펑션 ADD의 OUT 위치(행3, 열3)에서 마우스의 왼쪽 단추를 두 번 누른다.

⑮ 변수 대화 상자의 변수 입력란에 변수명 "ABC_ADD"를 입력한다.

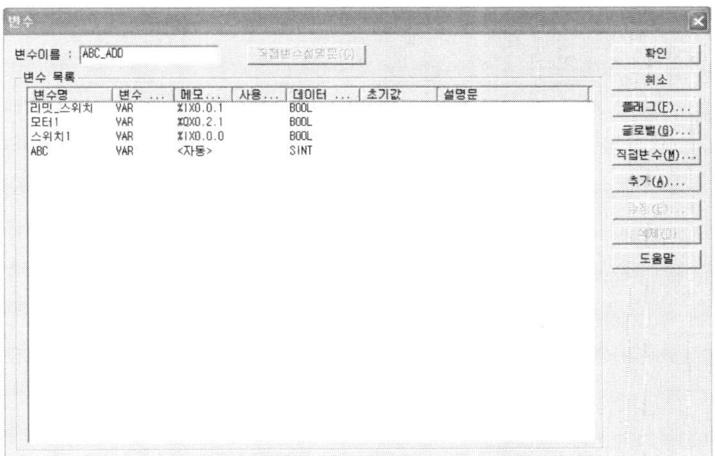

그림 7.29 새로운 변수 입력

⑯ 확인 단추를 누르면 변수 추가/수정 대화 상자가 나타난다.

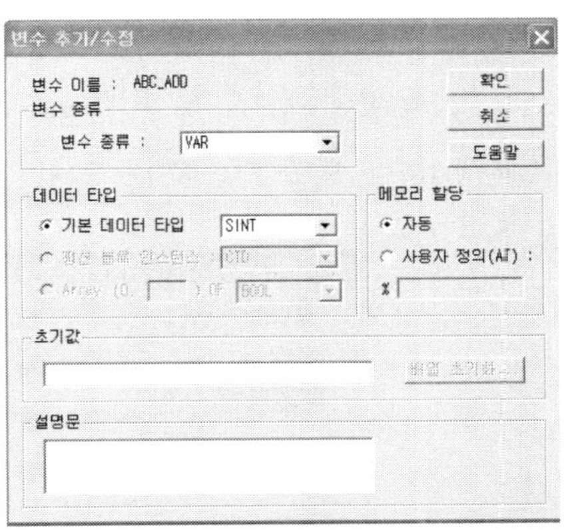

그림 7.30 변수 추가/수정

⑰ 확인 단추를 누른다. 펑션 ADD의 OUT에 변수 ABC_ADD가 입력되었다.

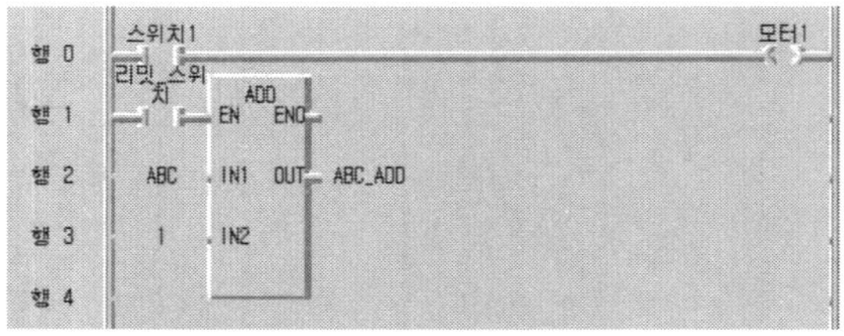

그림 7.31 새로운 변수 입력

5) 프로그램의 컴파일

프로그램이 작성되면 다음과 같이 프로그램의 컴파일을 실행한다.

① 메뉴 [컴파일] - [컴파일]을 선택한다.
② 컴파일을 실행하여 실행 파일을 만든다.

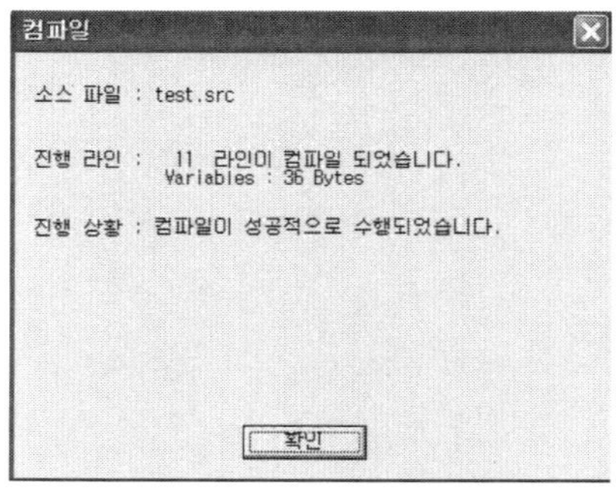

그림 7.32 프로그램 컴파일

6) 프로그램 전송

컴파일이 완료되면 컴파일된 프로그램을 PLC로 전송해야 하는데 그 과정은 다음과 같다.

① 프로그램 전송 전에 GMWIN과 PLC의 연결 상태를 확인한다.
② 메뉴 [온라인] - [접속 + 쓰기 + 모드 전환(런) + 모니터 시작(G)]을 선택한다.

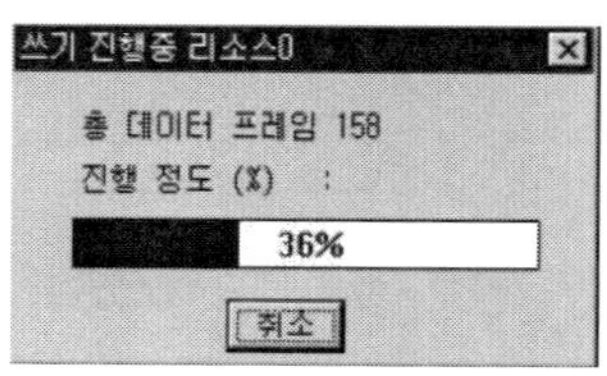

그림 7.33 프로그램 전송

③ 이때 실행 파일이 PLC에 전송된다. 전송이 완료되면 PLC의 모드가 런으로 바뀌고 모니터가 실행된다.

④ 스위치 1 접점 위치에서 마우스를 두 번 누르면 변수 강제 입력 대화상자가 나타난다.

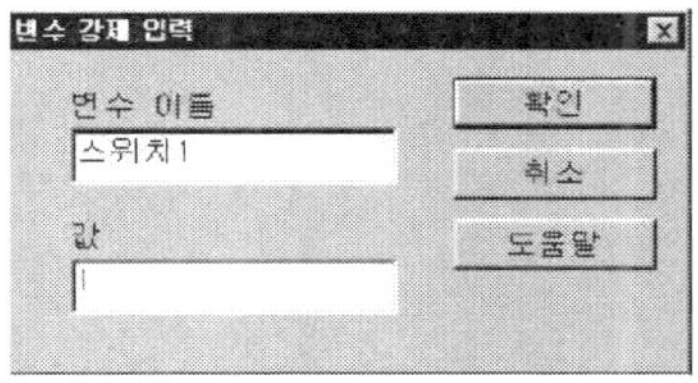

그림 7.34 변수 강제 입력

⑤ 값 입력란에 '1'을 쓰고 확인 단추를 누른다.

⑥ "리미트 스위치1"도 위와 같은 방법으로 강제 입력을 실행한다.

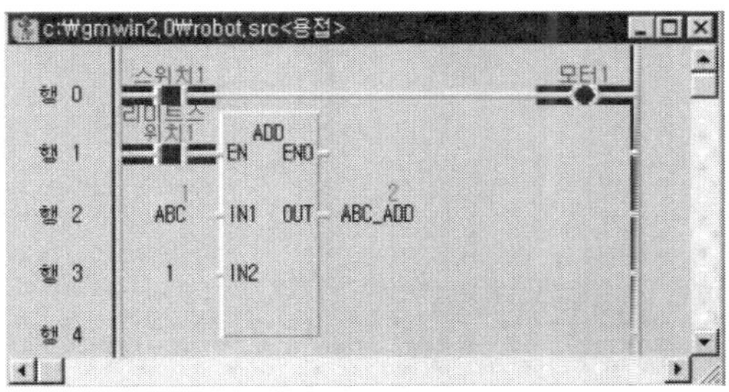

그림 7.35 변수 강제 입력 실행

⑦ "스위치1"이 On 되면, "모터1"이 On 되는 것을 확인할 수 있다.

⑧ LD 프로그램 창에서 변수 "ABC"의 입력에 따라 변수 "ABC_ADD"의 값이 1 증가하는 것을 확인할 수 있다.

7.4 GMWIN 화면 구성

GMWIN 화면은 그림 7.36과 같은 구성으로 이루어져 있다.

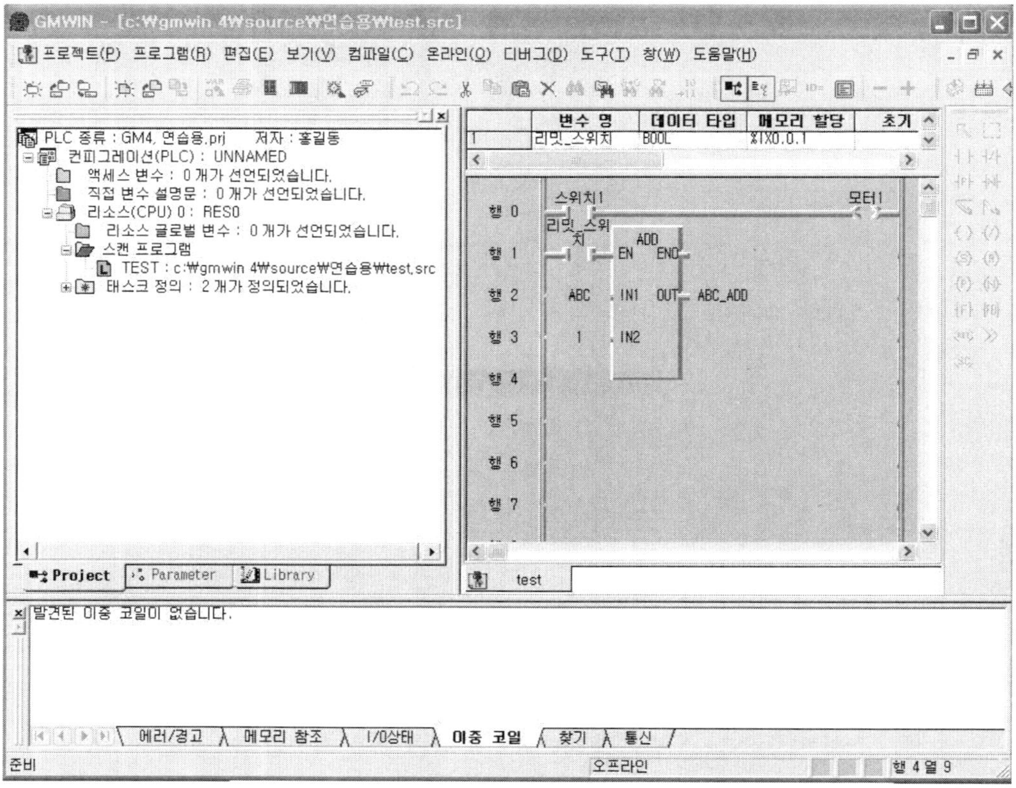

그림 7.36 GMWIN 화면

1. 메뉴

메뉴를 선택하면 명령들이 나타나고, 원하는 명령을 마우스 또는 키로 선택하면 명령을 실행할 수 있다. 생략기호(...)가 붙은 명령을 선택하면 하위의 대화상자가 나타난다. 단축키가 있는 메뉴인 경우에는 단축키를 눌러서 직접 명령을 선택할 수 있다.

(1) 프로젝트 메뉴

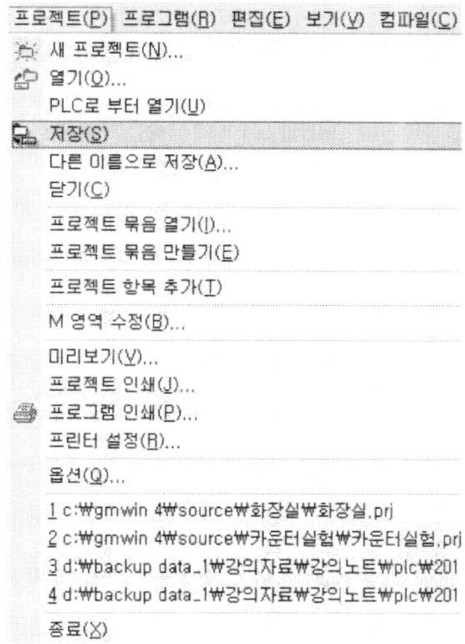

그림 7.37 프로젝트 메뉴 창

명령	설명
새 프로젝트	새로운 프로젝트를 생성 한다.
열기	기존의 프로젝트를 연다.
PLC로부터 열기	PLC에 있는 프로젝트 및 프로그램을 업 로드한다.
저장	프로젝트를 저장한다. 프로그램은 저장되지 않는다.
다른 이름으로 저장	프로젝트를 다른 이름으로 저장한다.
닫기	프로젝트를 닫는다.
프로젝트 묶음 열기	프로젝트 묶음으로 생성된 파일을 연다.
프로젝트 묶음 만들기	프로젝트 묶음파일을 생성한다.
프로젝트 항목 추가	프로젝트에 새로운 항목(프로그램 정의, 리소스(리소스는 GMI만 해당))을 추가 한다.
M 영역 수정	M영역 메모리 내용을 수정/편집한다.
미리보기	프린트 할 화면을 미리보기 한다.
프로젝트 인쇄	프로젝트 파일 전체를 프린트 한다.
프로그램 인쇄	현재 활성화 된 창의 프로그램을 인쇄한다.
프린터 설정	프린트 옵션을 설정한다.
옵션	GMWIN에 해당되는 옵션을 설정한다.
종료	GMWIN을 종료한다.

(2) 프로그램 메뉴

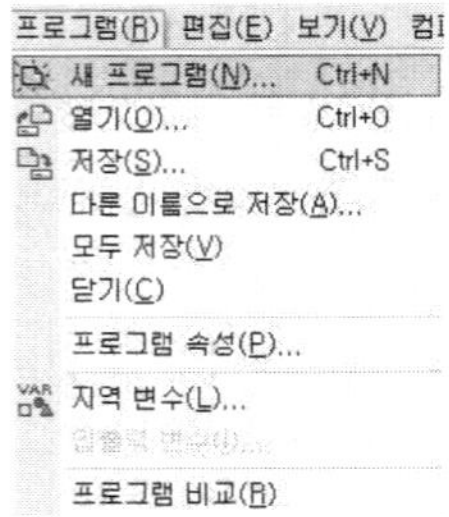

그림 7.38 프로그램 메뉴 창

명령	설명
새 프로그램	프로그램을 처음 생성한다.
열기	기존의 프로그램을 연다.
저장	프로그램을 저장한다.
다른 이름으로 저장	프로그램을 다른 이름으로 저장한다.
모두 저장	모든 파일을 저장한다.
닫기	프로그램을 닫는다.
프로그램 속성	프로그램의 속성을 바꾼다.
지역변수	변수를 편집한다.
입출력 변수	펑션, 펑션블록인 경우 입출력 변수를 편집한다.

(3) 편집 메뉴

그림 7.39 편집 메뉴 창

명령	설명
잘라내기 취소	잘라내기 동작을 취소한다.
잘라내기	블록을 잡아 삭제 하면서 클립보드에 복사한다.
복사	블록을 잡아 클립보드에 복사한다.
붙여넣기	클립보드로부터 편집창에 복사한다.
삭제	블록을 잡아 삭제한다.
찾기	원하는 문자를 찾는다.
바꾸기	원하는 문자를 찾아 새로운 문자로 바꾼다.
직접 변수 바꾸기	직접 변수를 일괄 변경한다.
편집취소	프로그램 편집창에서 편집을 취소하고 바로 이전 상태로 되돌린다.
잘라내기	블록을 잡아 삭제 하면서 클립보드에 복사한다.
찾아 가기	원하는 행으로 커서를 옮긴다.
여러 파일에서 찾기	지정경로나 지정 프로젝트에서 찾기를 실행한다.
라인 삭제	하나 라인을 삭제한다.
라인 삽입	하나의 빈 라인을 삽입한다.
셀 삽입	커서가 있는 위치에서 하나의 셀을 삽입한다.
편집 도구	편집 도구를 보여준다.
M영역 계산기	M영역에서의 메모리 변수 값을 계산해 준다.
북마크	현재 커서가 있는 위치에 북마크 한다.

(4) 보기 메뉴

그림 7.40 보기 메뉴 창

명령	설명
도구모음	도구모음 상자를 보여준다.
상태 표시줄	상태줄 표시를 보여준다.
전체 화면	현재 편집 중인 프로그램 창을 전체 화면으로 보여준다.
프로젝트 창	프로젝트 창을 보여준다.
결과 창	결과 창을 보여준다.
확대/축소	현재 편집 중인 프로그램 창을 확대/축소한다.
메모리 위치/설명문	각 변수의 메모리 위치와 그 변수에 대한 설명문을 보여준다.
등록정보	현재 편집중인 프로그램의 속성을 보여준다.

(5) 컴파일 메뉴

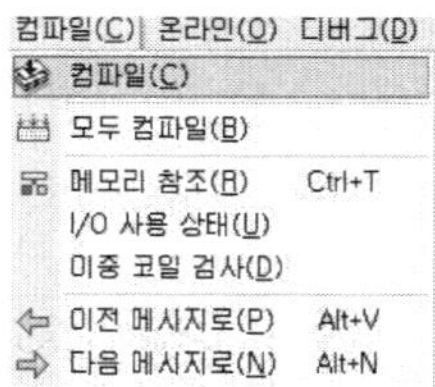

그림 7.41 컴파일 메뉴 창

명령	설명
컴파일	프로그램을 컴파일 한다.
모두 컴파일	프로젝트에 속해 있는 모든 프로그램을 컴파일한 후 PLC 실행 파일을 만든다.
메모리 참조	사용된 글로벌 변수 및 직접 변수를 볼 수 있다.
I/O 사용 상태	I/O 사용 상태를 볼 수 있다.
이중코일 검사	이중으로 사용된 코일을 검사한다.
이전 메시지로	컴파일 도중 발생된 메시지를 볼 수 있다.
다음 메시지로	컴파일 도중 발생된 메시지를 볼 수 있다.

(6) 온라인 메뉴

그림 7.42 온라인 메뉴 창

명령		설명
접속+쓰기+모드전환(런)+모니터시작(G)		GMWIN과 옵션에서 지정한 PLC를 접속시켜 사용자가 작성한 프로그램 파일을 PLC에 쓴 후 모드를 전환하여 모니터링 한다.
접속		GMWIN과 옵션에서 지정한 PLC를 접속한다.
접속 끊기		GMWIN과 옵션에서 지정한 PLC 접속을 해제한다.
읽기		PLC의 데이터를 읽어온다.
모니터	시작/끝	프로그램을 모니터링 한다./모니터링을 종료한다.
	변수 모니터	변수만 모니터링 한다.
	I/O 모니터	I/O를 모니터링 한다.
	타임차트 모니터	BOOL 변수에 대하여 타임 차트 형식으로 모니터링 한다.
	링크 파라미터 모니터	고속 링크 파라미터를 모니터링 한다.
모드 전환		PLC 모드를 전환한다.
리셋		PLC의 CPU를 리셋한다.
플래시 메모리		CPU에 장착된 플래시 메모리의 형 정보를 읽거나 플래시 메모리에 데이터 쓰기를 한다.
PLC 정보		PLC 정보를 보여준다.
I/O 정보		PLC I/O 구성 상태를 보여준다.
강제 I/O 설정		I/O 강제 입출력 값/실행 허용을 설정한다.
네트워크		네트워크를 설정한다.
런 중 편집		런 상태에서 편집이 가능하게 한다.
Mnet 정보		Mnet 정보를 본다.

명령	설명
I/O 스킵	스킵할 I/O를 지정한다.
Mnet 파라미터	Mnet 파라미터를 입력한다.

(7) 디버그 메뉴

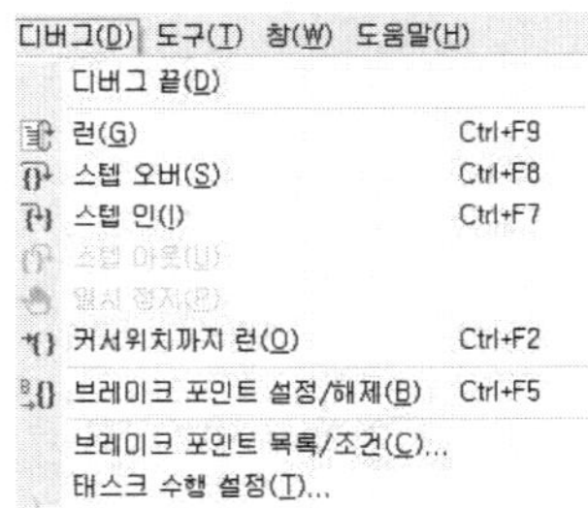

그림 7.43 디버그 메뉴 창

* 디버그 메뉴는 디버깅 모드일 때만 활성화 된다.

명령	설명
디버그 시작/끝	디버그 모드로 전환하여 디버그를 시작한다./디버그를 종료한다.
런	브레이크 포인터까지 런 한다.
스텝 오버	한 스텝씩 런 한다.
스텝 인	평션, 평션 블록을 디버깅 한다.
스텝 아웃	평션, 평션 블록 디버그시 현재 블록을 빠져 나간다.
일시 정지	런을 일시중지 시킨다.
커서위치까지 런	커서 위치까지 런 시킨다.
브레이크 포인터 설정/해제	브레이크 포인터를 설정/해제한다.
브레이크 포인트 목록/조건	설정된 브레이크 포인트의 목록을 보여주고 브레이크 조건을 설정한다.
태스크 수행 설정	디버깅 중 태스크 전환을 허용한다.

(8) 도구 메뉴

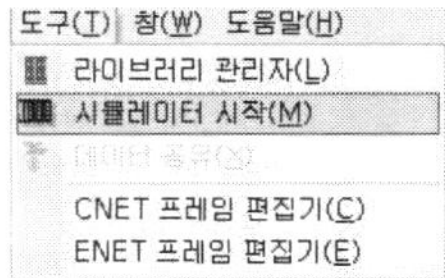

그림 7.44　도구 메뉴 창

명령	설명
라이브러리 관리자	라이브러리 파일을 선택할 수 있다.
시뮬레이터 시작	시뮬레이터를 시작한다.
CNET 프레임 편집기	CNET 통신장치의 파라메터를 설정할 수 있다.
ENET 프레임 편집기	ENET, FNET 통신장치의 프레임을 편집할 수 있다.

(9) 창 메뉴

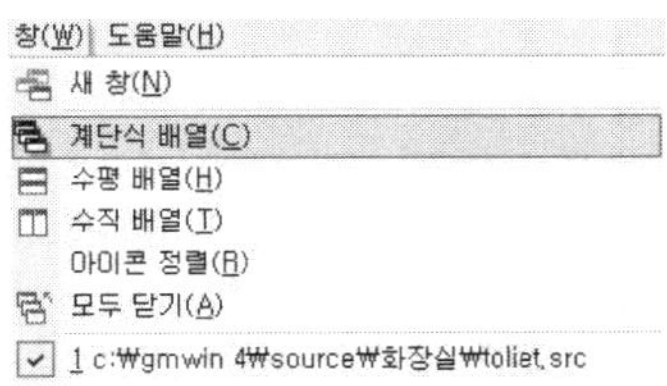

그림 7.45　창 메뉴 창

명령	설명
계단식 배열	GMWIN에 속해 있는 여러 창들을 계단식으로 배열한다.
수평 배열	GMWIN에 속해 있는 여러 창들을 수평으로 배열한다.
수직 배열	GMWIN에 속해 있는 여러 창들을 수직으로 배열한다.
아이콘 정렬	GMWIN에 속해 있는 여러 창들을 정렬한다.
모두 닫기	GMWIN에 속해 있는 여러 창들을 모두 닫는다.

2. 도구모음

GMWIN에서 사용하는 도구들이다.

(1) 기본 도구

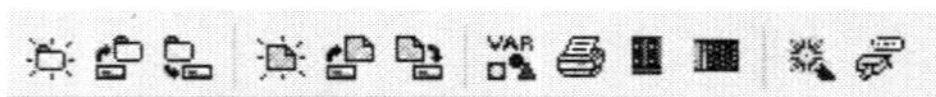

(2) 편집도구

(3) 보기 도구

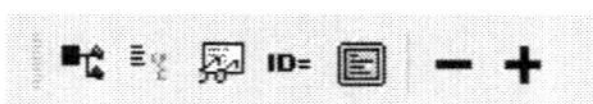

(4) 컴파일 도구

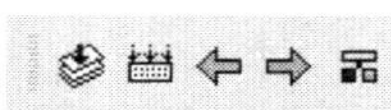

(5) 온라인 도구

(6) 창 도구

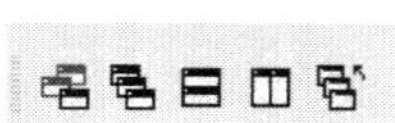

(7) 디버그 도구

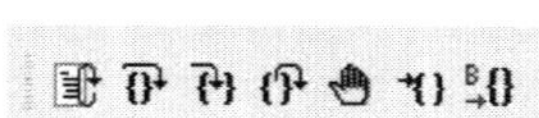

(8) LD 도구

(9) IL 도구

(10) SFC 도구

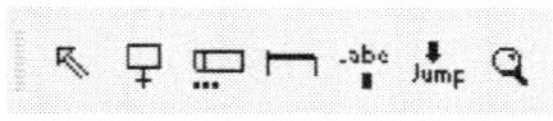

GMWIN에서는 현재 자주 사용되는 메뉴들을 단축 형태인 도구로 제공하고 있다. 원하는 도구를 마우스로 누르면 실행된다. 아래 표에서는 도구의 모양과 그에 대한 설명을 나타낸다.

도구	명 령	도구	명 령
	새 프로젝트		접속+쓰기+모드전환(런)+모니터시작
	프로젝트 열기		접속
	프로젝트 저장		접속 끊기
	새 프로그램		쓰기
	프로그램 열기		모니터 시작/끝
	프로그램 저장		런
	변수 목록		스톱
	편집 취소		일시 정지
	잘라내기		디버 시작
	복사		디버그 런
	붙여넣기		스텝오버
	삭제		스텝인
	찾기		스텝아웃
	바꾸기		일시정지
	다시찾기		커서 위치까지 런
	컴파일		브레이크 포인트 설정/해제
	실행파일 만들기		

그림 7.46 도구모음

3. 도구상자

프로그램 편집, 변수 모니터, 타임 차트, IO 모니터 등을 할 때 자주 사용하는 명령은 도구상자를 통해서 실행할 수 있다. 도구를 마우스로 누르면 도구가 실행한다. 설정되어 있는 도구들은 메뉴 도구상자를 통해서도 실행될 수 있다. 메뉴 [도구상자]-[도구상자 형태 선택]을 선택하면 도구상자의 위치와 화면상에 출현을 조정할 수 있다.

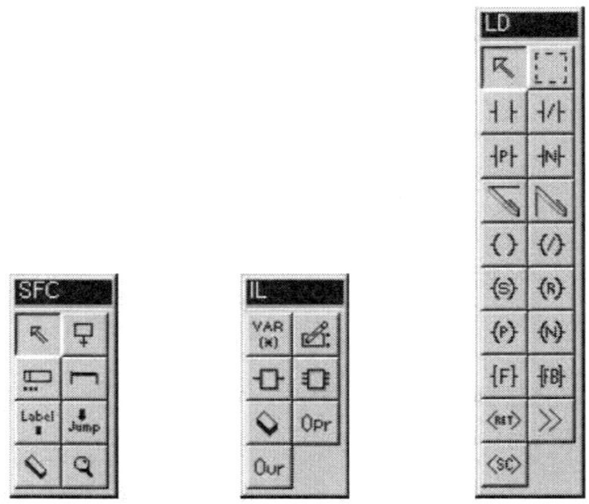

SFC 도구상자 IL 도구상자 LD 도구상자

그림 7.47 도구상자

4. 상태표시줄

그림 7.48 상태표시줄

(1) 명령 설명

반전 표시된 메뉴나 명령, 마우스가 위치해 있는 도구모음에 대한 설명을 나타낸다.

(2) PLC 모드 표시

PLC의 모드를 나타낸다. PLC와 연결되지 않았을 때에는 오프라인으로 표시된다.
오프라인-런-스톱-일시 정지-디버그

(3) 커서 위치 표시

프로그램을 편집할 때 커서의 위치를 나타낸다.

(4) GMWIN 상태 표시

GMWIN의 상태를 표시한다.

① 편집 : GMWIN에서 프로그램을 편집 중임을 나타낸다.
② 모니터 : PLC의 데이터를 모니터링 중임을 나타낸다.
③ 디버그 : PLC의 프로그램을 디버깅 중임을 나타낸다.

7.5 GMWIN에서 생성되는 파일들

사용자가 프로젝트를 생성하고 프로그램을 편집하여 PLC 실행 파일을 만들면 다음과 같은 파일이 만들어진다.

① <u>프로젝트 명.PRJ</u> : 사용자가 작성한 프로젝트 파일이다.
② 프로젝트 명.BN0 : PLC 실행 파일. GM1인 경우 리소스 개수만큼 생긴다.
　프로젝트 명.BN0 ~ 프로젝트 명.BNn(n는 리소스 번호)
③ 프로젝트 명.MON : 모니터링을 위한 정보 파일이다.
④ 프로젝트 명.CR0 : PLC 실행 파일을 만들 때 생성한다. 프로그램에서 사용한 글로벌 변수 및 직접 변수를 나타낸 텍스트 파일(Cross Reference)이다.
⑤ <u>프로그램 명.SRC</u> : 사용자가 작성한 프로그램 파일이다.
⑥ 프로그램 명.ASV : 사용자가 작성한 프로그램을 이 이름으로 주기적으로 저장한다. 메뉴 Option-Auto 저장에서 타임 값을 설정하였을 경우에만 생성되고 정상적으로 프로그램 창을 닫은 경우 자동으로 삭제된다.
⑦ 프로그램 명.OP? : 프로그램을 컴파일하면 생성된다.(프로그램 블록인 경우)
⑧ 프로그램 명.OB? : 프로그램을 컴파일하면 생성된다.(펑션 블록인 경우)
⑨ 프로그램 명.OF? : 프로그램을 컴파일하면 생성된다.(펑션인 경우)
　(OP3 : GM3인 경우, OP4 : GM4인 경우)

*주) 밑줄 친 파일들은 반드시 보관하여야 할 파일들이며 나머지 파일들은 메이크 실행으로 다시 생성할 수 있다.

7.6 파일 열기

사용자가 기존의 프로젝트를 열고 프로그램을 작성하려면 파일을 열어야 한다. 새로운 파일은 프로젝트 생성 및 프로그램 생성 항목에 설명되어 있다.

(1) 프로젝트를 열기

① 메뉴 [프로젝트]-[열기]를 선택한다.

(2) 프로그램을 열기

① 메뉴 [프로그램]-[열기]를 선택한다.
② 파일이 있는 위치를 지정하기 위하여 위치 목록상자에서 드라이브 및 디렉토리를 선택한다.
③ 파일 이름 입력란에 파일 이름을 직접 입력하거나 목록상자에서 선택한다. 목록상자에는 파일형식 목록상자에서 선택된 확장자를 가진 파일만 나타난다.
프로젝트 파일 : *.PRJ, 프로그램 파일 : *.SRC
④ 열기 단추를 누른다.

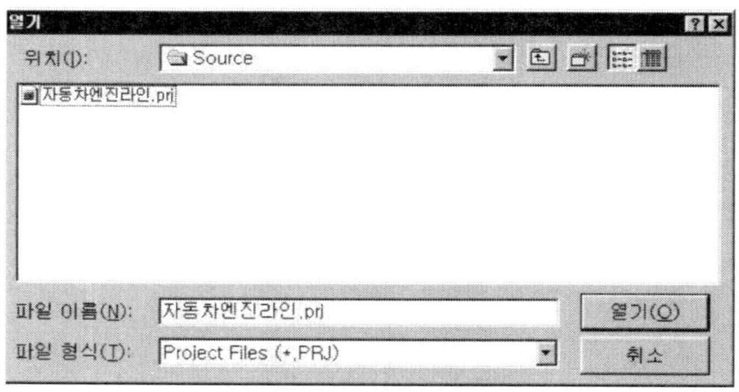

그림 7.49 프로젝트 열기

7.7 파일 저장

1. 새로운 파일 저장

한 번도 저장하지 않은 새 파일을 저장한다.

(1) 프로젝트를 저장할 경우

① 메뉴 [프로젝트]-[저장]을 선택한다.

(2) 프로그램을 저장할 경우

① 메뉴 [프로그램]-[저장]을 선택한다.
② 파일이 저장될 위치를 지정하기 위하여 위치 목록상자에서 드라이브 및 디렉토리를 선택한다.
③ 파일이름 입력란에 파일 이름을 입력한다.
④ 프로젝트 파일에는 PRJ, 프로그램 파일에는 SRC 확장자를 입력한다.
⑤ 저장 단추를 누른다.

2. 작업 중 파일 저장

작업 중 프로젝트를 저장하는 경우에는 메뉴에서 [프로젝트]-[저장]을 선택하여 클릭하고, 프로그램을 저장할 경우에는 메뉴에서 [프로그램]-[저장]을 선택하여 클릭한다.

3. 다른 이름으로 저장

프로젝트 이름 또는 프로그램 이름을 변경한다.

(1) 프로젝트를 저장할 경우

① 메뉴 [프로젝트]-[다른 이름으로 저장]을 선택한다.

(2) 프로그램을 저장할 경우

① 메뉴 [프로그램]-[다른 이름으로 저장]을 선택한다.
② 파일이 저장될 위치를 찾기 위하여 위치 목록상자에서 드라이브 및 디렉토리를 선택한다.
③ 파일이름 입력란에 파일 이름을 입력한다.
④ 프로젝트 파일에는 PRJ, 프로그램 파일에는 SRC 확장자를 입력한다.
⑤ 저장 단추를 누른다.

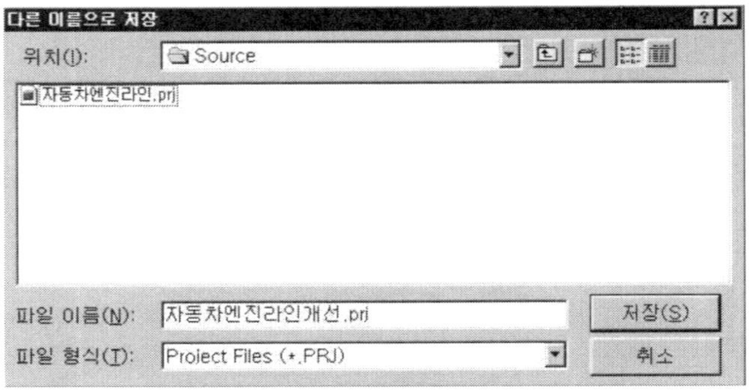

그림 7.50 다른 이름으로 저장

7.8 파일 닫기

파일 닫기를 하는 방법은 두 가지가 있는데 첫번째는 해당 창의 왼쪽 위 모서리의 조절메뉴 상자를 누르는 방법이고 두 번째는 메뉴에서 [프로젝트]-[닫기] 또는 메뉴에서 [프로그램]-[닫기]를 선택하는 방법이다. 이때 해당 파일이 저장되어 있지 않으면 다음 대화상자가 나타난다.

그림 7.51

이 대화 상자에서 파일을 저장하려면 [예] 단추를 누르고, 파일을 저장하지 않으려면 [아니오] 단추를 누른다. 그리고 파일 닫기를 취소하려면 [취소] 단추를 누른다.

7.9 모니터링

GMWIN에서는 운전 중인 PLC 연산 상태를 모니터링 할 수 있다. 모니터링 가능한 내용은 아래와 같다.

① 프로그램 모니터링
② I/O 모니터링
③ 변수 모니터링
④ 링크 파라미터 모니터링

1. PLC 정보

PLC 시스템의 여러 정보를 보여주는 기능이다. 시스템 정보, 시스템의 에러/경고 상세 정보, PLC 이력(전원 차단 이력, 에러 이력, 모드전환 이력 등)의 정보를 확인할 수 있다.

1) 시스템 정보

시스템 정보는 PLC 시스템의 구성 상태를 보여주는 기능으로 시스템 정보, 스캔 시간, 현재 시간, 에러 상태를 파악할 수 있고 현재 시간을 설정할 수 있다.

① 메뉴 [온라인]-[PLC 정보]-[시스템 정보]를 선택하면 그림 7.52와 같은 PLC 정보 확인창이 나타난다.

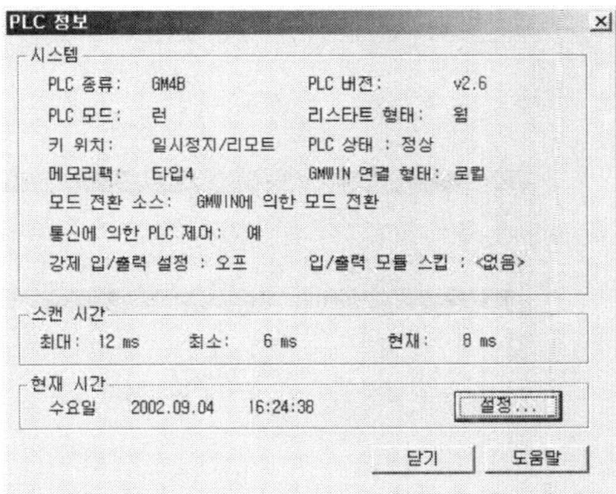

그림 7.52 PLC 정보 대화상자

② 그림 7.52에서 현재시간을 설정하거나 수정하려고 할 때는 PLC 정보 대화 상자에서 현재시간 [설정]을 클릭하여, 날짜 시간 설정 대화상자를 호출하고 그림 7.53에서와 같이 날짜 시간 설정 대화상자에서 연, 월, 일, 시, 분, 초를 설정한다.

③ 그림 7.53에서 [PC 시계 동기]를 선택하면 현재 PC의 시계와 같은 시간으로 설정이 된다.

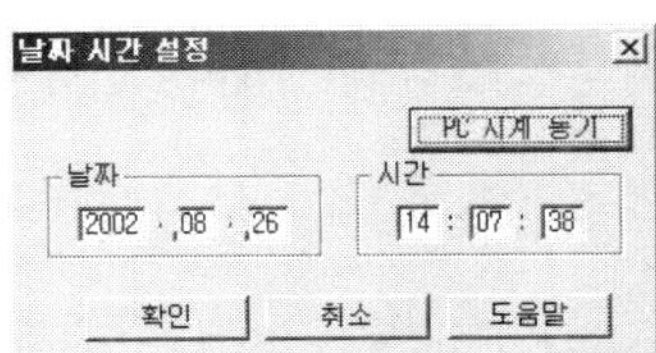

그림 7.53 날짜 시간정보 설정화면

2) 에러/경고 상세 정보

에러/경고 상세 정보에서는 아래와 같은 에러 발생시 확인이 가능하다.

① I/O 파라미터와 실제 구성 모듈이 틀린 경우
② 운전 중 모듈 구성이 달라질 경우
③ 퓨즈가 부착된 모듈의 퓨즈가 단선된 경우
④ 입출력 모듈에서 정상적으로 읽고 쓰기를 할 수 없는 경우
⑤ 특수 또는 통신 모듈에서 정상적인 인터페이스가 불가능한 경우
⑥ 에러 검출 슬롯 위치와 외부기기의 고장 발생 여부
⑦ 태스크의 충돌 여부

에러/경고 상세정보를 확인하기 위해서는 메뉴 [온라인]-[PLC 정보]-[에러/경고 상세 정보]를 선택하면 된다.

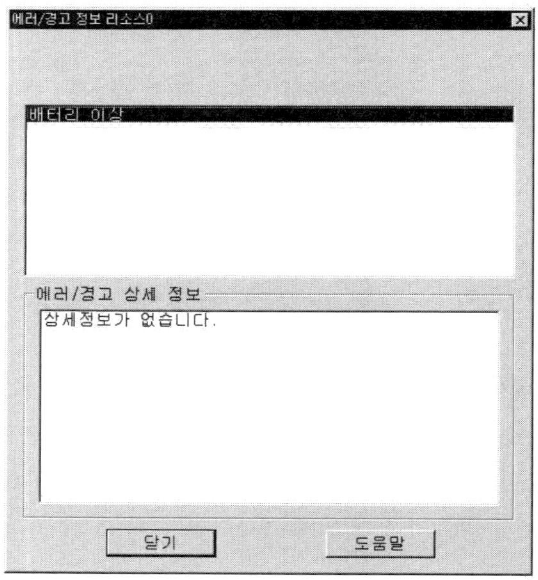

그림 7.54 에러경고 상세 정보화면

3) 전원 차단 이력

전원 차단 이력은 PLC의 전원이 끊어진 이력을 보여 준다. 전원차단 이력을 확인하기 위해서는 메뉴의 [온라인]-[PLC 정보]-[PLC 이력]-[전원차단 이력] 탭을 선택한다.

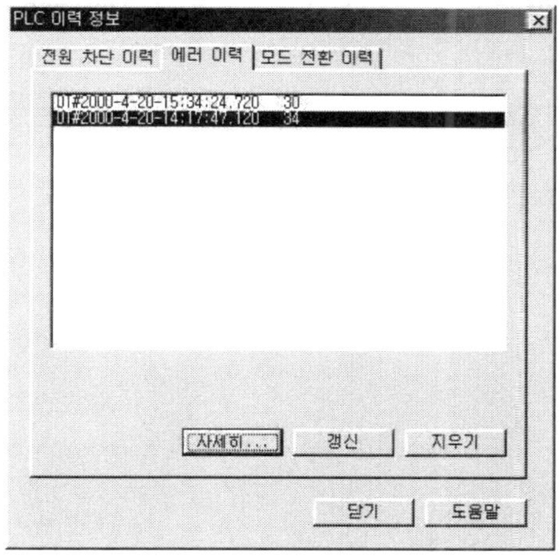

그림 7.55 PLC 이력 정보화면

4) 에러 이력

에러 이력은 PLC에서 에러가 발생한 이력을 보여준다. 에러이력을 확인하기 위해서는 메뉴의 [온라인]-[PLC 정보]-[PLC 이력]-[에러 이력] 탭을 선택한다. 발생한 에러 이력에 대한 자세한 정보를 보기 원할 때는, 목록 상자에서 자세한 정보를 원하는 항목을 선택한 후 [자세히]를 클릭한다.

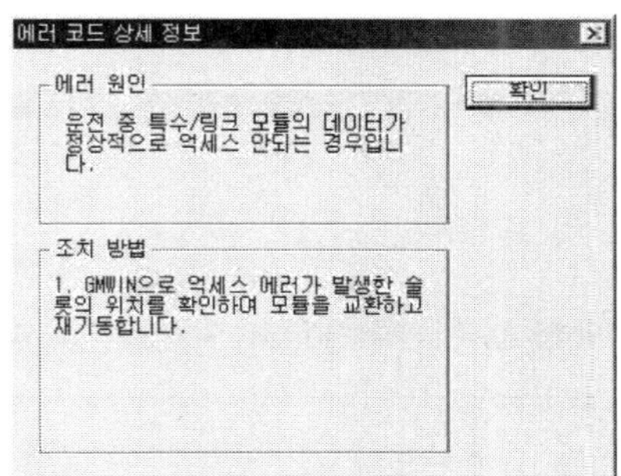

그림 7.56 PLC 에러 코드 상세 정보화면

5) 모드전환 이력

모드전환 이력은 PLC의 모드가 바뀐 이력을 보여준다. 모드전환 이력을 확인하기 위해서는 메뉴의 [온라인]-[PLC 정보]-[PLC 이력]-[모드전환 이력] 탭을 선택한다.

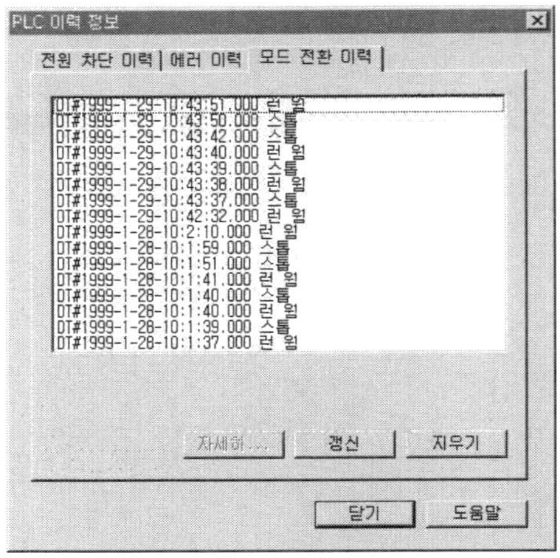

그림 7.57 모드전환 이력화면

6) 입출력 고장 상세 정보

입출력 고장 상세 정보는 이중화 시 입출력 접점의 고장 정보를 보여준다. 입출력 고장 상세 정보를 확인하기 위해서는 메뉴의 [온라인]-[PLC 정보]-[입출력 고장 상세 정보]를 선택한다. 고장 상세 정보를 지울 때는 [지우기]를 클릭한다.

이중화 고장과 C side 고장은 마스터로 접속되었을 때, A side 고장과 B side 고장은 각각의 CPU에 접속되었을 때 지울 수 있다.

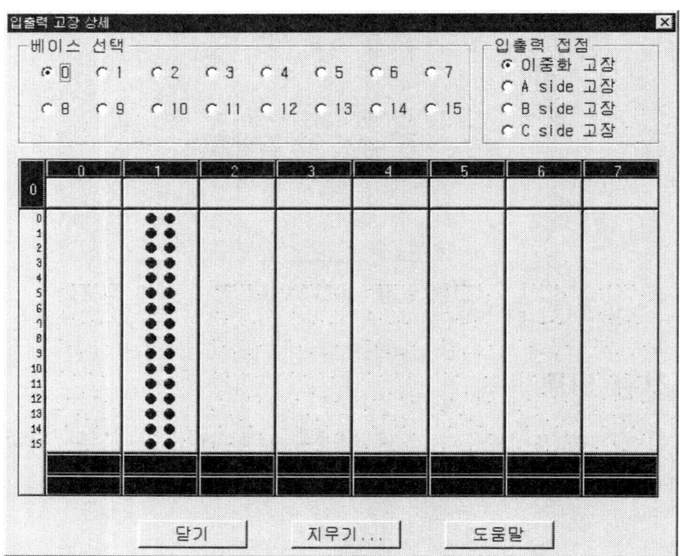

그림 7.58 입출력고장 상세 정보화면

2. 장착된 I/O 정보

1) I/O 정보

시스템의 I/O 유닛 구성 상태를 보여 준다. 시스템의 I/O 유닛 구성 상태를 확인하기 위해서는 메뉴의 [온라인]-[I/O 정보]를 선택한다. 베이스 선택 입력란에서 베이스 번호를 지정하면 해당 베이스에 대한 I/O 구성 상태를 확인할 수 있다. 그리고 I/O 형태 설정 대화상자에서 슬롯 번호를 지정하면, 특수 모듈에 대한 정보를 읽을 수 있다.

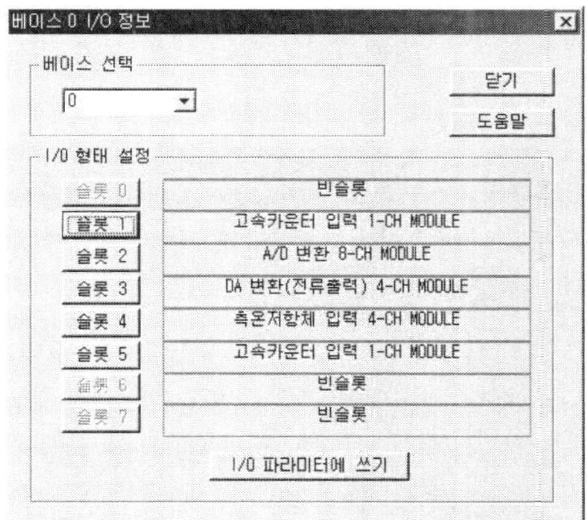

그림 7.59 베이스 I/O 정보화면

그림 7.60 특수 모듈 정보화면

2) I/O 동기화

PLC의 I/O 정보를 프로젝트의 I/O 파라미터에 쓰는 기능이다. 이 기능을 활성화 하기 위해서는 메뉴의 [온라인]-[I/O 설정]-[I/O 동기화]를 선택한다.

3. 프로그램 모니터링

다음과 같은 과정을 통하여 운전 중인 PLC 연산 처리를 모니터링 할 수 있다.

① 메뉴의 [온라인]-[접속]을 선택한다.

② 메뉴의 [온라인]-[모니터 시작/끝]을 선택한다.

만약 같은 프로그램에 대해서 두 개 이상의 인스턴스가 정의되어 있으면 그림 7.61과 같이 인스턴스를 선택하는 "인스턴스 선택 대화상자"가 나타난다. 이때 인스턴스 선택 대화상자의 목록상자에서 인스턴스를 선택하고 [확인]을 클릭한다.

그림 7.61 인스턴스 선택 대화상자

알아두기

GMWIN에서 모니터링을 하기 위해서는 현재 GMWIN 화면상의 프로그램과 PLC에 전송된 프로그램이 반드시 일치해야 한다. 프로그램을 메이크 하고 PLC에 전송한 후 프로그램을 수정하고 모니터링하면 PLC에 전송된 프로그램과 GMWIN에 열린 프로그램이 다르므로 모니터링 값이 실제와 달라질 수 있다. 따라서 프로그램을 PLC에 전송한 후 프로그램이 수정되면 메뉴 [컴파일]-[메이크]를 선택하여 실행파일을 만들고 이를 PLC에 다시 쓴 후 모니터링을 실행해야 한다. 모니터링 중에는 프로젝트에 속해 있는 프로그램을 편집할 수 없다. 프로젝트에 속하지 않은 프로그램은 편집 가능하다.

1) LD 모니터링

LD 모니터링 기능은 기본적으로 변수의 상태를 알려 주는 기능과 변수의 값을 강제로 ON/OFF 또는 설정하는 기능 등으로 구분할 수 있다.

(1) 프로그램 모니터링

① 변수 모니터링 : LD의 변수 창에서는 사용된 변수의 값이 모니터링 된다.

② 프로그램 모니터링 :

- 접점 또는 코일 변수가 BOOL 형태이기 때문에 이 경우의 변수 상태 표시는 해당 변수 이름의 색깔 변화(붉은색↔검정색)로 ON/OFF 상태를 알 수 있다. 즉, 변수 명이 붉은색으로 표시되는 경우에는 해당 변수가 On 상태임을 나타내는 것이고, 검정 색으로 표시되는 경우에는 해당 변수가 Off 상태임을 나타낸다.
- 펑션 또는 펑션 블록의 입출력 변수는 BOOL 이외에도 BYTE, WORD, SINT, STRING 등 여러 가지 종류이므로 현재 변수 값을 변수명의 상위 칸에 숫자 또는 스트링으로 표시해 준다.

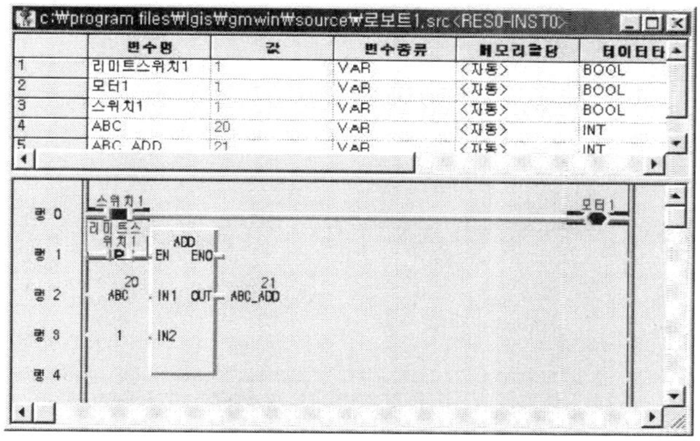

그림 7.62 프로그램 모니터링

(2) 변수 값 강제로 쓰기

접점 또는 코일 변수의 경우에는 이진값이므로 '1' 또는 '0'으로 ON/OFF 시키며, 펑션 또는 펑션 블록의 입출력인 경우에는 변수 값을 원하는 값으로 설정할 수 있다. 변수값 강제쓰기 과정은 다음과 같다.

① LD 프로그램 또는 변수 창에서 강제 설정을 하고자 하는 변수의 위치로 마우스를 옮긴 후에 더블클릭 하여 변수 강제 입력 대화 상자를 부른다.

② LD 프로그램 또는 윈도우에서 강제 설정을 하고자 하는 변수의 위치로 커서를 이동한다.

③ Enter 키를 누른다.

- 변수 창에서의 변수 강제 입력 예

  그림 7.63의 화살표 부분을 선택하여 더블클릭이나 Enter 키를 누른다.

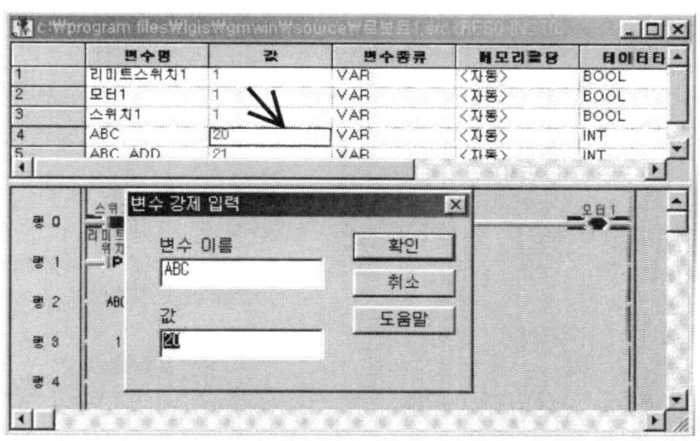

그림 7.63 변수 강제입력-예1

- 프로그램 창에서의 변수 강제 입력 예

프로그램에서 변수 부분을 직접 더블클릭하면 대화 상자가 나타나고, 대화상자에서 변수 값 입력란에 0(Off)을 입력하고 [확인]을 클릭한다.

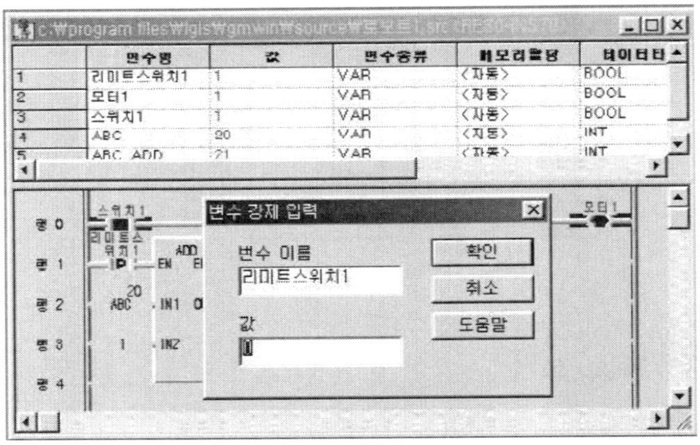

그림 7.64 변수 강제입력-예2

- 변수 강제 입력 창에서 변수 값 바꾸기 예

위의 변수 강제 입력 창에서 현재 사용되고 있는 변수명을 변수이름에 입력하고, 값을 입력하게 되면, 입력된 변수의 값이 변경된다. 만약 현재 사용되고 있지 않은 변수명을 입력하면 아래와 같은 메시지가 나타난다.

그림 7.65

- 배열 변수의 강제 입력 예

어레이로 선언된 변수는 그림 7.64의 강제 입력 창에서 변수명[0], 변수명[1] 등으로 변경하고자 하는 어레이 변수의 번호를 입력한다.

(3) 배열변수 모니터링

프로그램 모니터가 시작되면 배열변수는 기본적으로 배열변수의 첫 번째 원소를 모니터 하게 된다. 배열변수 명이 ARR라면 모니터 시 이 변수는 ARR(0)로 표시되며 첫 번째 원소를 모니터링 한다.(예 : ARR로 사용한 경우, ARR[1]형태는 해당이 되지 않는다.) 배열변수를 모니터링 하기 위해서는 모니터 하고자 하는 배열변수 위로 커서를 이동하고 [보기]-[배열번호 선택]을 클릭한다.

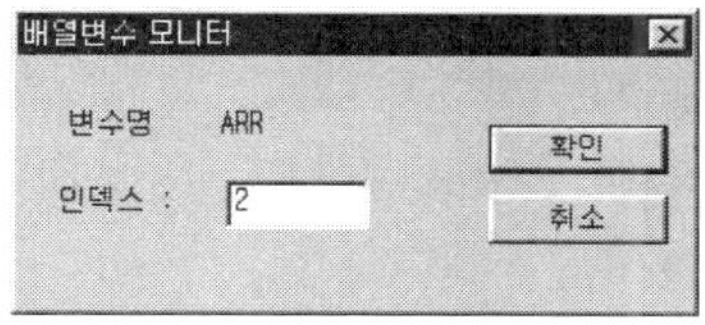

그림 7.66 배열변수 모니터

그리고 그림 7.66의 배열원소 모니터 대화상자에서 모니터 하고 싶은 원소 번호를 입력하고 [확인]을 클릭한다. 배열변수 모니터 대화상자를 통하지 않고 단축키를 이용해 배열변수를 모니터 할 수도 있는데 그 과정은 다음과 같다.

① 모니터 하고자 하는 배열변수 위로 커서를 이동한다.
② 원소 번호를 증가 시키려면 Ctrl+?를 입력하고 감소시키려면 Ctrl+?를 입력한다.

4. 변수 모니터링

변수 모니터링에서는 프로그램에서 선언된 변수, 글로벌 변수, I, Q, M 영역, 시스템 플래그 등을 모니터링 할 수 있다. 변수 모니터링 창은 그림 7.67과 같이 트리 구조로 이루어진 변수 선택창과 선택된 변수 리스트를 보여 주는 창으로 이루어져 있다.

모니터링 변수는 원하는 항목을 더블 클릭하거나 드래그 앤 드롭으로 선택할 수 있다.

① 모니터링을 처음 할 경우 : 메뉴 [온라인]-[모니터 시작/끝], 메뉴 [보기]-[변수 모니터 창]을 선택한다.
② 프로그램 모니터링 중 : 메뉴 [보기]-[변수 모니터 창]을 선택한다.

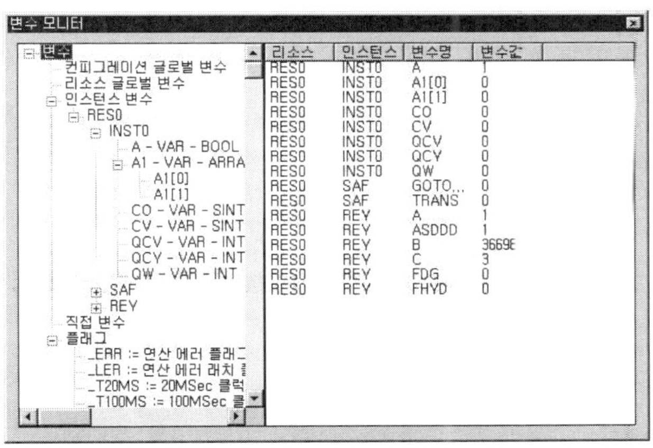

그림 7.67 변수 모니터창

알아두기

PLC와 연결되어 있지 않으면 위의 메뉴를 선택하기 전에 메뉴 [접속]을 선택한다.

1) 변수 선택

프로그램에서 선언된 변수, 글로벌 변수, I, Q, M 영역, 시스템 플래그 등을 동시에 모니터링 할 때 선택한다. 모니터링 할 변수의 선택은 변수 선택 창에서 모니터링 하고자 하는 변수를 더블 클릭이나 드래그 앤 드롭으로 선택하면 된다.

(1) 리소스 글로벌 변수 선택

① 리소스 글로벌 변수를 등록한다.

② 리소스 글로벌 변수 항목의 ⊞ 를 클릭한다.

③ 모니터링 할 변수들을 선택한다.

(2) 프로그램 인스턴스 변수 선택

① 지정된 프로그램에서 선언된 변수를 등록한다.

② 인스턴스 변수 항목의 ⊞ 를 클릭한다.

③ 인스턴스 항목에서 인스턴스를 펼친다.

④ 모니터링 할 변수들을 선택한다.

(3) 직접 변수 등록

① 직접 변수항목을 더블 클릭한다.

② 입력란에 직접 변수 번지를 입력한다.

예) %QW0.0.1 또는 %QW0.0.1, %QW0.0.3으로 입력하면, %QW0.0.1, %QW0.0.2, %QW0.0.3이 등록된다.

③ [확인]을 클릭한다.

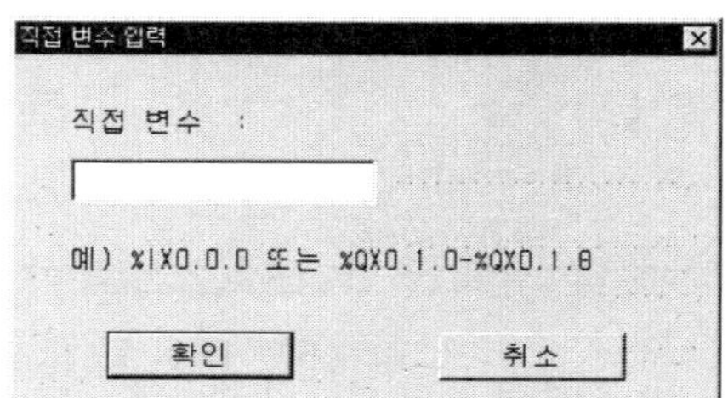

그림 7.68

(4) 시스템 플래그 등록

① 플래그 항목의 ⊞ 를 펼친다.

② 모니터링 할 플래그들을 선택한다.

2) 등록된 변수 지우기

(1) 변수 한 개씩 지우는 경우

변수 모니터 창에서 지우고자 하는 변수를 선택 후 Del 키를 누른다.

(2) 연속한 변수를 지우는 경우

지우고자 하는 첫 번째 변수를 선택하고 Shift를 누른 상태에서 마지막 변수를 선택하면 위의 그림과 같이 여러 개의 변수를 선택할 수 있고, 이 상태에서 Del 키를 누르면 여러 개의 변수를 동시에 지울 수 있다.

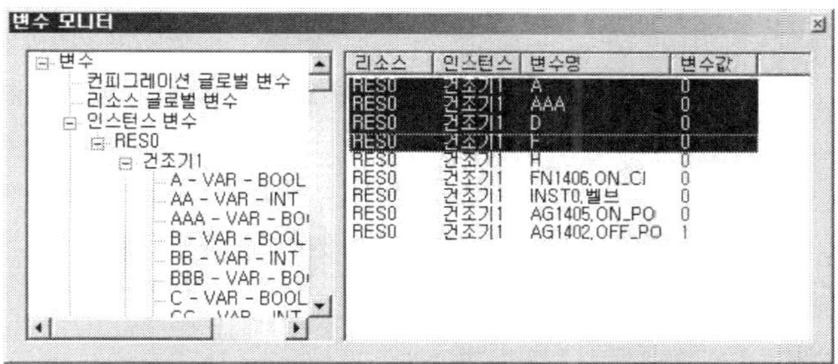

그림 7.69 등록된 변수 지우기-1

(3) 연속하지 않은 변수를 지우는 경우

Ctrl을 누른 상태에서 지우고자 하는 변수를 각각 선택하면 아래 그림과 같이 되면, Del 키를 누르면 지워지게 된다.

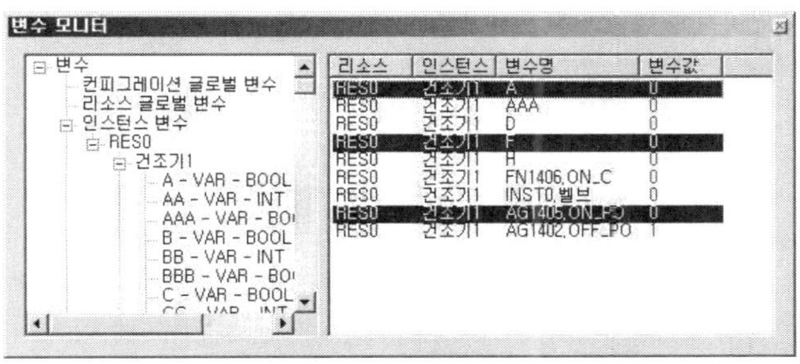

그림 7.70 등록된 변수 지우기-2

3) 데이터 표시 형식 변경

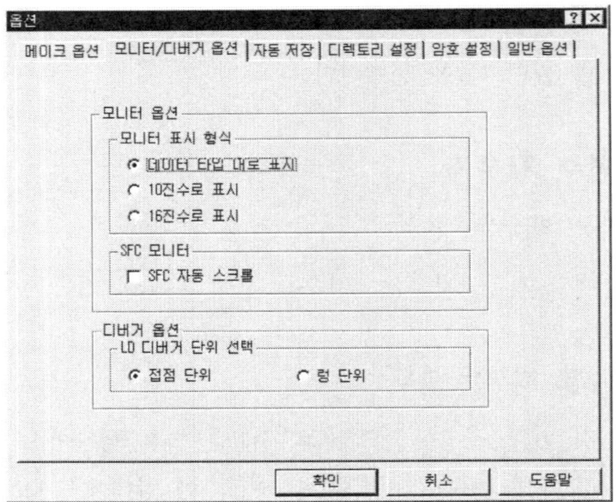

그림 7.71 데이터 표시 형식 변경

모니터 시, 모니터 하는 변수 등의 표시 형식을 변경하는 옵션이다. 데이터 표시 형식을 변경하기 위해서는 메뉴의 [프로젝트]-[옵션]-[모니터/디버거 옵션]을 선택하고 모니터 표시 형식에서 원하는 표시 형태를 선택한 후, [확인]을 클릭한다.

4) 변수 강제 출력

GMWIN에서는 변수 값을 원하는 값으로 강제 출력시킬 수 있는데 그 방법은 다음과 같다. 먼저 값을 변경하고자 하는 변수 위치로 마우스를 옮긴 후 더블클릭 하여 변수 강제 입력대화 상자를 부른다. 그 다음 값 입력란에 변수 값을 입력한 후 변수 강제입력창에서 [확인]을 클릭한다.

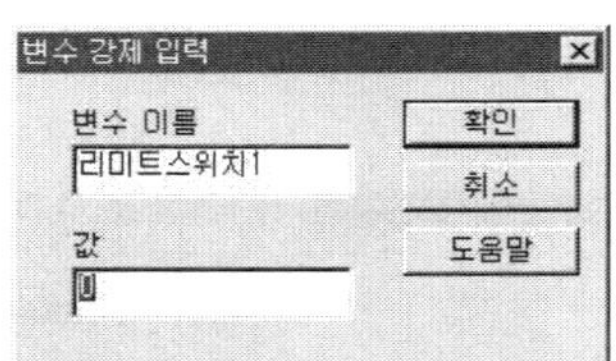

그림 7.72 변수 강제입력창

알아두기

변수 값을 강제 출력시켜도 프로그램에 의해서 값이 변할 수 있다.
변수가 직접변수에서 입출력일 경우에는 아래와 같은 대화상자가 나타난다.

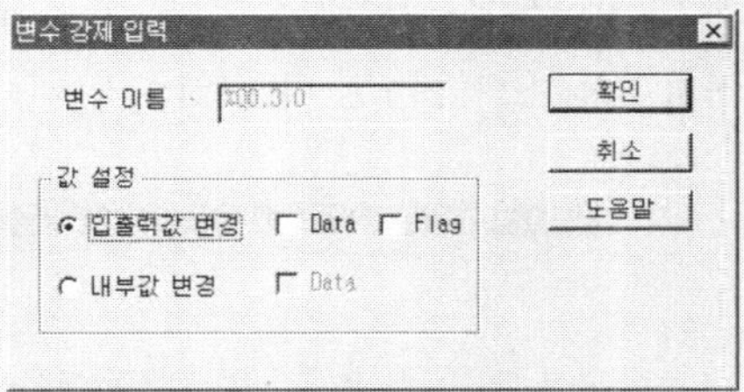

그림 7.73

- 입출력 값 변경을 원하면 입출력 값 변경 옵션을 선택하고, '1'로 설정하기를 원하면 데이터, 플래그 확인란을 선택한다.
- 내부 값 변경을 원하면 내부 값 변경 옵션을 선택하고, '1'로 설정하기를 원하면 데이터란을 선택한다.
- 직접 변수의 강제 입출력을 위해서는 [온라인]-[강제 I/O 설정]-[입력/출력]에서 설정을 체크해야 한다.

5. I/O 모니터링

PLC 시스템을 구성하고 있는 I/O 유닛을 모니터링 한다. 보기 메뉴의 I/O 모니터 창 명령을 선택하거나 보기 도구모음에서 를 누르면 모니터링이 시작된다.

왼쪽 상단에는 선택된 베이스 번호가 나타나고 각 슬롯의 하단에는 모니터링 데이터 값이 모니터 표시형식에 따라 10진수나 16진수의 값으로 표시된다. 또 I/O 카드의 각 접점을 마우스로 누르면 각 접점의 On/Off가 토글 된다. 이것은 강제 I/O와는 다르므로 프로그램에 의해서 값이 변할 수 있다.

I/O 모니터링을 처음 할 경우에는 메뉴의 [온라인]-[모니터 시작/끝]을 선택하여 모니터 모드에 진입한 후 메뉴의 [보기]-[I/O 모니터 창]을 선택한다. 그러나 만약 현재 프로그램 모니터링 중이라면 메뉴의 [보기]-[I/O 모니터 창]을 선택한다. 처음 I/O 모니터링을 시작하면 0번 베이스의 I/O를 모니터링 한다. 다른 베이스의 I/O를 모니터링하고 싶으면 다음과 같이 베이스 선택을 하면 된다.

1) 베이스 선택하기

베이스 선택을 위해서는 먼저 I/O 모니터링 창에서 마우스의 오른쪽 버튼을 클릭하여 나온 팝업 메뉴에서 [베이스 선택]을 선택하여 그림 7.74와 같이 베이스 선택 대화 상자를 부른다. 그 다음 베이스 선택 대화 상자에서 모니터링 하고자 하는 베이스를 지정하고, [확인]을 클릭하면 그림 7.75와 같이 선택된 베이스의 I/O 모니터 화면이 나타난다.

그림 7.74 베이스 선택 대화상자

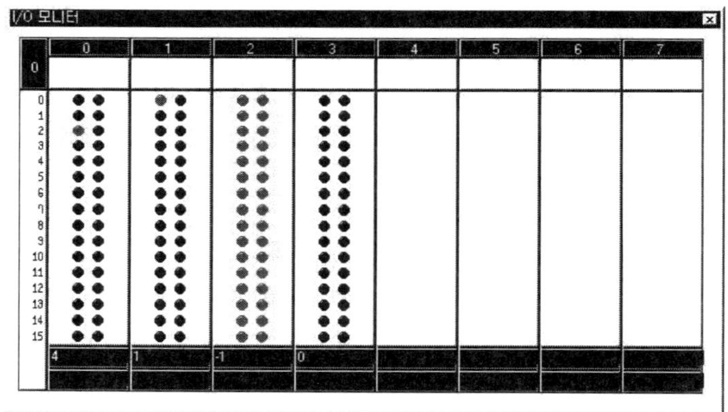

그림 7.75 I/O 모니터링

2) I/O 정보 보기

I/O 모니터링 창에서 마우스의 오른쪽 버튼을 눌러 나온 팝업 메뉴에서 [등록정보]를 선택하여 베이스의 I/O 정보 대화 상자를 부른다. I/O 모니터링의 중지는 다음과 같이 수행한다.

메뉴의 [보기]-[I/O 모니터 창]을 선택하거나 또는 ID= 를 클릭한다.

6. 링크 파라미터 모니터링하기

프로젝트 창의 링크 파라미터 항목에서 설정한 파라미터에 대해서 링크 진행 상태를 모니터링 한다. 보기 메뉴의 링크 파라미터 창 명령을 선택하면 모니터링이 시작된다. 모니터링을 처음

할 경우에는 메뉴의 [온라인]-[모니터]-[모니터 시작]을 선택하여 모니터링을 시작한 후 메뉴의 [보기]-[링크 파라미터 창]을 선택한다.

그러나 만약 프로그램 모니터링 중이라면 메뉴의 [보기]-[링크 파라미터 창]을 선택하여 그림 7.76과 같이 링크 파라미터 선택 대화 상자를 부른다.

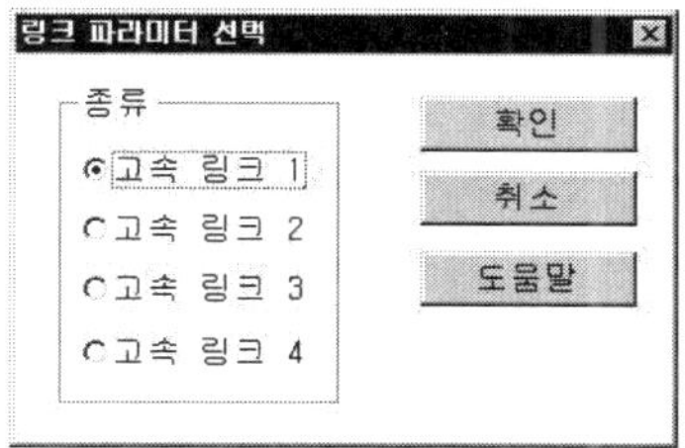

그림 7.76 링크 파라미터 선택 대화상자

그리고 링크 파라미터 선택 대화상자에서 모니터링 할 고속 링크 파라미터를 선택한 후 [확인]을 클릭하면 그림 7.77과 같은 고속 링크 파라미터 모니터링창이 나타난다.

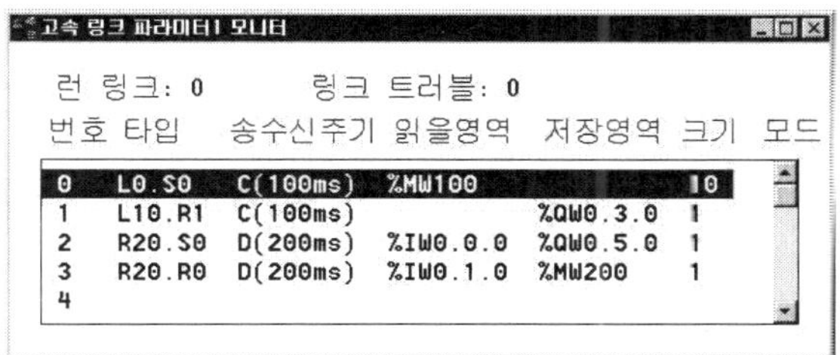

그림 7.77 고속링크 파라미터 모니터링

알아두기

고속링크 파라미터 모니터 창에서 다른 링크 파라미터를 모니터 하기 위해서는 마우스 오른쪽을 클릭하여 나타나는 아래의 대화상자에서 모니터 하기 원하는 고속링크를 선택하면 된다.

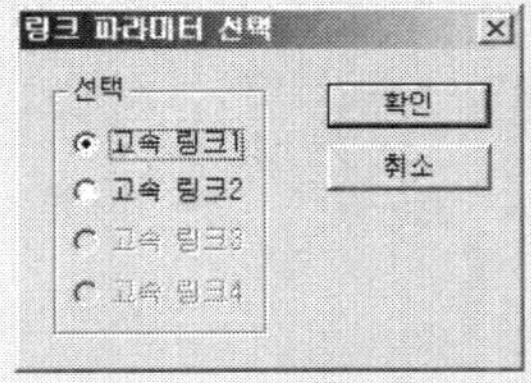

그림 7.78

7.10 디버깅(Debugging)

디버깅이란 사용자가 작성한 PLC 프로그램이 정상적으로 동작하도록 프로그램의 오류를 찾아 제거하는 것을 말하며 [디버그]-[디버그 시작]을 선택하면 그림 7.79와 같은 디버깅 메뉴가 나타난다.

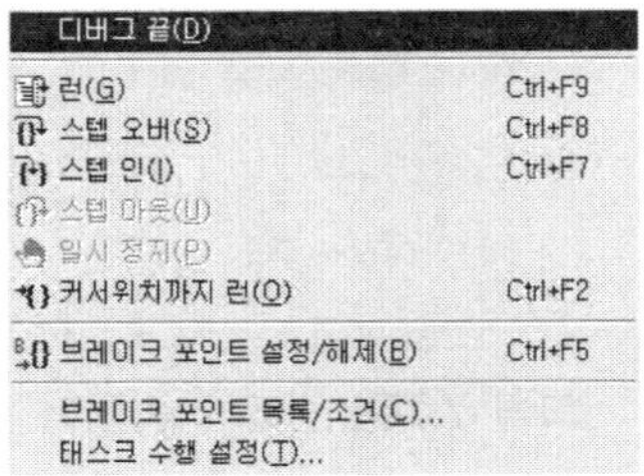

그림 7.79 디버깅 메뉴

메뉴	기능
런	디버깅 시작
스텝 오버	프로그램을 한 스텝씩 진행시키면서 프로그램의 오류를 찾는 방법이다.
스텝인	사용자 정의 펑션블록의 소스 프로그램을 디버깅 한다.
스텝아웃	사용자 정의 펑션블록의 소스 프로그램을 디버깅 중 다시 본 프로그램으로 돌아오도록 한다.
커서위치까지 런	현재 커서가 위치한 곳까지 디버깅을 실행한다.
브레이크 포인터 설정/해제	사용자가 디버깅을 멈추고자 하는 지점을 설정하는 것으로 32개까지 설정이 가능하다. 각 프로그램에서 브레이크 포인트는 빨간색으로 표시되고, 브레이크가 걸린 상태는 파란색으로 표시된다.

디버깅할 프로그램이 열려있을 때는 스텝 런의 시작이 그 프로그램의 첫 라인이고, 프로그램이 열려 있지 않을 때는 프로젝트에 지정된 첫 번째 스캔 프로그램의 첫 라인부터 시작한다.

알아두기

디버깅 모드로의 전환은 PLC 모드가 스톱일 때에만 가능하다. PLC가 런 중인 경우에는 아래의 메시지가 나타난다.

그림 7.80

런 중 수정 후에는 디버깅이 되지 않으며, [메이크] 후에 프로그램을 다시 쓰고 난 이후 가능하다.

1. LD 디버깅

1) 브레이크 포인트

(1) 브레이크 포인트 설정

브레이크 포인터 설정은 프로그램의 특정 위치에 브레이크를 걸어 프로그램이 멈춘 후에 프로그램의 오류를 찾는 방법이다. 브레이크 포인터 설정방법은 다음과 같다.

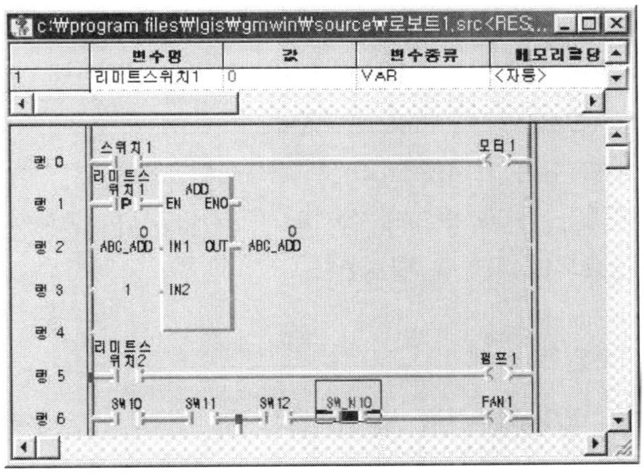

그림 7.81 브레이크 포인트 설정

① 메뉴의 [온라인]-[접속]을 선택한다.
② 메뉴의 [디버그]-[디버그 시작]을 선택한다.
③ 브레이크를 지정하고 싶은 위치로 커서를 옮긴다.
④ 메뉴의 [디버그]-[브레이크 포인트 설정/해제(Ctrl+F5)]를 선택한다.

(2) 브레이크 포인트 목록

브레이크 포인트 목록 대화상자에서는 현재 설정되어 있는 브레이크 포인트들을 한눈에 보고, 삭제할 수 있다. 브레이크 포인트는 프로젝트 단위로 저장된다. 즉 이전에 설정된 브레이크 포인트들은 그 프로젝트를 다시 불러 오면 그대로 설정된 상태가 된다. 여기서 브레이크 포인터를 삭제하면 프로그램에서 설정한 브레이크 포인트가 삭제된다. 브레이크 포인트 목록 불러오기 방법은 다음과 같다.

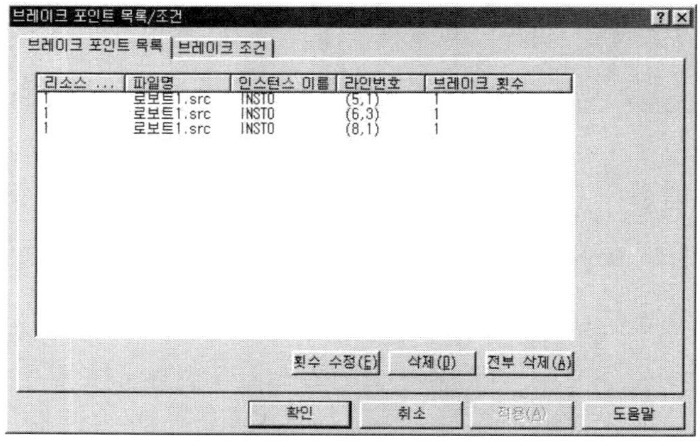

그림 7.82 브레이크 포인트 목록

① 메뉴의 [디버그]-[브레이크 포인트 목록 /조건]을 선택한다.

② [브레이크 포인터 목록] 탭을 선택한다.

③ 그림 7.82와 같은 브레이크 포인트 목록창이 나타나면 여기서 현재 설정된 모든 브레이크 포인트들을 볼 수 있으며, 삭제도 가능하다. 또한 브레이크 횟수도 수정할 수 있다.

④ 설정이 종료되면 [확인]을 클릭한다.

(3) 브레이크 포인트 삭제

삭제할 브레이크 포인트를 목록 상자에서 선택한 후 [삭제]를 클릭한다.

(4) 브레이크 포인트 전부 삭제

[전부 삭제]를 클릭한다.

(5) 브레이크 포인트 횟수 수정하기

브레이크 포인트를 설정한 곳을 지정한 횟수만큼 실행한 후 PLC가 정지한다. 브레이크 포인트 횟수를 수정하기 위해서는 먼저 횟수를 수정할 브레이크 포인트를 목록 상자에서 선택한 후 [횟수 수정]을 클릭한다. 그리고 아래와 같은 대화창이 나타나면 여기서 브레이크 회수를 원하는 브레이크 회수로 조정하고 [확인]을 클릭하면 된다.

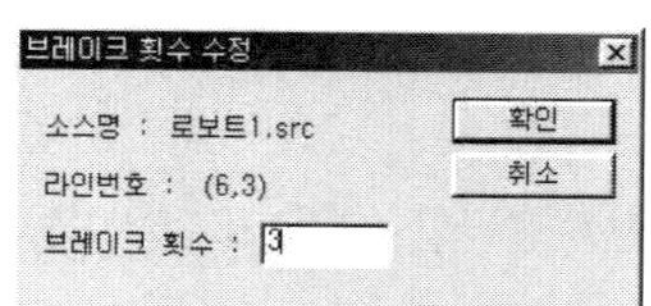

그림 7.83

2) 브레이크 조건 설정

브레이크 조건 설정 대화상자에서는 스캔 횟수에 따라, 또는 한 변수를 지정하고 그 변수의 상황에 따라 정지할 수 있는 브레이크 조건을 설정할 수 있다. 크레이크 조건 설정 방법은 다음과 같다.

① 메뉴의 [디버그]-[브레이크 포인트 목록/조건]을 선택한다.
② [브레이크 조건] 탭을 선택한다.

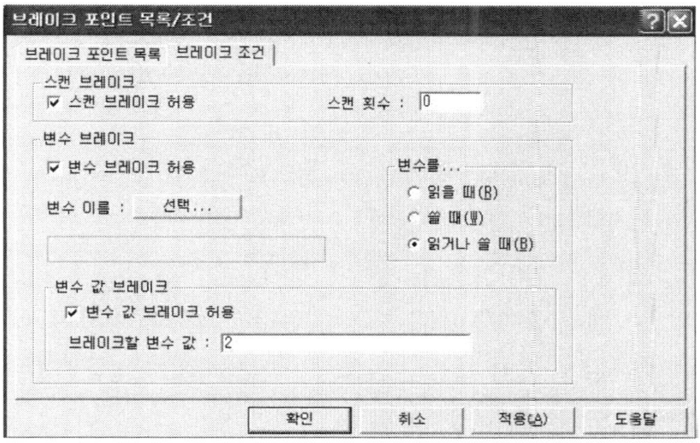

그림 7.84 브레이크 조건 설정

(1) 스캔 브레이크 설정

지정한 스캔 횟수만큼 PLC가 런(RUN)한 후 정지한다.

① 스캔 브레이크 허용 확인란을 선택한다.
② 스캔 횟수 란에 스캔 횟수를 입력한다.

(2) 변수 브레이크 설정

지정한 변수에 임의의 값을 쓰거나 읽으면 PLC가 정지한다.

① [변수 브레이크 허용]을 선택한다.
② [선택]을 클릭한다.
③ 변수 등록 대화상자에서 변수를 선택한 후 [확인]을 클릭한다.

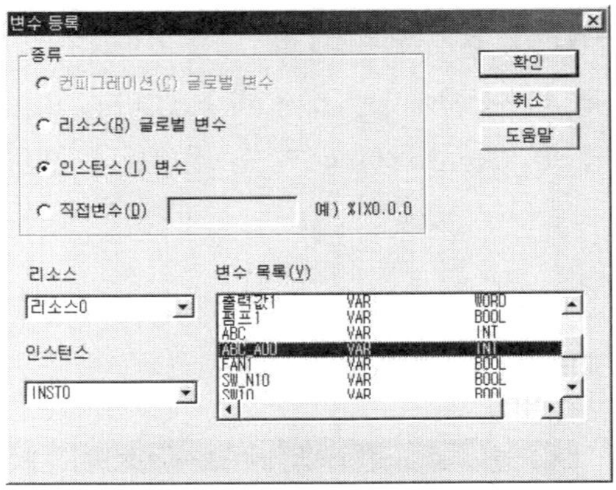

그림 7.85 변수 브레이크 설정

④ [변수를...]의 옵션 버튼 중 하나를 선택한다.

- 읽을 때 : 변수를 읽을 때 정지
- 쓸 때 : 변수에 임의의 값을 쓸 때 정지
- 읽거나 쓸 때 : 변수를 읽거나 임의의 값을 쓸 때 정지

만약 그 변수가 어떤 값에 이르렀을 때 정지하고 싶다면 [변수값 브레이크 허용] 확인란을 선택하고 그 입력란에 그 값을 입력한다.

3) 디버깅 실행

(1) 런

브레이크 포인트나 브레이크 조건 설정이 끝나면 브레이크 런을 통해 설정된 브레이크까지 프로그램을 진행시킬 수 있다.

① 메뉴 [디버그]-[런(Ctrl+F9)]을 선택한다.

② 브레이크 포인트가 잡힌 위치 좌 하단에는 빨간색 사각형이 표시되고 현재 브레이크가 걸린 위치 좌 상단에는 파란색 사각형이 표시된다.

③ 다시 메뉴 [디버그]-[런(Ctrl+F9)]을 선택하면 다음 브레이크 포인터나 조건을 만족하는 곳에서 브레이크가 걸린다.

- 그림 7.86에서 행 5에서 프로그램이 정지하면서 브레이크가 걸리고, 다시 [디버그]-[런(Ctrl+F9)]을 선택하면 위 프로그램의 행 8에서 프로그램이 정지하면서 브레이크가 걸린다.
- 행 6은 앞에서 브레이크 횟수를 3으로 지정하였으므로 세 번째 스캔에서 브레이크가 걸린다.

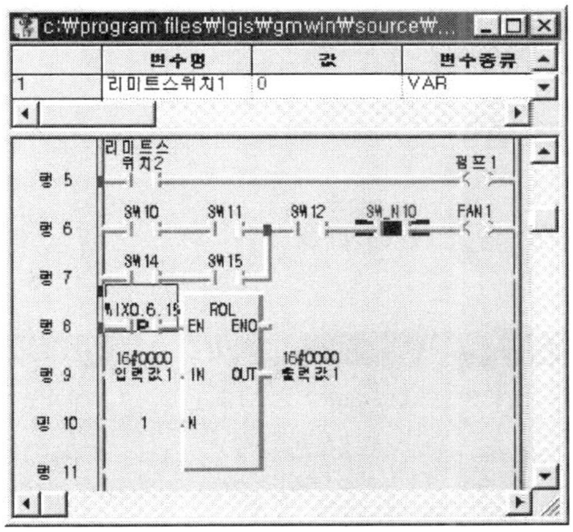

그림 7.86 디버깅 실행

(2) 커서위치까지 런

① 브레이크를 지정하고 싶은 위치로 커서를 옮긴다.

② 메뉴 [디버그]-[커서 위치까지 런(Ctrl+F2)]을 선택한다.

③ 이때 현재 커서가 위치한 곳에서 프로그램이 정지하면서 브레이크가 걸린다.

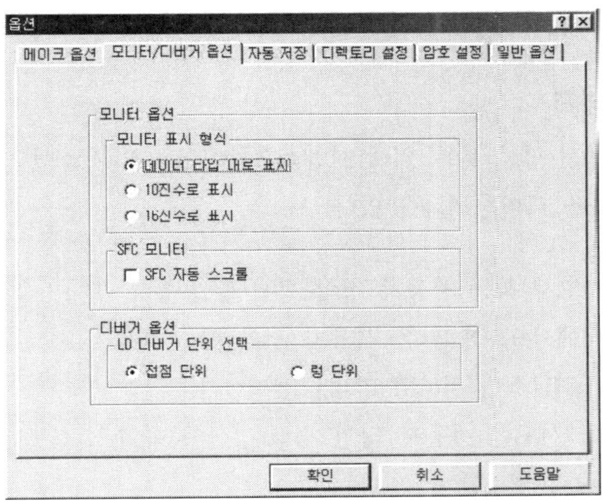

그림 7.87 디버그 옵션설정 대화상자

(3) 스텝 오버

LD 디버깅에서의 스텝 오버는 각 접점 단위 스텝 오버와 렁 단위 스텝 오버를 지원한다. 접점 단위로 설정 시에는 한 접점 또는 펑션, 펑션블록 마다 프로그램을 진행시키며 디버깅 할 수 있다. 렁 단위로 설정 시에는 프로그램을 렁 단위로 진행시키며 디버깅 한다.

① 먼저 프로젝트의 [옵션] 메뉴에서 [모니터/디버그 옵션] 대화상자를 선택한 후 디버그 옵션을 접점단위 또는 렁 단위로 선택한다.

② 메뉴 [디버그]-[스텝오버(Ctrl+F8)]를 선택한다.

브레이크 런에 보여진 프로그램에 대해 접점 단위 스텝 오버를 행하면 다음과 같이 된다.

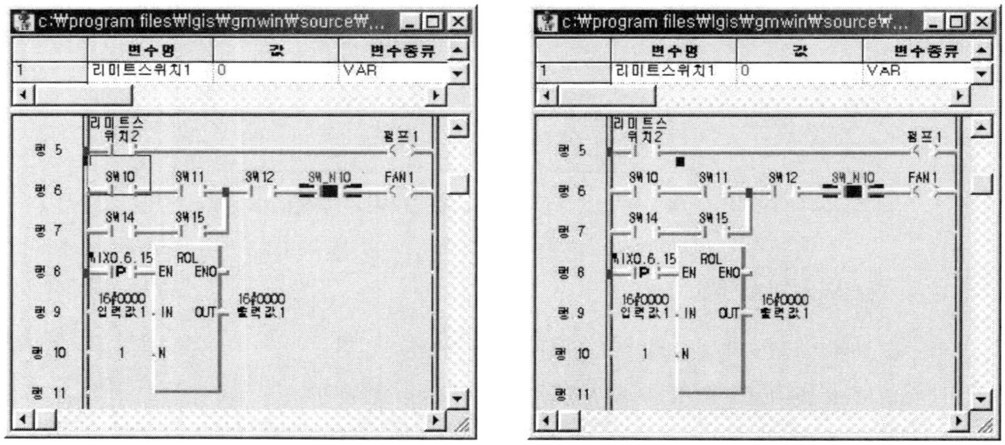

[실행 전] [실행 후]

그림 7.88 스텝오버 실행화면

(4) 스텝 인 실행

사용자 정의 펑션/펑션 블록 위에 브레이크가 걸린 경우 스텝 인 기능을 이용해 사용자 정의 펑션/펑션 블록을 디버깅 할 수 있다.

① 디버깅 하고자 하는 사용자 정의 펑션/펑션 블록 위까지 디버깅을 진행시킨다.
그림 7.88에서 HIDDEN은 사용자 정의 펑션이다.

② 메뉴 [디버그]-[스텝 인(Ctrl+F7)]을 선택한다.
스텝 인을 시도한 사용자 정의 펑션/펑션 블록의 소스프로그램이 존재하면 이 프로그램을 모니터/디버깅 할 수 있다.

(5) 스텝 아웃 실행

디버깅 중인 사용자 정의 펑션/펑션 블록에서 일반 프로그램으로 되돌아가려면 [디버그]-[스텝 아웃]을 사용하면 된다.

① 메뉴 [디버그]-[스텝아웃]을 선택한다.

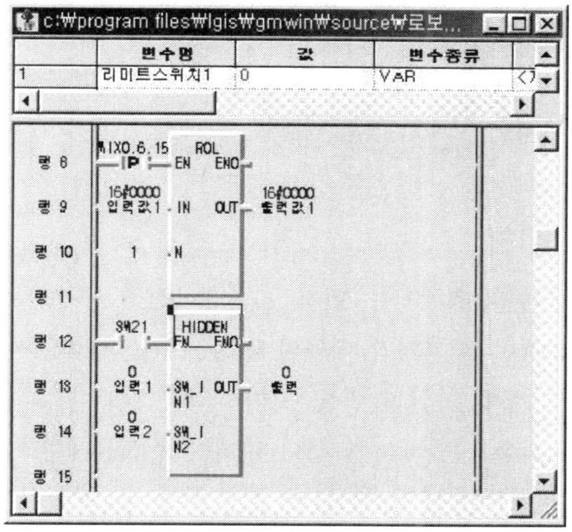

그림 7.89 스텝인 실행화면

4) 태스크 수행 설정

태스크로 지정된 프로그램 인스턴스가 있는 경우의 디버그 시, 한 스텝씩 진행 하다가 런을 할 경우 다른 태스크로의 전환을 가능 또는 불가능하게 할 수 있다.

① 메뉴 [디버그]-[태스크 수행 설정]을 선택한다.

② 태스크 목록 목록상자에서 허용/금지할 태스크를 선택한다.

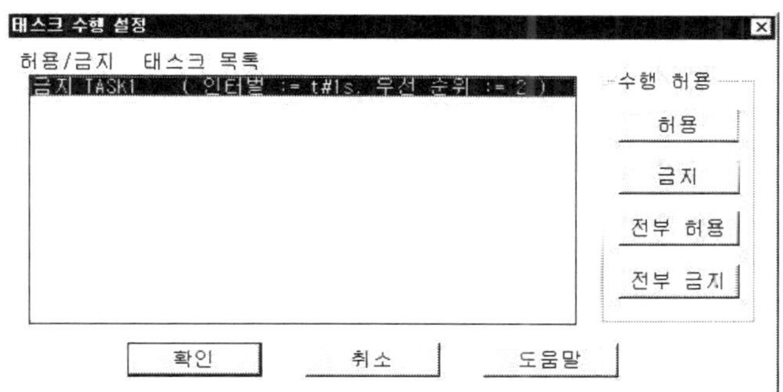

그림 7.90 태스크 수행설정

③ [허용]/[금지]를 클릭한다.

④ 전부를 허용/금지할 때에는 [전부 허용]/[전부 금지]를 클릭한다.

⑤ [확인]을 클릭한다.

7.11 시뮬레이터

시뮬레이터는 PLC와 직접 접속하지 않고 컴퓨터에서 PLC를 운전하는 것 같은 기능을 수행하여 GMWIN으로 작성한 프로그램을 검증할 수 있는 기능이다.

1. 시뮬레이션 시작

시뮬레이터를 사용하기 위해서는 먼저 시뮬레이션을 수행할 프로그램이 작성되어 있어야 한다. 실행할 프로그램이 작성되면 메뉴의 [도구]-[시뮬레이터 시작]을 선택하여 시뮬레이터를 활성화 시킨다. 이때 실행 파일이 만들어지면, 확인창이 나타나고 여기서 [확인]을 클릭한다. 그러면 그림 7.92와 같은 시뮬레이션 창이 나타나고 시뮬레이터가 시작된다.

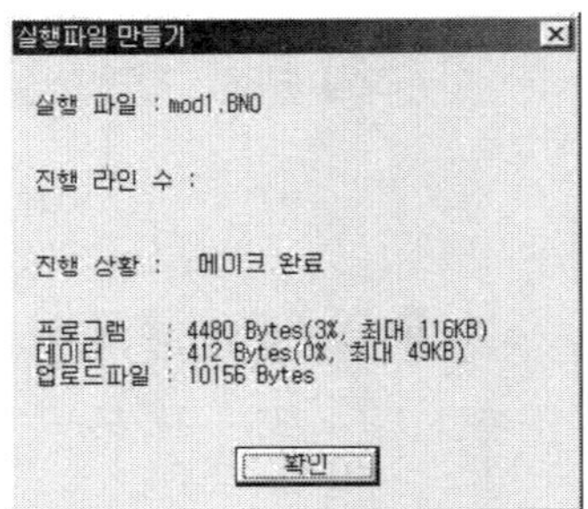

그림 7.91

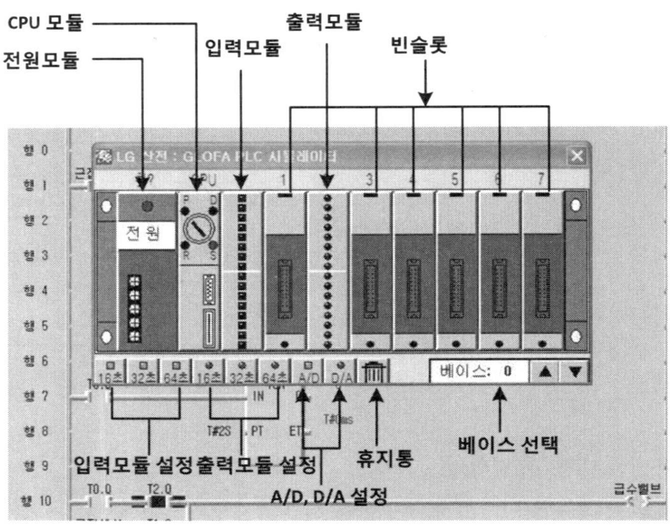

그림 7.92 시뮬레이션 화면

2. 모듈의 장착과 제거

프로그램 작성시 사용된 입출력 변수, 직접 변수가 있으면 시뮬레이션 시작 시 해당 베이스/슬롯에 자동으로 장착된다. 사용자가 시뮬레이션 상태에서 새로운 모듈을 장착할 수 있는데, 모듈의 장착과 제거는 CPU 모듈이 Stop 모드일 때만 가능하다.

데이터 타입	16점	32점	64점
X	0 ~ 15	16 ~ 31	32 ~ 63
B	0 ~ 1	2 ~ 3	4 ~ 7
W	0	1	2 ~ 3
D	X	0	1
L	X	X	0

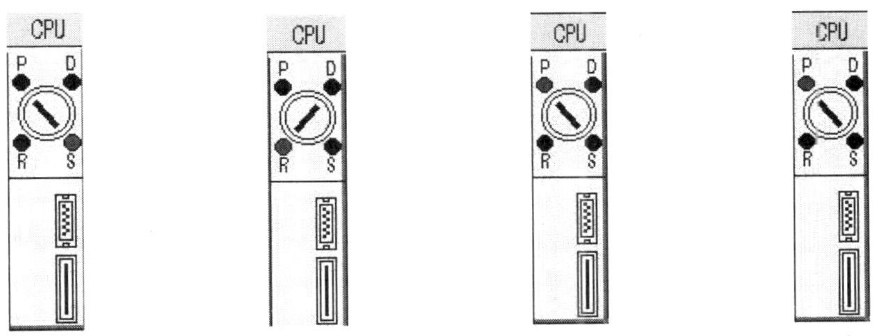

STOP 모드 RUN 모드 디버그 모드 일시 정지 모드

그림 7.93

(1) 모듈의 장착

시뮬레이터에서 모듈의 장착은 베이스를 설정한 후, 원하는 입출력 (A/D, D/A) 아이콘을 마우스를 이용하여 선택하여 해당 슬롯 위치에 놓으면 된다. 입력, A/D 모듈은 사각으로 표시(On : 녹색, Off : 검정색) 되고, 출력, D/A모듈은 원으로 표시(On : 적색 , Off : 검정색) 된다.

(2) 모듈의 제거

제거하려는 슬롯의 모듈을 마우스를 이용하여 드래그 하여 휴지통에 버리면 된다.

3. 시뮬레이션

(1) 입출력 모듈 시뮬레이션

입출력 접점의 On/Off 는 해당하는 접점을 직접 클릭함으로써 실행할 수 있다. 그림 7.94는 해당 접점의 클릭 전의 모습을 보여주며, 그림 7.95는 시뮬레이터에서 첫 번째 슬롯의 첫 번째 접점을 클릭했을 때 실행된 화면이다.

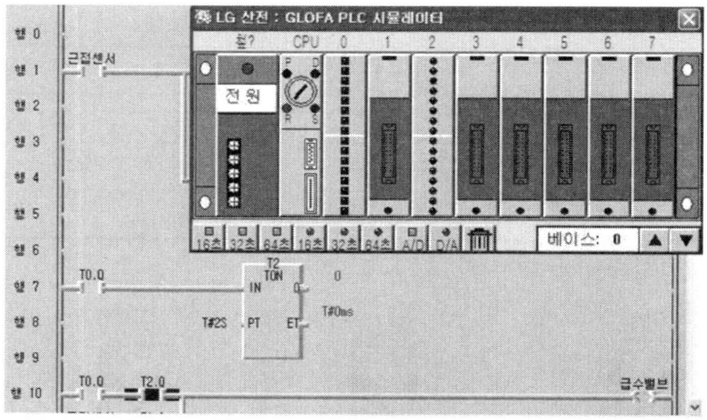

그림 7.94 입출력 모듈 시뮬레이션(접점 클릭 전)

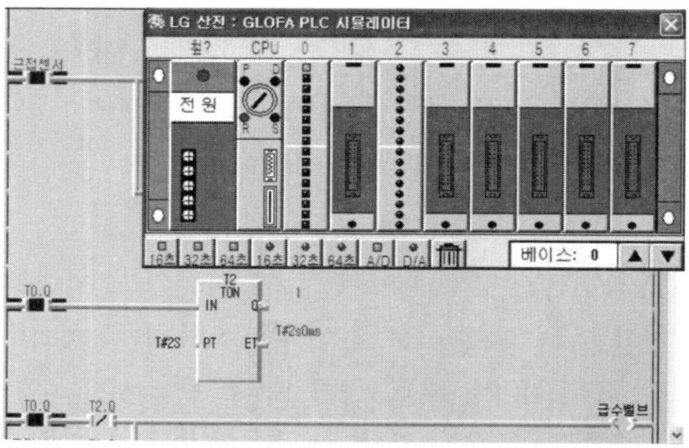

그림 7.95 입출력 모듈 시뮬레이션(접점 클릭 후)

4. 전원 시뮬레이션

시뮬레이터가 시작되면 전원은 On 상태가 된다. 여기서 전원 램프를 클릭하면 전원이 Off 되었다가 On 된다. 이것은 실제로 PLC 전원이 Off 되었다가 On 된 상태로 간주되며, 이때 핫 리스타트로 정의된 프로그램이 있는 경우에는 그 프로그램을 실행한다. 전원 시뮬레이션은 Run 모드에서만 가능하다.

5. A/D, D/A 시뮬레이션

GLOFA PLC 시뮬레이터에서 지원 가능한 특수 모듈은 A/D, D/A 두 종류이다.

1) A/D 모듈과 D/A 모듈

(1) 아날로그 종류

A/D 입력원(±5V, ±10V, ±20 mA, 4~20 mA), 출력원(±5V, ±10V, 4~20 mA)의 종류를 표시한다.

(2) 입력란

A/D 아날로그 값, D/A 디지털 값을 입력하는 곳이다.

(3) 실행 버튼

입력된 값을 변환하기 위한 실행 명령 버튼이다.

(4) 변환 값 표시란

변환된 아날로그, 디지털 값이 표시되는 것이다.

(5) 채널

선택된 채널이 표시된다.

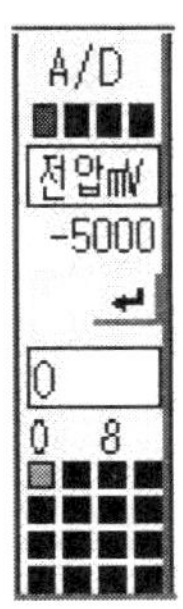

A/D 모듈

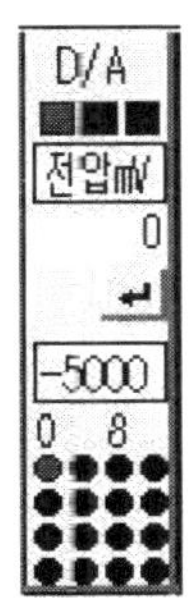

D/A 모듈

그림 7.96 A/D, D/A 시뮬레이션 화면

- A/D, D/A 시뮬레이션은 기본적으로 프로그램 상에서 편집한 A/D, D/A 초기화 펑션블록(AD□INI/DA□INI)에서 설정한 값 중 베이스(Base), 슬롯(Slot), 채널(CH), 데이터 타입(Data type)은 유효하며, 기타 항목은 무시된다.

- 프로그램에서 사용하지 않은 베이스와 슬롯에 A/D, D/A 모듈을 장착한 경우에는 베이스와 슬롯은 해당 영역에서 유효하지만, 데이터 타입은 모두 0, 즉 DT=0으로 0 ~ 16000까지의 출력 형식, 채널은 모든 채널을 사용하는 것으로 하여 시뮬레이션 한다.
- 아날로그 종류의 변경은 Stop 모드에서만 가능하며, 현재 선택된 채널이 변경한 아날로그 종류의 채널로 속성이 변경된다.
- 채널의 변경은 모든 모드에서 가능하며, 바뀐 채널의 변환 값이 표시된다.
- A/D의 경우 각각의 채널에 따라 아날로그 종류를 따로 설정할 수 있으며, 채널이 바뀌면 그 채널에 맞게 아날로그 종류도 바꾸어 표시된다.
- D/A의 경우에는 모든 채널에 대하여 하나의 아날로그 종류로만 가능하다. 채널별로 아날로그 종류를 설정할 수 없다.
- A/D 모듈의 아날로그 값 입력 단위는 전압 : ㎷, 전류 : ㎂이며, 입력란에 입력되는 값은 아날로그 값이며 그 값이 현재의 아날로그 종류의 범위를 벗어날 수 없다. 상하한 값을 넘는 경우는 상하한 값을 취한다.

  예) 아날로그 종류가 ±5V (DT=0)인 상태에서 아날로그 값 .6000이 입력되면, .5000으로 간주하여 변환된 디지털 값은 0이 표시된다.
- D/A 모듈의 디지털 값 입력 범위는 데이터 타입(DT)에 의해 결정된다.

  (DT=0 : 0 ~ 16000, DT=1 : -8000 ~ -8000)
- 입력란에 입력되는 값은 디지털 값이며, DT에 따른 벗어나지 못하며 상하한 값을 넘는 경우는 상하한 값을 취한다.

  예) 아날로그 종류가 ±5V (DT=0)인 상태에서 디지털 값 17000이 입력되면, 16000으로 간주하여 변환된 아날로그 값은 5000이 표시된다.
- A/D(D/A) 모듈 시뮬레이션 순서는 아래와 같다.

① A/D(D/A)모듈 장착한다.(Stop 모드)

② 아날로그 종류를 선택한다.(Stop 모드)

③ CPU의 모드를 Run으로 바꾼다.

④ 변환하려는 채널을 선택한다.

⑤ 아날로그(디지털) 값을 입력 범위를 넘지 않는 범위에서 입력한다.

⑥ 실행 버튼을 눌러 변환 명령을 준다.

⑦ 데이터 타입에 따라 디지털(아날로그) 값이 표시되는지 확인하고, GMWIN 화면에서 프로그램이 정상적으로 수행되는지를 확인한다.

6. GMWIN 온라인 메뉴를 통한 기능

(1) 모니터

시뮬레이터 실행 중 모니터가 가능한 것은 프로그램, 변수이다.

(2) 강제 I/O 설정

강제 ON/OFF 기능을 수행한다.

(3) 데이터 클리어

시뮬레이터의 CPU 모드가 Stop 상태에서만 가능하며, 현재 모든 데이터 값을 0으로 클리어 하는 기능이다.

(4) 리셋

시뮬레이터 실행 중 리셋과 OVERALL 리셋이 가능하다.

(5) 모드 전환

GMWIN의 온라인-모드 전환에서 시뮬레이터의 CPU 모드 변경이 가능하다.
시뮬레이터에서 CPU 모듈의 각 모드를 클릭함으로써 모드 전환이 가능하다.
Stop → 일시 정지 모드로의 변환은 불가능하다.

7. 디버그

시뮬레이터 CPU 모듈의 디버그(D)를 클릭하면 디버그 기능이 수행된다. 시뮬레이터에서 제공되는 디버그 기능은 GMWIN에서의 기능과 동일하지만 변수 값 브레이크는 불가능하다. 그리고 각 모드에서 디버그 모드로 변환시 현재 값을 그대로 유지한다.

8. 시뮬레이션 끝

GMWIN의 [도구]-[시뮬레이터 정지]를 클릭하면 시뮬레이터가 종료된다.

7.12 문서 작성

1. 참고 데이터 만들기

1) 직접 변수 설명문

직접변수에 대한 설명문 작성방법은 다음과 같다.

(1) 변수 입력 창에서 직접변수 설명문 입력

① 프로그램에서 변수 입력 시 직접변수 설명문을 직접 입력한다.

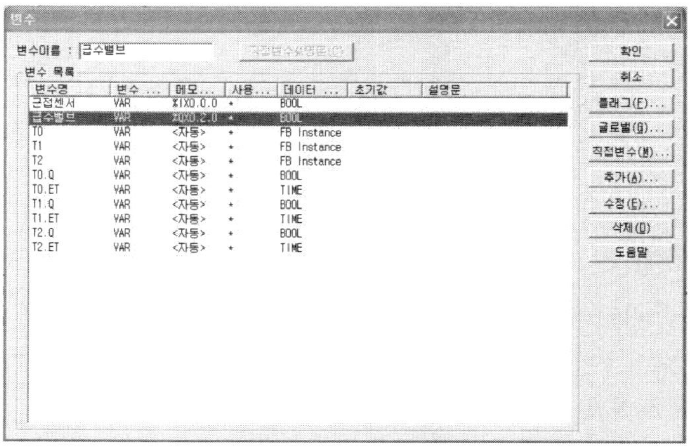

그림 7.97 참고 데이터 생성-1

② 변수 이름 입력란에 직접변수를 입력하면 직접변수 설명문 버튼이 활성화된다.

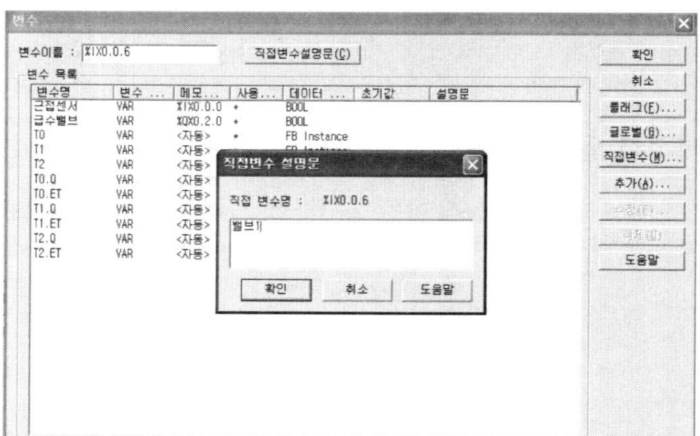

그림 7.98 참고 데이터 생성-2

③ [직접 변수 설명문]을 클릭하면 직접변수 입력 창이 열린다.

④ 직접변수 설명문을 입력한 후 확인을 클릭하면 직접변수 설명문이 입력된다.

⑤ 변수창의 [직접변수]를 클릭하면 입력된 직접변수 설명문을 확인할 수 있다.

(2) 프로젝트 창에서의 직접변수 입력

프로젝트 창에서 직접변수 설명문을 입력하고 편집할 수 있다.

① 프로젝트 창 내의 목록 중 직접 변수 설명문을 선택한다.

그림 7.99

② 더블클릭 하거나 팝업메뉴의 [등록 정보]를 선택한다.

③ 주소 입력란에 입력하고자 하는 직접변수를 입력한다.
그림 7.100과 같이 M0라고 입력 후 [확인]을 선택하면 해당 주소로 이동이 된다.

④ 이미 작성한 설명문을 보려면 [전체보기]를 선택하면 된다.

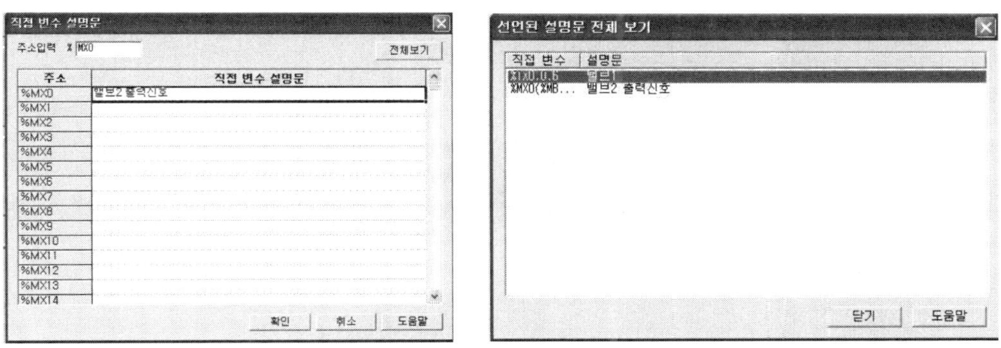

그림 7.100 참고 데이터 생성-3

(3) 입력된 직접변수 설명문의 편집

- 복사 : 복사하고자 하는 직접변수 설명문을 선택 후 마우스의 오른쪽을 클릭하면, 팝업 메뉴가 나타난다. 여기서 복사를 선택 후 붙여 넣고자 하는 곳에서 붙여넣기를 선택한다.

또한 엑셀에서와 같이 Ctrl+C/ Ctrl+V로 복사와 붙여넣기가 가능하다. 그리고 설명문의 끝에 숫자가 들어가 있는 경우 그림 7.101에서처럼 드래그 하게 되면 숫자가 하나씩 증가되어 표시된다.

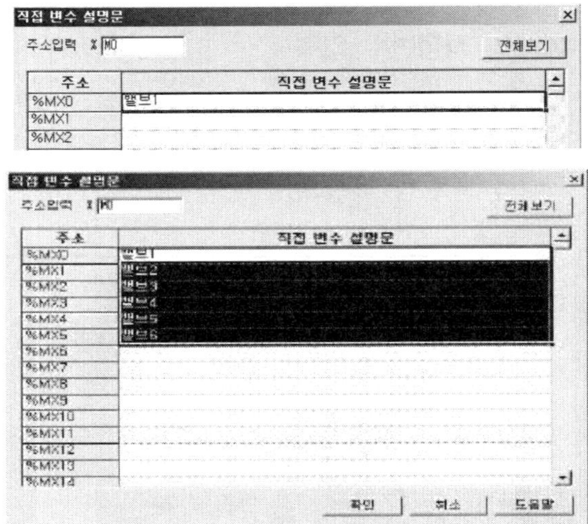

그림 7.101 참고 데이터 생성-4

(4) 엑셀과의 호환

엑셀에서의 기능을 이용하고자 하는 경우 직접변수 설명문 창에서 복사하여 엑셀에서 붙여 넣기 후 작업이 가능하고, 그 반대도 가능하다.

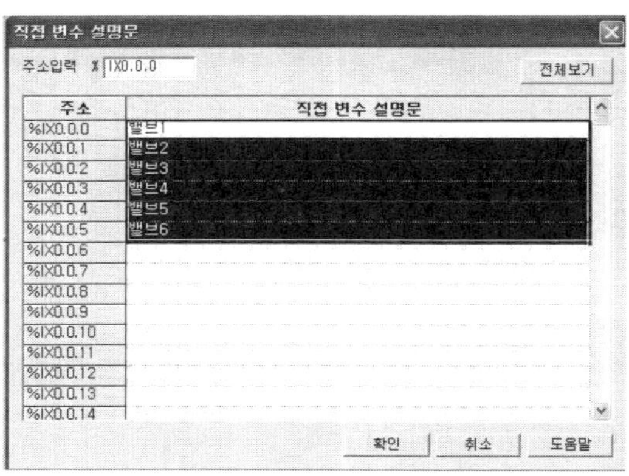

[복사]

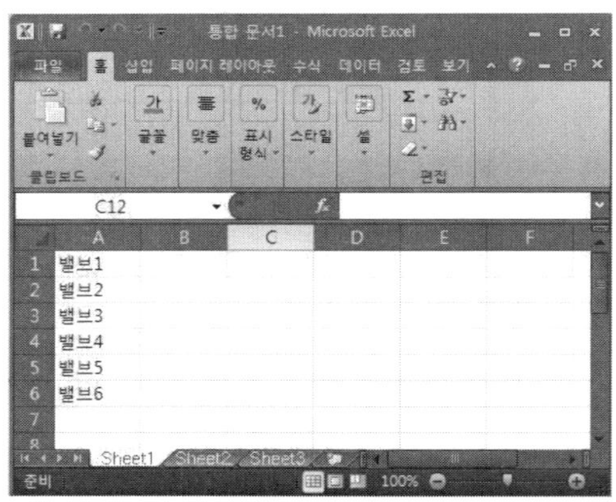

[붙여넣기]

그림 7.102 참고 데이터 생성-5

2) 메모리 참조

이 기능은 프로젝트에 속해 있는 프로그램에서 사용한 직접변수와 글로벌변수의 위치 및 사용 여부를 변수 창을 통해 볼 수 있는 기능이다.

(1) 직/간접변수, 글로벌 변수 위치 보기

① 메뉴 [컴파일]-[메모리 참조]를 선택하면 그림 7.103과 같이 메모리 참조창이 열린다. 이 창에서는 메모리가 할당된 직/간접 변수의 위치를 보여 주며, 결과 창에 사용된 프로그램명과 [행, 열]을 볼 수 있다. 그리고 더블클릭 시 해당 변수 위치로 이동한다.

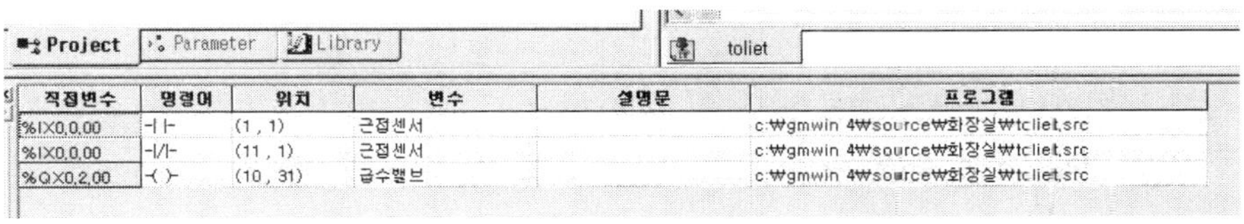

그림 7.103 메모리 참조 창

(2) 직접변수/글로벌변수 위치 인쇄하기

메뉴의 [프로젝트]-[인쇄]를 선택하면 그림 7.108의 인쇄 대화상자가 나타나고 여기서 메모리 참조를 선택하면 인쇄가 가능하다.

3) I/O 사용 상태

(1) 직접 변수 사용 상태 테이블 만들기

이 기능은 프로젝트에 속해 있는 프로그램에서 사용한 직접 변수를 테이블을 통해 직접 볼 수 있도록 해 준다. 직접변수 사용 상태 테이블을 만들기 위해서는 먼저 메뉴의 [컴파일]-[I/O 사용상태]를 선택한다. 그러면 그림 7.104와 같은 직접변수 사용 상태 테이블 화면이 나타나는데, 이 결과 창에서 사용된 I/O 상태를 볼 수 있다. 상단의 0~15는 몇 번째 비트인가를 나타낸다. 그리고 각 칸의 숫자는 해당 비트가 몇 개 사용되었는가를 나타낸다. 예를 들어 그림 7.104에서 %IW1.0.1의 14번 비트 14는 4개가 사용되고 있음을 나타낸다.

그림 7.104 직접변수 사용상태 테이블 화면

(2) 직접 변수 사용 상태 인쇄하기

메뉴의 [프로젝트]-[인쇄]에서 I/O 상태를 선택하면 인쇄가 가능하다.

2. 프로젝트 파일 보관하기

사용자가 프로젝트를 보관하거나 전달할 경우 아래의 세 가지 파일을 모두 저장하여야 한다.

① 프로젝트 파일
② 프로젝트 내에 포함된 모든 프로그램 파일
③ 프로젝트 내에서 사용된 모든 사용자 프로그램 파일

그러나 각각의 파일을 보관할 경우 프로그램이나 사용자 프로그램 중 일부가 빠질 경우가 있기 때문에 하나의 프로젝트 묶음 파일로 보관하는 것이 좋다. 이 프로젝트 묶음 파일에는 위 세 가지 파일이 모두 묶이기 때문에 보관이 용이하다.

1) 프로젝트 묶음 만들기

이 기능은 파일들을 하나의 파일로 묶는 기능이다. 프로젝트 묶음 만들기는 메뉴의 [프로젝트]-[프로젝트 묶음 만들기(E)]를 선택하면 된다. 이때 만들어진 묶음 파일은 [프로젝트]-[옵션]에서 지정한 소스경로에 저장된다.

그림 7.105

2) 프로젝트 묶음 열기

프로젝트 묶음 열기는 프로젝트 묶음 만들기를 통해 만들어진 파일(프로젝트명. MUK)을 원래의 프로젝트와 프로그램으로 묶음을 해제하는 기능이다.

메뉴의 [프로젝트]-[프로젝트 묶음 열기(I)]를 선택하고, 원하는 묶음파일(프로젝트명.MUK)을 선택한 후 [열기]를 클릭한다.

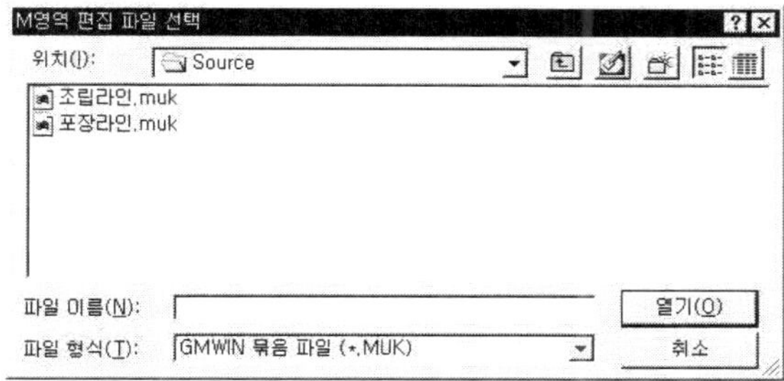

그림 7.106 프로젝트 묶음 열기

3. 인쇄하기

1) 미리보기

인쇄될 내용을 미리 보여주는 기능이다.

① 인쇄할 프로그램을 활성화시킨 후 메뉴 [프로젝트]-[미리보기]를 선택한다.
② 미리보기 대화상자의 여러 페이지/한 페이지에서는 여러 페이지(세로 최대 3장)를 한 화면에 동시에 보여줄 것인가 또는 한 페이지씩 보여줄 것인가를 결정한다.

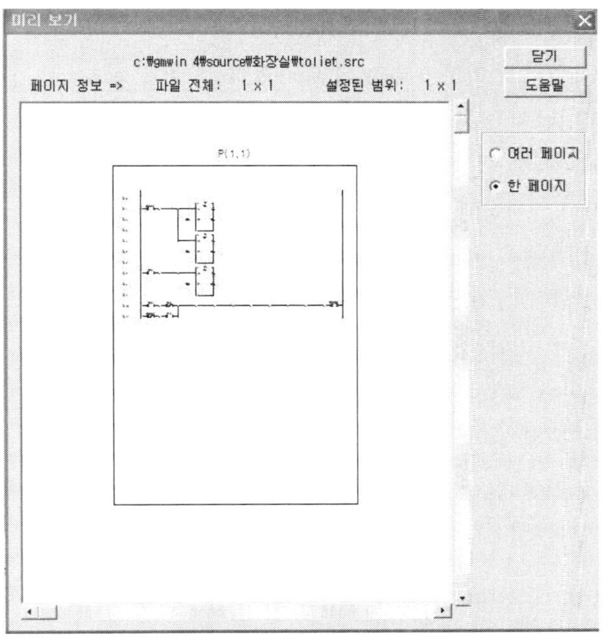

그림 7.107 미리보기 대화상자

2) 프로젝트 인쇄하기

① 메뉴 [프로젝트]-[인쇄]를 선택하여 인쇄 옵션 대화상자를 부른다.

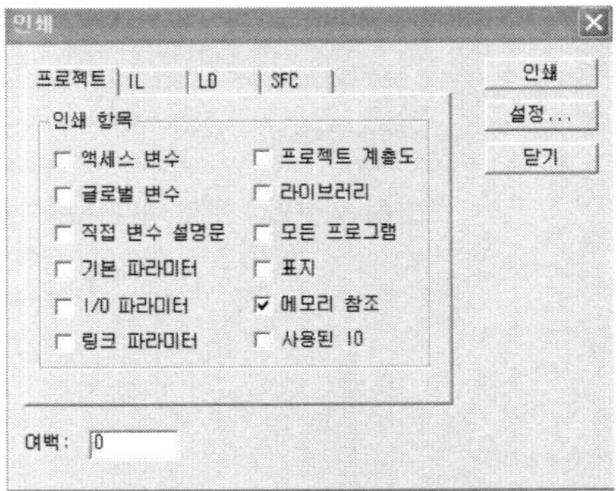

그림 7.108 인쇄하기 대화상자-1

② 프로젝트 인쇄 옵션 대화상자에서 인쇄할 항목을 선택한다.

- 프로젝트 계층도 : 프로젝트 창에서 보이는 계층도를 인쇄
- 프로젝트 내용 : 프로젝트 계층도 내의 세부 내용을 인쇄(액세스 변수, 태스크 정의, 직접변수 설명문 등이 여기에 포함된다.)
- 기본 파라미터 : 기본 파라미터의 내용을 인쇄
- I/O 파라미터 : I/O 파라미터의 내용을 인쇄
- 링크 파라미터 : 링크 파라미터의 내용을 인쇄
- 라이브러리 : 사용된 라이브러리의 내용을 인쇄
- 모든 프로그램 : 프로젝트 내의 모든 프로그램을 인쇄
- 표지 : 인쇄 내용을 문서화할 경우 필요한 표지를 인쇄
- 메모리 참조 : 직접변수/글로벌 변수의 위치 정보를 인쇄
- 사용된 I/O : 프로젝트에서 사용한 I/O 테이블을 인쇄
- 프로젝트 인쇄 옵션 대화상자의 설정은 프린터를 설정하는 기능
- 프로젝트 인쇄 옵션 대화상자의 여백 그룹상자에서는 인쇄할 내용물의 좌측 여백을 mm 단위로 입력

3) LD 프로그램 인쇄하기

① [메뉴]-[프로그램 인쇄]를 선택해 인쇄 대화상자를 부른다.

② LD 인쇄 옵션 대화상자의 범위 그룹상자에서 인쇄할 내용을 선택한다.
(프로그램인 경우 인쇄할 범위를 선택한다.)

③ LD 인쇄 옵션 대화상자의 확대/축소에서는 인쇄할 내용물의 확대/축소 비율을 입력한다.

④ LD 인쇄 옵션 대화상자의 여백 그룹상자에서는 인쇄할 내용물의 좌측 여백을 mm 단위로 입력한다.

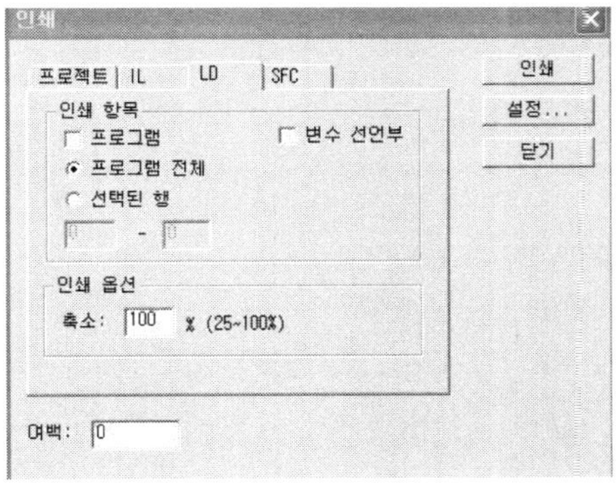

그림 7.109 인쇄하기 대화상자-2

MEMO

chapter 8

GMWIN 명령어 종류 및 프로그래밍

GMWIN은 일반 접점, 코일, 타이머, 연산자 등 기본 명령어뿐만 아니라 시퀀스 프로그래밍에 필요한 다양한 명령어를 제공하고 있다. 하지만 모두 설명하기에는 그 양이 너무 많으므로 여기서는 가장 기본적인 명령어들만 소개한다. 만약 보다 다양하고 상세한 명령어를 공부하기 원한다면 제작회사의 GMWIN 명령어 매뉴얼을 참고하기 바란다.

8.1 시퀀스 연산자

시퀀스 연산자에는 접점, 코일, 점프 등이 있다.

1. 접점

기호	동작설명
	정적접점
	A 접점(Normally Open Contact) BOOL 변수("***"로 표시된 것)의 상태가 ON일 때 왼쪽의 연결선 상태가 오른쪽 연결선으로 전달된다. 그렇지 않을 경우에는 왼쪽의 연결선 상태가 오른쪽으로 전달되지 않는다.
	B 접점(Normally Closed Contact) BOOL 변수("***"로 표시된 것)의 상태가 Off일 때 왼쪽의 연결선 상태가 오른쪽의 연결선으로 전달된다. 그렇지 않을 경우에는 왼쪽의 연결선 상태가 오른쪽으로 전달되지 않는다.
	상태변환 검출접점
	양 변환 검출 접점(Positive Transition-Sensing Contact) BOOL 변수("***"로 표시된 것)의 값이 전 스캔에서 Off 였던 것이 현재 스캔에서 On으로 되고, 왼쪽 연결선 상태가 On 되어 있는 경우에 한해서 오른쪽의 연결선 상태는 현재 스캔 동안에 On 된다.
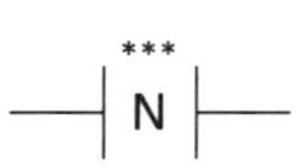	음 변환 검출 접점(Negative Transition-Sensing Contact) BOOL 변수("***"로 표시된 것)의 값이 전 스캔에서 On 이었던 것이 현재 스캔에서 Off 되고 왼쪽 연결선 상태가 On 되어 있는 경우에 한해서 오른쪽의 연결선 상태는 현재 스캔 동안에 On 된다.

2. 코일

기호	동작설명
임시코일(Momentary Coils)	
*** —( )—	코일(Coil) 왼쪽에 있는 연결선의 상태를 관련된 BOOL 변수("***"로 표시된 것)에 넣는다.
*** —(/)—	역 코일(Negated Coil) 왼쪽에 있는 연결선 상태의 역(Negated)값을 관련된 BOOL 변수("***'로 표시된 것)에 넣는다. 즉, 왼쪽 연결선 상태 Off 이면 관련된 변수를 On 시키고, 왼쪽 연결선 상태가 On 이면 관련된 변수를 Off 시킨다.
래치코일(Latched Coils)	
*** —(S)—	Set(Latch) Coil 왼쪽의 연결선 상태가 On이 되었을 때에는 관련된 BOOL 변수("***"로 표시된 것)는 On이 되고 Reset 코일에 의해 Off 되기 전까지는 On 되어 있는 상태로 유지된다.
*** —(R)—	Reset(Unlatch) Coil 왼쪽의 연결선 상태가 On이 되었을 때에는 관련된 BOOL 변수("***"로 표시된 것)는 Off 되고 Set 코일에 의해 On 되기 전까지는 Off 되어 있는 상태로 유지된다.
상태 변환 검출 코일(Transition-Sensing Coils)	
*** —(P)—	양 변환 검출 코일(Positive Transition-Sensing Coil) 왼쪽 연결선 상태가 바로 전 스캔에서 Off 였던 것이 현재 스캔에서 On이 되어 있는 경우에 관련된 BOOL 변수("***"로 표시된 것)의 값은 현재 스캔 동안만 On 된다.
*** —(N)—	음 변환 검출 코일(Negative Transition-Sensing Coil) 왼쪽 연결선 상태가 바로 전 스캔에서 On 이었던 것이 현재 스캔에서 Off 되어 있는 경우에 관련된 BOOL 변수("***"로 표시된 것)의 값은 현재 스캔 동안만 On 된다.

**코일은 화면의 가장 오른쪽에 표현된다.

8.2 기본 펑션

펑션은 입력에 대한 연산 결과를 1 스캔에 즉시 출력하며, 펑션은 하나의 출력을 가진다. 기본 펑션으로는 전송 펑션, 형변환 펑션, 비교펑션, 산술 논리 펑션, 논리연산 펑션, 비트 시프트 펑션 등이 있다. 전송 펑션(MOVE)의 IN, OUT 변수는 모든 데이터 형이 지정될 수 있으나 반드시 입출력의 데이터 형이 동일한 데이터 형을 유지하여야 한다. 산술 연산 펑션(ADD, MUL 등)의 IN1, (IN2), OUT 변수는 수치(ANY_NUM) 데이터 형만이 지정될 수 있으며 또한 모두 같은 데이터 형이어야 한다. 논리 연산 펑션(AND, OR 등)의 IN1, (IN2), OUT 변수는 비트 상태(ANY_BIT) 데이터 형만이 지정될 수 있으며, 또한 모두 같은 데이터 형이어야 한다. 형 변환 펑션(INT_TO_BCD, BCD_TO_INT 등)의 IN, OUT 변수는 지정된 데이터 형에 의해 고정되어 있다. 그리고 모든 펑션은 라이브러리에 포함하여 사용된다.

1. 전송펑션

펑션이름	기능
MOVE	데이터 전송(IN → OUT)
ARY_MOVE	배열변수 부분전송

1) MOVE

(1) 기능

IN의 값을 복사하여 OUT으로 전송한다.

펑션	기능	
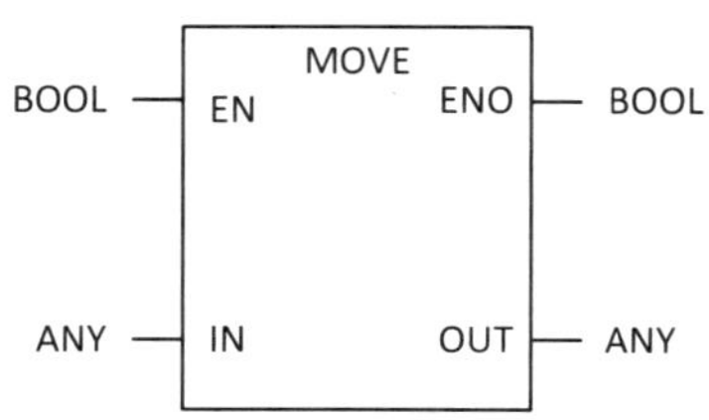	입력	EN : 1일 때 펑션 실행 IN : 전송할 값
	출력	ENO : EN 값이 그대로 출력 OUT : 전송된 값
	IN, OUT은 모두 동일한 데이터 형이어야 한다.	

(2) 프로그램 예

실행 조건이 ON 되면 MOVE 펑션이 실행 '스위치_상태' %IX0.0.0 ~ %IX0.0.7의 ON/OFF 정보가 복사되어 'LED_상태' %QX0.3.8 ~ %QX0.3.15로 전송된다.

	변수 명	데이터 타입	메모리 할당
1	스위치상태	BYTE	%IB0.0.0
2	시작	BOOL	%IX0.1.0
3	출력상태	BYTE	%QB0.3.1

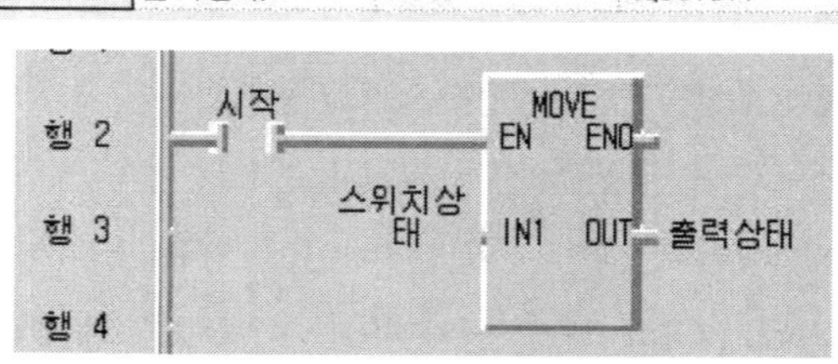

2. 형(Type) 변환 펑션

펑션그룹	펑션이름	입력 데이터 타입	출력 데이터 타입
BCD_TO_***	BCD_TO_SINT	BYTE(BCD)	SINT
	BCD_TO_INT	WORD(BCD)	INT
	BCD_TO_DINT	DWORD(BCD)	DINT
	BCD_TO_USINT	BYTE(BCD)	USINT
	BCD_TO_UINT	WORD(BCD)	UINT
	BCD_TO_UDINT	DWORD(BCD)	UDINT
INT_TO_***	INT_TO_SINT	INT	SINT
	INT_TO_DINT	INT	DINT
	INT_TO_USINT	INT	USINT
	INT_TO_UINT	INT	UINT
	INT_TO_UDINT	INT	UDINT
	INT_TO_BOOL	INT	BOOL
	INT_TO_BYTE	INT	BYTE
	INT_TO_WORD	INT	WORD
	INT_TO_DWORD	INT	DWORD
	INT_TO_BCD	INT	BCD

1) BCD_TO_***

(1) 기능

IN 형을 변환하여 OUT으로 출력한다.

펑션	기능	
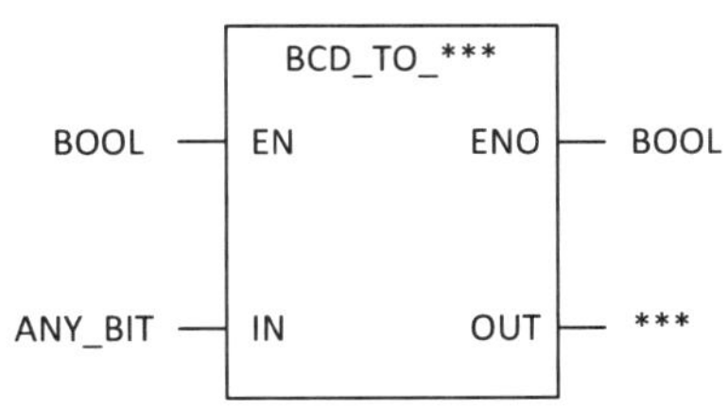	입력	EN : 1일 때 펑션 실행 IN : BCD 현재의 데이터를 가지고 있는 ANY_BIT 입력값
	출력	ENO : EN 값이 그대로 출력 OUT : 형 변환된 데이터

펑션	입력형	출력형	동작설명
BCD_TO_SINT	BYTE	SINT	입력이 BCD값일 경우에만 정상 변환된다.(입력 데이터 형이 WORD일 경우 0 ~ 16#9999값만 정상 변환된다.)
BCD_TO_INT	WORD	INT	
BCD_TO_DINT	DWORD	DINT	
BCD_TO_USINT	BYTE	USINT	
BCD_TO_UINT	WORD	UINT	
BCD_TOUDINT	DWORD	UDINT	

* 에러 : IN이 BCD 형태의 데이터가 아닌 경우, 출력은 0이 되고 _ERR(연산 에러 플래그), _LER(연산 에러 래치 플래그)이 ON 된다.

(2) 프로그램 예

디지털 스위치0을 이용하여 BCD값 7777(16)을 입력하고 스위치0을 ON 하면 BCD 값이 정수로 변환되어 정수값에 저장된다.

	변수 명	데이터 타입	메모리 할당
1	스위치1	BOOL	%IX0.1.1
2	스위치상태	WORD	%IW0.0.0
3	시작	BOOL	%IX0.1.0
4	정수값	INT	%MW1
5	BCD값	WORD	%MW0

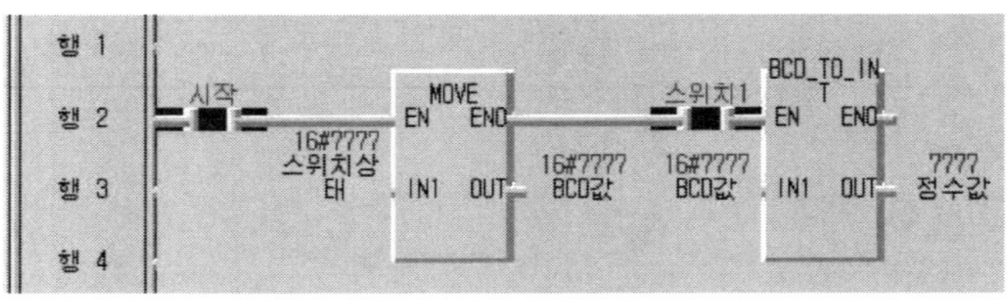

2) INT_TO_***

(1) 기능

IN을 형 변환하여 OUT으로 출력한다.

펑션		기능
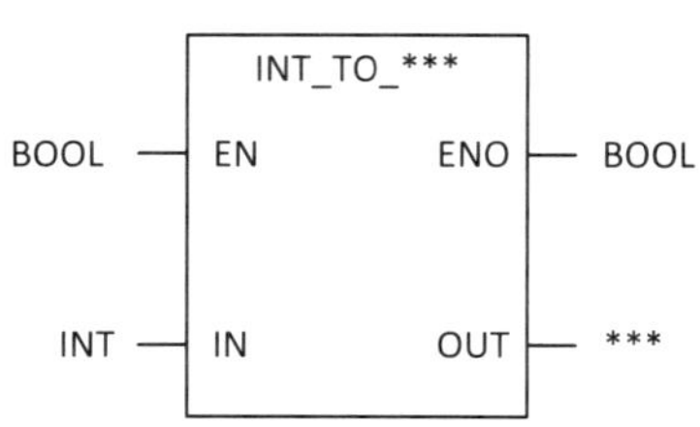	입력	EN : 1일 때 펑션 실행 IN : 정수형의 입력값
	출력	ENO : 에러없이 실행되면 1을 출력 OUT : 형 변환된 데이터

펑션	출력형	동작설명
INT_TO_SINT	SINT	입력이 -128 ~ 127일 경우 정상 변화되나, 그 외 값은 에러가 발생한다.
INT_TO_DINT	DINT	DINT 타입으로 정상 변환한다.
INT_TO_USINT	USINT	입력이 0 ~ 255일 경우 정상 변화되나, 그 외 값은 에러가 발생한다.
INT_TO_UINT	UINT	입력이 0 ~ 32767일 경우 정상 변화되나, 그 외 값은 이러가 발생한다.
INT_TO_UDINT	UDINT	입력이 0 ~ 32767일 경우 정상 변화되나, 그 외 값은 이러가 발생한다.
INT_TO_BOOL	BOOL	하위 1 비트를 취해 BOOL 타입으로 변환한다.
INT_TO_BYTE	BYTE	하위 8 비트를 취해 BYTE 타입으로 변환한다.
INT_TO_WORD	WORD	내부 비트 배열의 변화 없이 WORD 타입으로 변환한다.
INT_TO_DWORD	DWORD	상위 비트들을 0으로 채운 DWORD 타입으로 변환한다.
INT_TO_LWORD	LWORD	상위 비트들을 0으로 채운 LWORD 타입으로 변환한다.
INT_TO_BCD	WORD	입력이 0 ~ 9,999일 경우 정상 변환되나, 그 외 값은 에러가 발생한다.

* 에러 : 변환 에러 발생시 _ERR(연산 에러 플래그), _LER(연산 에러 래치 플래그)이 ON 된다.

(2) 프로그램 예

시작 스위치를 누르면 디지털 입력장치로부터 정수값 7777이 내부 메모리로 입력되고 스위치1을 누르면 내부 메모리의 정수값 7777이 BCD 7777로 변경되어 출력된다.

	변수 명	변수 값	데이터 타입	메모리 할당
1	스위치1	1	BOOL	%IX0.1.1
2	스위치상태	16#0000	WORD	%IW0.0.0
3	시작	1	BOOL	%IX0.1.0
4	정수값	7777	INT	%MW1
5	BCD값	16#7777	WORD	%MW0

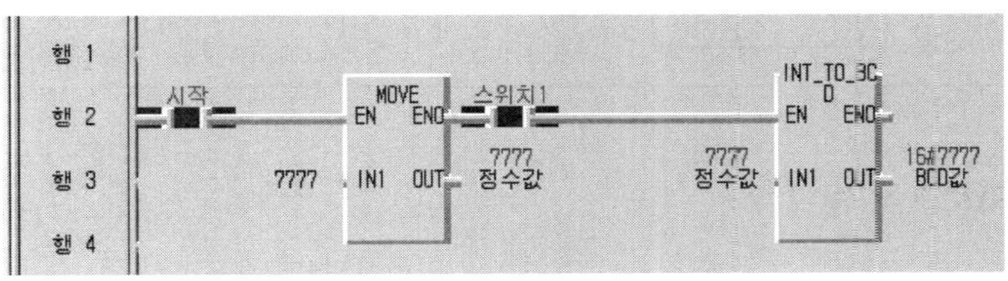

3. 비교 펑션

연산결과가 참이면 1이 출력된다.

펑션이름	동작설명(단 n은 8까지)
GT >	'크다' 비교 (IN1 > IN2) And (IN2 > IN3) And ... And (INn-1 > INn) → OUT)

펑션이름	동작설명(단 n은 8까지)
GE ≥	‘크거나 같다’ 비교 (IN1 ≧IN2) And (IN2 ≧IN3) And … And (INn-1 ≧ INn) → OUT)
EQ =	‘같다’ 비교 (IN1 = IN2) And (IN2 = IN3) And … And (INn-1 = INn) → OUT)
LE ≤	‘작거나 같다’ 비교 (IN1 ≦IN2) And (IN2 ≦IN3) And … And (INn-1 ≦ INn) → OUT)
LT 〈	‘작다’ 비교 (IN1 〈 IN2) And (IN2 〈 IN3) And … And (INn-1 〈 INn) → OUT)
NE ≠	‘같지 않다’ 비교 (IN1 ≠IN2) And (IN2 ≠IN3) And … And (INn-1 ≠ INn) → OUT)

1) GT

(1) 기능

입력값의 비교 결과 IN1 〉 IN2 〉 IN3... 〉 INn(n은 입력 개수)이 참이면 OUT으로 1을 출력한다. 거짓의 경우에는 OUT으로 0을 출력한다.

펑션	기능	
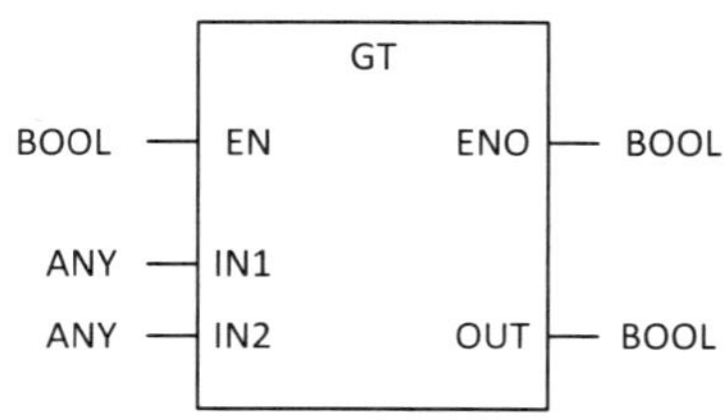 	입력	EN : 1일 때 펑션 실행 IN1 : 비교할 값 IN2 : 비교할 값 입력은 8개까지 확장 가능 IN1, IN2, ...은 모두 같은 데이터 형이어야 함
	출력	ENO : EN값이 그대로 출력 OUT : 비교 결과 값

(2) 프로그램 예

① 실행 조건(%IX0.0.0)을 ON 하면 GT 펑션이 실행된다.

② 입력 변수로 선언된 IN1=300, IN2=200, IN3=100이면, 비교 결과 값1 〉값2 〉값3 이므로, 출력 결과 값 %QX0.2.0=1이 된다.

입력(IN1) : 300(16#012C)

(IN2) : 200(16#00C8)

(IN3) : 100(16#0064)

출력(OUT) : %QX0.2.0 (BOOL) = 1(16#1)

	변수 명	데이터 타입	메모리 할당	초기 값	변수 종류	사용 여부	설명문
1	램프	BOOL	%QX0.2.0		VAR		
2	시작	BOOL	%IX0.0.0		VAR		

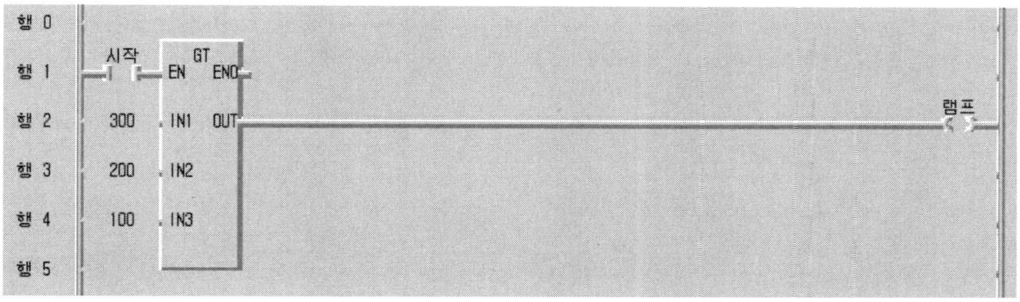

2) GE

(1) 기능

입력값의 비교 결과 IN1 ≥ IN2 ≥ IN3... ≥ INn(n은 입력 개수)이 참이면 OUT으로 1을 출력한다. 거짓의 경우에는 OUT으로 0을 출력한다.

<table>
<tr><th>펑션</th><th colspan="2">기능</th></tr>
<tr><td rowspan="2">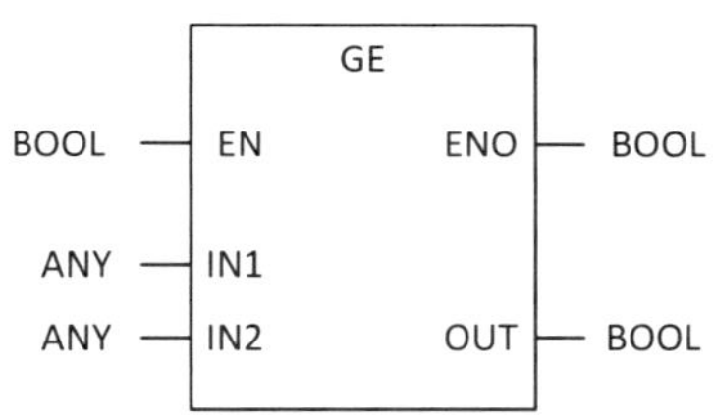
</td><td>입력</td><td>EN : 1일 때 펑션 실행
IN1 : 비교할 값
IN2 : 비교할 값
입력은 8개까지 확장 가능
IN1, IN2,...은 모두 같은 데이터 형이어야 함</td></tr>
<tr><td>출력</td><td>ENO : EN 값이 그대로 출력
OUT : 비교 결과 값</td></tr>
</table>

(2) 프로그램 예

① 실행 조건(%IX0.0.0)을 ON 하면 GE 펑션이 실행된다.

② 입력 변수로 선언된 IN1=300, IN2=200, IN3=200이면, 비교 결과 IN1 ≥ IN2 ≥ IN3 이므로, 출력 결과 값 %QX0.2.0=1이 된다.

입력(IN1) : 300(16#012C)

(IN2) : 200(16#00C8)

(IN3) : 200(16#00C8)

출력(OUT) : %QX0.2.0 (BOOL) = 1(16#1)

	변수 명	데이터 타입	메모리 할당	초기 값	변수 종류	사용 여부	설명문
1	램프	BOOL	%QX0.2.0		VAR		
2	시작	BOOL	%IX0.0.0		VAR		

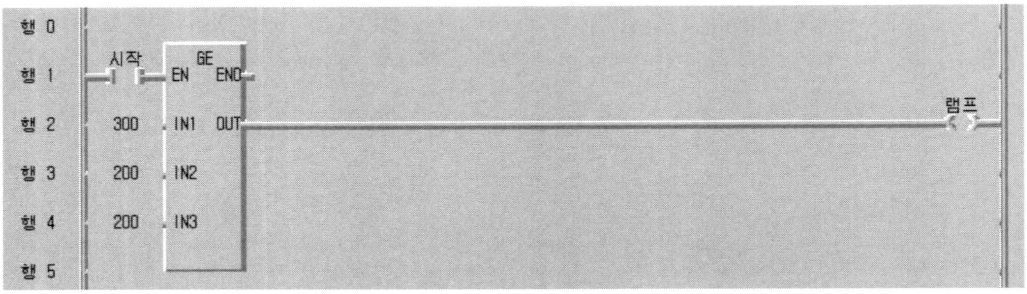

3) EQ

(1) 기능

입력값의 비교 결과 IN1 = IN2 = IN3... = INn(n은 입력 개수)이 참이면 OUT으로 1을 출력한다. 거짓의 경우에는 OUT으로 0을 출력한다.

펑션	기능	
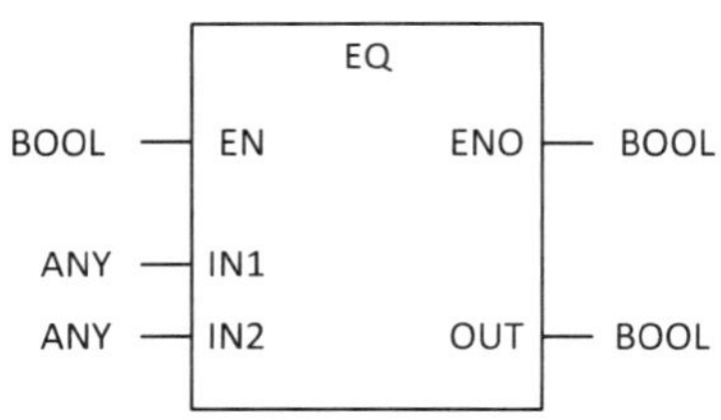	입력	EN : 1일 때 펑션 실행 IN1 : 비교할 값 IN2 : 비교할 값 입력은 8개까지 확장 가능 IN1, IN2,...은 모두 같은 데이터 형이어야 함
	출력	ENO : EN 값이 그대로 출력 OUT : 비교 결과 값

(2) 프로그램 예

① 실행 조건(%IX0.0.0)을 ON 하면 EQ 펑션이 실행된다.

② 입력 변수로 선언된 IN1=300, IN2=300, IN3=300이면, 비교 결과 IN1 = IN2 = IN3 이므로, 출력 결과 값 %QX0.2.0=1이 된다.

입력(IN1) : 300(16#012C)

(IN2) : 300(16#012C)

(IN3) : 300(16#012C)

출력(OUT) : %QX0.2.0 (BOOL) = 1(16#1)

	변수 명	데이터 타입	메모리 할당	초기 값	변수 종류	사용 여부	설명문
1	램프	BOOL	%QX0.2.0		VAR		
2	시작	BOOL	%IX0.0.0		VAR		

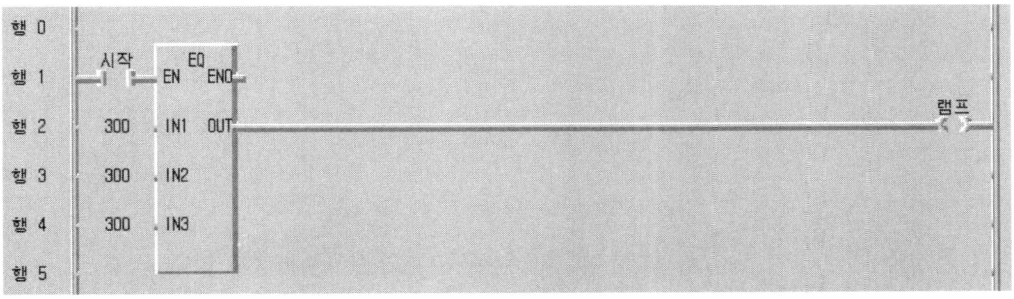

4) LE

(1) 기능

입력값의 비교 결과 IN1≦IN2≦IN3... ≦INn (n은 입력 개수)이 참이면 OUT으로 1을 출력한다. 거짓의 경우에는 OUT으로 0을 출력한다.

펑션	기능	
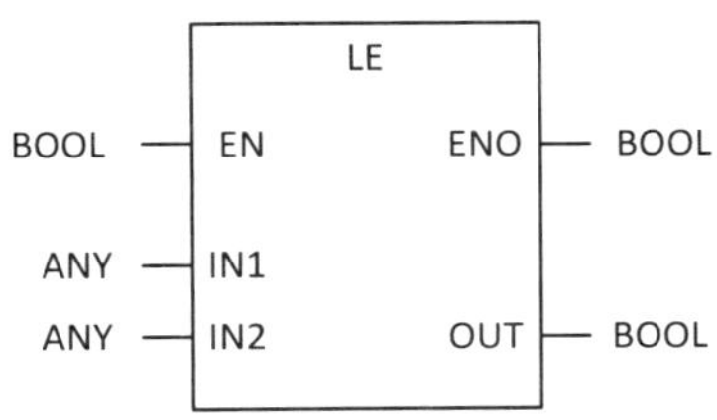	입력	EN : 1일 때 펑션 실행 IN1 : 비교할 값 IN2 : 비교할 값 입력은 8개까지 확장 가능 IN1, IN2,...은 모두 같은 데이터 형이어야 함.
	출력	ENO : EN 값이 그대로 출력 OUT : 비교 결과 값

(2) 프로그램 예

① 실행 조건(%IX0.0.0)을 ON 하면 LE 펑션이 실행된다.

② 입력 변수로 선언된 IN1=200, IN2=250, IN3=300이면, 비교 결과 IN1 ≤ In2 ≤ IN3 이므로, 출력 결과 값 %QX0.2.0=1이 된다.

입력(IN1) : 200(16#0096)

(IN2) : 250(16#00C8)

(IN3) : 300(16#00FA)

출력(OUT) : %QX0.2.0 (BOOL) = 1(16#1)

	변수 명	데이터 타입	메모리 할당	초기 값	변수 종류	사용 여부	설명문
1	램프	BOOL	%QX0.2.0		VAR		
2	시작	BOOL	%IX0.0.0		VAR		

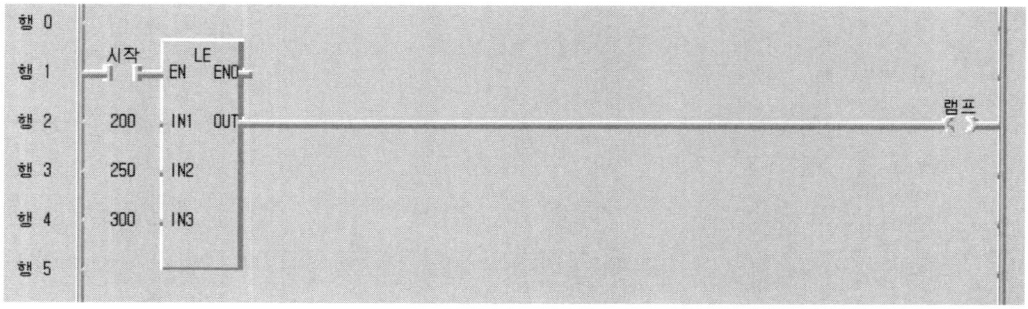

5) LT

(1) 기능

입력값의 비교 결과 IN1〈IN2〈IN3... 〈INn (n 은 입력 개수)이 참이면 OUT으로 1을 출력한다. 거짓의 경우에는 OUT으로 0을 출력한다.

펑션	기능	
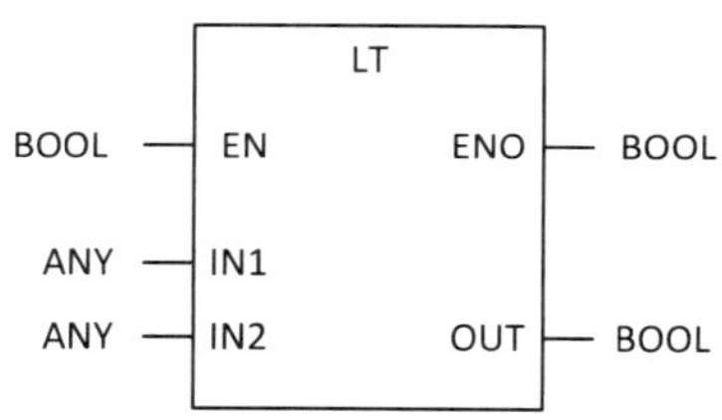	입력	EN : 1일 때 펑션 실행 IN1 : 비교할 값 IN2 : 비교할 값 입력은 8개까지 확장 가능 IN1, IN2, ...은 모두 같은 데이터 형이어야 함.
	출력	ENO : EN 값이 그대로 출력 OUT : 비교 결과 값

(2) 프로그램 예

① 실행 조건(%IX0.0.0)을 ON 하면 LT 펑션이 실행된다.

② 입력 변수로 선언된 IN1=100, IN2=200, IN3=300 이면, 비교 결과 IN1 〈 IN2 〈 IN3 이므로, 출력 결과 값 %QX0.2.0=1이 된다.

입력(IN1) : 100(16#0064)

(IN2) : 200(16#00C8)

(IN3) : 300(16#012C)

출력(OUT) : %QX0.2.0 (BOOL) = 1(16#1)

	변수 명	데이터 타입	메모리 할당	초기 값	변수 종류	사용 여부	설명문
1	램프	BOOL	%QX0.2.0		VAR		
2	시작	BOOL	%IX0.0.0		VAR		

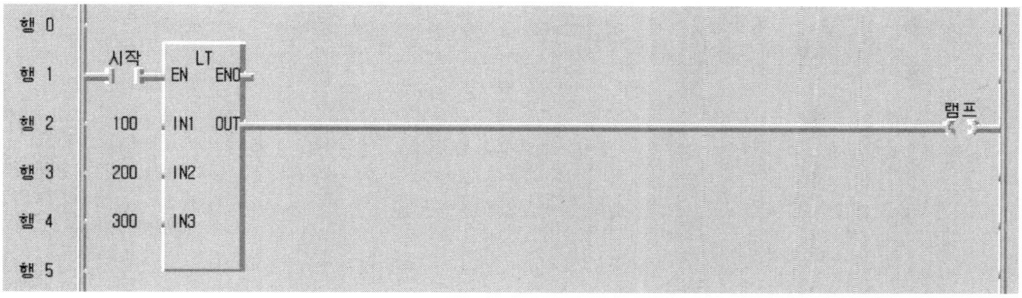

6) NE

(1) 기능

비교 결과 IN1과 IN2가 같지 않으면 OUT으로 1을 출력한다. 같으면 OUT으로 0을 출력한다.

펑션	기능	
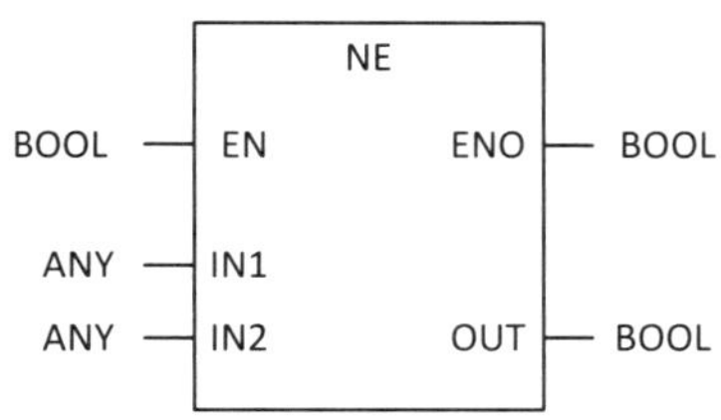	입력	EN : 1일 때 펑션 실행 IN1 : 비교할 값 IN2 : 비교할 값 입력은 8개까지 확장 가능 IN1, IN2,...은 모두 같은 데이터 형이어야 함.
	출력	ENO : EN 값이 그대로 출력 OUT : 비교 결과 값

(2) 프로그램 예

① 실행 조건(%IX0.0.1)을 ON 하면 NE 펑션이 실행된다.

② 입력 변수로 선언된 IN1=300, IN2=200이면, 비교 결과 IN1과 IN2가 같지 않으므로, 출력 결과 값 %QX0.2.0=1이 된다.

입력(IN1) : 300(16#012C)

(IN2) : 200(16#00C8)

출력(OUT) : %QX0.2.0 (BOOL) = 1(16#1)

	변수 명	데이터 타입	메모리 할당	초기 값	변수 종류	사용 여부	설명문
1	램프	BOOL	%QX0.2.0		VAR		
2	시작	BOOL	%IX0.0.0		VAR		

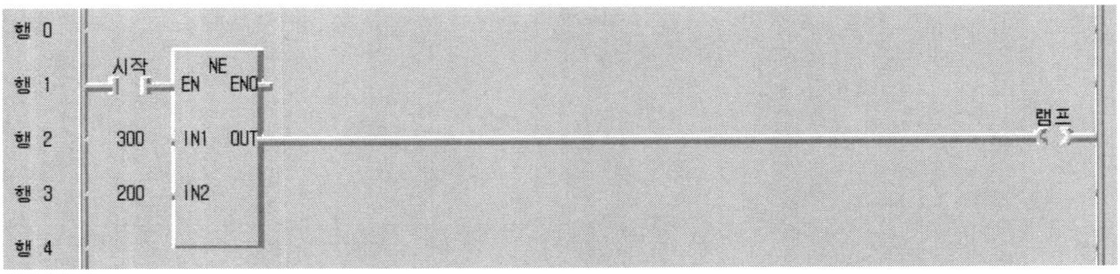

4. 산술연산 펑션

산술연산 펑션 중 일반적인 것은 사칙연산(덧셈, 뺄셈, 곱셈, 나눗셈, 나머지)이다.

펑션 이름	기능
입력개수를 8개까지 확장할 수 있는 연산 펑션	
ADD	더하기(IN1 + IN2 + ... + INn → OUT)
MUL	곱하기(IN1 xIN2 x... xINn → OUT)
입력개수가 2개인 연산 펑션	
SUB	빼기(IN1-IN2 → OUT)
DIV	나누기(IN1/IN2 → OUT)
MOD	나눗셈 나머지 구하기

5. 논리연산 펑션

펑션 이름	기능
AND	논리곱(IN1 AND IN2 AND ... AND INn → OUT)
OR	논리합(IN1 OR IN2 OR ... OR INn → OUT)
XOR	배타적 논리합(IN1 XOR IN2 XOR ... XOR INn → OUT)
NOT	논리 반전(NOT IN1 → OUT)

6. 비트 시프트 펑션

펑션 이름	기능
SHL	입력을 N 비트 왼쪽으로 이동(오른쪽은 0으로 채움)
SHR	입력을 N 비트 오른쪽으로 이동(왼쪽은 0으로 채움)
ROL	입력을 N 비트 왼쪽으로 회전
ROR	입력을 N 비트 오른쪽으로 회전

8.3 기본 펑션 블록

펑션 블록은 여러 스캔에 걸쳐 누계된 연산 결과를 출력한다. 펑션 블록은 출력이 여러 개가 될 수 있다. 펑션 블록은 여러 스캔에 걸쳐 누계된 연산 결과를 출력하므로, 연산 중 누계되는 데이터를 보관하기 위한 내부 메모리가 필요하다. 따라서 펑션 블록은 사용하기 전에 인스턴스 변수를 선언한다. 인스턴스 변수는 펑션 블록 내에서 사용하는 변수들의 집합이다. 기본 펑션 블록 중 가장 일반적인 것은 카운터와 타이머이다.

주) 인스턴스 변수의 문자 길이는 일반 지역변수와는 달리 영문 8자 또는 한글/한자 4자까지로 제한된다.

1. 카운터

펑션 블록 이름	동작설명
CTU	가산 카운터(Up Counter)
CTD	감산 카운터(Down Counter)
CTUD	가감산 카운터(Up Down Counter)

1) 가산 카운터

(1) 기능

① 펄스입력 CU가 0에서 1이 되면 CU 신호의 상승 모서리에서 현재값 CV가 이전값 보다 1만큼 증가한다.

② 단, CV는 정수(INT)의 최대값 32767을 넘지 않는다.

③ 리셋 입력 R이 1이 되면 현재값 CV는 0으로 소거(Clear)된다.

④ 현재값(CV)이 설정값(PV) 이상이 되면 출력 Q는 1이 된다.

<table>
<tr><th>펑션</th><th colspan="2">기능</th></tr>
<tr><td rowspan="2">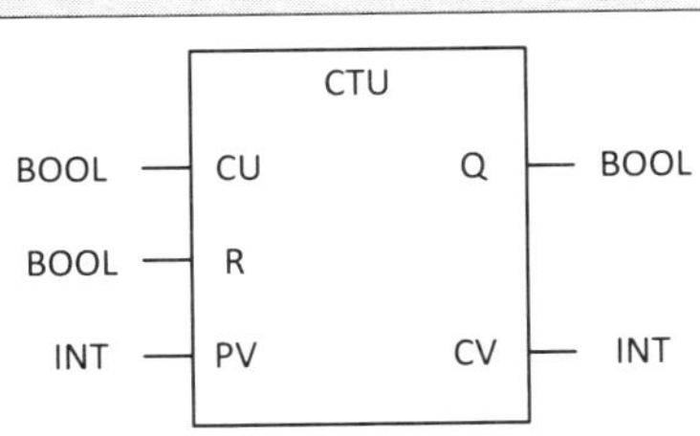
</td><td>입력</td><td>CU : 업 카운터 펄스 입력
R : 리셋입력
PV : 설정값</td></tr>
<tr><td>출력</td><td>Q : 업 카운터 출력
CV : 현재값</td></tr>
</table>

(2) 타임차트

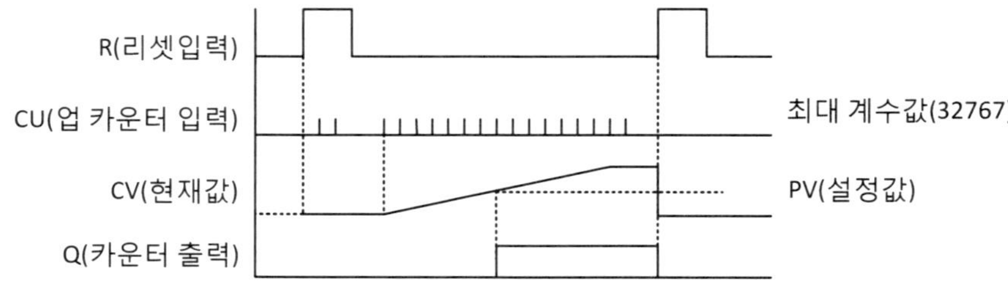

(3) 프로그램 예

① 기동 스위치가 10번 ON 되면 출력 램프가 ON 되고, 리셋 스위치를 누르면 출력램프가 OFF 되는 동작을 수행한다.

② CTU는 펑션 블록이므로 연산 중 누계되는 데이터를 잠시 보관하기 위한 인스턴스 변수를 반드시 선언해야 한다.

③ GMWIN에서 프로그램 편집 시 CTU의 인스턴스 변수를 선언하면 카운터 출력은 인스턴스 이름.Q, 현재값은 인스턴스 이름.CV로 변수가 자동 생성된다.

	변수 명	데이터 타입	메모리 할당	초기 값	변수 종류	사용 여부	설명문
1	기동	BOOL	%IX0.0.0		VAR		
2	램프	BOOL	%QX0.2.0		VAR		
3	리셋	BOOL	%IX0.0.1		VAR		
4	설정값	INT	<자동>	10	VAR CONSTANT		
5	CTU0	FB Instance	<자동>		VAR		

2) CTD

(1) 기능

① 펄스 입력 CD가 0에서 1(Rising Edge)이 되면 현재값 CV가 이전값 보다 1만큼 감소한다.

② 단, CV는 정수(INT)의 최소값 -32768이 되면 더 이상 감소하지 않는다.

③ 설정값 입력 접점 LD가 1이 되면, 설정값 PV 값이 현재값 CV에 로드 된다.(PV=CV)

④ 출력 Q는 현재값(CV)이 0 이하 이면 1이 된다.

펑션	기능	
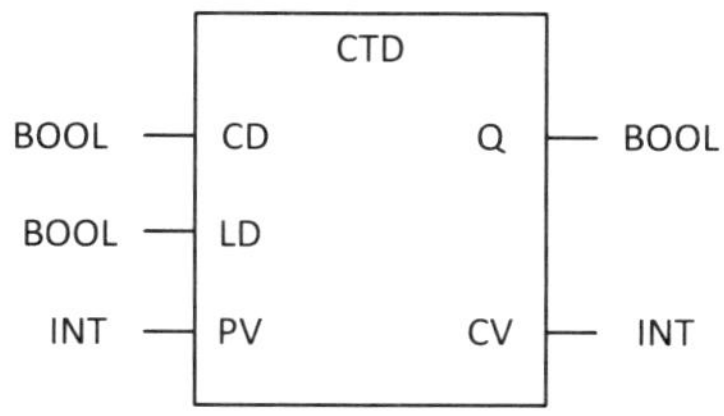	입력	CD : 다운 카운터 펄스 입력 LD : 설정값 입력(Load) PV : 설정값(Present Value)
	출력	Q : 다운 카운터 출력 CV : 현재값(Current Value)

(2) 타임 차트

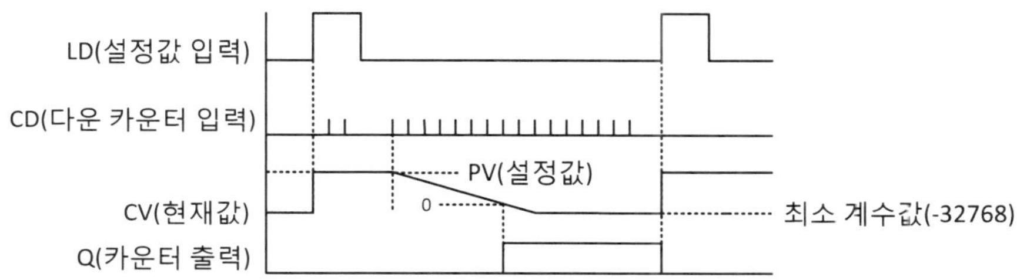

(3) 프로그램 예

① 다운 카운터의 설정값을 10으로 설정한다.

② 초기에 _1ON(첫 스캔 ON)에 의해 LD가 1이 되어 설정값이 현재값에 로드된다.

③ 토글스위치 1 (%IX0.0.1)로 CD에 상승 모서리 펄스를 입력하면 현재값이 1 감소한다.

④ 현재값이 0 이하이면 카운터 출력(C2.Q)이 1이 되어 램프 1(%QX0.3.1)이 점등된다.

⑤ 토글스위치 2(%IX0.0.2)를 ON 하면 LD가 1이 되어 설정값이 현재값에 로드되고 램프가 OFF 된다.

⑥ CTD는 펑션 블록이므로 연산 중 누계되는 데이터를 잠시 보관하기 위한 인스턴스 변수를 반드시 선언해야 한다.

⑦ GMWIN에서 프로그램 편집 시 CTD의 인스턴스 변수를 선언하면 카운터 출력은 인스턴스 이름.Q, 현재값은 인스턴스 이름.CV로 변수가 자동 생성된다.

	변수 명	데이터 타입	메모리 할당	초기 값	변수 종류	사용 여부	설명문
1	기동	BOOL	%IX0.0.0		VAR		
2	카운터_신호	BOOL	%IX0.0.1		VAR		
3	CTD0	FB Instance	<자동>		VAR		
4	PC_로드	BOOL	%MX0		VAR		
5	PV로드_스위치	BOOL	%IX0.0.2		VAR		

3) CTUD

(1) 기능

① CU가 0에서 1이 되면 현재값 CV가 이전값 보다 1 만큼 증가하고, CD가 0에서 1이 되면 현재값 CV가 이전값 보다 1 만큼 감소하는 카운터이다.
단, 현재값 CV는 정수(INT)의 최소값 -32768 ~ 최대값 32767 사이의 값을 갖는다.

② 설정값 입력 접점 LD가 1이 되면 현재값 CV에 설정값 PV 값이 로드된다.(CV=PV)

③ 리셋 입력 R이 1이 되면 현재값 CV는 0으로 클리어(Clear) 된다.(CV=0)

④ 출력 QU는 CV가 PV 이상 이면 1이 되고, QD는 CV가 0 이하일 때 1이 된다.

⑤ 각 입력 신호에 대해서 R 〉 LD 〉 CU 〉 CD 순으로 동작을 수행하며, 신호의 중복 발생시 우선순위가 높은 동작 하나만 수행한다.

펑션	기능	
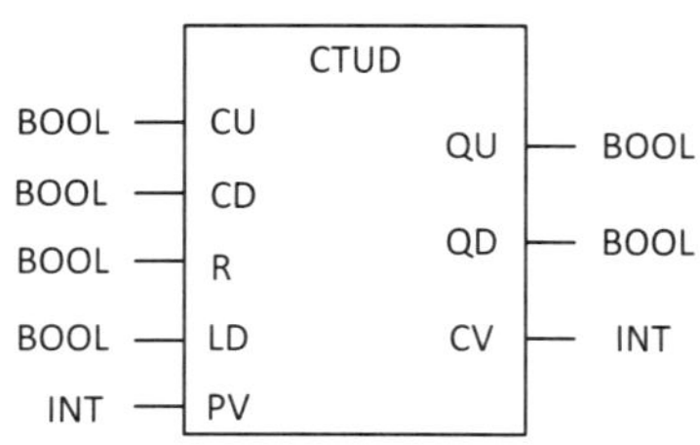	입력	CU : 업 카운터 펄스 입력 CD : 다운 카운터 펄스 입력 R : 리셋입력 LD : 설정값 입력(Load) PV : 설정값(Present Value)
	출력	QU : 카운터 업 출력 QD : 카운터 다운 출력 CV : 현재값

(2) 타임 차트

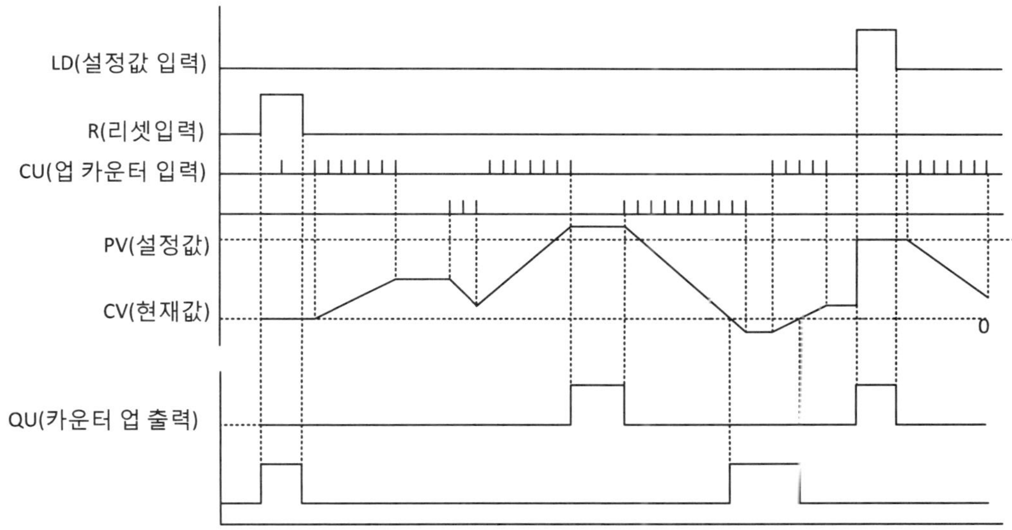

(3) 프로그램 예

① CTUD의 인스턴스 변수 CTUD0를 선언한다.

② 설정값을 10으로 셋팅한다.

③ 초기에 _1ON(첫 스캔 ON)에 의해 5가 C3.CV에 전송되어 현재값은 5가 된다.

④ 증가_SW(%IX0.0.0)로 CU에 입상(Rising Edge) 펄스를 입력하면 현재값이 증가한다.

⑤ 감소_SW(%IX0.0.1)로 CD에 입상(Rising Edge) 펄스를 입력하면 현재값이 감소한다.

⑥ 현재값이 설정값 이상이면 C3.QU가 1이 되어 램프1(%QX0.2.0)이 점등된다.

⑦ 현재값이 0 이하이면 C3.QD가 1이 되어 램프2(%QX0.2.1)가 점등된다.

⑧ 리셋_SW(%IX0.0.2)를 ON하면 리셋되어 현재값은 0으로 클리어(Clear)된다.

⑨ 로드_SW(%IX0.0.3)를 ON하면 LD가 1이 되어 설정값이 현재값에 로드된다.

⑩ CTUD는 펑션 블록이므로 연산 중 누계되는 데이터를 잠시 보관하기 위한 인스턴스 변수를 반드시 선언해야 한다.

⑪ GMWIN에서 프로그램 편집 시 CTUD의 인스턴스 변수를 선언하면 업 카운트 출력은 인스턴스 이름.QU, 다운 카운트 출력은 인스턴스 이름.QD 그리고 현재값은 인스턴스 이름.CV로 변수가 자동 생성된다.

	변수 명	데이터 타입	메모리 할당	초기 값	변수 종류	사용 여부	설명문
1	감소_SW	BOOL	%IX0.0.1		VAR		
2	램프1	BOOL	%QX0.2.0		VAR		
3	램프2	BOOL	%QX0.2.1		VAR		
4	로드_SW	BOOL	%IX0.0.3		VAR		
5	리셋_SW	BOOL	%IX0.0.2		VAR		
6	증가_SW	BOOL	%IX0.0.0		VAR		
7	CTUD0	FB Instance	<자동>		VAR		

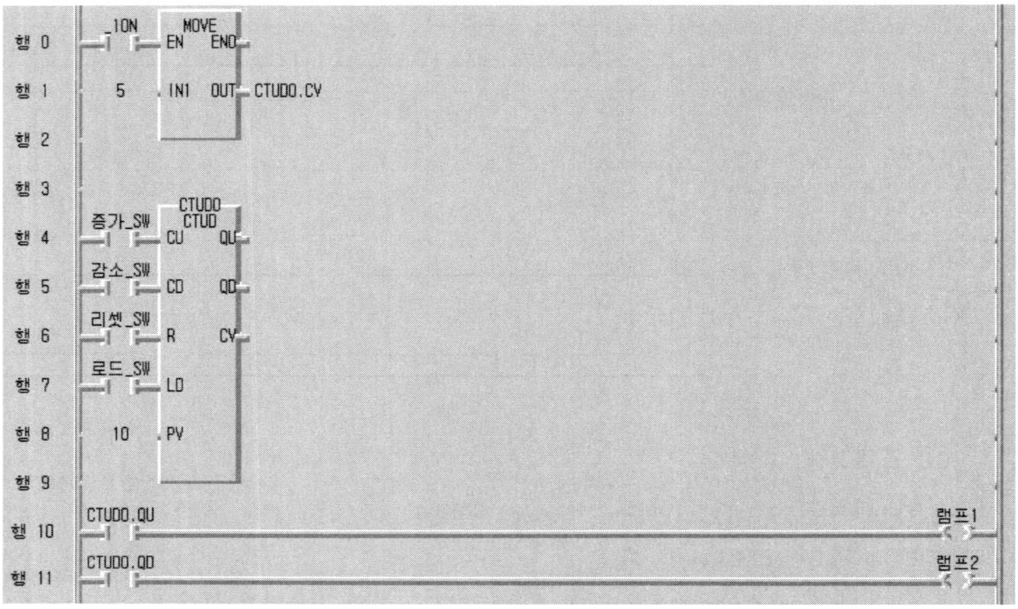

2. 타이머

펑션블록 이름	동작설명
TON	On 딜레이 타이머(On Delay Timer)
TOF	Off 딜레이 타이머(Off Delay Timer)
TP	펄스 타이머(Pulse Timer)

1) TON

(1) 기능

① IN이 1이 되면 경과 시간이 ET로 출력되고 경과시간 ET와 설정시간 PT가 같아지면 타이머 출력 Q가 1이 된다.

② Q가 1이 된 후 IN이 0이 되면, Q는 0이 된다.

③ 만일, 경과 시간 ET가 설정 시간에 도달하기 전에 IN이 0이면, 경과 시간은 0이 된다.

펑션	기능	
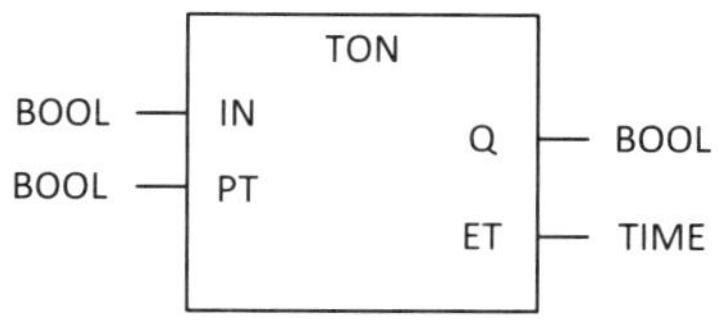	입력	IN : 타이머 기동조건 PT : 설정시간(Preset Time)
	출력	Q : 타이머 출력 ET : 경과시간(Elapsed Time)

(2) 타임차트

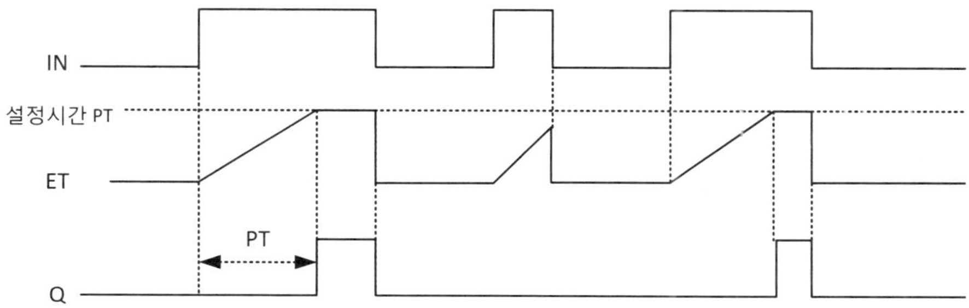

(3) 프로그램 예

① 기동 스위치가 ON 되고 7초 후에 출력 램프가 ON 되고 기동 스위치를 OFF 하면 출력 램프가 즉시 OFF 되는 동작을 수행한다.

② TON은 펑션 블록이므로 연산 중 누계되는 데이터를 잠시 보관하기 위한 인스턴스 변수를 반드시 선언해야 한다.

③ GMWIN에서 프로그램 편집 시 TON의 인스턴스 변수를 선언하면 타이머 출력은 인스턴스 이름.Q, 경과 시간은 인스턴스 이름.ET로 변수가 자동 생성된다.

	변수 명	데이터 타입	메모리 할당	초기 값	변수 종류	사용 여부	설명문
1	기동	BOOL	%IX0.0.0		VAR		
2	램프	BOOL	%QX0.2.0		VAR		
3	T0	FB Instance	<자동>		VAR		

2) TOF

(1) 기능

① IN이 1이 되면, Q가 1이 되고, IN이 0이 된 후부터 PT에 의해서 지정된 설정 시간이 경과한 후 Q가 0이 된다.

② IN이 0이 된 후 경과 시간이 ET로 출력된다.

③ 만일 경과 시간 ET가 설정 시간에 도달하기 전에 IN이 1이 되면, 경과 시간은 다시 0으로 된다.

<table>
<tr><th>펑션</th><th colspan="2">기능</th></tr>
<tr><td rowspan="2">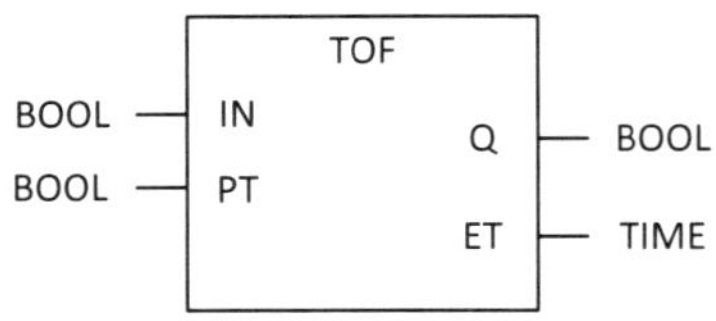
</td><td>입력</td><td>IN : 타이머 기동조건
PT : 설정시간(Preset Time)</td></tr>
<tr><td>출력</td><td>Q : 타이머 출력
ET : 경과시간(Elapsed Time)</td></tr>
</table>

(2) 타임차트

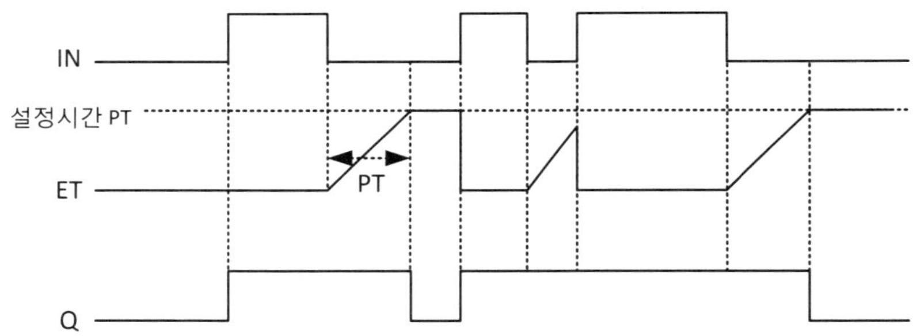

(3) 프로그램 예

① 기동 스위치를 ON하면 출력 램프가 즉시 ON 되고, 그 후 기동 스위치를 OFF 하면 5초 후에 출력 램프가 OFF 되는 동작을 수행한다.

② TOF는 펑션 블록이므로 연산 중 누계되는 데이터를 잠시 보관하기 위한 인스턴스 변수를 반드시 선언해야 한다.

③ GMWIN에서 프로그램 편집 시 TOF의 인스턴스 변수를 선언하면 타이머 출력은 인스턴스 이름.Q, 경과 시간은 인스턴스 이름.ET로 변수가 자동 생성된다.

	변수 명	데이터 타입	메모리 할당	초기 값	변수 종류	사용 여부	설명문
1	기동	BOOL	%IX0.0.0		VAR		
2	램프	BOOL	%QX0.2.0		VAR		
3	T0	FB Instance	<자동>		VAR		

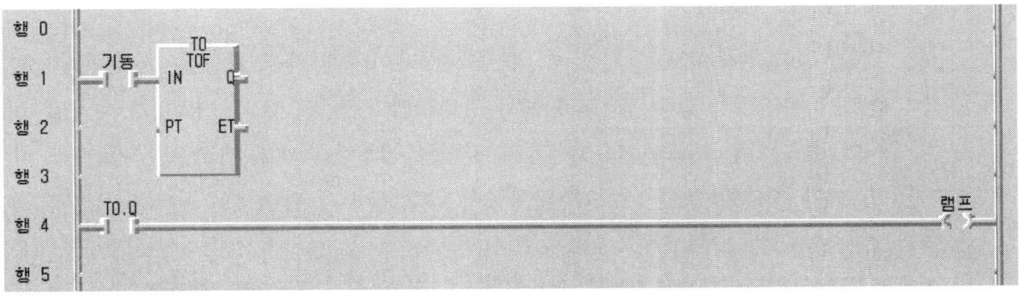

3) TP

(1) 기능

① IN이 1이 되면 PT에 의해서 지정된 설정 시간 동안만 Q가 1이 되고, ET가 PT에 도달하면 자동으로 0이 된다.

② 경과 시간 ET는 IN이 1이 되었을 때부터 증가하며 PT에 이르면 값을 유지하다가 IN이 0이 될 때 0의 값이 된다.

③ ET가 증가할 동안은 IN이 0이 되거나 재차 1이 되어도 영향이 없다.

펑션	기능	
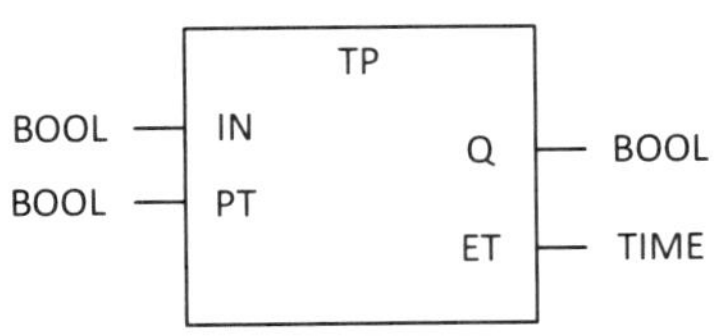	입력	IN : 타이머 기동조건 PT : 설정시간(Preset Time)
	출력	Q : 타이머 출력 ET : 경과시간(Elapsed Time)

(2) 타임차트

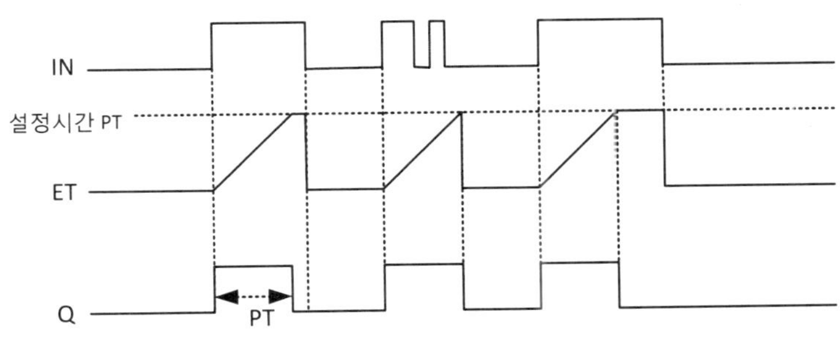

(3) 프로그램 예

① TP를 이용하여 기동 스위치를 OFF→ON한 후 출력 램프가 5초 동안 ON 했다 OFF 되는 동작을 수행한다.

② TP는 펑션 블록이므로 연산 중 누계되는 데이터를 잠시 보관하기 위한 인스턴스 변수를 반드시 선언해야 한다. GMWIN에서 프로그램 편집 시 TP의 인스턴스 변수를 선언하면 타이머 출력은 인스턴스 이름.Q, 경과 시간은 인스턴스 이름.ET로 변수가 자동 생성된다.

③ T0.ET가 증가할 동안 기동 스위치 0이 OFF 되거나 다시 ON 되어도 영향이 없다.

	변수 명	데이터 타입	메모리 할당	초기 값	변수 종류	사용 여부	설명문
1	기동	BOOL	%IX0.0.0		VAR		
2	램프	BOOL	%QX0.2.0		VAR		
3	T0	FB Instance	<자동>		VAR		

chapter 9

PLC 실험

실험은 ED(주)의 PLC 트레이닝 키트 ED-4260을 이용하여 진행된다. ED-4260은 메인 프레임, GLOFA GM4(PLC), PS-4260(전원공급장치), IM-4260-2(PLC 입력 시뮬레이터), OM-4260-3(PLC 출력 시뮬레이터), PM-4260-4(카운터&위치 시뮬레이터) 등으로 구성되어 있다.

실험1 논리회로

1) 실험목적

디지털 논리회로(AND, OR, NOT, NAND, NOR, XOR)를 PLC 래더 프로그램으로 구현하고 진리표 작성을 통하여 그 동작을 확인한다.

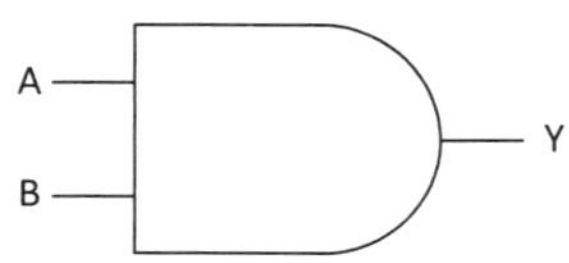

(a) AND 회로

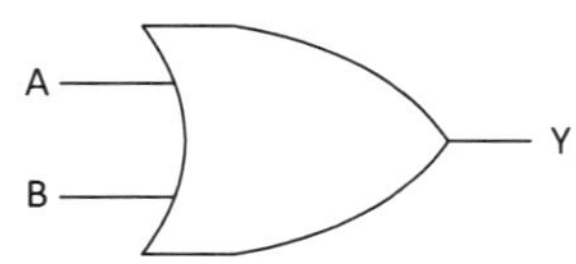

(b) OR 회로

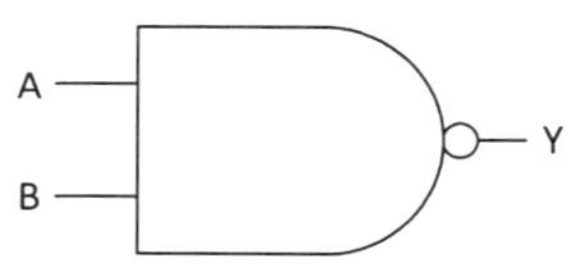

(c) NAND 회로

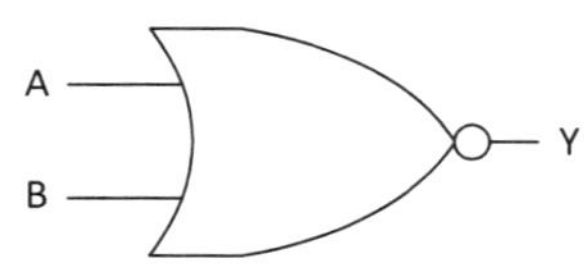

(d) NOR 회로

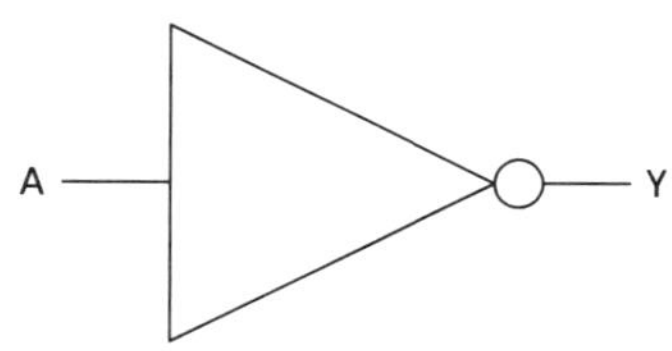

(e) NOT 회로

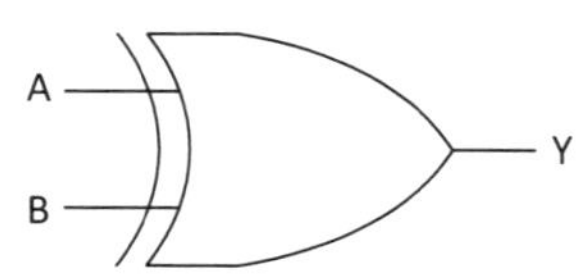

(f) XOR 회로

2) 실험순서

① 입출력 지정표를 작성한다.

구분	간접변수명	입출력 포트	비고
입력	스위치1	%IX0.0.0	토글 스위치1
	스위치2	%IX0.0.1	토글 스위치2
출력	출력장치	QX0.2.0	램프

② 주어진 회로를 래더 다이어그램으로 작성한다.

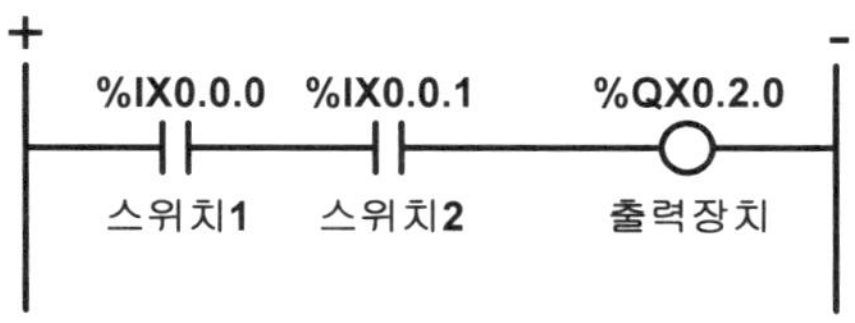

(a) AND 회로

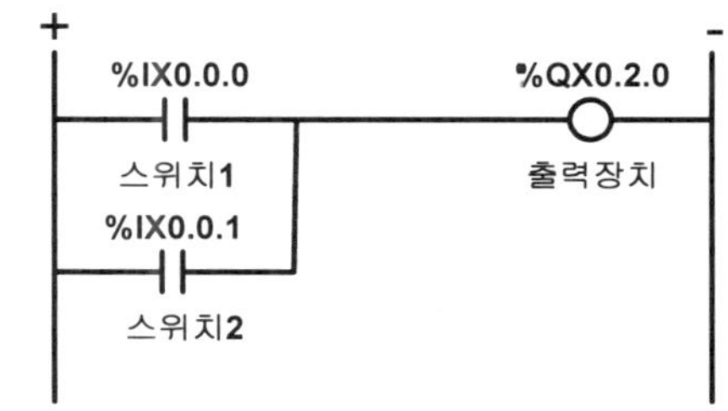

(b) OR 회로

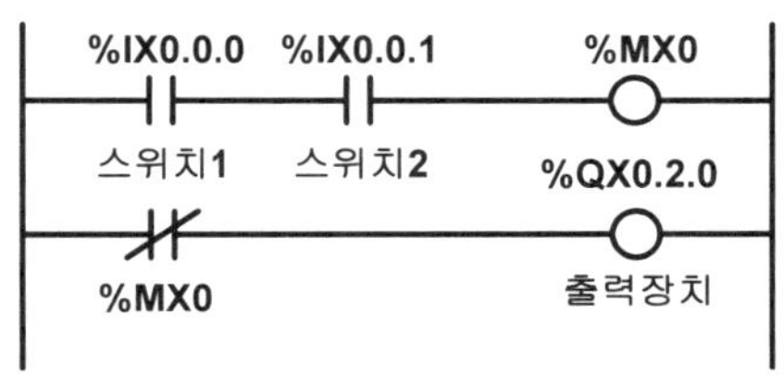

(c) NAND 회로

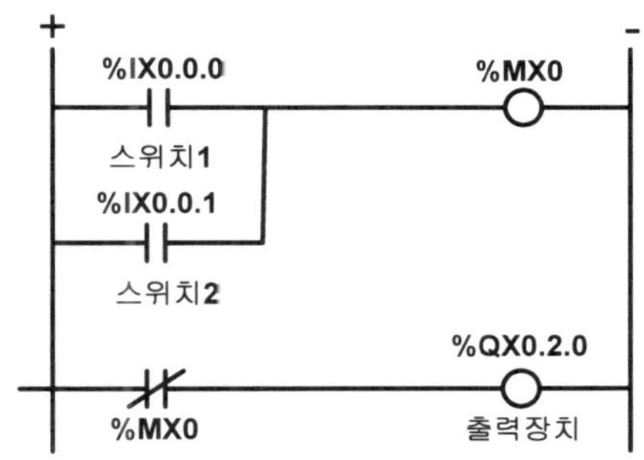

(d) NOR 회로

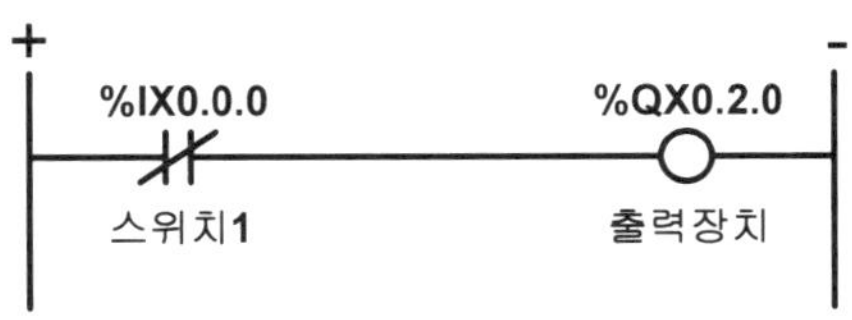

(e) NOT 회로

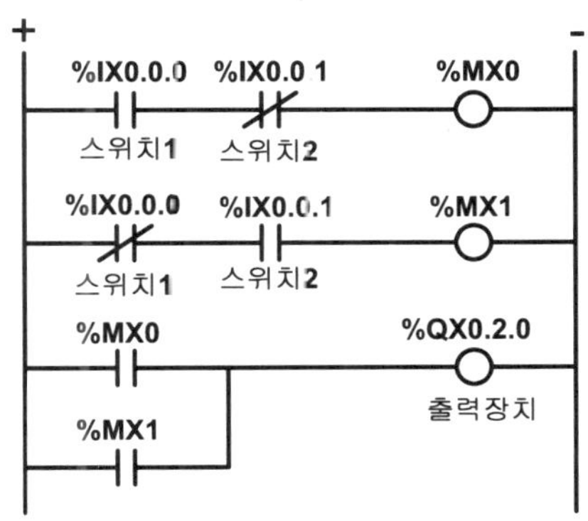

(f) XCR 회로

③ 입출력 지정표와 래더 다이어그램을 보고 PLC 결선도를 작성한다.

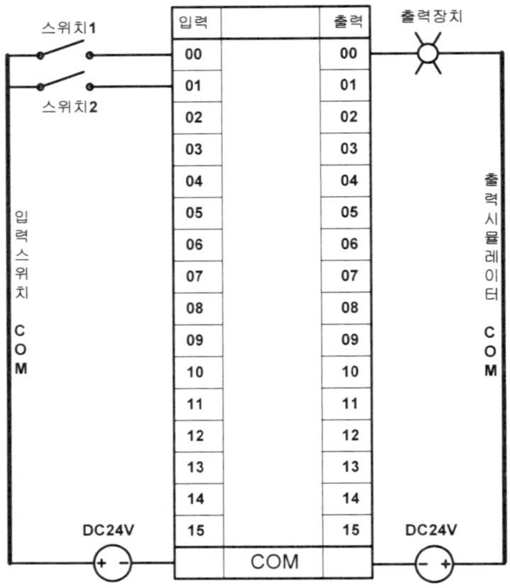

④ PLC 결선도를 이용하여 트레이닝 키트의 입출력 장치를 연결한다.

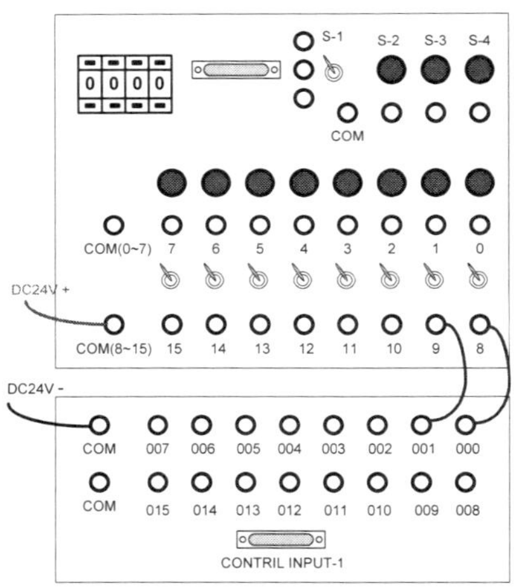

(a) 입력장치 연결도

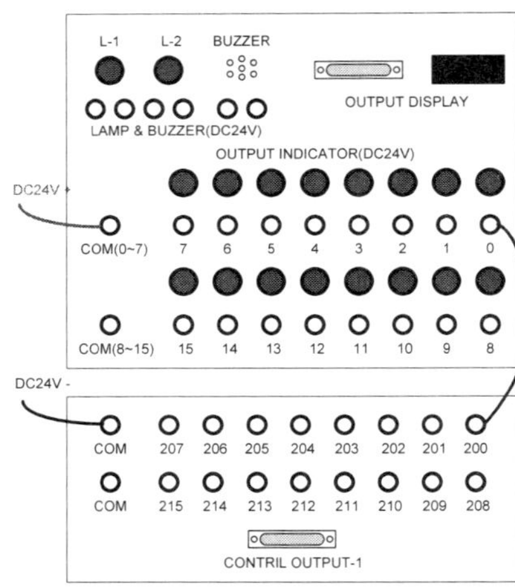

(b) 출력장치 연결도

⑤ GMWIN 프로그램에서 변수목록을 작성하고 프로그램을 입력한다.

변수 목록

변수명	변수 ...	메모...	사용...	데이터 ...	초기값	설명문
스위치1	VAR	%IX0.0.0		BOOL		
스위치2	VAR	%IX0.0.1		BOOL		
출력장치	VAR	%QX0.2.0		BOOL		

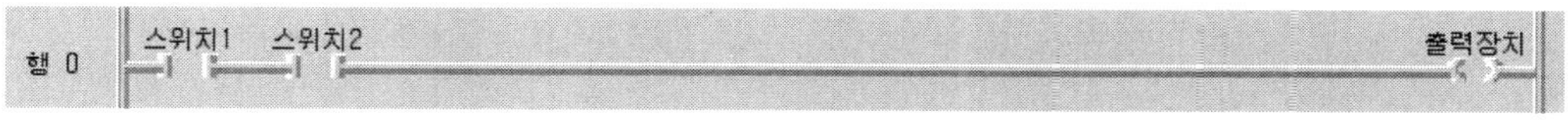

(a) AND 회로

(b) OR 회로

(c) NAND 회로

(d) NOR 회로

(e) NOT 회로

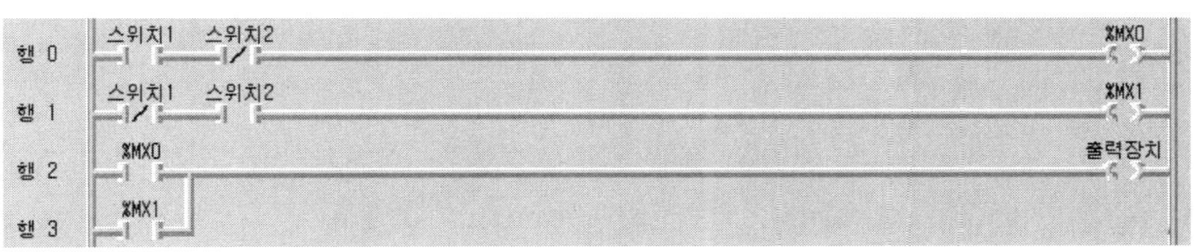

(f) XOR 회로

⑥ 프로그램을 실행시키면서 각 논리회로에 대한 진리표를 작성한다.

AND 회로

A	B	Y
0	0	
0	1	
1	0	
1	1	

OR 회로

A	B	Y
0	0	
0	1	
1	0	
1	1	

NAND 회로

A	B	Y
0	0	
0	1	
1	0	
1	1	

NOR 회로

A	B	Y
0	0	
0	1	
1	0	
1	1	

NOT 회로

A	B	Y
0	0	
0	1	
1	0	
1	1	

XOR 회로

A	B	Y
0	0	
0	1	
1	0	
1	1	

실험2 자기유지회로

1) 실험목적

푸시버튼 스위치를 한 번만 ON 하면 푸시버튼 스위치를 OFF 하여도 출력의 ON 상태를 스스로 유지하는 자기유지회로를 PLC 래더 프로그램으로 구현하고 동작 원리를 이해한다.

■ 동작

① 푸시버튼 스위치를 눌렀다 놓아도 계속 자기유지가 되어 출력이 유지된다.

② 정지 스위치를 누르면 출력이 off 된다.

2) 실험순서

① 입출력 지정표를 작성한다.

구분	간접변수명	입출력 포트	비고
입력	스위치1	%IX0.0.0	푸시스위치0
	자기유지해제	%IX0.0.1	푸시스위치1
	자기유지접점	%MX0	니부접점
출력	출력장치	%QX0.2.0	램프

② 래더 다이어그램을 작성한다.

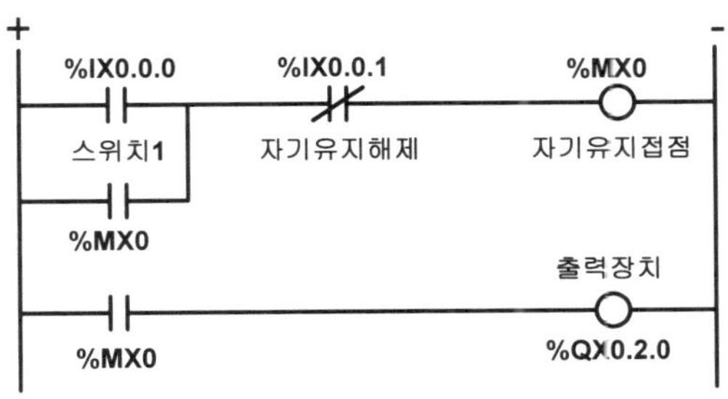

③ 입출력 지정표와 래더 다이어그램을 보고 PLC 결선도를 작성한다.

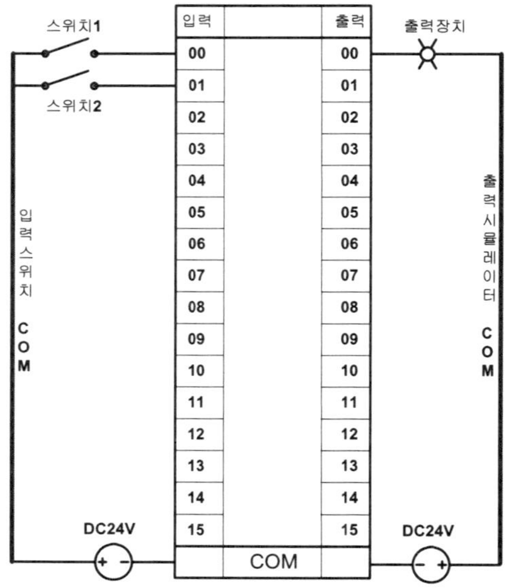

④ PLC 결선도를 이용하여 트레이닝 키트의 입출력 장치를 연결한다.

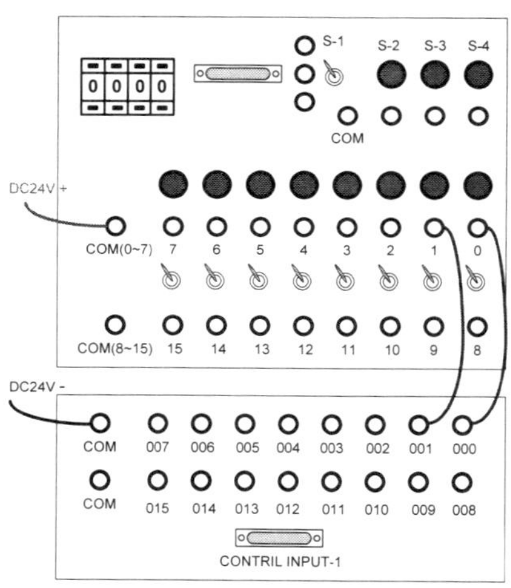

(a) 입력장치 연결도

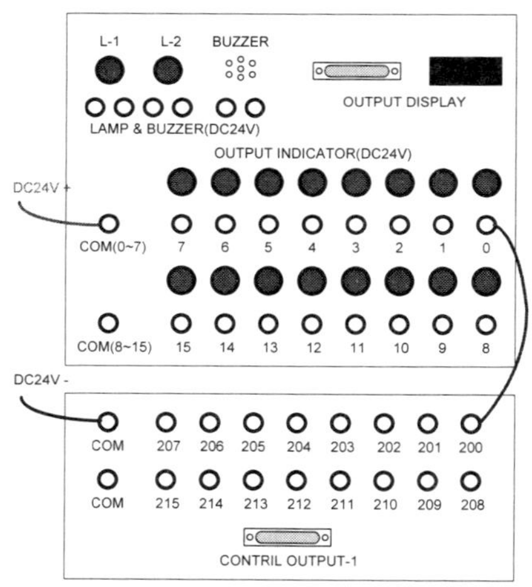

(b) 출력장치 연결도

*주의 : 전원 연결에 특별히 주의하여 결선한다.

⑤ GMWIN 프로그램에서 변수목록을 작성하고 프로그램을 입력한다.

변수 목록

변수명	변수 ...	메모...	사용...	데이터 ...	초기값	설명문
스위치1	VAR	%IX0.0.0		BOOL		
자기유지접점	VAR	%MX0		BOOL		
자기유지해제	VAR	%IX0.0.1		BOOL		
출력장치	VAR	%QX0.2.0		BOOL		

⑥ 프로그램을 실행시키고 스위치1의 푸시버튼 스위치를 눌러 출력장치의 자기유지 동작을 확인한다.

⑦ 자기유지 해제 스위치를 눌러 자기유지 상태가 해제됨을 확인한다.

실험3 인터록 회로

1) 실험목적

인터록 회로는 여러 개의 입력장치 중 어떤 입력장치가 ON 되면 인터록된 나머지 입력장치가 OFF 되도록 하는 회로를 말한다. 인터록 회로는 주로 안전 유지회로에서 이용된다. 예를 들면 전자레인지가 동작 중에 전자레인지의 문이 열리면 위험한 상태가 되므로 전자레인지의 문이 열린 상태가 감지되면 전자레인지의 가동이 정지되도록 할 때 사용된다. 실험3에서는 인터록 회로를 PLC 래더 프로그램으로 구현하고 동작 원리를 이해한다.

■ 동작

① 인터록 회로로 구성된 2개의 입력장치 중 하나의 입력장치를 ON 한다.

② 동작 ①을 실행한 후 인터록된 나머지 입력장치를 ON 한다.

③ 동작 ②에서 인터록된 입력신호에 의한 출력장치가 ON 되지 않는 것을 확인한다.

2) 실험순서

① 입출력 지정표를 작성한다.

구분	간접변수명	입출력 포트	비고
입력	스위치1	%IX0.0.0	푸시버튼 스위치
	스위치2	%IX0.0.1	푸시버튼 스위치
	해제	%IX0.0.2	푸시버튼 스위치
	자기유지0	%MX0	내부 접점
	자기유지1	%MX1	내부 접점
출력	출력0	%QX0.2.0	램프1
	출력1	%QX0.2.1	램프2

② 래더 다이어그램을 작성한다.

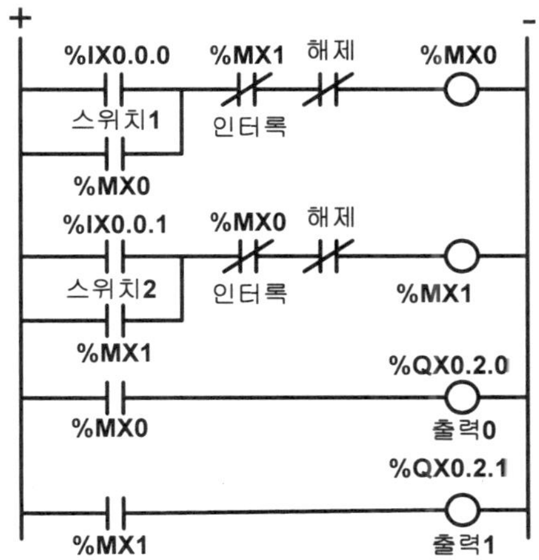

③ 입출력 지정표와 래더 다이어그램을 보고 PLC 결선도를 작성한다.

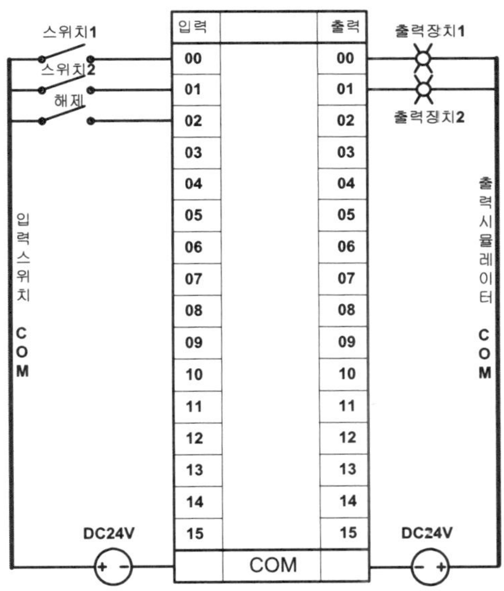

④ PLC 결선도를 이용하여 트레이닝 키트의 입출력 장치를 연결한다.

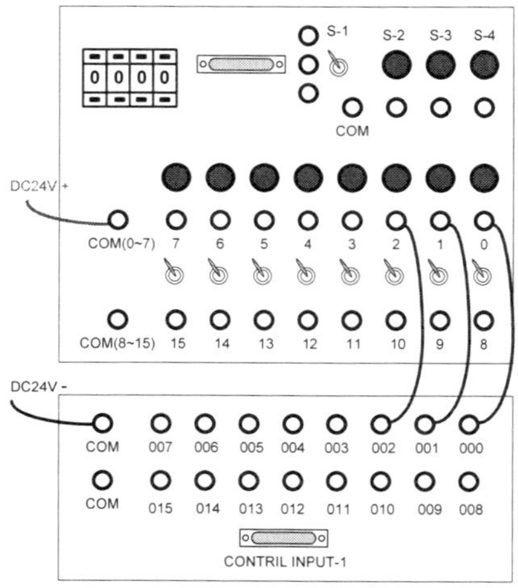

(a) 입력장치 연결도

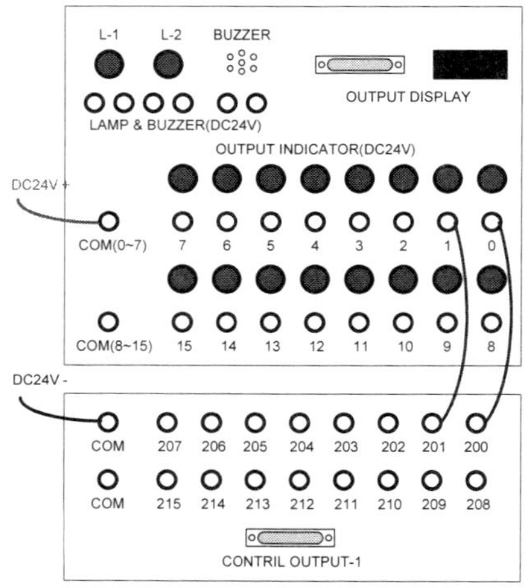

(b) 출력장치 연결도

*주의 : 전원 연결에 특별히 주의하여 결선한다.

⑤ GMWIN 프로그램에서 변수목록을 작성하고 프로그램을 입력한다.

	변수 명	데이터 타입	메모리 할당	초기 값	변수 종류
1	입력0	BOOL	%IX0.0.0		VAR
2	입력1	BOOL	%IX0.0.1		VAR
3	자기유지0	BOOL	%MX0		VAR
4	자기유지1	BOOL	%MX1		VAR
5	출력0	BOOL	%QX0.2.0		VAR
6	출력1	BOOL	%QX0.2.1		VAR
7	해제	BOOL	%QX0.0.2		VAR

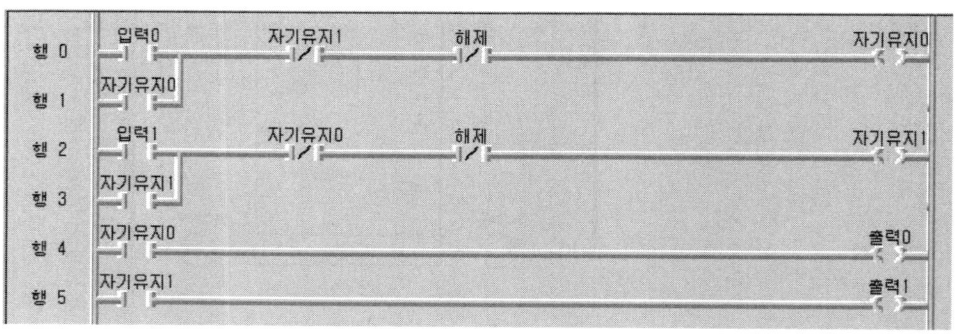

⑥ 프로그램을 실행시키고 입력 스위치를 눌러 인터록 동작을 확인한다.

실험4 타이머를 이용한 동작 지연회로

(1) 실험목적

T_{ON} 타이머를 이용하여 동작 지연회로를 구현하고 동작 원리를 이해한다.

■ 동작

입력 스위치가 ON 되면 T_{ON} 타이머가 동작하고 T_{ON} 타이머의 동작 시간이 경과되면 출력 램프가 ON 된다.

(2) 실험순서

① 입출력 지정표를 작성한다.

구분	간접변수명	입출력 포트	비고
입력	스위치1	%IX0.0.0	푸시버튼 스위치
	리셋	%IX0.0.1	푸시버튼 스위치
	자기유지	%MX0	내부 접점
출력	출력장치	%QX0.2.0	램프

② 래더 다이어그램을 작성한다.

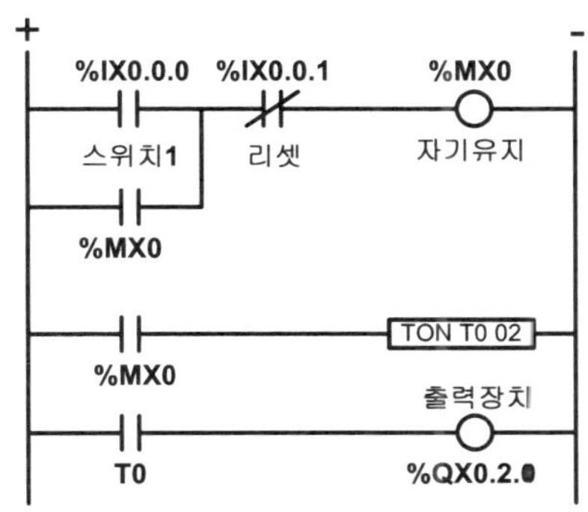

③ 입출력 지정표와 래더 다이어그램을 보고 PLC 결선도를 작성한다.

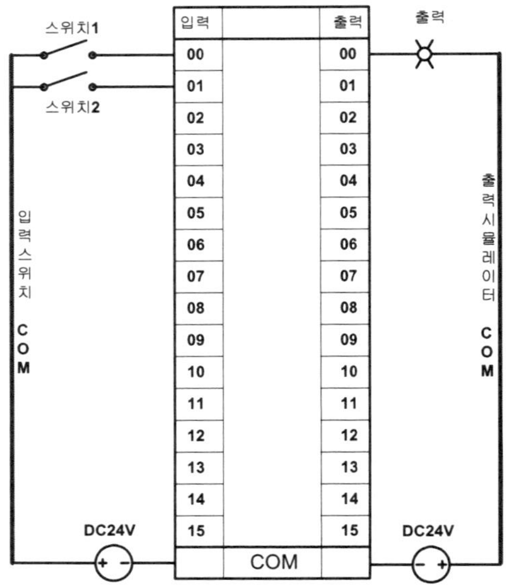

④ PLC 결선도를 이용하여 트레이닝 키트의 입출력 장치를 연결한다.

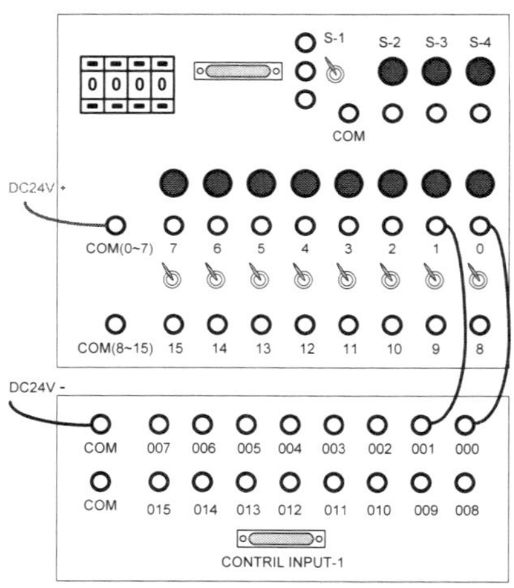

(a) 입력장치 연결도

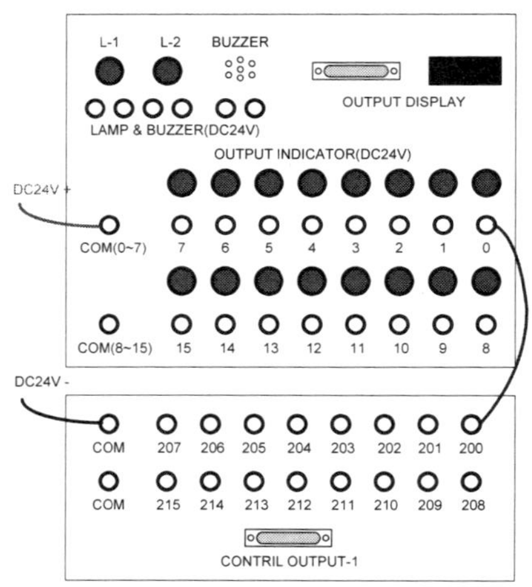

(b) 출력장치 연결도

*주의 : 전원 연결에 특별히 주의하여 결선한다.

⑤ GMWIN 프로그램에서 변수목록을 작성하고 프로그램을 입력한다.

변수 목록

변수명	변수 ...	메모...	사용...	데이터 ...	초기값	설명문
스위치1	VAR	%IX0.0.0		BOOL		
자기유지접점	VAR	%MX0		BOOL		
자기유지해제	VAR	%IX0.0.1		BOOL		
출력장치	VAR	%QX0.2.0		BOOL		
T0	VAR	<자동>		FB Instance		
T0.Q	VAR	<자동>		BOOL		
T0.ET	VAR	<자동>		TIME		

⑥ 프로그램을 실행시킨다.

⑦ 스위치1을 ON/OFF 시키면서 출력장치에 연결된 램프의 시간 지연 상태를 확인한다.

⑧ 입력 스위치 상태에 대한 출력장치의 타임차트를 그린다.

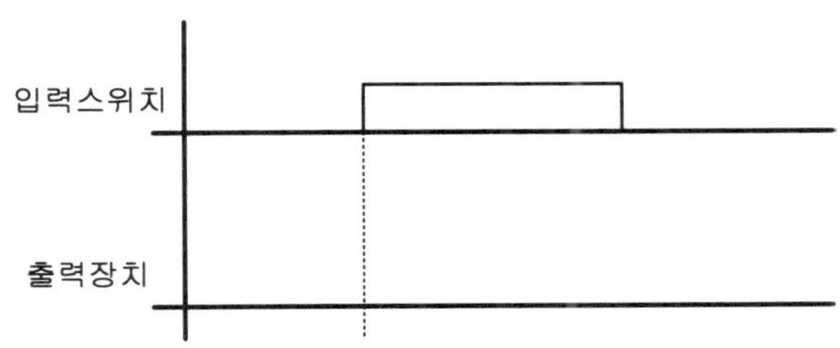

실험5 타이머를 이용한 복귀 지연회로

1) 실험 목적

T_{OFF} 타이머를 이용한 복귀지연 회로를 구현하고 T_{OFF} 타이머의 동작원리를 이해한다.

■ 동작

① 시작 스위치인 스위치1이 ON 되면 동시에 출력 램프가 점등된다.

② 정지 스위치인 스위치2가 ON 되면 출력램프는 타이머 설정 시간이 경과된 후 소등된다.

2) 실험순서

① 입출력 지정표를 작성한다.

구분	간접변수명	입출력 포트	비고
입력	스위치1	%IX0.0.0	푸시버튼 스위치
	스위치2	%IX0.0.1	푸시버튼 스위치
	자기유지	%MX0	내부 접점
출력	출력장치	%QX0.2.0	램프

② 래더 다이어그램을 작성한다.

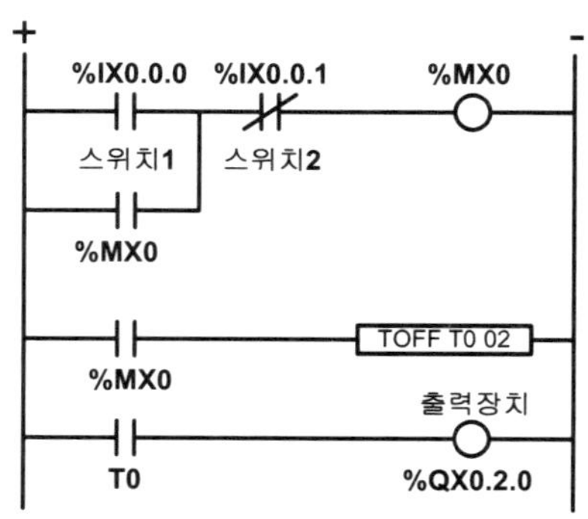

③ 입출력 지정표와 래더 다이어그램을 보고 PLC 결선도를 작성한다.

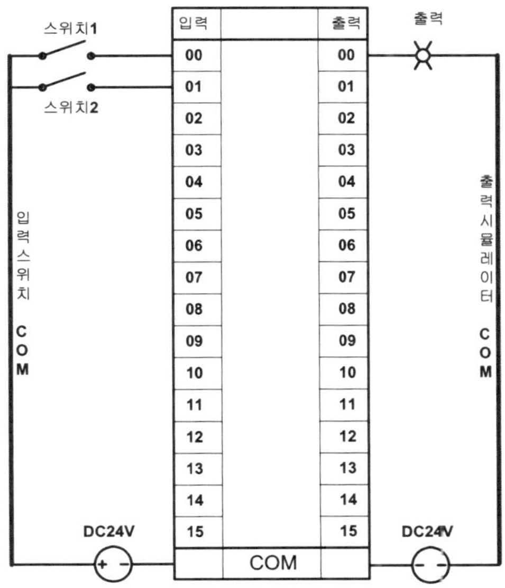

④ PLC 결선도를 이용하여 트레이닝 키트의 입출력 장치를 연결한다.

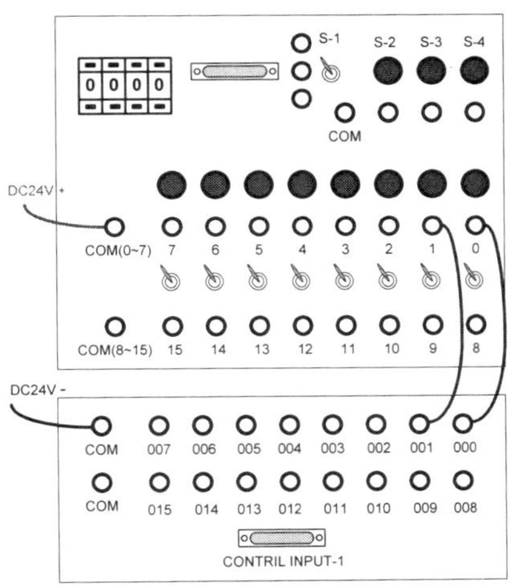

(a) 입력장치 연결도

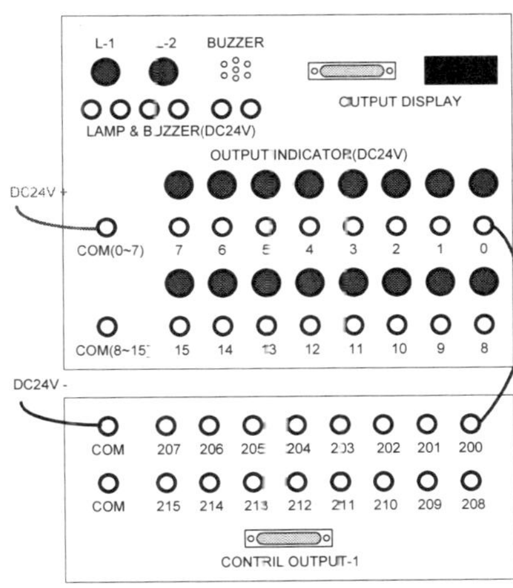

(b) 출력장치 연결도

*주의 : 전원 연결에 특별히 주의하여 결선한다.

⑤ GMWIN 프로그램에서 변수목록을 작성하고 프로그램을 입력한다.

변수 목록

변수명	변수 ...	메모...	사용...	데이터 ...	초기값	설명문
스위치1	VAR	%IX0.0.0		BOOL		
자기유지접점	VAR	%MX0		BOOL		
자기유지해제	VAR	%IX0.0.1		BOOL		
출력장치	VAR	%QX0.2.0		BOOL		
T0	VAR	<자동>		FB Instance		
T0.Q	VAR	<자동>		BOOL		
T0.ET	VAR	<자동>		TIME		

⑥ 프로그램을 실행시킨다.

⑦ 스위치1을 ON/OFF 시키면서 출력장치에 연결된 램프의 시간 지연 상태를 확인한다.

⑧ 입력스위치와 출력장치에 대한 타임차트를 그린다.

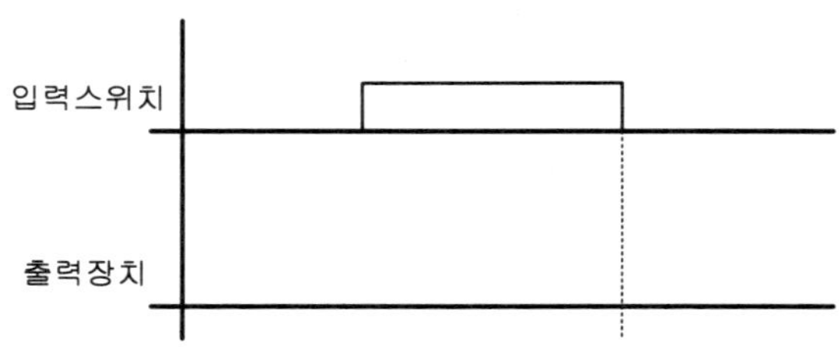

⑨ 타이머를 적산 타이머(TMR)로 변경하고 스위치1을 ON/OFF 시키면서 출력장치에 연결된 램프의 상태와 타이머 동작을 확인한다.

⑩ 타이머를 펄스 타이머(T_P)로 변경하고 스위치1을 ON/OFF 시키면서 출력장치에 연결된 램프의 상태와 타이머 동작을 확인한다.

실험6 선행 우선회로

1) 실험목적

여러 개의 입력장치를 가지고 있는 경우 이 입력장치를 순서대로 동작시키기 위한 선행 우선회로를 PLC 래더 프로그램으로 구현하고 동작원리를 이해한다.

■ 동작

① 선행 램프가 on 되어 있는 상태에서만 후순위 램프가 on될 수 있다.

② 램프의 동작은 선행 우선회로에 의하여 결정된 순서대로 점등되며 반대의 순서는 동작하지 않는다.

2) 실험순서

① 입출력 지정표를 작성한다.

구분	간접변수명	입출력 포트	비고
입력	입력1	%IX0.0.0	푸시버튼 스위치
	입력2	%IX0.0.1	푸시버튼 스위치
	입력3	%IX0.0.2	푸시버튼 스위치
	리셋	%IX0.0.3	푸시버튼 스위치
출력	출력1	%QX0.2.0	램프
	출력2	%QX0.2.1	램프
	출력3	%QX0.2.2	램프

② 래더 다이어그램을 작성한다.

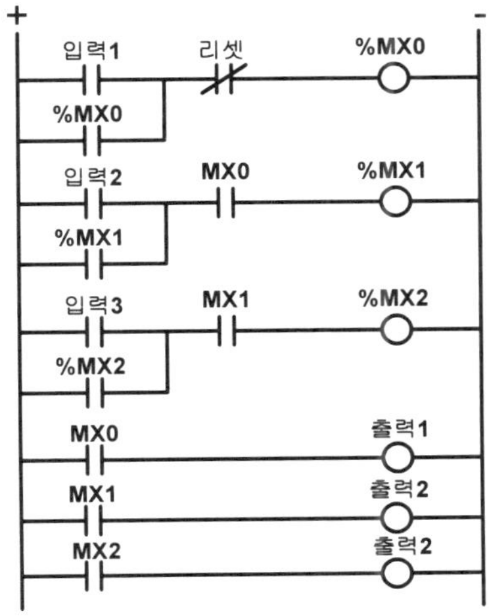

③ 입출력 지정표와 래더 다이어그램을 보고 PLC 결선도를 작성한다.

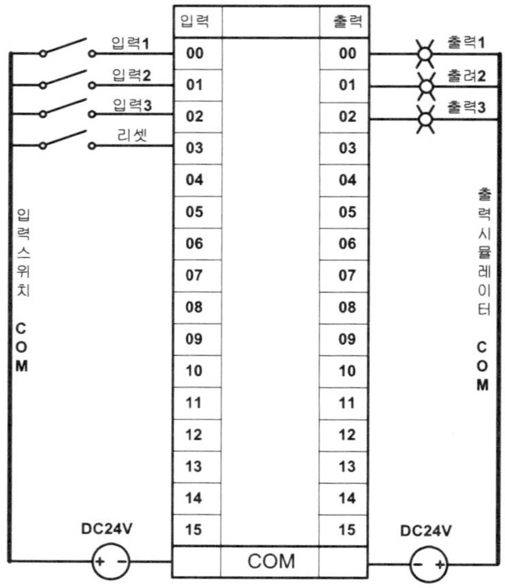

④ PLC 결선도를 이용하여 트레이닝 키트의 입출력 장치를 연결한다.

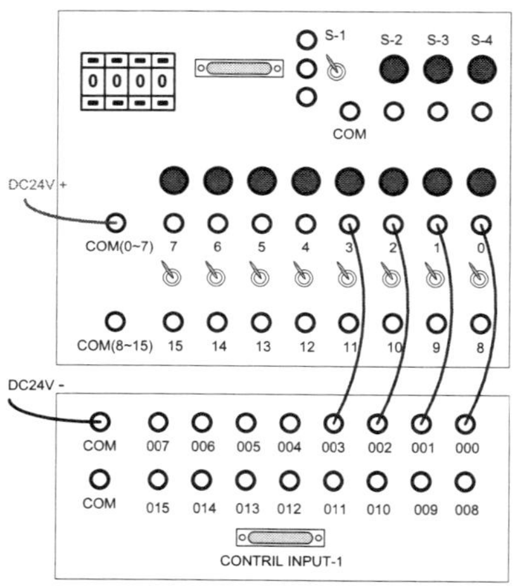

(a) 입력장치 연결도

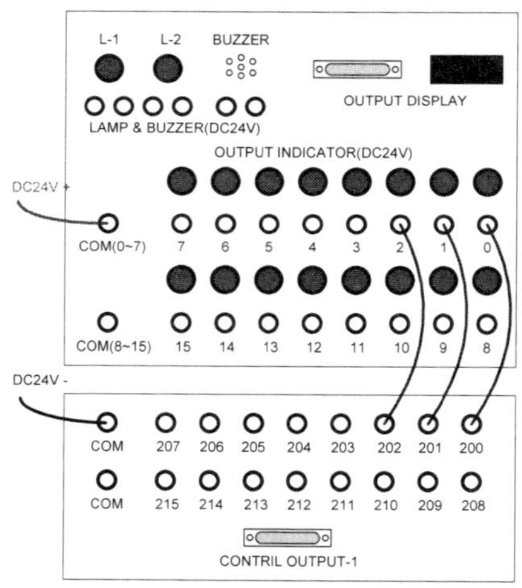

(b) 출력장치 연결도

*주의 : 전원 연결에 특별히 주의하여 결선한다.

⑤ GMWIN 프로그램에서 변수목록을 작성하고 프로그램을 입력한다.

	변수 명	데이터 타입	메모리 할당	초기 값	변수 종류
1	내부접점0	BOOL	%MX0		VAR
2	내부접점1	BOOL	%MX1		VAR
3	내부접점2	BOOL	%MX2		VAR
4	입력1	BOOL	%IX0.0.0		VAR
5	입력2	BOOL	%IX0.0.1		VAR
6	입력3	BOOL	%IX0.0.2		VAR
7	출력1	BOOL	%QX0.2.0		VAR
8	출력2	BOOL	%QX0.2.1		VAR
9	출력3	BOOL	%QX0.2.2		VAR

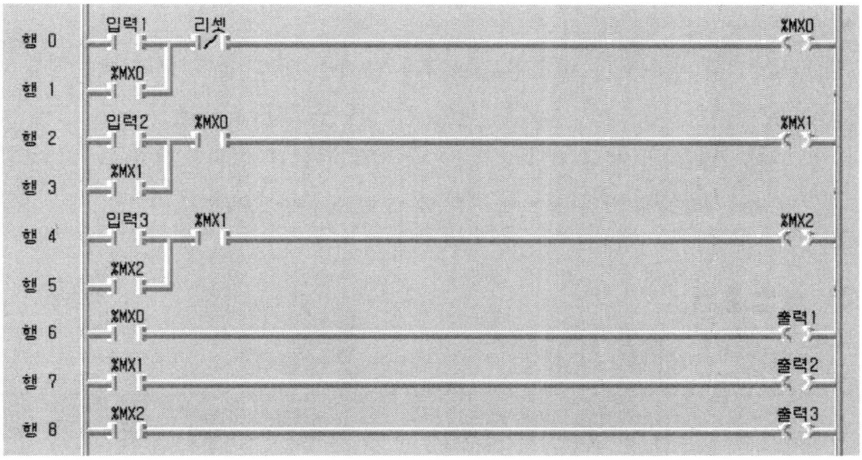

⑥ 프로그램을 실행시킨다.

⑦ 스위치를 입력1, 입력2, 입력3 순서로 동작시키며 출력 램프의 상태를 확인한다.

⑧ 스위치를 입력3, 입력2, 입력1 순서로 동작시키며 출력 램프의 상태를 확인한다.

실험7 퀴즈 프로그램

1) 실험목적

인터록 회로와 타이머를 이용하여 3인의 참여자와 1인의 사회자로 구성되는 퀴즈 프로그램을 PLC 래더 프로그램으로 구현하고 동작 원리를 이해한다.

■ 동작

① 진행자와 참여자가 나오며 진행자가 문제를 내고 참여자가 그 문제를 푼다.
② 먼저 스위치를 누른 사람의 불이 켜지고 부저가 울린다.
③ 먼저 스위치를 누른 사람의 램프는 사회자가 해제하기 전까지는 점등된다.
④ 부저는 최초의 스위치가 눌러진 후 1초 동안만 울린다.

2) 실험순서

① 입출력 지정표를 작성한다.

구분	간접변수명	입출력 포트	비고
입력	참여자1	%IX0.0.0	푸시버튼 스위치
	참여자2	%IX0.0.1	푸시버튼 스위치
	참여자3	%IX0.0.2	푸시버튼 스위치
	사회자	%IX0.0.3	푸시버튼 스위치
출력	램프1	%QX0.2.0	램프
	램프2	%QX0.2.1	램프
	램프3	%QX0.2.2	램프
	부저	%QX0.2.3	램프

② 래더 다이어그램을 작성한다.

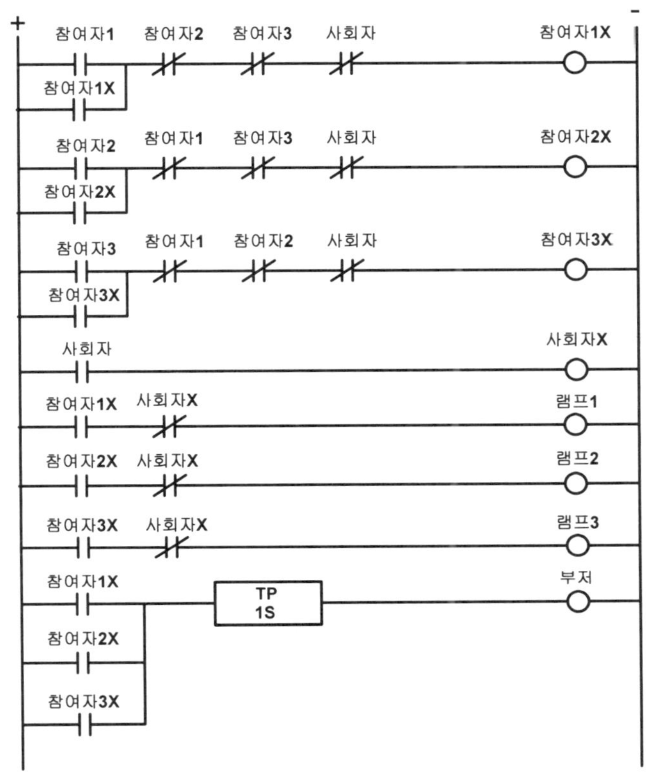

③ 입출력 지정표와 래더 다이어그램을 보고 PLC 결선도를 작성한다.

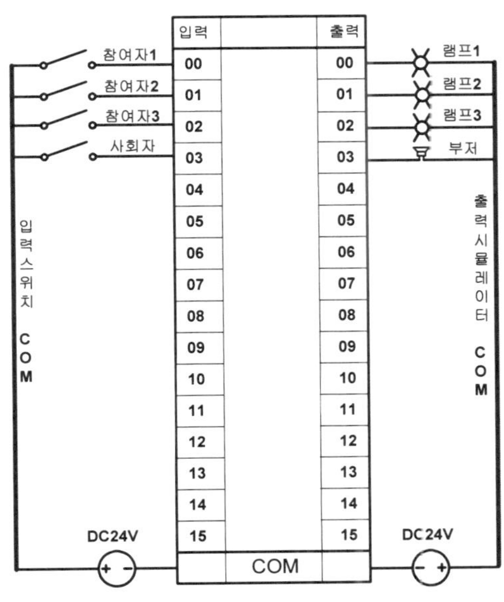

④ PLC 결선도를 이용하여 트레이닝 키트의 입출력 장치를 연결한다.

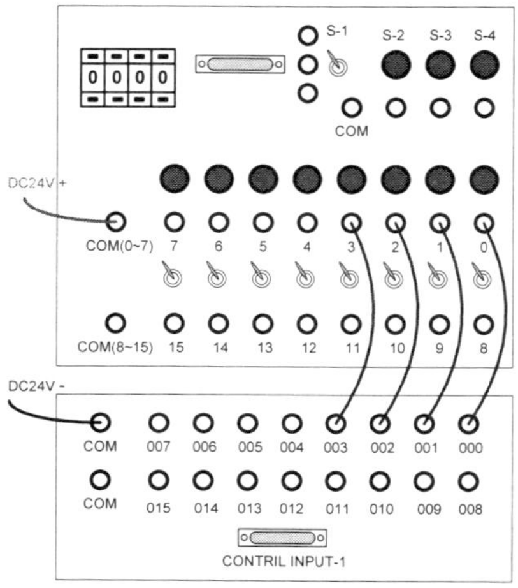

(a) 입력장치 연결도

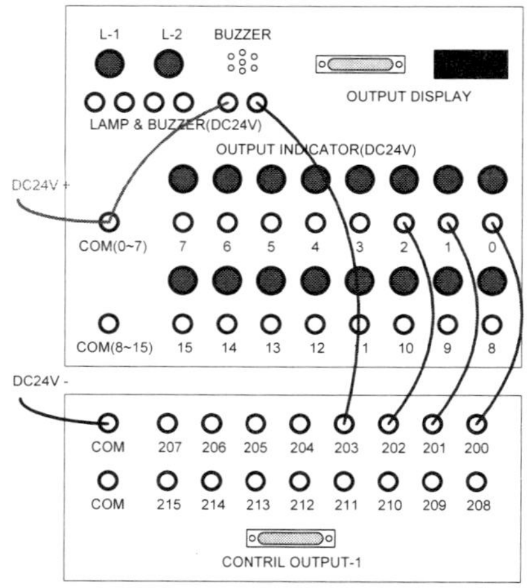

(b) 출력장치 연결도

*주의 : 전원 연결에 특별히 주의하여 결선한다.

⑤ GMWIN 프로그램에서 변수목록을 작성하고 프로그램을 입력한다.

	변수 명	데이터 타입	메모리 할당	초기 값	변수 종류
1	램프1	BOOL	%QX0.2.0		VAR
2	램프2	BOOL	%QX0.2.1		VAR
3	램프3	BOOL	%QX0.2.2		VAR
4	부저	BOOL	%QX0.2.3		VAR
5	사회자	BOOL	%IX0.0.3		VAR
6	사회자X	BOOL	%MX3		VAR
7	참여자1	BOOL	%IX0.0.0		VAR
8	참여자1X	BOOL	%MX0		VAR
9	참여자2	BOOL	%IX0.0.1		VAR
10	참여자2X	BOOL	%MX1		VAR
11	참여자3	BOOL	%IX0.0.2		VAR
12	참여자3X	BOOL	%MX2		VAR
13	TIMER0	FB Instance	<자동>		VAR

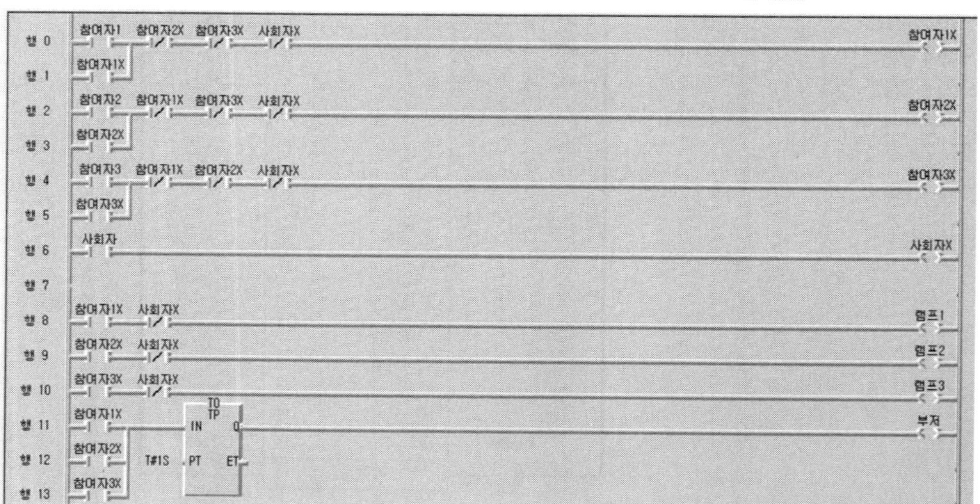

⑥ 프로그램을 실행시킨다.

⑦ 참여자끼리 인터록 회로가 동작되고 있는지 확인한다.

실험8 화장실 자동밸브 제어

1) 실험목적

근접센서와 전동밸브를 이용하여 화장실 자동밸브 제어장치를 구현하고 이를 통하여 센서와 타이머의 응용방법을 학습한다.

■ 동작

① 변기에 접근 후 1초 뒤 2초간 물이 공급된다.
② 변기에서 이탈한 후 즉시 3초간 물이 공급된다.

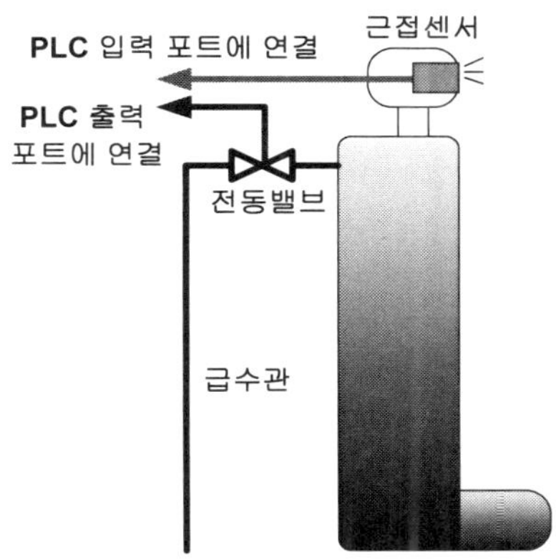

실험 8. 화장실 변기 시스템

2) 실험순서

① 입출력 지정표를 작성한다.

구분	간접변수명	입출력 포트	비고
입력	근접센서	%IX0.0.0	푸시버튼 스위치
출력	급수밸브	%QX0.2.0	램프

② 래더 다이어그램을 작성한다.

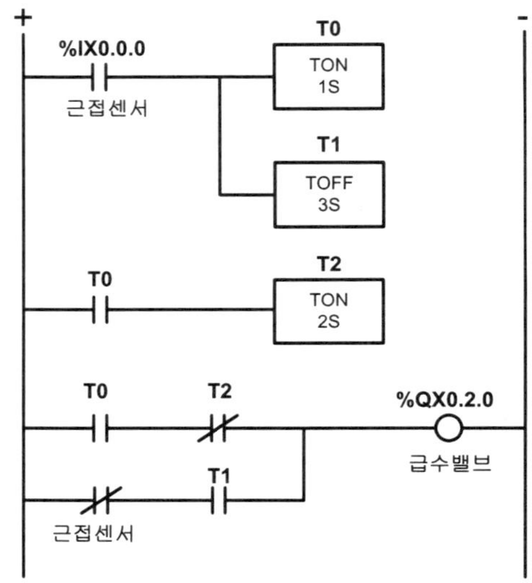

③ 입출력 지정표와 래더 다이어그램을 보고 PLC 결선도를 작성한다.

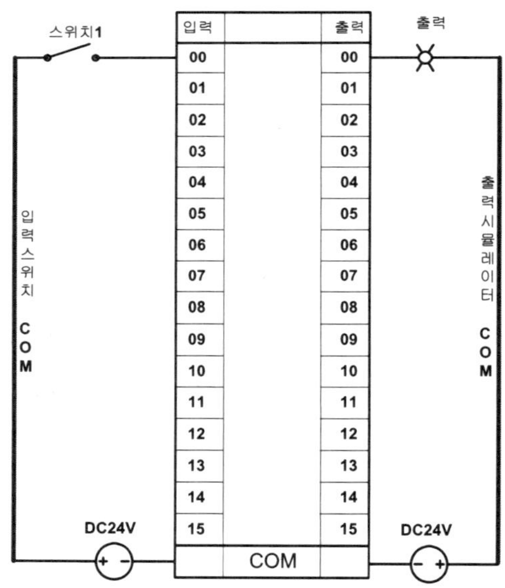

④ PLC 결선도를 이용하여 트레이닝 키트의 입출력 장치를 연결한다.

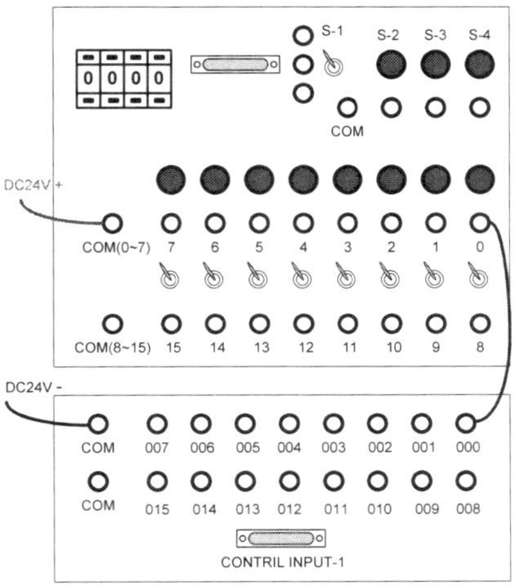

(a) 입력장치 연결도

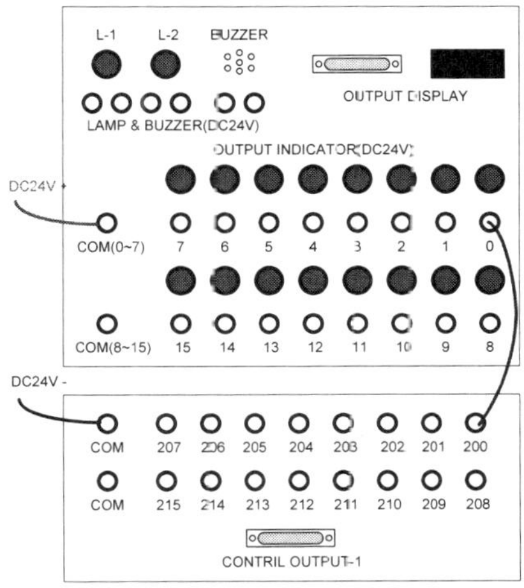

(b) 출력장치 연결도

*주의 : 전원 연결에 특별히 주의하여 결선한다.

⑤ GMWIN 프로그램에서 변수목록을 작성하고 프로그램을 입력한다.

	변수 명	데이터 타입	메모리 할당	초기 값	변수 종류
1	근접센서	BOOL	%IX0.0.0		VAR
2	급수밸브	BOOL	%QX0.2.0		VAR
3	T0	FB Instance	<자동>		VAR
4	T1	FB Instance	<자동>		VAR
5	T2	FB Instance	<자동>		VAR

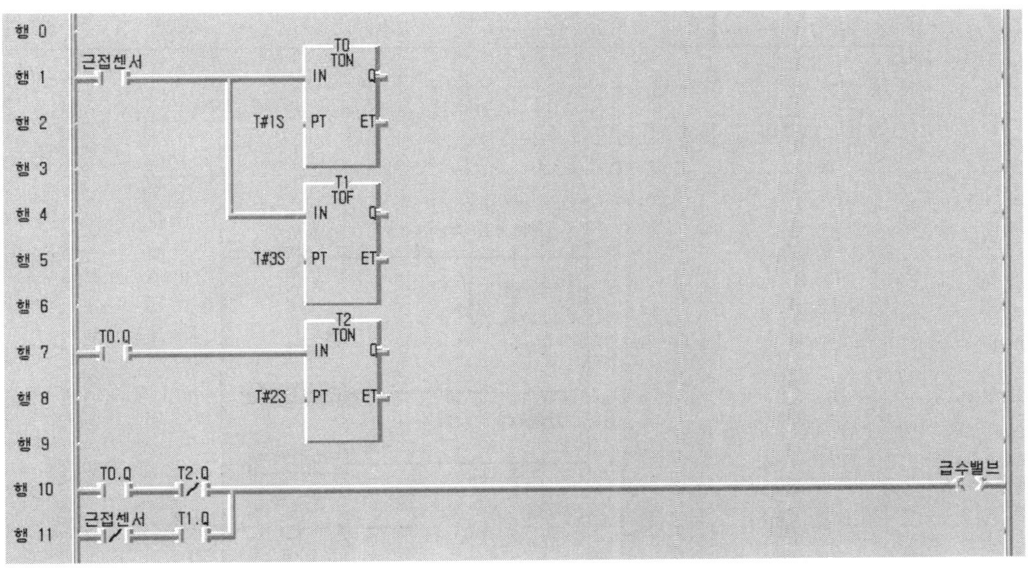

⑥ 프로그램을 실행시키고 동작을 확인한다.

⑦ T_P 타이머를 이용하여 동일한 동작을 할 수 있는 프로그램을 작성한다.

실험9 플리커 회로

1) 실험목적

출력장치의 램프가 주기적으로 점멸되는 플리커 회로를 구성하고 동작 원리를 이해한다.

■ 동작

입력 스위치가 ON되면 출력 램프가 2초간 점등 후 2초간 소등된다.

2) 실험 절차

① 입출력 지정표를 작성한다.

구분	간접변수명	입출력 포트	비고
입력	스위치1	%IX0.0.0	푸시버튼 스위치
	리셋	%IX0.0.1	푸시버튼 스위치
	자기유지	%MX0	내부 접점
출력	출력장치	%QX0.2.0	램프

② 래더 다이어그램을 작성한다.

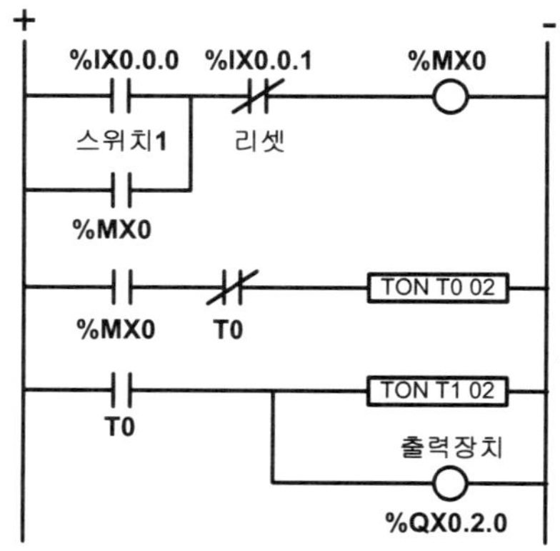

③ 입출력 지정표와 래더 다이어그램을 보고 PLC 결선도를 작성한다.

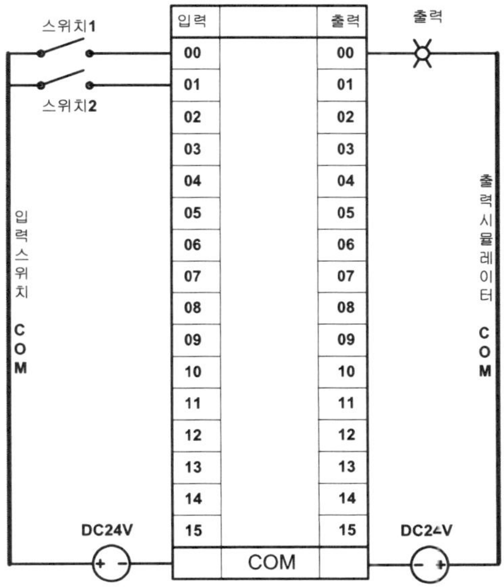

④ PLC 결선도를 이용하여 트레이닝 키트의 입출력 장치를 연결한다.

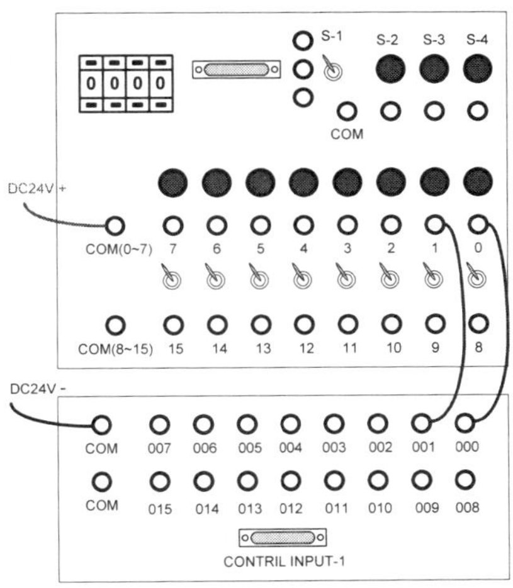

(a) 입력장치 연결도

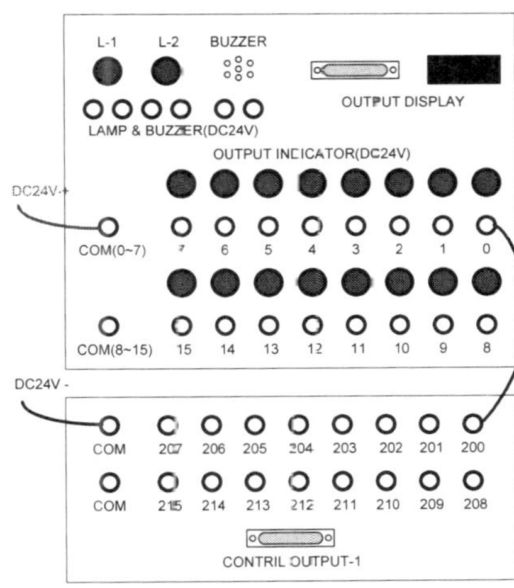

(b) 출력장치 연결도

*주의 : 전원 연결에 특별히 주의하여 결선한다.

⑤ GMWIN 프로그램에서 변수목록을 작성하고 프로그램을 입력한다.

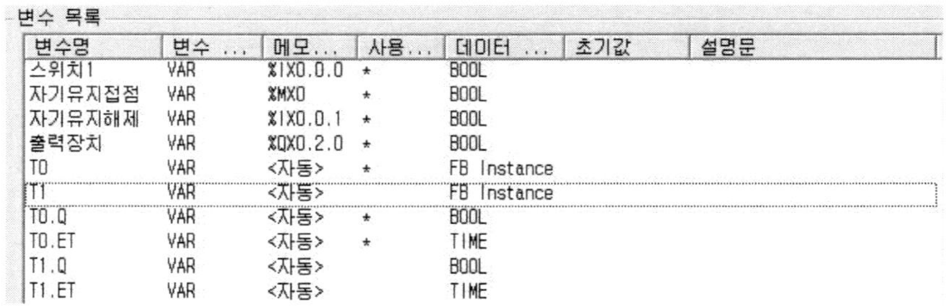

변수 목록

변수명	변수 ...	메모...	사용...	데이터 ...	초기값	설명문
스위치1	VAR	%IX0.0.0	*	BOOL		
자기유지접점	VAR	%MX0	*	BOOL		
자기유지해제	VAR	%IX0.0.1	*	BOOL		
출력장치	VAR	%QX0.2.0	*	BOOL		
T0	VAR	<자동>	*	FB Instance		
T1	VAR	<자동>		FB Instance		
T0.Q	VAR	<자동>	*	BOOL		
T0.ET	VAR	<자동>	*	TIME		
T1.Q	VAR	<자동>		BOOL		
T1.ET	VAR	<자동>		TIME		

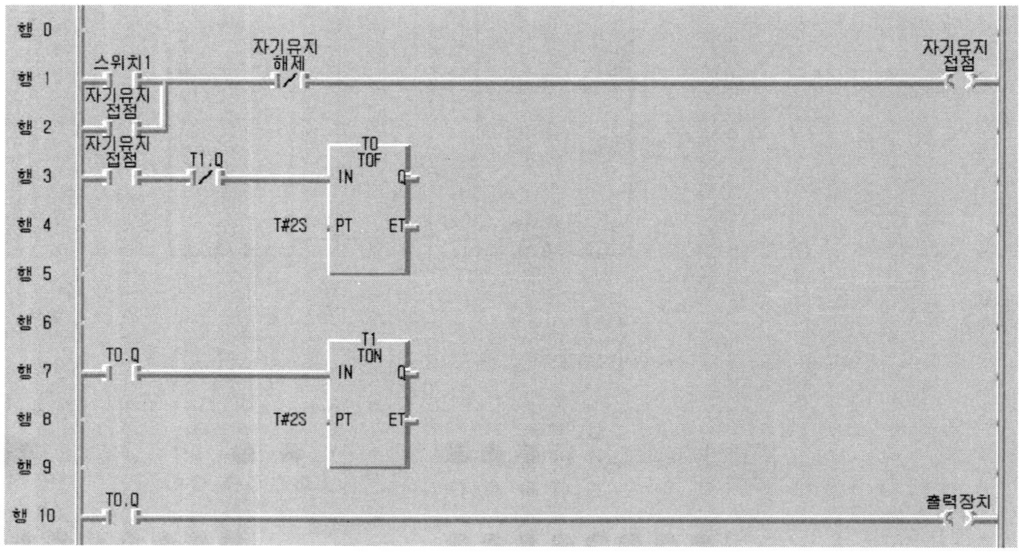

⑥ 프로그램을 실행시키고 동작을 확인한다.

실험10 적산 타이머를 이용한 공구 수명 경보 시스템

1) 실험목적

머시닝 센터 등의 공구 사용기간을 측정하여 공구 교환을 위한 경보등을 출력하는 시스템을 적산타이머를 이용하여 구현하고 적산 타이머의 동작을 이해한다.

■ 동작

① 드릴하강 검출 센서로부터 머시닝 센터의 사용시간을 검출하고 검출된 시간이 설정된 시간 이상이 되면 경보가 울린다.

② 드릴교환완료 신호가 입력되면 경보가 해제된다.

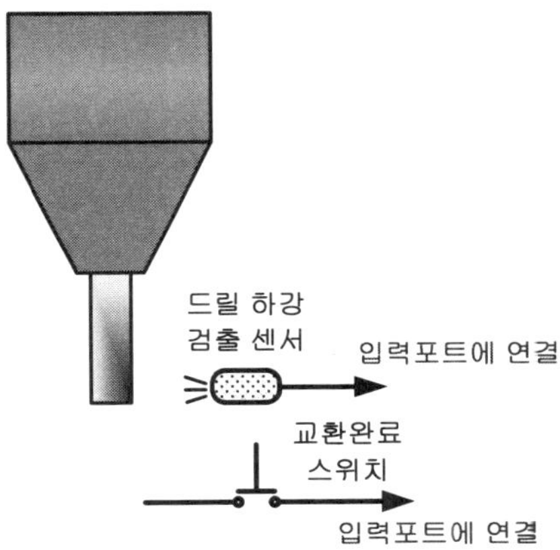

실험 10. 공구수명 경보 시스템

2) 실험 순서

① 입출력 지정표를 작성한다.

구분	간접변수명	입출력 포트	비고
입력	드릴하강검출	%IX0.0.0	푸시버튼 스위치
	드릴교환완료	%IX0.0.1	푸시버튼 스위치
출력	드릴 수명 경보	%QX0.2.0	램프

② 주어진 회로를 래더 다이어그램으로 작성한다.

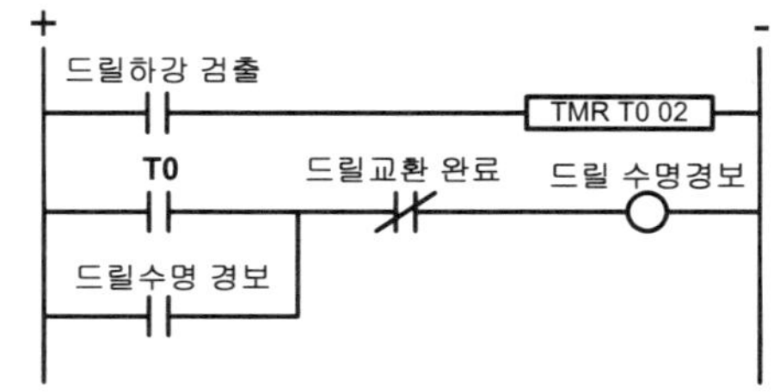

③ 입출력 지정표와 래더 다이어그램을 보고 PLC 결선도를 작성한다.

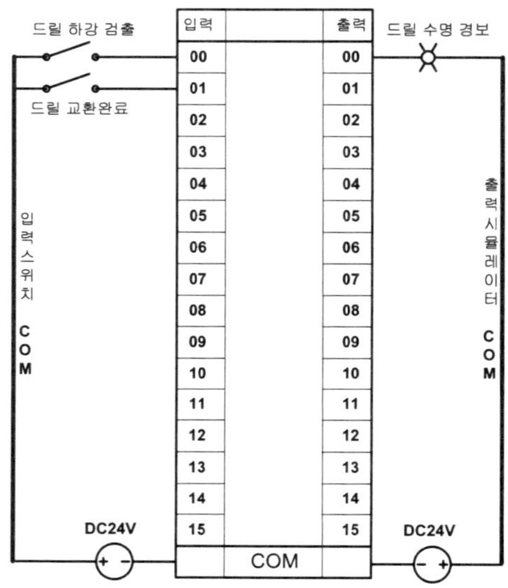

④ PLC 결선도를 이용하여 트레이닝 키트의 입출력 장치를 연결한다.

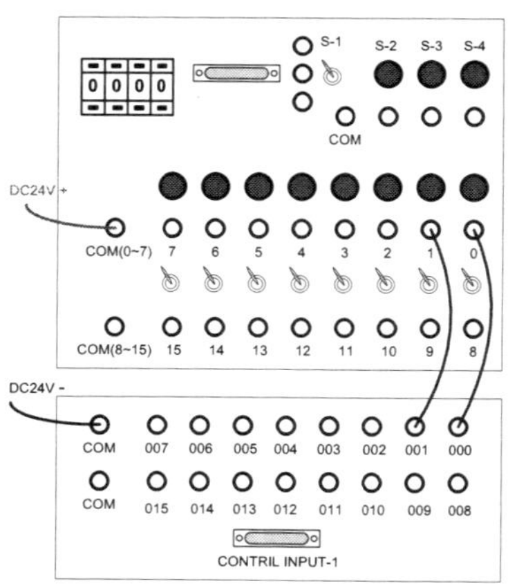

(a) 입력장치 연결도

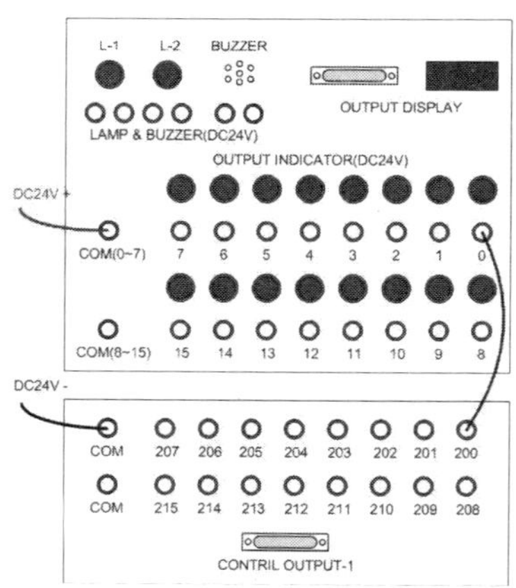

(b) 출력장치 연결도

*주의 : 전원 연결에 특별히 주의하여 결선한다.

⑤ GMWIN 프로그램에서 변수목록을 작성하고 프로그램을 입력한다.

	변수 명	데이터 타입	메모리 할당	초기 값	변수 종류
1	드릴교환완료	BOOL	%QX0.0.1		VAR
2	드릴수명경보	BOOL	%QX0.2.0		VAR
3	드릴하강검출	BOOL	%IX0.0.0		VAR
4	T0	FB Instance	<자동>		VAR

⑥ 프로그램을 실행하고 동작을 확인한다.

실험11 직류전동기 구동

1) 실험 목적

직류전동기 구동회로를 구성하고 전동기를 기동, 정지할 수 있는 PLC 래더 프로그램을 작성한다.

■ 동작

① 기동 스위치가 ON 되면 직류전동기가 동작하고 운전램프가 점등된다.

② 정지스위치가 ON 되면 직류전동기는 정지함과 동시에 운전램프가 소등되고 정지 램프가 점등된다.

2) 실험 순서

① 입출력 지정표를 작성한다.

구분	간접변수명	입출력 포트	비고
입력	기동스위치	%IX0.0.0	푸시버튼 스위치1
	정지스위치	%IX0.0.1	푸시버튼 스위치2
출력	전동기	%QX0.2.0	직류전동기
	운전램프	%QX0.2.1	램프1
	정지램프	%QX0.2.2	램프2

② 주어진 회로를 래더 다이어그램으로 작성한다.

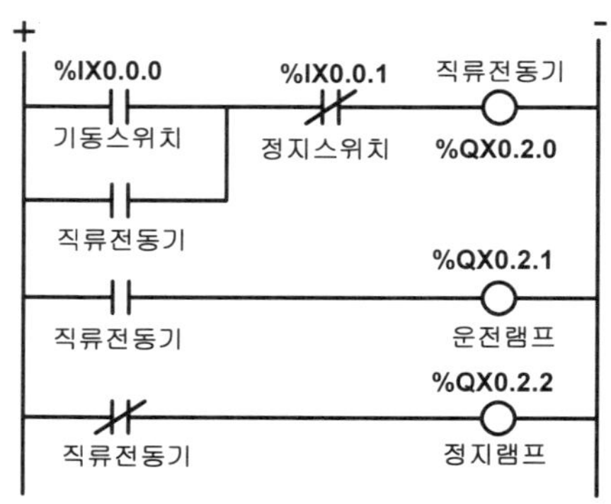

③ 입출력 지정표와 래더 다이어그램을 보고 PLC 결선도를 작성한다.

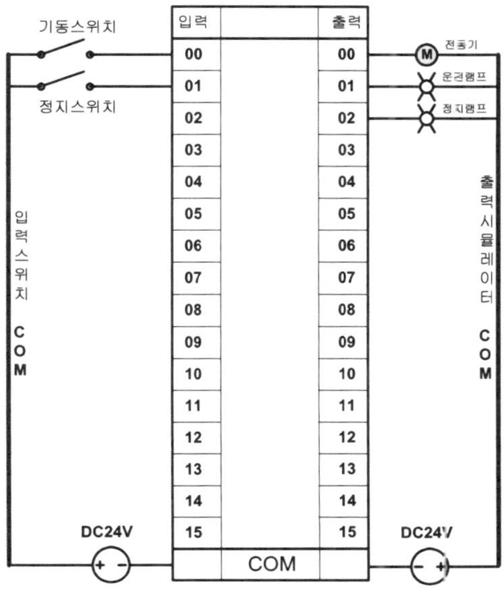

④ PLC 결선도를 이용하여 트레이닝 키트의 입출력 장치를 연결한다.

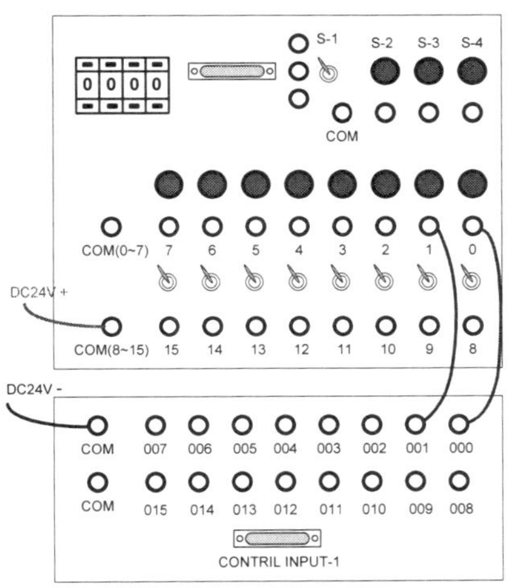

(a) 입력장치 연결도

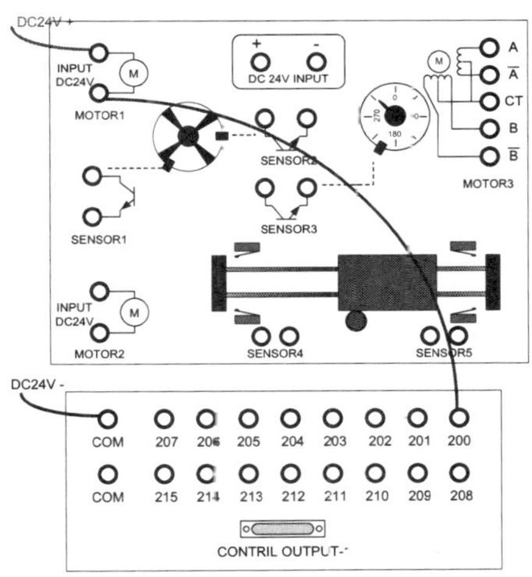

(b) 출력장치 연결도(모터부)

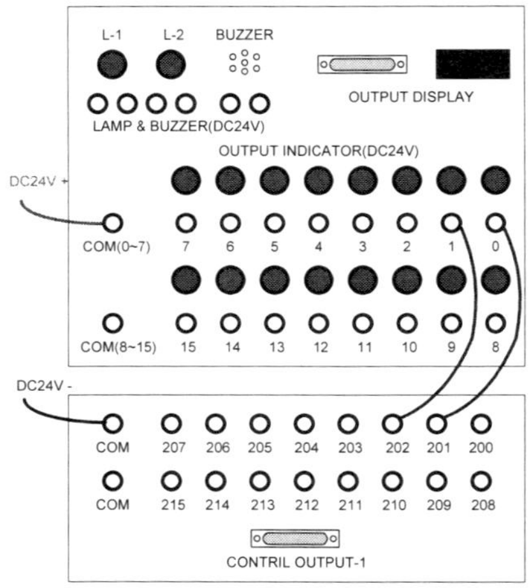

(c) 출력장치 연결도(램프부)

*주의 : 전원 연결에 특별히 주의하여 결선한다.

⑤ GMWIN 프로그램에서 변수목록을 작성하고 프로그램을 입력한다.

변수 목록

변수명	변수 ...	메모...	사용...	데이터 ...	초기값	설명문
기동스위치	VAR	%IX0.0.0		BOOL		
운전램프	VAR	%QX0.2.1		BOOL		
자기유지접점	VAR	%MX0	*	BOOL		
정지램프	VAR	%QX0.2.2		BOOL		
정지스위치	VAR	%IX0.0.1		BOOL		
직류전동기	VAR	%QX0.2.0		BOOL		

⑥ 프로그램을 실행시키고 직류전동기의 기동/정지를 확인한다.

실험12 직류전동기의 정/역회전

1) 실험목적

트레이닝 키트의 위치제어 모듈을 이용하여 직류전동기의 정역회전 구동회로를 구성하고 실험을 통하여 그 동작 원리를 이행한다.

■ 동작

① 정회전 스위치가 ON 되면 직류전동기가 정회전하고 정회전 램프가 점등된다.

② 역회전 스위치가 ON 되면 직류전동기가 역회전하고 역회전 램프가 점등된다.

③ 정지스위치가 ON 되면 직류전동기는 정지되고 램프는 소등된다.

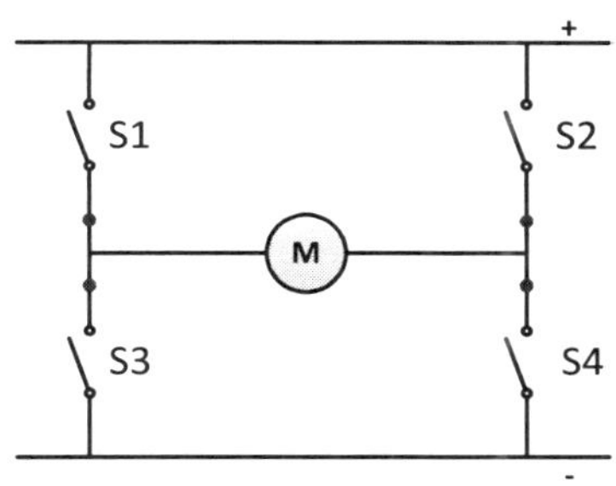

실험12. 직류전동기 정역회전 회로

2) 실험 순서

① 입출력 지정표를 작성한다.

구분	간접변수명	입출력 포트	비고
입력	정회전 스위치	%IX0.0.0	푸시버튼 스위치
	역회전 스위치	%IX0.0.1	푸시버튼 스위치
	정지 스위치	%IX0.0.2	푸시버튼 스위치
출력	정회전 접점1	%QX0.2.0	S1
	정회전 접점2	%QX0.3.1	S4
	역회전 접점1	%QX0.2.1	S2
	역회전 접점2	%QX0.3.0	S3
	정회전 램프	%QX0.3.2	램프1
	역회전 램프	%QX0.3.3	램프2

② 래더 다이어그램을 작성한다.

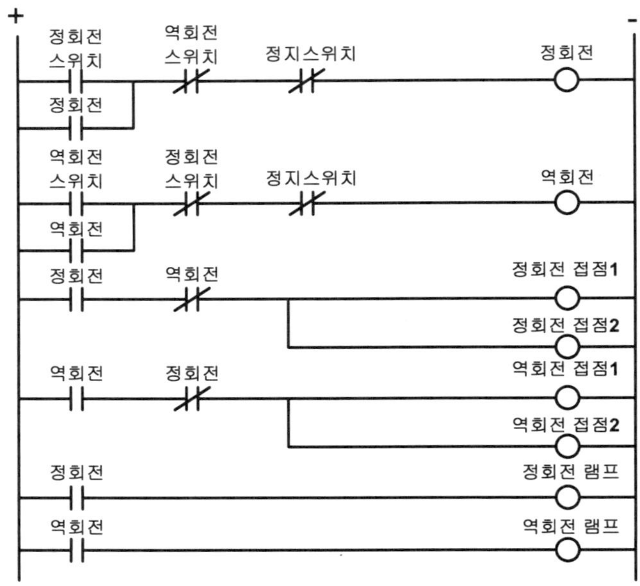

③ 입출력 지정표와 래더 다이어그램을 보고 PLC 결선도를 작성한다.

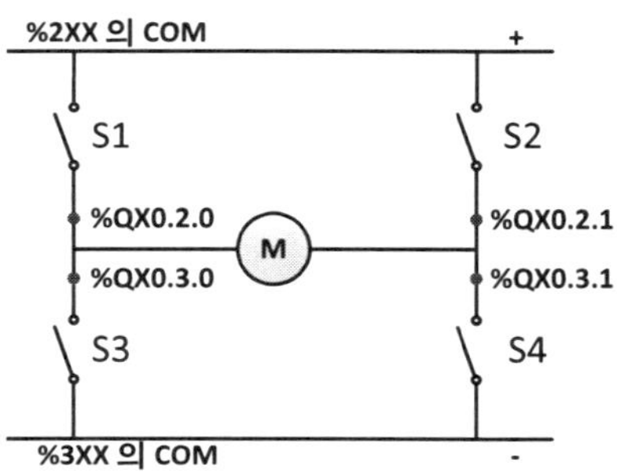

(a) 직류전동기 정/역회전 회로 구성도

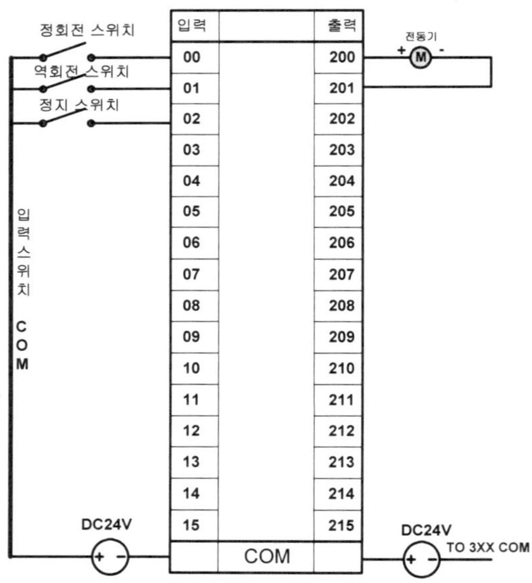

(b) PLC 결선도(1)

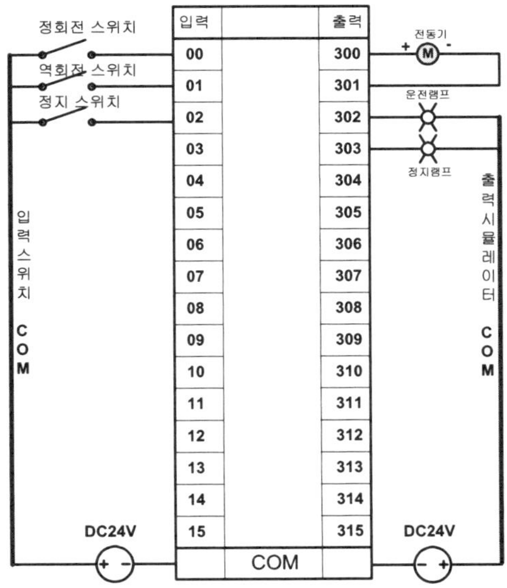

(c) PLC 결선도(2)

④ PLC 결선도를 이용하여 트레이닝 키트의 입출력 장치를 연결한다.

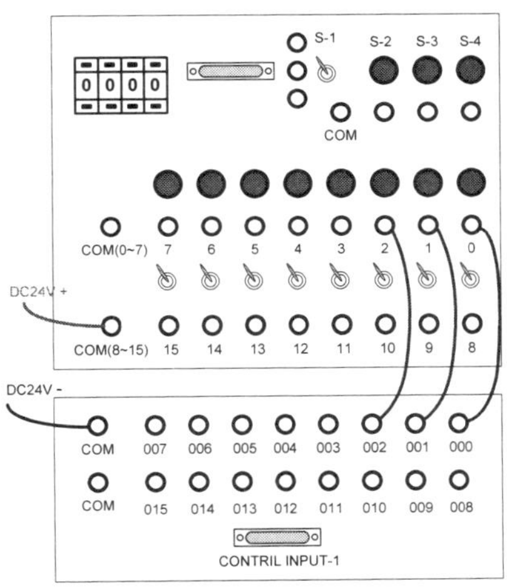

(a) 입력부 결선도

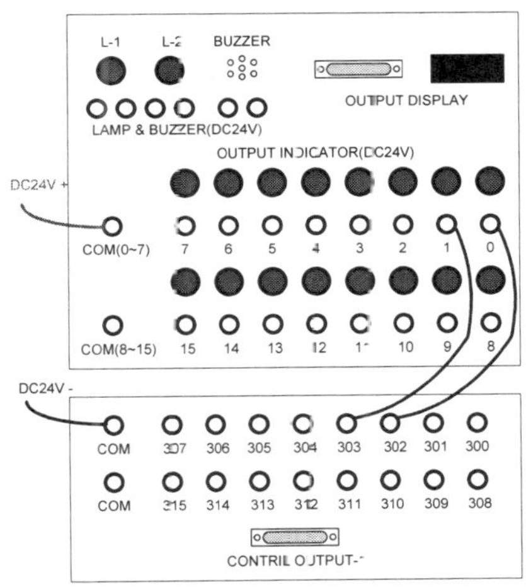

(b) 출력부 결선도(램프)

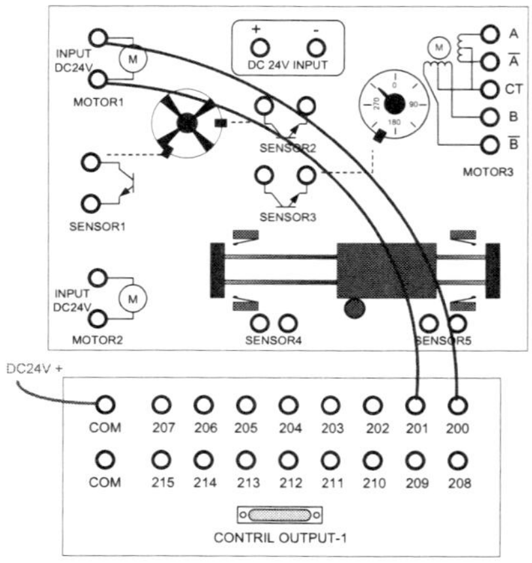

(c) 출력부 결선도(전동기)

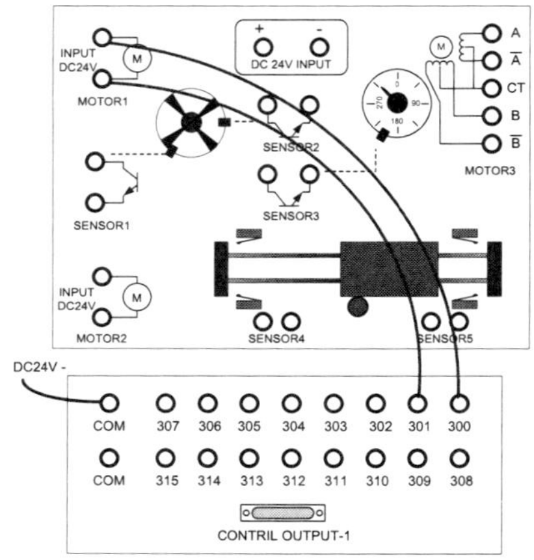

(d) 출력부 결선도(전동기)

*주의 : 전원 연결에 특별히 주의하여 결선한다.

⑤ GMWIN 프로그램에서 변수목록을 작성하고 프로그램을 입력한다.

변수 목록

변수명	변수 ...	메모...	사용...	데이터 ...	초기값	설명문
역회전	VAR	%MX1		BOOL		
역회전램프	VAR	%QX0.3.3		BOOL		
역회전스위치	VAR	%IX0.0.1		BOOL		
역회전접점2	VAR	%QX0.3.0		BOOL		
역회전접점1	VAR	%QX0.2.1		BOOL		
정지스위치	VAR	%IX0.0.2		BOOL		
정회전	VAR	%MX0		BOOL		
정회전램프	VAR	%QX0.3.2		BOOL		
정회전스위치	VAR	%IX0.0.0		BOOL		
정회전접점1	VAR	%QX0.2.0		BOOL		
정회전접점2	VAR	%QX0.3.1		BOOL		

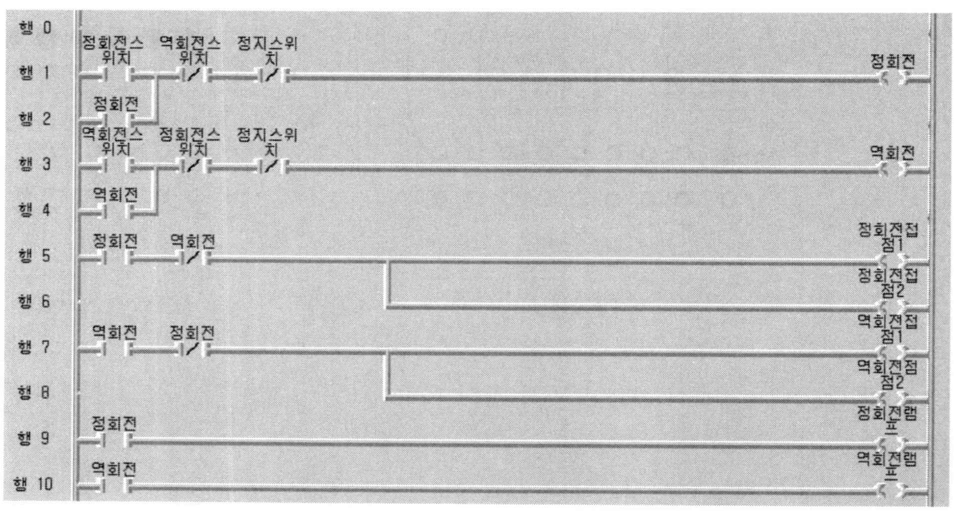

⑥ 프로그램을 실행시키고 직류 전동기의 정역회전 동작을 확인한다.

실험13 3상 유도전동기 $Y-\Delta$ 구동실험

1) 실험목적

중대형 전동기는 기동시 회전자 관성 때문에 정격전류의 3~5배 정도의 기동전류가 흐른다. 따라서 특별한 기동법이 필요한데 $Y-\Delta$ 기동법은 기동시 전동기의 단자전압을 $1/\sqrt{3}$ 낮추어 기동하고 기동이 완료되면 정격전압으로 정상운전 되도록 해주는 전동기 기동법이다. 이 실험을 통하여 3상 유도전동기의 $Y-\Delta$ 기동 회로의 동작 원리를 이해한다.

■ 동작

① 기동 스위치를 ON하면 Y 운전 램프가 점등된다.

② Y 운전 램프가 점등되고 5초 후 Δ 운전 램프가 점등되고 Y 운전램프는 소등된다.

③ 정지스위치를 누르면 Y 운전 램프와 Δ 운전램프는 소등되고 정지램프가 점등된다.

2) 실험순서

① 입출력 지정표를 작성한다.

구분	간접변수명	입출력 포트	비고
입력	기동 스위치	%IX0.0.0	푸시 버튼 스위치
	정지 스위치	%IX0.0.1	푸시 버튼 스위치
출력	Y운전(MC)	%QX0.2.0	램프
	Δ운전(MC)	%QX0.2.1	램프
	정지램프	%QX0.2.2	램프

② 래더 다이어그램을 작성한다.

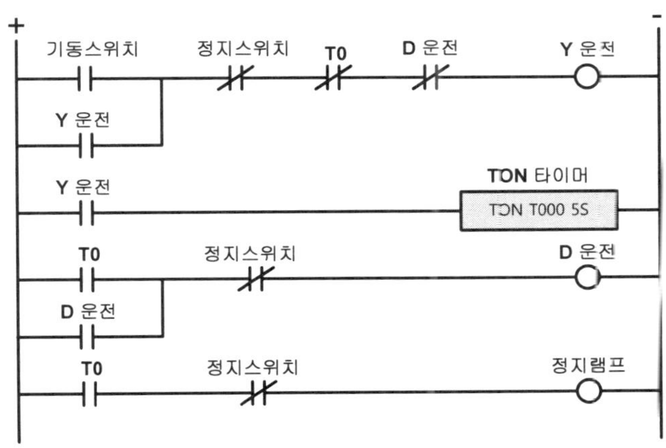

③ 입출력 지정표와 래더 다이어그램을 보고 PLC 결선도를 작성한다.

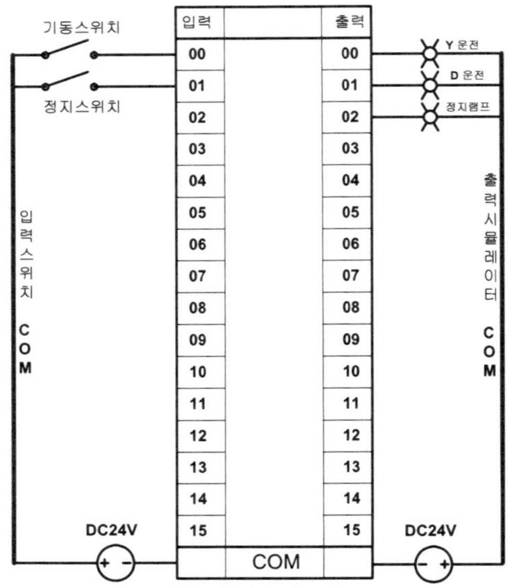

④ PLC 결선도를 이용하여 트레이닝 키트의 입출력 장치를 연결한다.

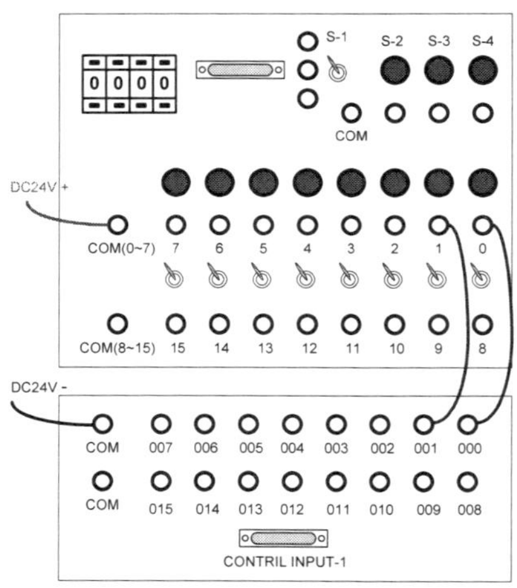

(a) 입력부 결선도

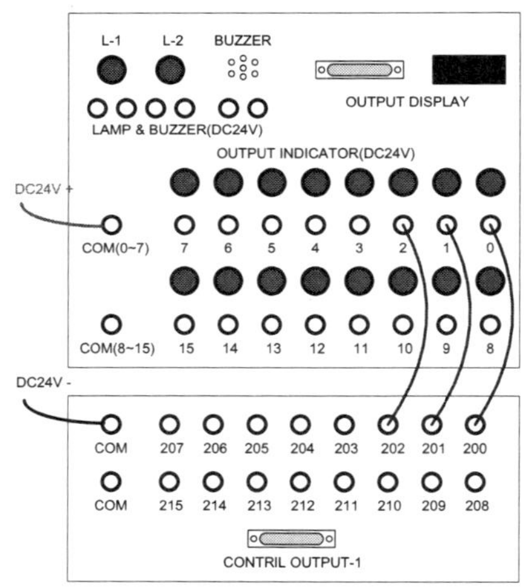

(b) 출력부 결선도

*주의 : 전원 연결에 특별히 주의하여 결선한다.

⑤ GMWIN 프로그램에서 변수목록을 작성하고 프로그램을 입력한다.

변수 목록

변수명	변수 ...	메모...	사용...	데이터 ...	초기값	설명문
기동스위치	VAR	%IX0.0.0		BOOL		
정지램프	VAR	%QX0.2.2		BOOL		
정지스위치	VAR	%IX0.0.1		BOOL		
D_운전	VAR	%QX0.2.1		BOOL		
T0	VAR	<자동>		FB Instance		
Y_운전	VAR	%QX0.2.0		BOOL		
T0.Q	VAR	<자동>		BOOL		
T0.ET	VAR	<자동>		TIME		

⑥ 프로그램을 실행시키고 운전 램프를 통하여 동작을 확인한다.

실험14 리미트 센서를 이용한 상/하한 직선운동

1) 실험목적

트레이닝 키트의 상/하한 직선운동 실험 모듈을 이용하여 리미트 센서가 입력될 때마다 직선 운동의 방향을 변환하는 동작을 할 수 있도록 PLC 래더 프로그램을 작성한다.

■ 동작

① 기동 스위치를 누르면 직류전동기가 구동되어 모듈 장치의 직선운동이 시작된다.
② 상한 리미트 스위치를 만나면 모듈장치의 직선운동 방향이 변경된다.
③ 하한 리미트 스위치를 만나면 모듈장치의 직선운동 방향이 변경된다.
④ 정지스위치를 누르면 모듈장치의 직선운동이 정지된다.

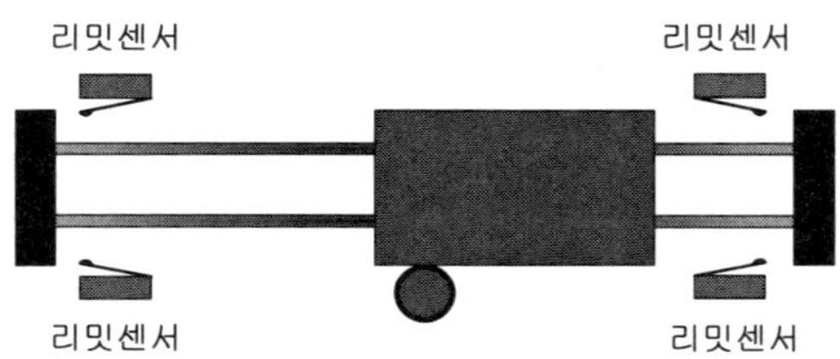

(a) 직선운동 구동부

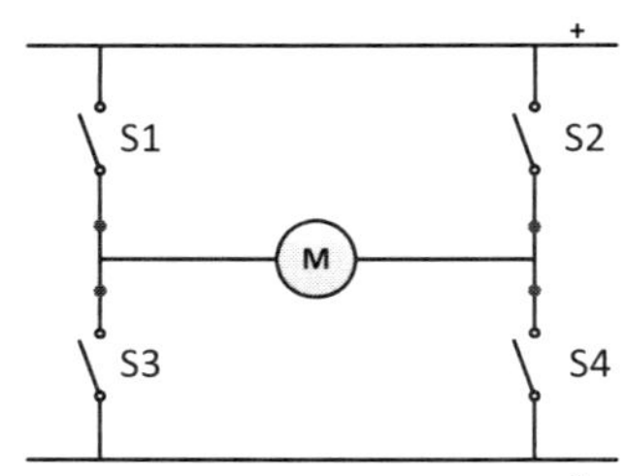

(b) 직류전동기 정역회전 회로

실험14. 상/하한 직선 운동 회로

2) 실험순서

① 입출력 지정표를 작성한다.

구분	간접변수명	입출력 포트	비고
입력	시작	%IX0.0.0	푸시버튼 스위치
	정지	%IX0.0.1	푸시버튼 스위치
	리밋1	%IX0.0.2	리밋 스위치
	리밋2	%IX0.0.3	리밋 스위치
출력	정회전1	%QX0.2.0	S1
	정회전2	%QX0.3.1	S4
	역회전1	%QX0.2.1	S2
	역회전2	%QX0.3.0	S3
	정회전 램프	%QX0.3.4	램프
	역회전 램프	%QX0.3.5	램프

② 래더 다이어그램을 작성한다.

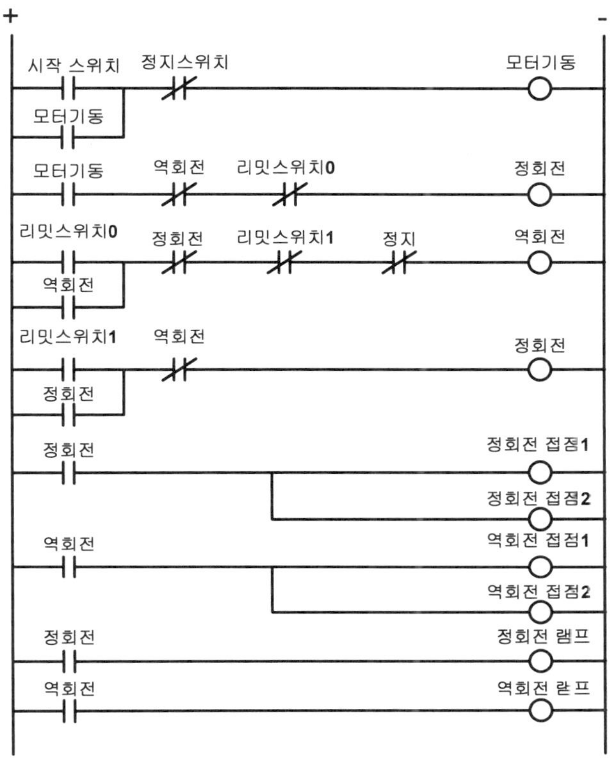

③ 입출력 지정표와 래더 다이어그램을 보고 PLC 결선도를 작성한다.

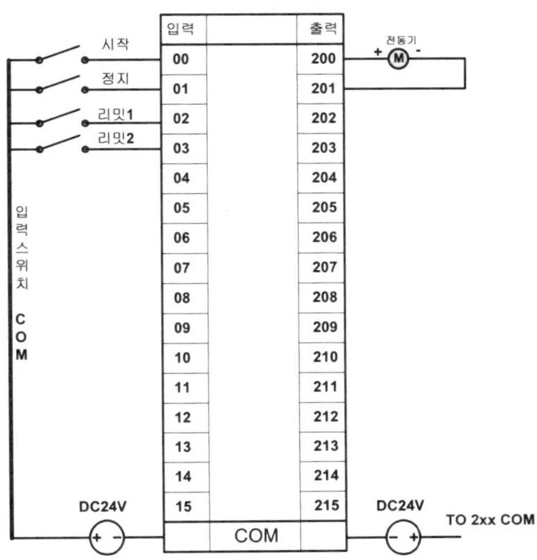

(a) 입력회로

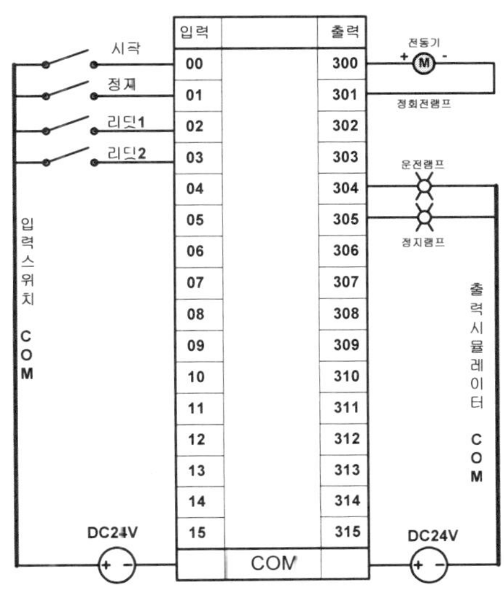

(b) 출력회로

④ PLC 결선도를 이용하여 트레이닝 키트의 입출력 장치를 연결한다.

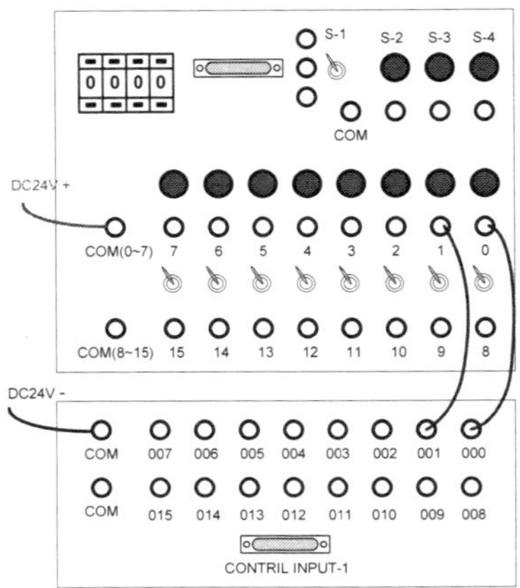

(a) 입력부 결선도(스위치)

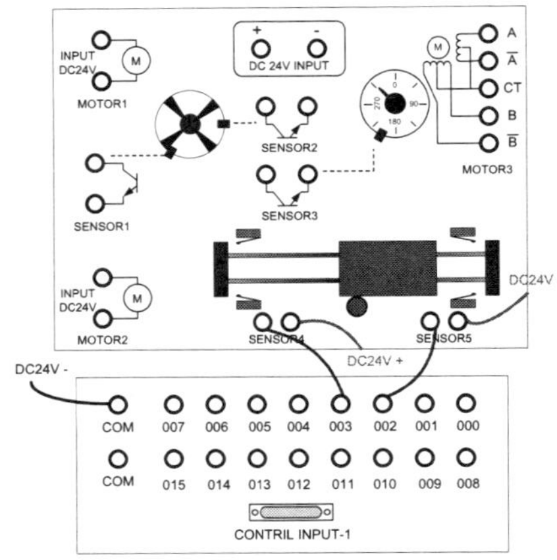

(b) 입력부 결선도(센서)

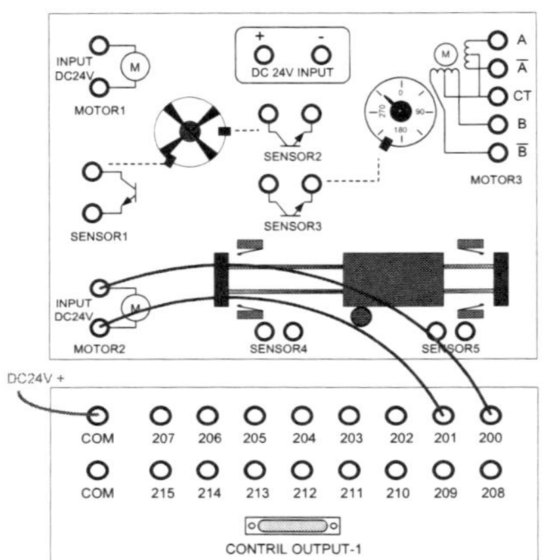

(c) 출력부 결선도(전동기)

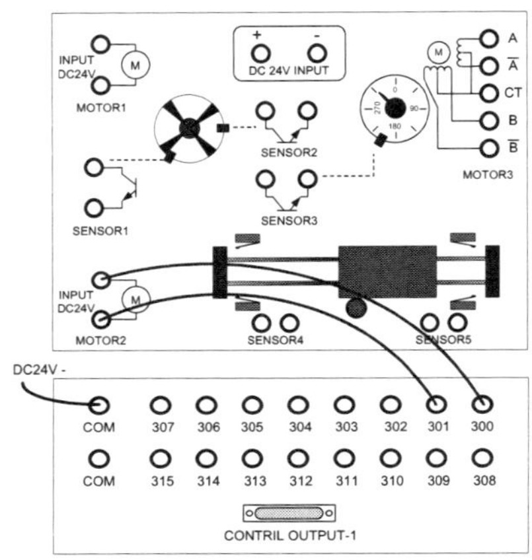

(d) 출력부 결선도(전동기)

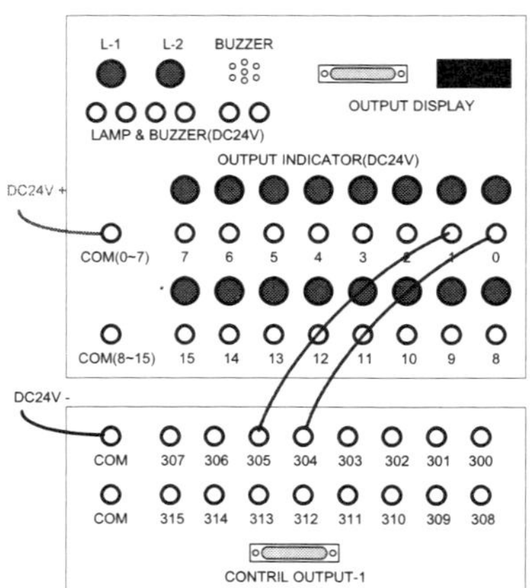

(e) 출력부 결선도(램프)

*주의 : 전원 연결에 특별히 주의하여 결선한다.

⑤ GMWIN 프로그램에서 변수목록을 작성하고 프로그램을 입력한다.

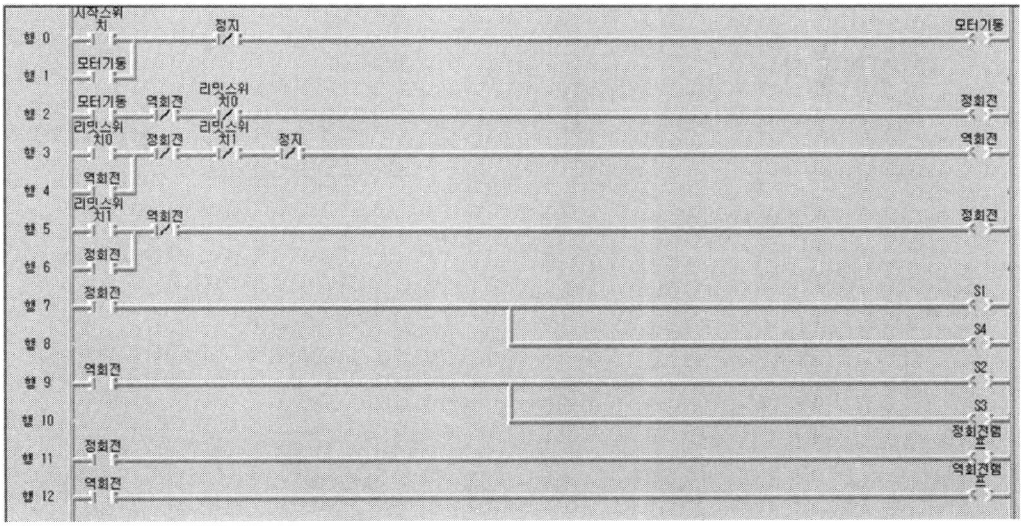

⑥ 프로그램을 실행시키고 동작을 확인한다.

실험15 직류전동기 위치제어

1) 실험목적

카운터&위치제어 모듈을 이용하여 직류전동기 위치제어 회로를 구성하고, 센서로부터 입력된 신호를 카운터 하여 설정된 값이 되면 직류전동기가 정지하는 동작을 PLC 래더 프로그램을 이용하여 구현한다.

■ 동작

① 시작 스위치를 누르면 직류전동기가 회전하고 500회전 후 전동기가 정지한다.

② 정지 스위치를 누르면 전동기는 정지한다.

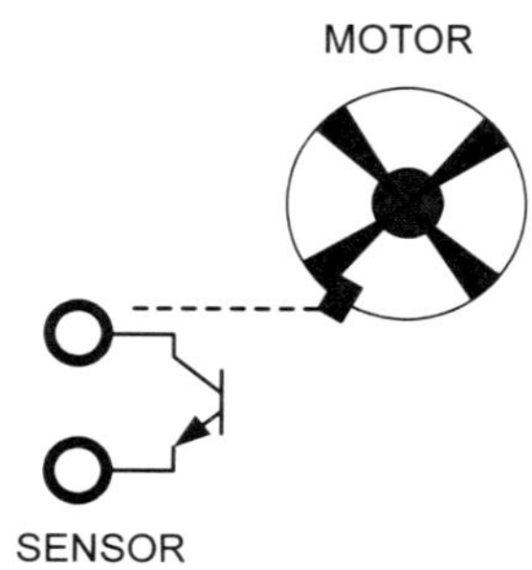

실험15. 직류전동기 위치제어 실험

2) 실험 절차

① 입출력 지정표를 작성한다.

구분	간접변수명	입출력 포트	비고
입력	시작	%IX0.0.0	푸시버튼 스위치
	정지	%IX0.0.1	푸시버튼 스위치
	센서	%IX0.0.2	적외선 센서
출력	전동기	%QX0.2.0	전동기
	운전램프	%QX0.2.1	램프

② 래더 다이어그램을 작성한다.

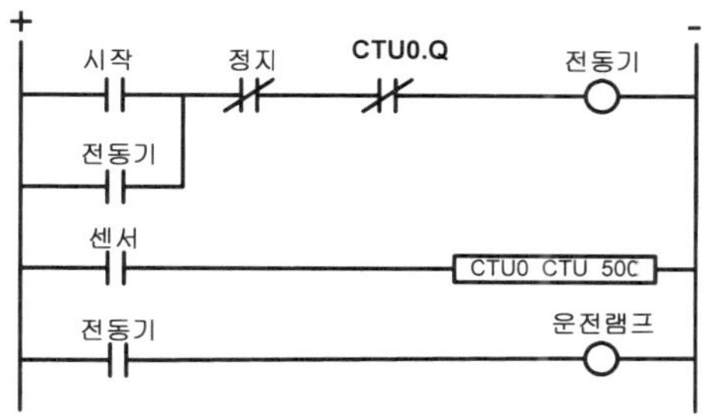

③ 입출력 지정표와 래더 다이어그램을 보고 PLC 결선도를 작성한다.

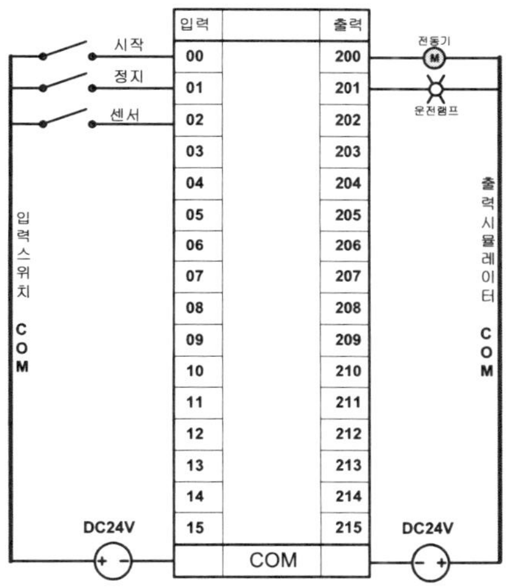

④ PLC 결선도를 이용하여 트레이닝 키트의 입출력 장치를 연결한다.

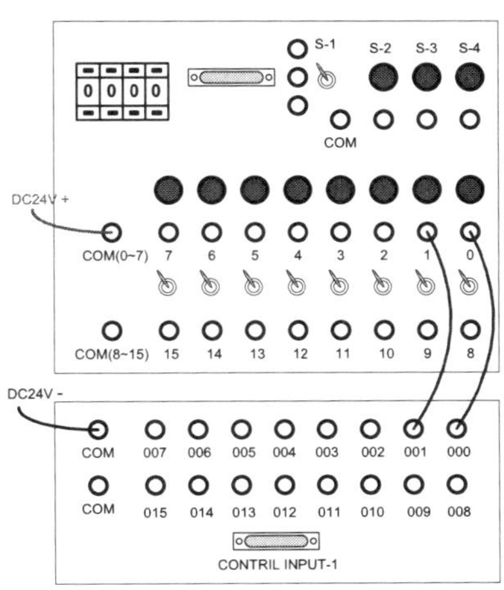

(a) 입력부 결선도(스위치)

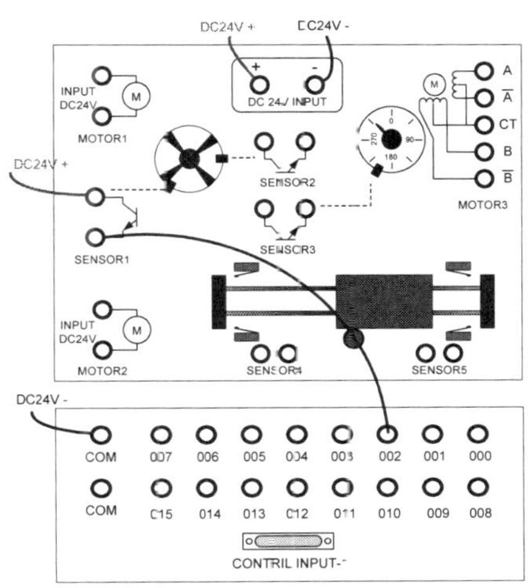

(b) 입력부 결선도(센서)

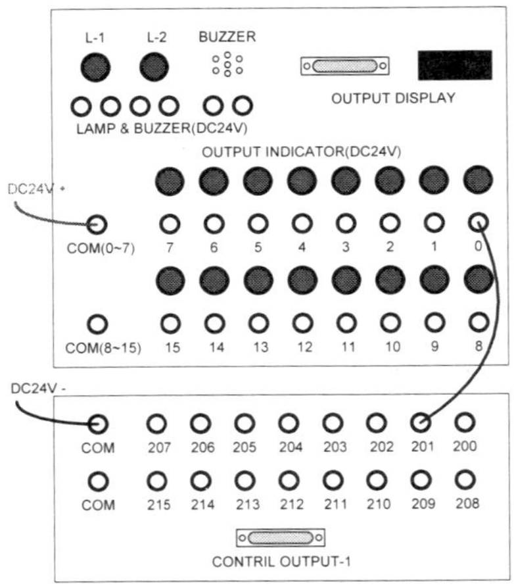

(c) 출력회로(동작램프)

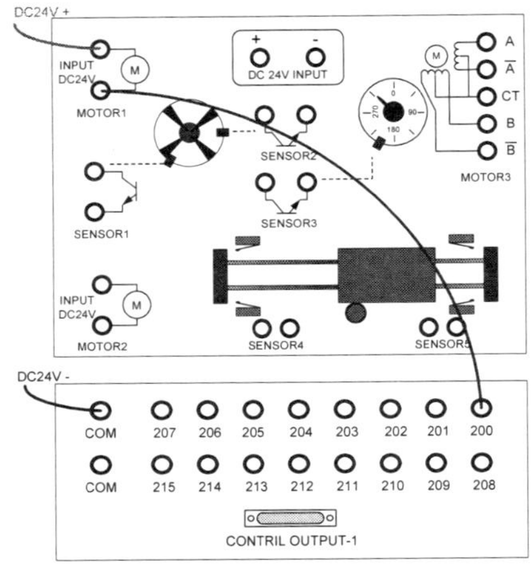

(d) 출력회로(전동기)

*주의 : 전원 연결에 특별히 주의하여 결선한다.

⑤ GMWIN 프로그램에서 변수목록을 작성하고 프로그램을 입력한다.

	변수 명	데이터 타입	메모리 할당	초기 값	변수 종류
1	기동스위치	BOOL	%IX0.0.0		VAR
2	동작램프	BOOL	%QX0.2.1		VAR
3	모터	BOOL	%QX0.2.0		VAR
4	센서	BOOL	%IX0.0.2		VAR
5	정지스위치	BOOL	%QX0.0.1		VAR
6	CTU0	FB Instance	<자동>		VAR

⑥ 프로그램을 실행시키고 동작을 확인한다.

실험16 자동문 제어

1) 실험목적

근접 센서와 리미트 센서를 이용하여 자동문을 구현하고 입출력 센서의 사용법과 타이머의 사용법을 학습한다.

■ 동작

① 사람이 접근하면 문이 열리고 3초간 대기후 닫힌다.

② 열려 있는 시간 동안 사람이 재접근하면 다시 3초간 대기후 문이 닫힌다.

2) 실험순서

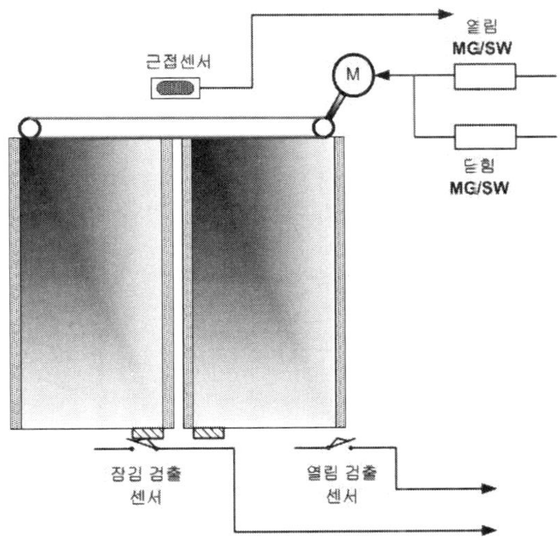

실험16. 자동문 제어

① 입출력 지정표를 작성한다.

구분	간접변수명	입출력 포트	비고
입력	근접센서	%IX0.0.0	푸시 스위치
	열림센서	%IX0.0.1	리밋 스위치
	닫힘센서	%IX0.0.2	리밋 스위치
출력	열림_ON	%QX0.3.2	램프
	닫힘_ON	%QX0.3.3	램프
	정회전1	%QX0.2.0	전동기
	정회전2	%QX0.3.1	전동기
	역회전1	%QX0.2.1	전동기
	역회전2	%QX0.3.0	전동기

② 주어진 회로를 래더 다이어그램으로 작성한다.

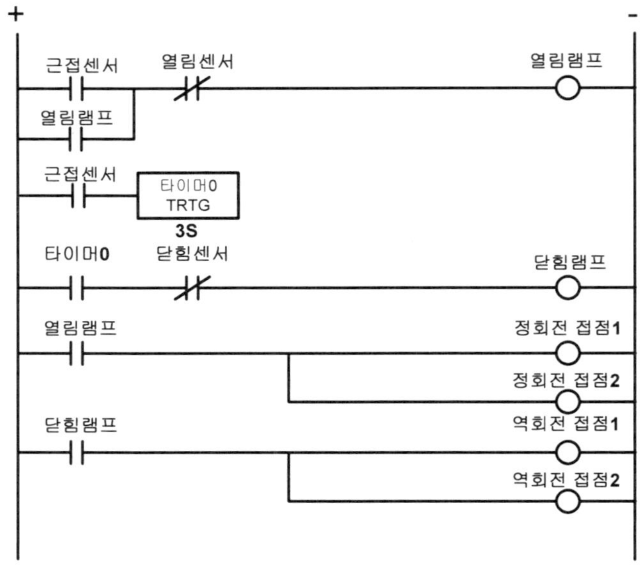

③ 입출력 지정표와 래더 다이어그램을 보고 PLC 결선도를 작성한다.

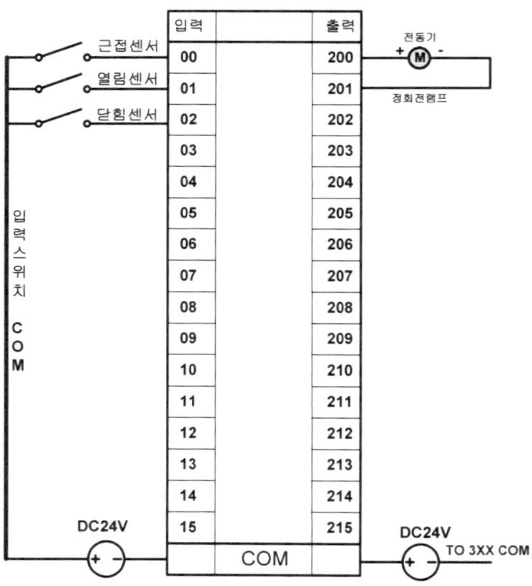

(a) 입출력 결선도

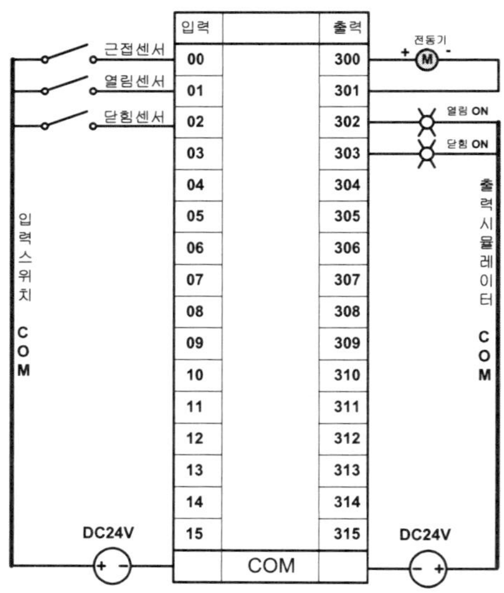

(b) 입출력 결선도

④ PLC 결선도를 이용하여 트레이닝 키트의 입출력 장치를 연결한다.

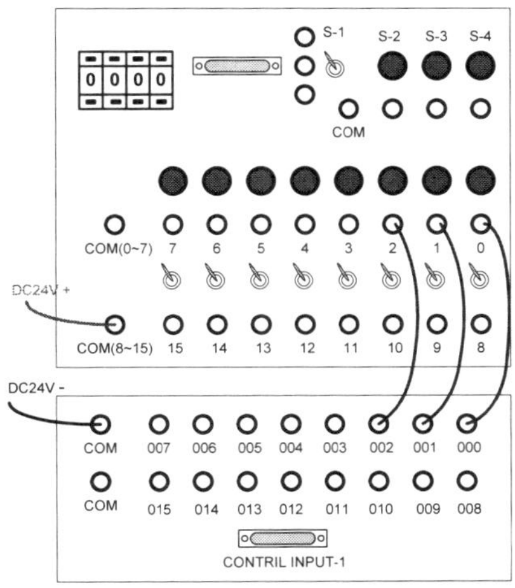

(a) 입력부 결선도(스위치)

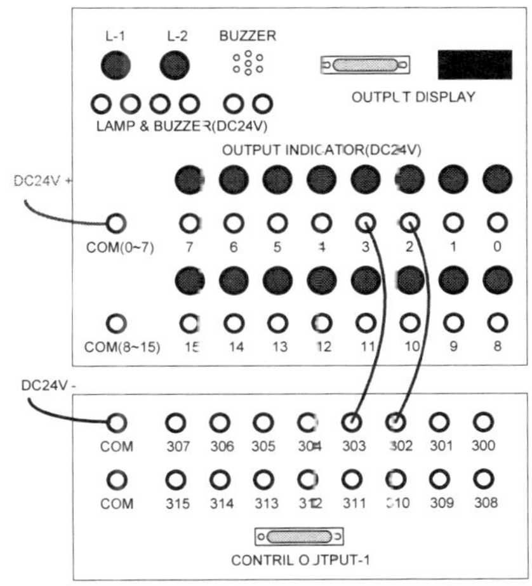

(b) 출력부 결선도(램프)

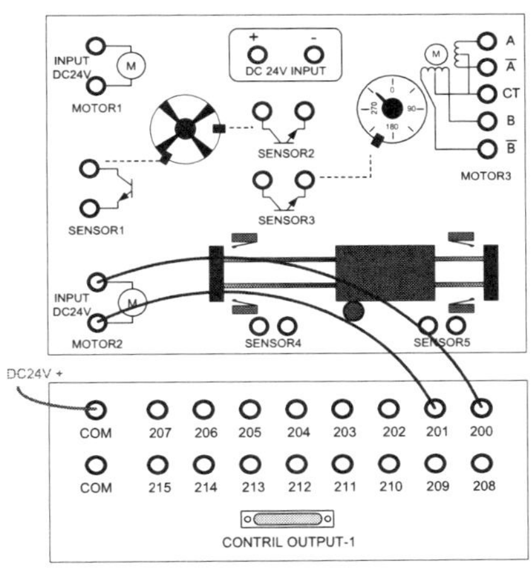

(c) 출력부 결선도(전동기)

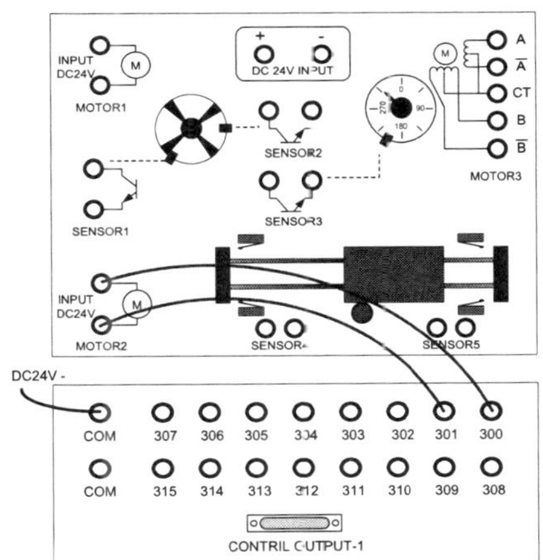

(d) 출력부 결선도(전동기)

*주의 : 전원 연결에 특별히 주의하여 결선한다.

⑤ GMWIN 프로그램에서 변수목록을 작성하고 프로그램을 입력한다.

	변수 명	데이터 타입	메모리 할당
1	근접센서	BOOL	%IX0.0.0
2	닫힘_ON	BOOL	%QX0.3.3
3	닫힘구동ON	BOOL	%QX0.3.2
4	닫힘센서	BOOL	%IX0.0.2
5	역회전1	BOOL	%QX0.2.1
6	역회전2	BOOL	%QX0.3.0
7	열림_ON	BOOL	%QX0.3.2
8	열림구동ON	BOOL	%QX0.3.3
9	열림센서	BOOL	%IX0.0.1
10	정회전1	BOOL	%QX0.2.0
11	정회전2	BOOL	%QX0.3.1
12	T0	FB Instance	<자동>

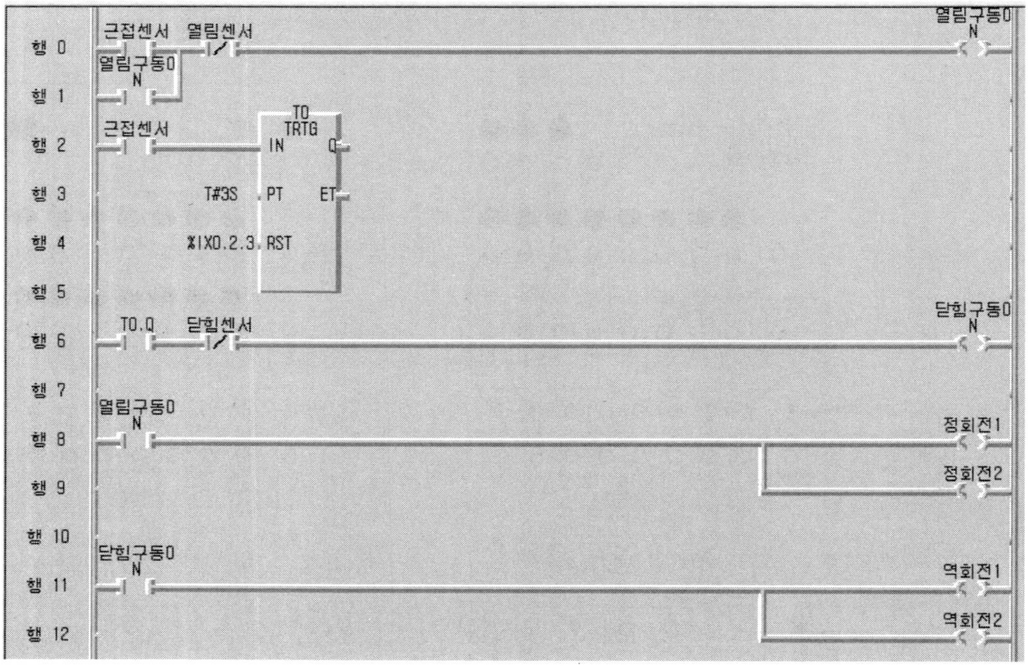

⑥ 프로그램을 실행시키고 동작을 확인한다.

실험17 스텝 모터 구동

1) 실험목적

트레이닝 키트의 스텝 모터 구동실험 키트를 이용하여 스텝 모터 구동회로를 구성하고, PLC 래더 프로그램을 통하여 스텝 모터 구동 프로그램을 작성하여 봄으로써 PLC 래더 프로그램 작성 능력을 향상한다.

■ 동작

① 시작 스위치를 누르면 스텝모터가 회전한다.
② 스텝 모터가 1회전 회전하면 스텝모터가 정지한다.
③ 운전 중에 정지 스위치를 on 하면 스텝 모터가 정지된다.

2) 실험순서

① 입출력 지정표를 작성한다.

구분	간접변수명	입출력 포트	비고
입력	시작	%IX0.0.0	푸시버튼 스위치
	정지	%IX0.0.1	푸시버튼 스위치
	센서	%IX0.0.2	적외선 센서
출력	B상	%QX0.3.0	코일B
	A상	%QX0.3.1	코일A
	_B상	%QX0.3.2	코일/B
	_A상	%QX0.3.3	코일/A
	출력램프0	%QX0.2.0	A상 출력
	출력램프1	%QX0.2.1	B상 출력
	출력램프2	%QX0.2.2	/A상 출력
	출력램프3	%QX0.2.3	/B상 출력

② 래더 다이어그램을 작성한다.

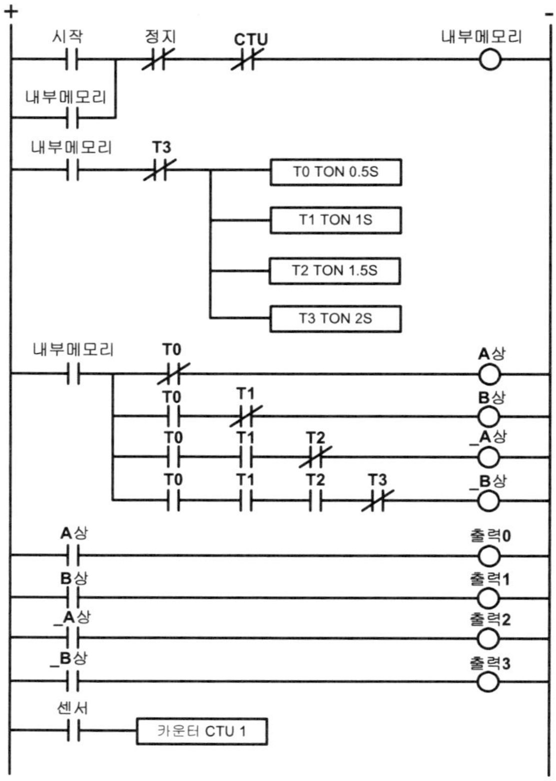

③ 입출력 지정표와 래더 다이어그램을 보고 PLC 결선도를 작성한다.

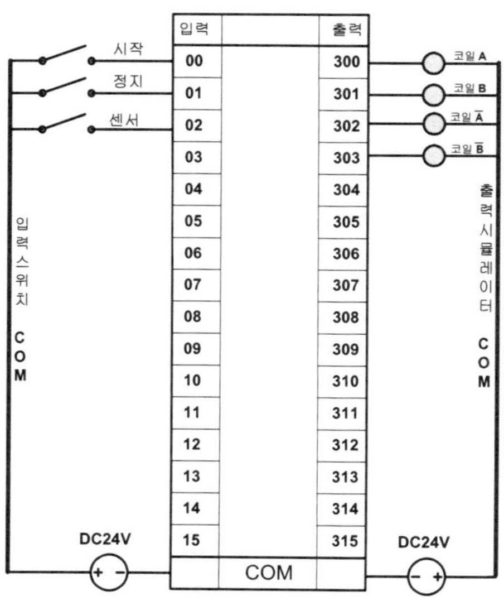

(a) 모터부

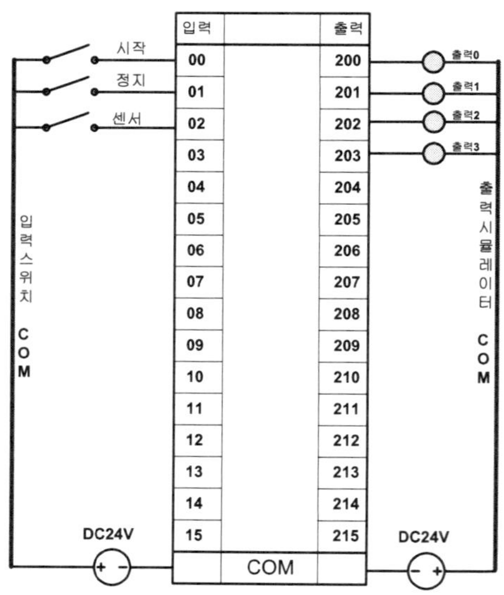

(b) 출력램프부

④ PLC 결선도를 이용하여 트레이닝 키트의 입출력 장치를 연결한다.

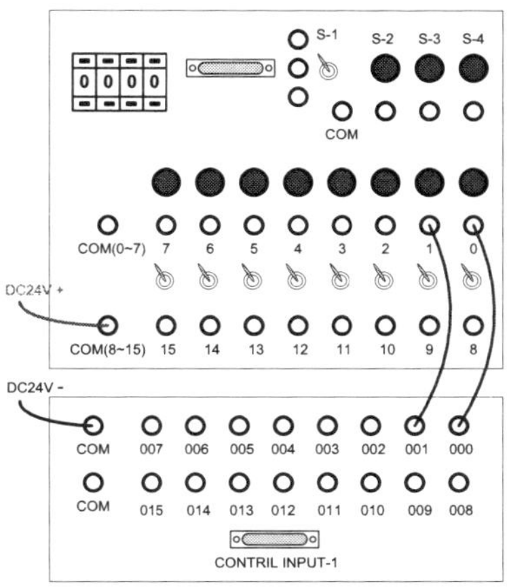

(a) 입력회로

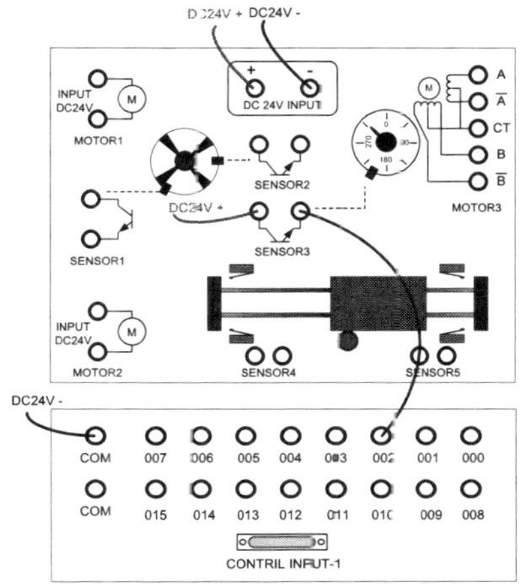

(b) 센서회로

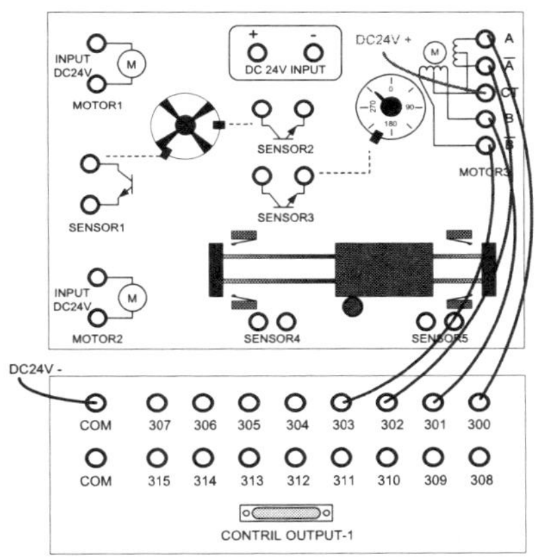

(c) 전동기 구동회로

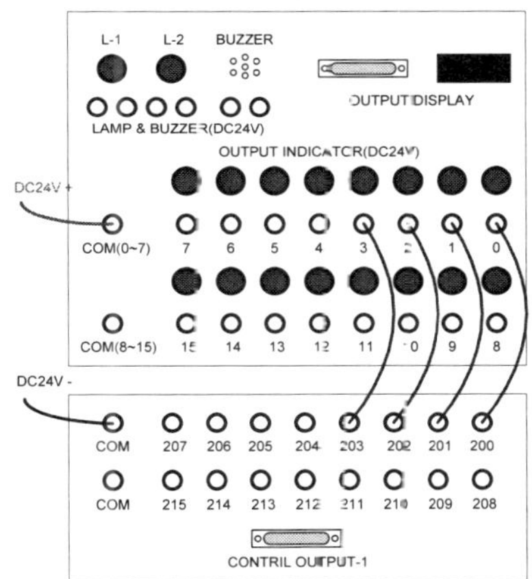

(d) 램프 출력부

⑤ GMWIN 프로그램에서 변수목록을 작성하고 프로그램을 입력한다.

■ 1상 운전

	변수 명	데이터 타입	메모리 할당
1	_A상	BOOL	%QX0.2.2
2	_B상	BOOL	%QX0.2.3
3	내부메모리0	BOOL	%MX0
4	센서	BOOL	%IX0.0.2
5	시작	BOOL	%IX0.0.0
6	정지	BOOL	%IX0.0.1
7	출력0	BOOL	%QX0.3.0
8	출력1	BOOL	%QX0.3.1
9	출력2	BOOL	%QX0.3.2
10	출력3	BOOL	%QX0.3.3
11	A상	BOOL	%QX0.2.0
12	B상	BOOL	%QX0.2.1
13	CNT0	FB Instance	<자동>
14	T0	FB Instance	<자동>
15	T1	FB Instance	<자동>
16	T2	FB Instance	<자동>
17	T3	FB Instance	<자동>

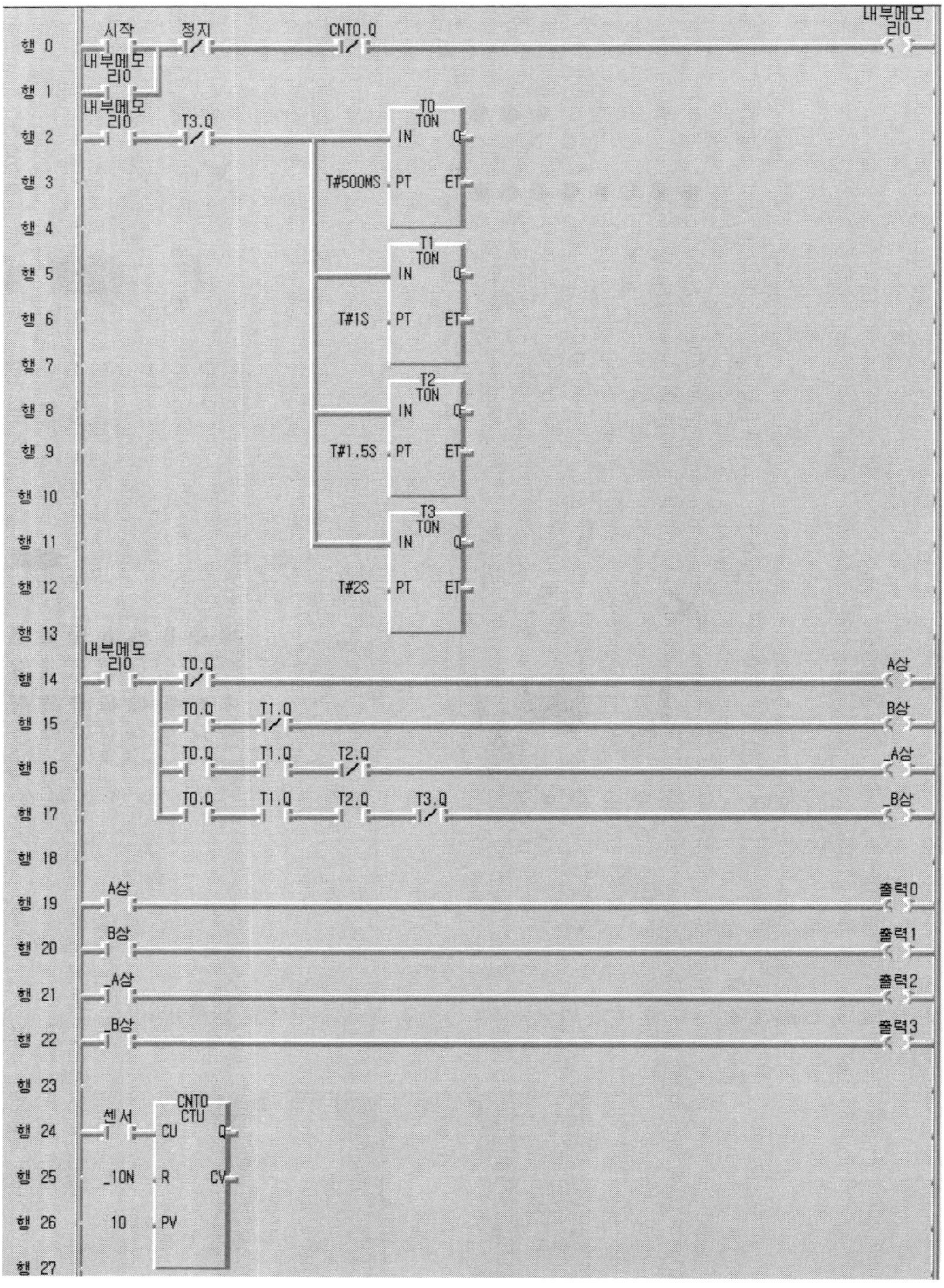
행 0
시작
정지
CNT0.Q
내부메모리0
행 1
행 2
T3.Q
T0
TON
IN
Q
T#500MS
PT
ET
행 3
행 4
T1
T#1S
행 5
행 6
행 7
T2
T#1.5S
행 8
행 9
행 10
T3
T#2S
행 11
행 12
행 13
행 14
T0.Q
A상
행 15
T1.Q
B상
행 16
T2.Q
_A상
행 17
T3.Q
_B상
행 18
행 19
출력0
행 20
출력1
행 21
출력2
행 22
출력3
행 23
행 24
센서
CNT0
CTU
CU
행 25
_10N
R
CV
행 26
10
PV
행 27

■ 2상 운전

	변수 명	데이터 타입	메모리 할당
1	_A상	BOOL	%QX0.2.1
2	_B상	BOOL	%QX0.2.3
3	내부접점0	BOOL	%MX0
4	내부접점1	BOOL	%MX1
5	내부접점2	BOOL	%MX2
6	내부접점3	BOOL	%MX3
7	내부접점4	BOOL	%MX4
8	내부접점5	BOOL	%MX5
9	내부접점6	BOOL	%MX6
10	내부접점7	BOOL	%MX7
11	센서	BOOL	%IX0.0.2
12	시작	BOOL	%IX0.0.0
13	정지	BOOL	%IX0.0.1
14	출력0	BOOL	%QX0.3.0
15	출력1	BOOL	%QX0.3.1
16	출력2	BOOL	%QX0.3.2
17	출력3	BOOL	%QX0.3.3
18	A상	BOOL	%QX0.2.0
19	B상	BOOL	%QX0.2.2
20	T0	FB Instance	<자동>
21	T1	FB Instance	<자동>
22	T2	FB Instance	<자동>

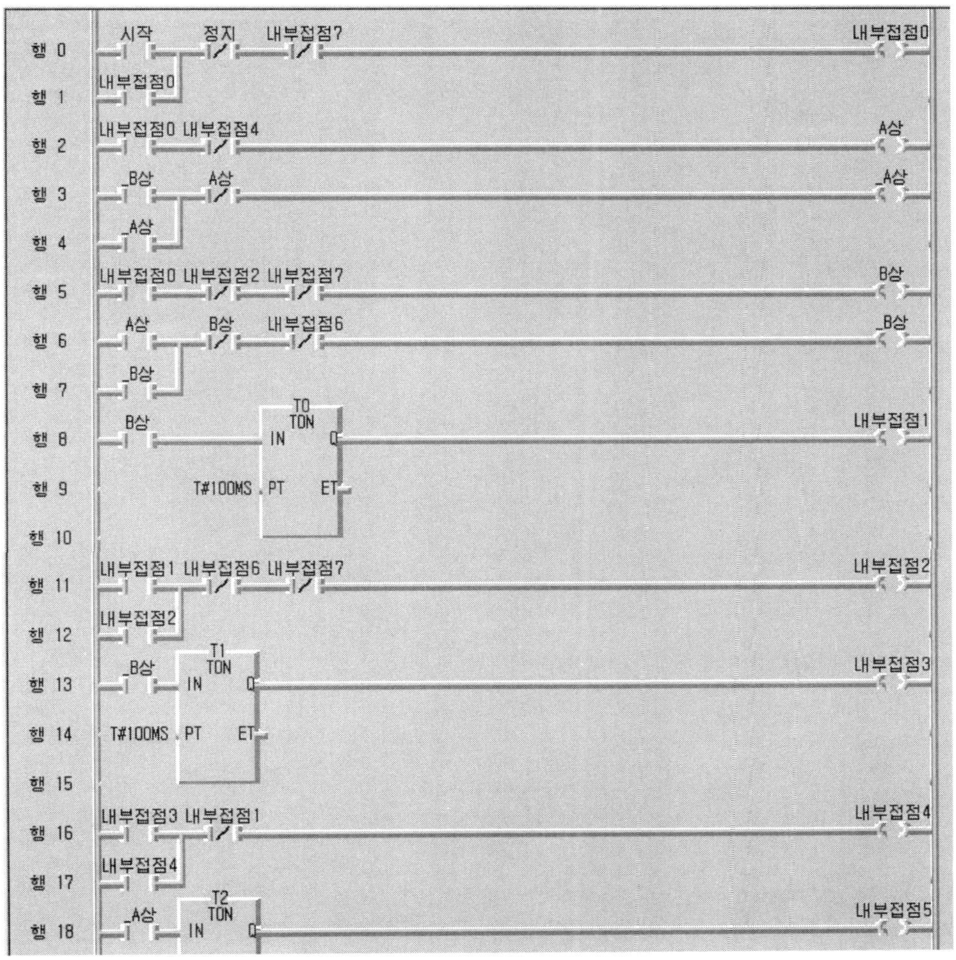

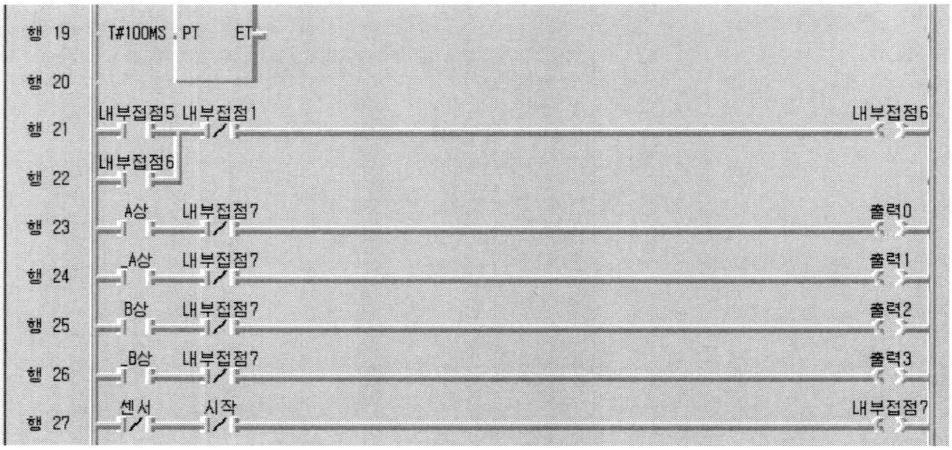

⑥ 프로그램을 실행시키고 동작을 확인한다.

실험18 신호등 제어

1) 실험목적

다음과 같이 신호등이 동작하도록 횡단보도 신호등 제어 프로그램을 작성하고 이를 통하여 타이머의 동작을 이해하고 응용능력을 향상한다.

■ 동작

① 전원이 투입되면 차선 신호는 녹색신호, 보행자 신호는 적색신호이다.

② 보행자가 보행 버턴을 누르면 30초 후에 차선신호가 황색 신호등이 점등되고 1초 후 적색으로 바뀐다.

③ 그리고 차선이 적색으로 바뀐 뒤 1초 후 보행자 신호가 녹색으로 바뀐다.

④ 그리고 보행자 신호등(녹색등)은 10초간 점등된다.

⑤ 그 후 10초간 점멸된 후 보행자 신호등은 적색으로 변경된다.

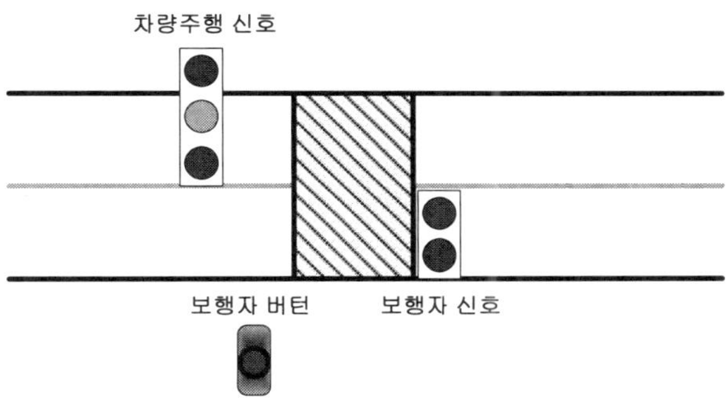

실험 18. 신호등 제어

2) 실험순서

① 입출력 지정표를 작성한다.

구분	간접변수명	지정된 입출력 포트	비고
입력	보행버튼	%IX0.0.0	푸시버튼 스위치
출력	차선녹색	%QX0.2.0	램프
	차선황색	%QX0.2.1	램프
	차선적색	%QX0.2.2	램프
	보행자녹색	%QX0.2.3	램프
	보행자적색	%QX0.2.4	램프

② 래더 다이어그램을 작성한다.

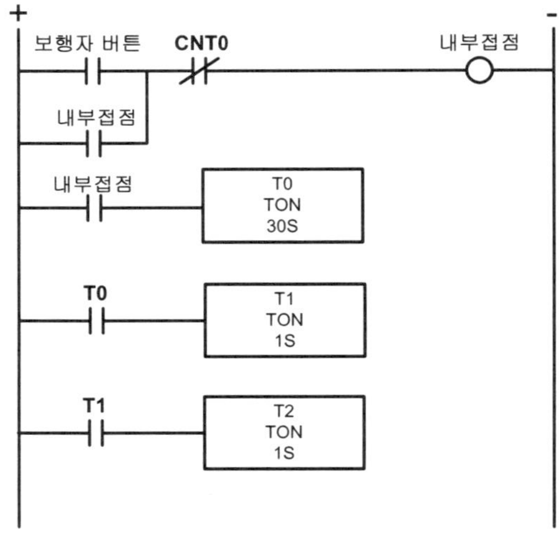

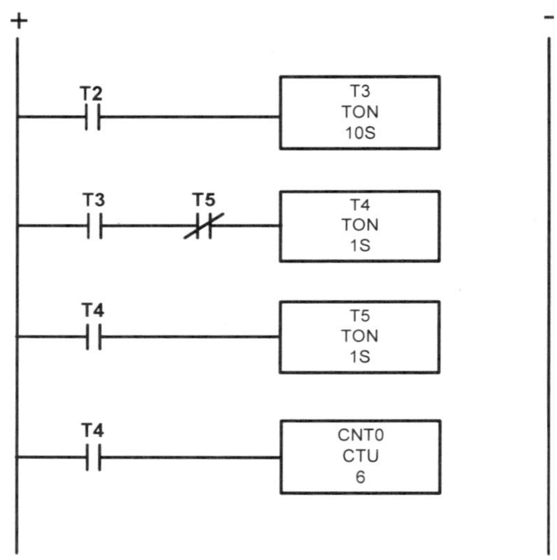

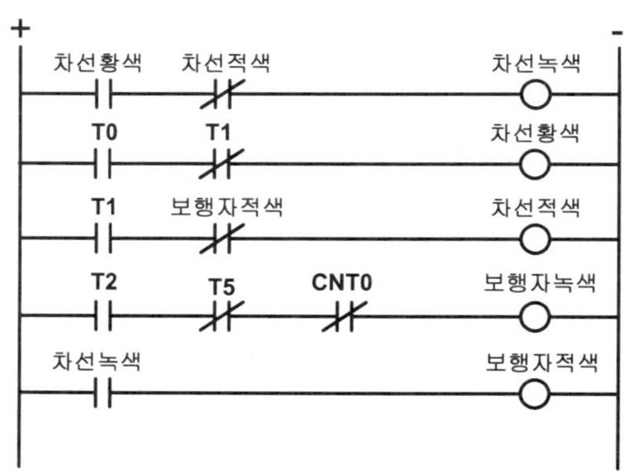

③ 입출력 지정표와 래더 다이어그램을 보고 PLC 결선도를 작성한다.

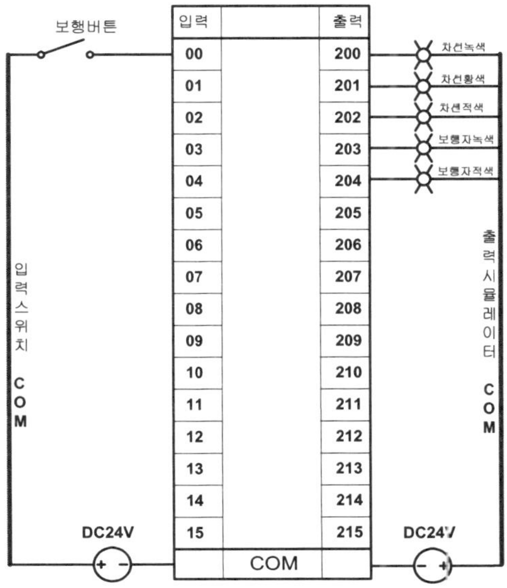

④ PLC 결선도를 이용하여 트레이닝 키트의 입출력 장치를 연결한다.

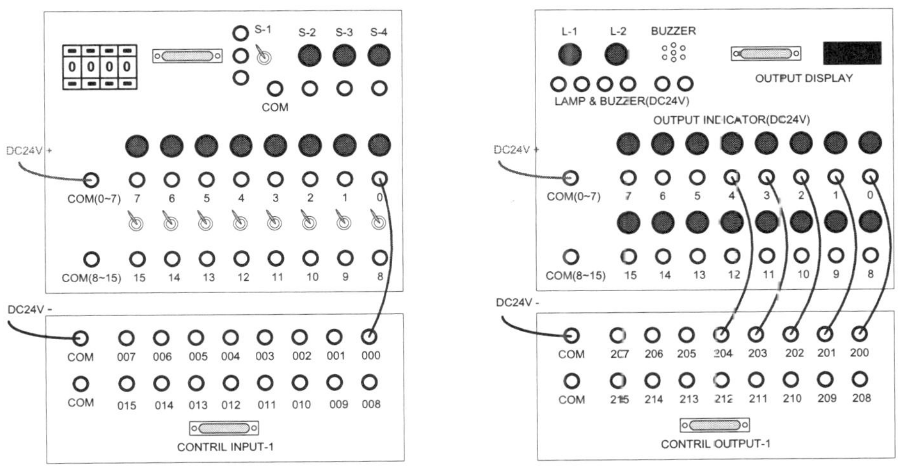

(a) 입력회로　　　　(b) 출력회로

⑤ GMWIN 프로그램에서 변수목록을 작성하고 프로그램을 입력한다.

	변수 명	데이터 타입	메모리 할당
1	내부접점	BOOL	%MX0
2	보행버튼	BOOL	%IX0.0.0
3	보행자녹색	BOOL	%QX0.2.3
4	보행자적색	BOOL	%QX0.2.4
5	차선녹색	BOOL	%QX0.2.0
6	차선적색	BOOL	%QX0.2.2
7	차선황색	BOOL	%QX0.2.1
8	CNT0	FB Instance	<자동>
9	T0	FB Instance	<자동>
10	T1	FB Instance	<자동>
11	T2	FB Instance	<자동>
12	T3	FB Instance	<자동>
13	T4	FB Instance	<자동>
14	T5	FB Instance	<자동>

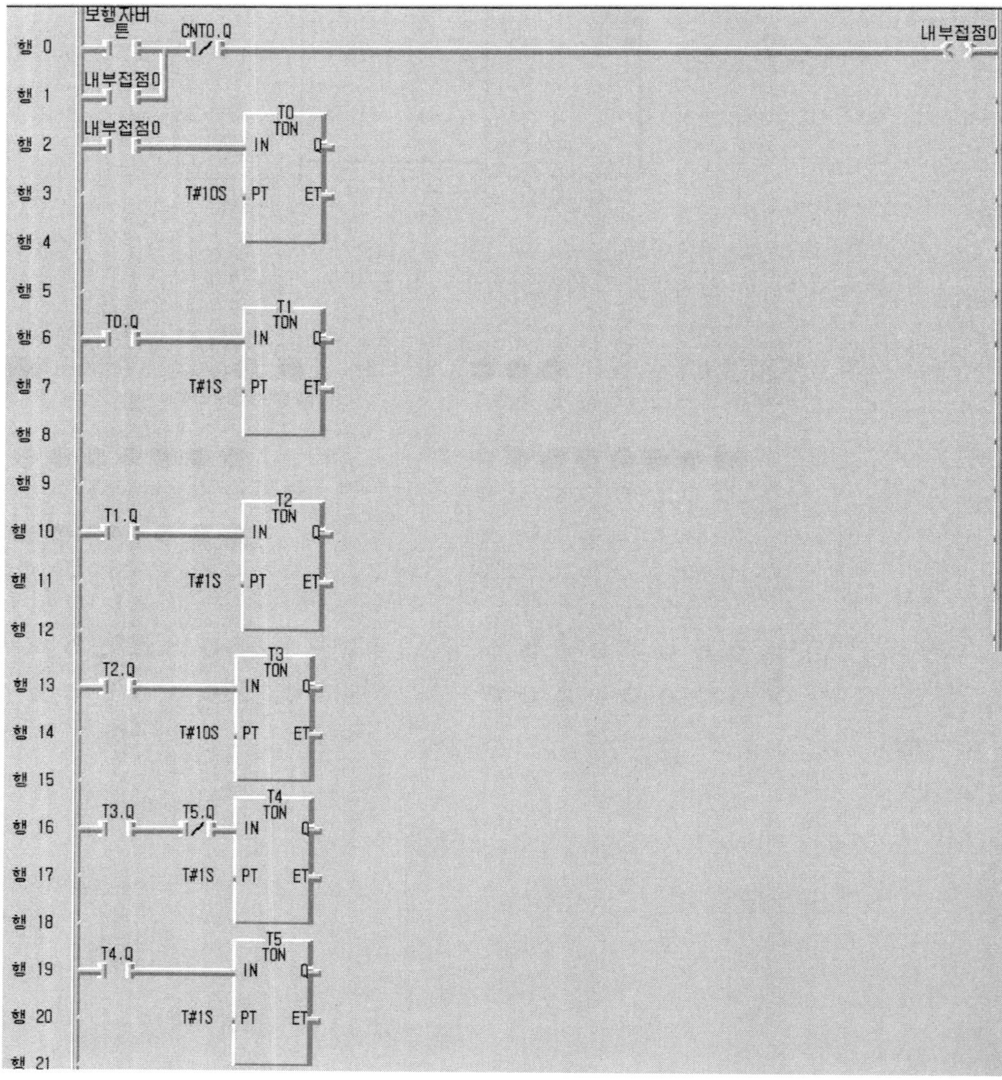

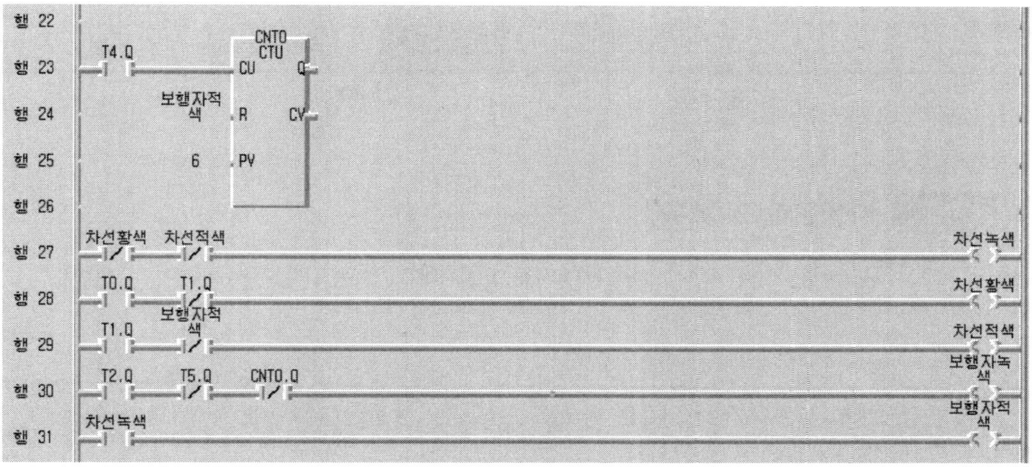

⑥ 프로그램을 실행시키고 동작을 확인한다.

연습문제

문제1 자동판매기 제어

다음 동작이 가능한 간이 자동판매기를 PLC 래더 프로그램을 이용하여 구현한다.

- 동작
  ① 메뉴의 금액에 해당하는 동전을 투입한다(동전은 100원과 500원만 사용가능).
  ② 메뉴 선택
  메뉴1 : 200원, 메뉴2 : 500원, 메뉴3 : 700원, 메뉴4 : 1000원
  ③ 메뉴에 해당하는 금액이 투입되면 해당 메뉴의 표시램프가 점등된다.
  ④ 메뉴를 누르면 해당 물건이 나온다.

실험순서

① 입출력 지정표를 작성한다.

구분	간접변수명	입출력 포트	비고
입력			
출력			

② 래더 다이어그램을 작성한다.

③ 입출력 지정표와 래더 다이어그램을 보고 PLC 결선도를 작성한다.

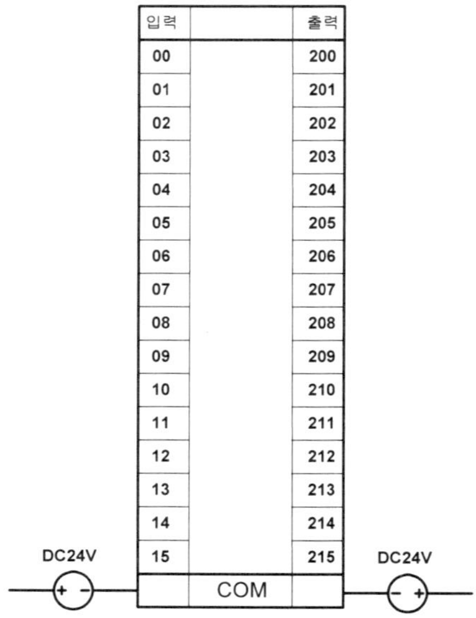

④ PLC 결선도를 이용하여 트레이닝 키트의 입출력 장치를 연결한다.

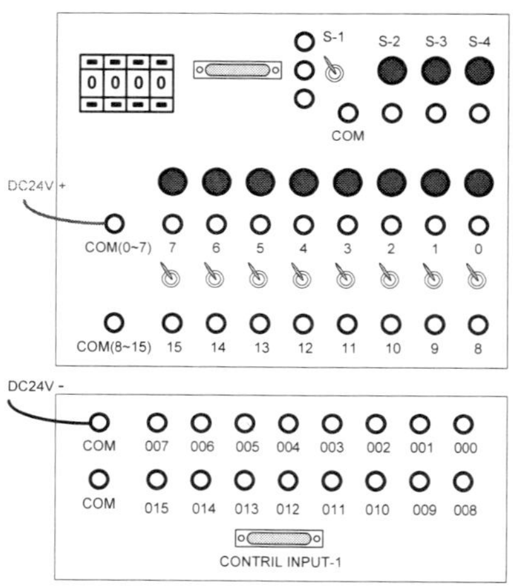

(a) 입력회로 연결

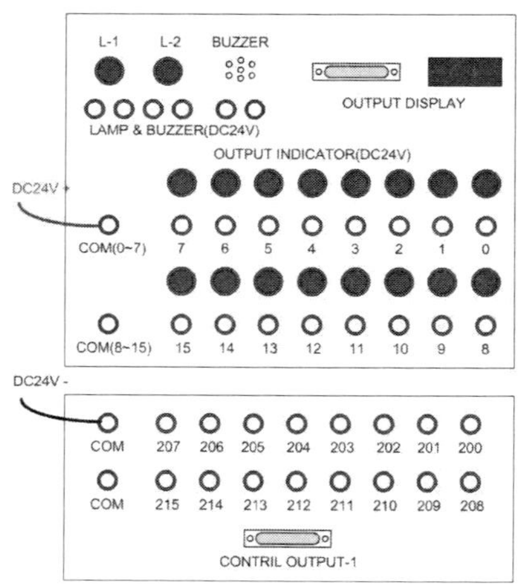

(b) 출력회로 연결

⑤ 프로그램을 입력한다.

⑥ 프로그램을 실행시키고 동작을 확인한다.

문제2 원료저장 탱크 제어

다음 동작이 가능하도록 PLC 래더 프로그램 작성한다.

- 동작

① 원료 투입 스위치를 ON 하면 원료 투입 밸브가 작동되어 탱크에 원료가 투입된다.

② 원료 배출 스위치를 ON 하면 원료 배출 밸브가 작동되어 탱크에서 원료가 배출된다.

③ 원료 상한 센서가 입력되면 경보가 울리고 원료 상한 경보램프가 점등된다.

④ 원료 하한 센서가 입력되면 경보가 울리고 원료 하한 경보램프가 점등된다.

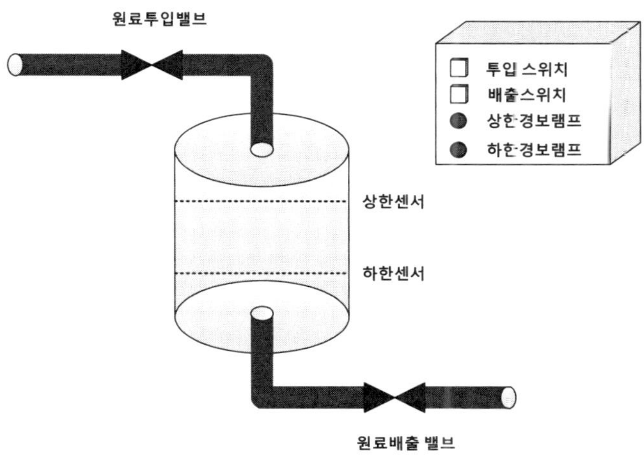

문제2. 원료저장 탱크 제어

실험순서

① 입출력 지정표를 작성한다.

구분	간접변수명	입출력 포트	비고
입력			
출력			

② 래더 다이어그램을 작성한다.

③ 입출력 지정표와 래더 다이어그램을 보고 PLC 결선도를 작성한다.

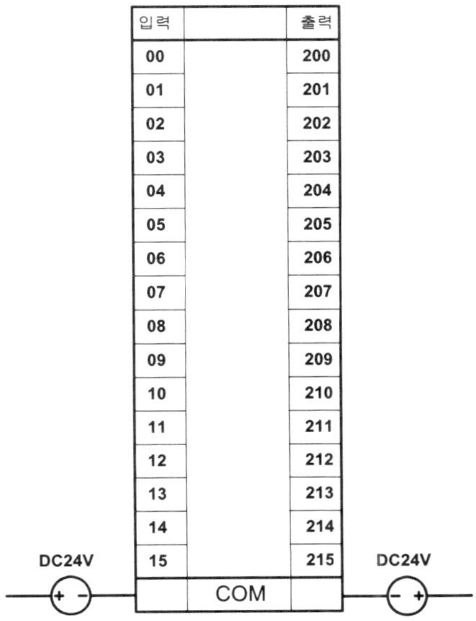

④ PLC 결선도를 이용하여 트레이닝 키트의 입출력 장치를 연결한다.

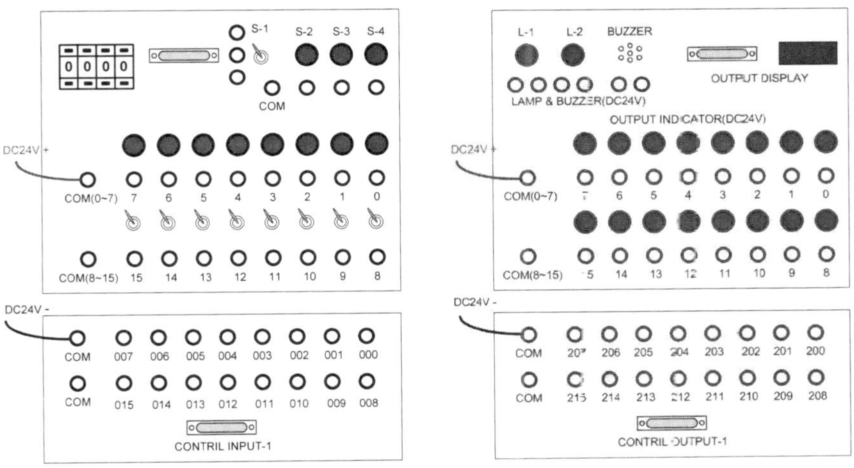

(a) 입력회로 연결 (b) 출력회로 연결

⑤ 프로그램을 입력한다.

⑥ 프로그램을 실행시키고 동작을 확인한다.

문제3 램프 시프트

다음 동작이 가능하도록 PLC 래더 프로그램 작성한다.

- 동작
  ① 초기에 1번 램프만 점등한다.
  ② 시작 스위치를 누르면 8개의 램프가 1초마다 순서대로 점등된다.
  ③ 정지 스위치를 누르면 1번 램프만 점등한다.

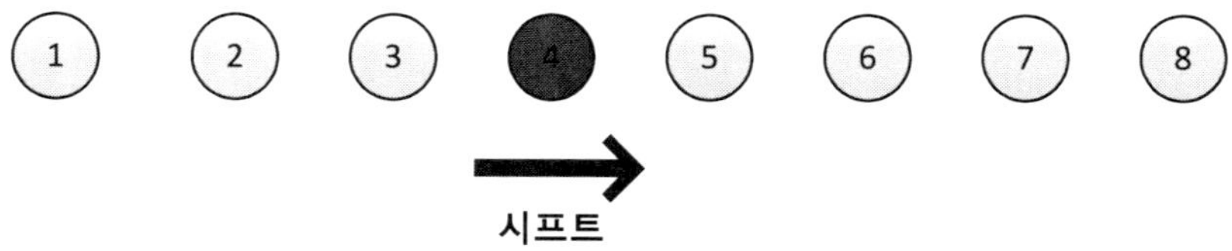

문제3. 램프 시프트

실험순서

① 입출력 지정표를 작성한다.

구분	간접변수명	입출력 포트	비고
입력			
출력			

② 래더 다이어그램을 작성한다.

③ 입출력 지정표와 래더 다이어그램을 보고 PLC 결선도를 작성한다.

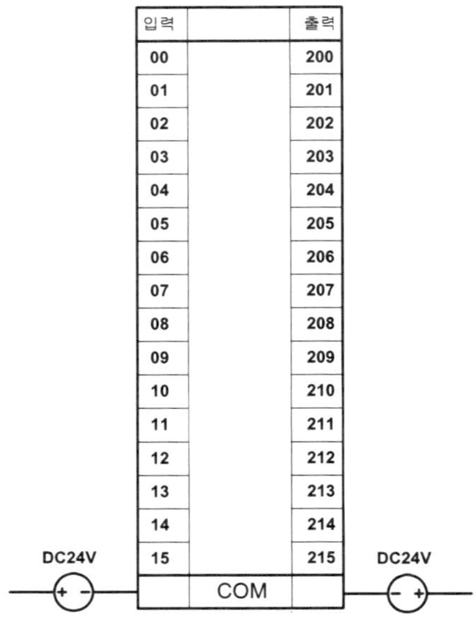

④ PLC 결선도를 이용하여 트레이닝 키트의 입출력 장치를 연결한다.

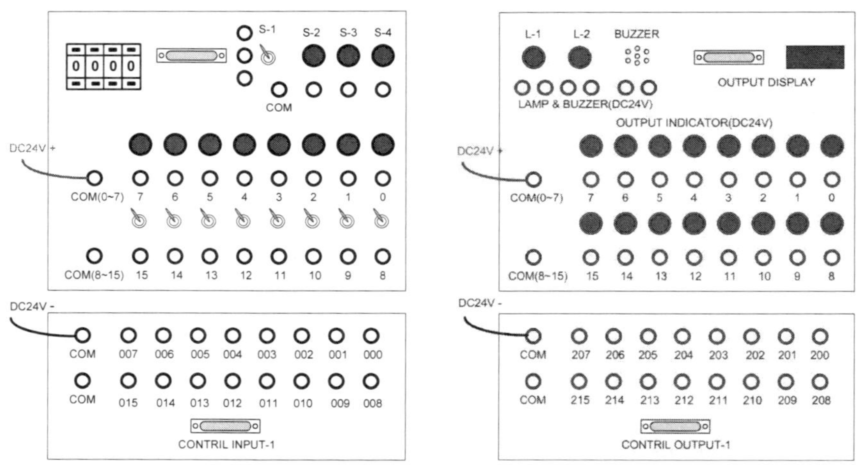

(a) 입력회로 연결　　　(b) 출력회로 연결

⑤ 프로그램을 입력한다.

⑥ 프로그램을 실행시키고 동작을 확인한다.

문제4 직류전동기 응용제어

다음 동작이 가능하도록 PLC 래더 프로그램 작성한다.

■ 동작 1

① 직류전동기가 10회전 후 정지한다.

■ 동작 2

① 직류전동기가 10회전 후 3초간 정지한 후 다시 10회전 하는 동작을 반복한다.

■ 동작 3

① 기동신호가 입력되면 3초 후 직류전동기가 5회전 후 정지한다.

② 전동기가 정지된 후 3초 후 역회전한다.

③ 5회전 역회전 후 정지한다.

④ 전동기 회전 중 정지 스위치를 누르면 즉시 정지한다.

실험순서

① 입출력 지정표를 작성한다.

구분	간접변수명	입출력 포트	비고
입력			
출력			

② 래더 다이어그램을 작성한다.

③ 입출력 지정표와 래더 다이어그램을 보고 PLC 결선도를 작성한다.

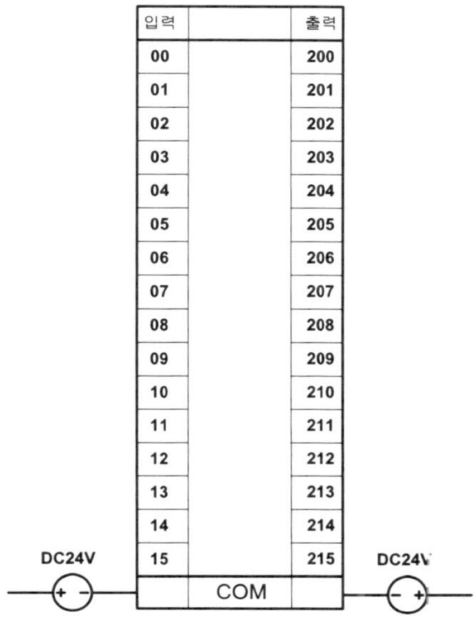

전동기구동 회로(1)

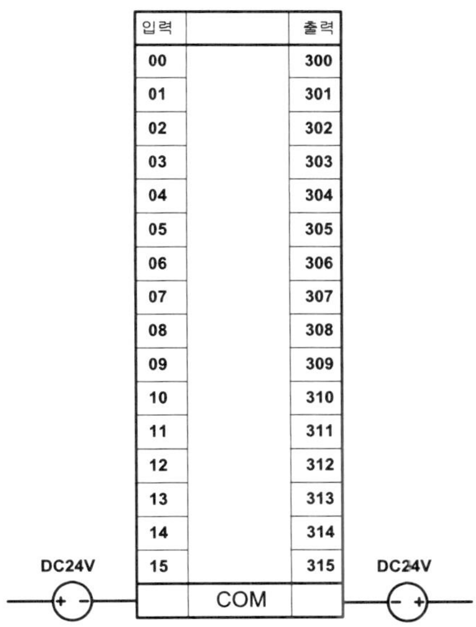

전동기구동 회로(2)

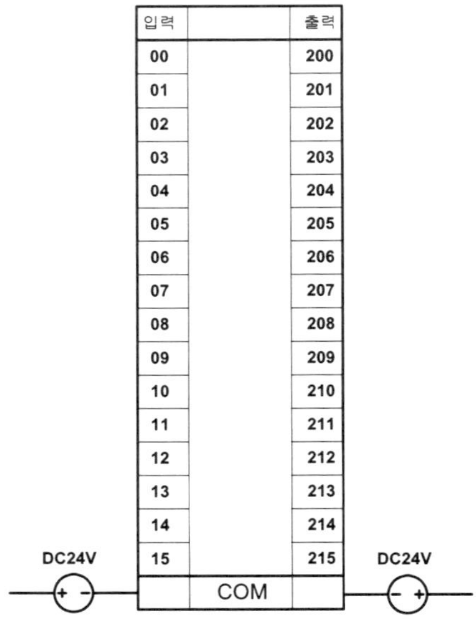

입출력 회로(스위치 및 램프)

④ PLC 결선도를 이용하여 트레이닝 키트의 입출력 장치를 연결한다.

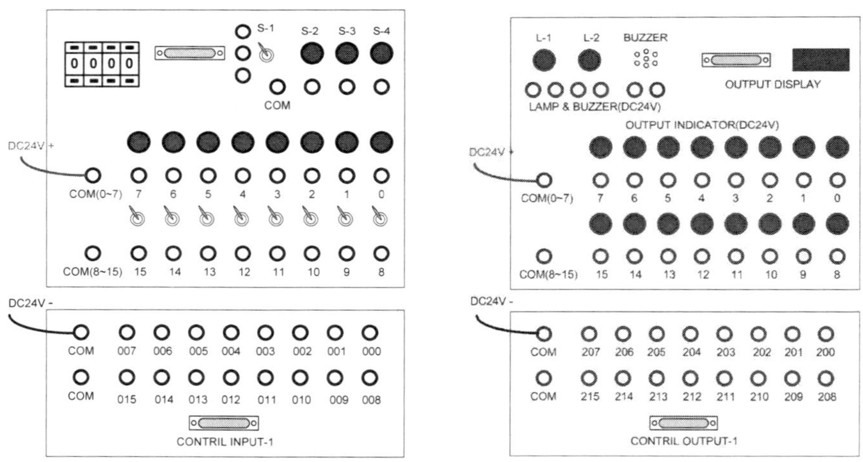

(a) 입력회로 연결　　　(b) 출력회로 연결

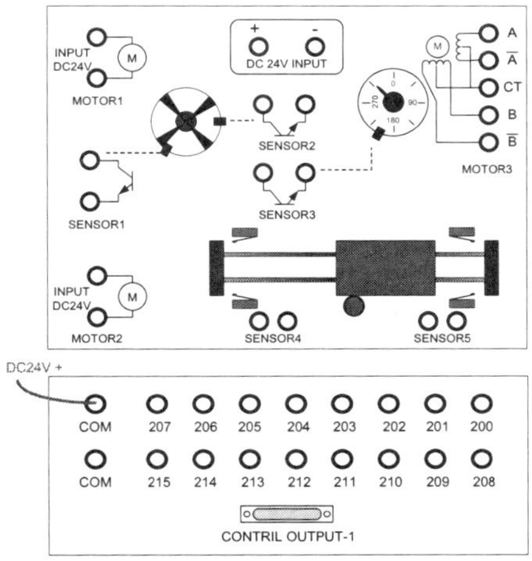

(c) 전동기 구동부(1)

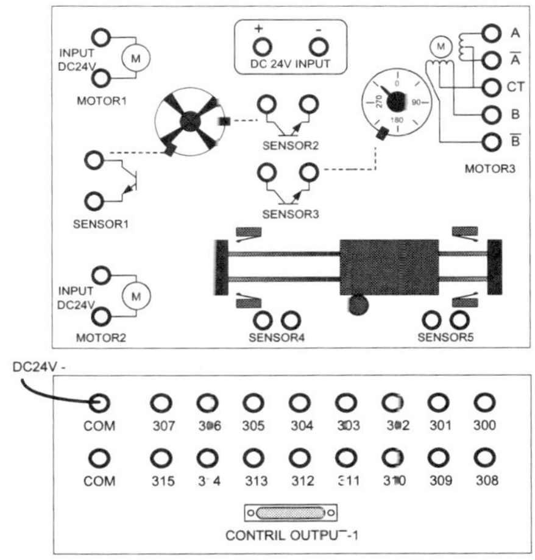

(d) 전동기 구동부(2)

⑤ 프로그램을 입력한다.

⑥ 프로그램을 실행시키고 동작을 확인한다.

문제5 에스컬레이터 제어

다음 동작이 가능한 절전 에스컬레이터 동작을 PLC 래더 프로그램을 이용하여 구현한다.

■ 동작

① 사람이 인체감지 센서를 통과하지 전까지는 에스컬레이터가 정지한다.

② 사람이 센서를 통과하면 에스컬레이터가 동작한다.

③ 사람이 통과한 후 1분 후 새로운 센서 입력이 없으면 에스컬레이터가 정지한다.

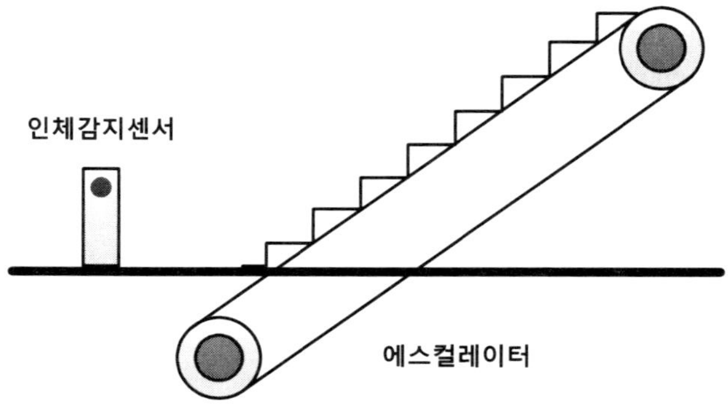

문제5. 에스컬레이터 제어

실험순서

① 입출력 지정표를 작성한다.

구분	간접변수명	입출력 포트	비고
입력			
출력			

② 래더 다이어그램을 작성한다.

③ 입출력 지정표와 래더 다이어그램을 보고 PLC 결선도를 작성한다.

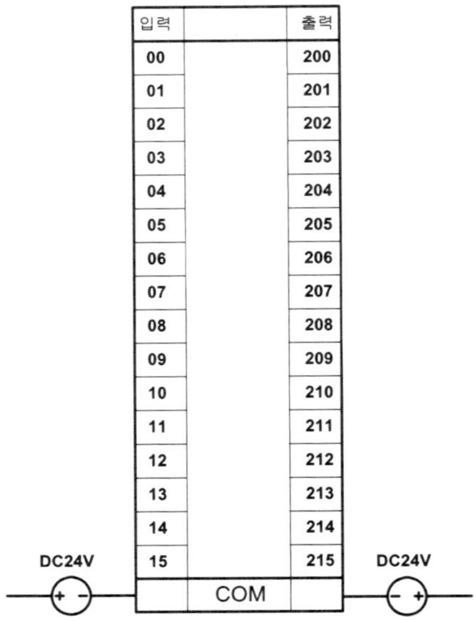

전동기구동 회로

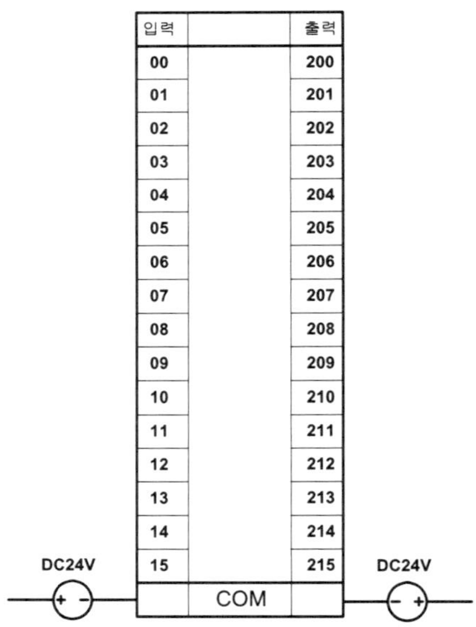

입출력 회로(스위치 및 램프)

④ PLC 결선도를 이용하여 트레이닝 키트의 입출력 장치를 연결한다.

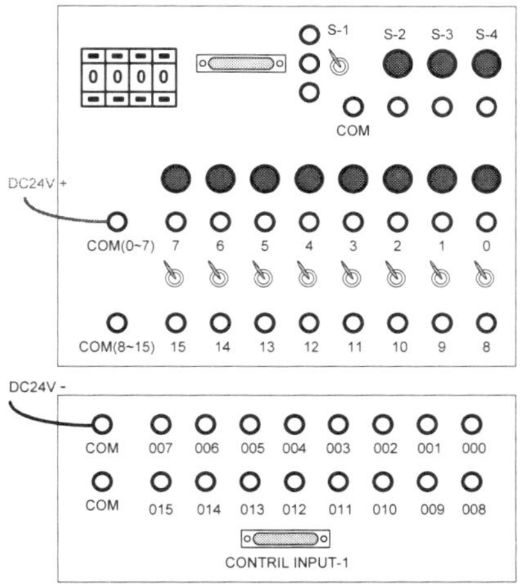

(a) 입력회로 연결

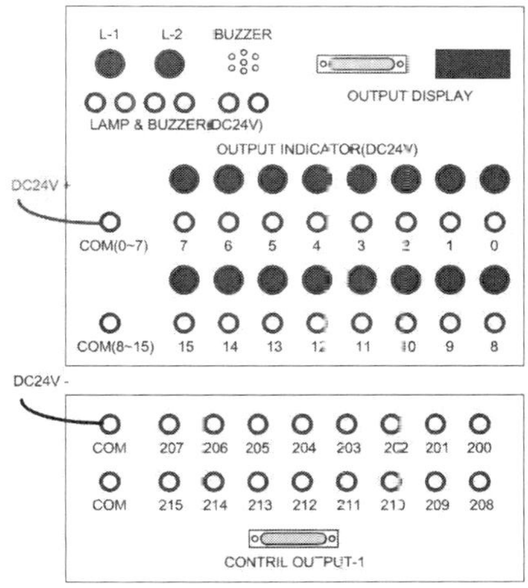

(b) 출력회로 연결

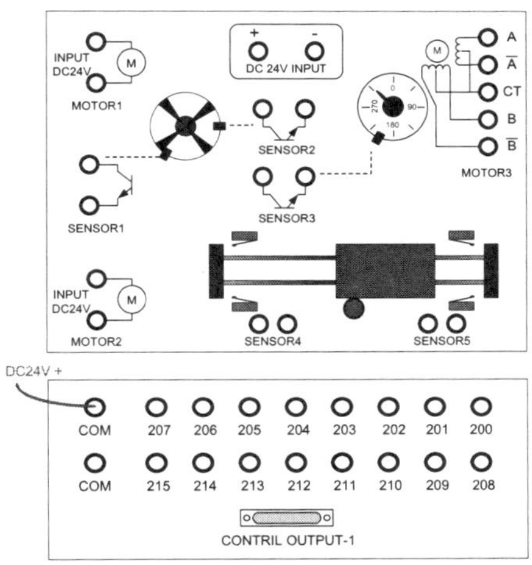

(c) 전동기 구동부(1)

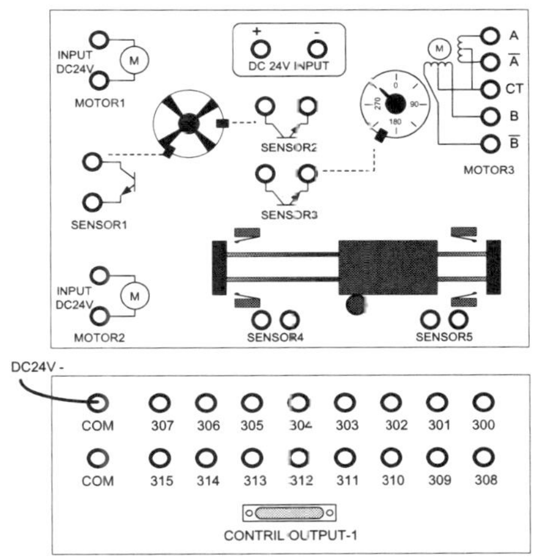

(d) 전동기 구동부(2)

⑤ 프로그램을 입력한다.

⑥ 프로그램을 실행시키고 동작을 확인한다.

문제6 세탁기 제어

다음 동작이 가능한 간이 세탁기를 PLC 래더 프로그램을 이용하여 구현한다.

■ 동작

① 시작 스위치를 누른다.

② 세탁과정에서는 모터가 좌로 5회전 우로 5회전 동작을 20회 반복한다.

③ 탈수 동작에서는 1분간 모터가 우로 회전한다.

④ 건조과정에서는 전동기가 우로 회전하면서 열선이 ON 되는 동작을 1분간 진행한다.

⑤ 건조 동작이 되면 모든 동작을 완료하고 완료 표시등을 점등하고 부저를 2초간 울린다.

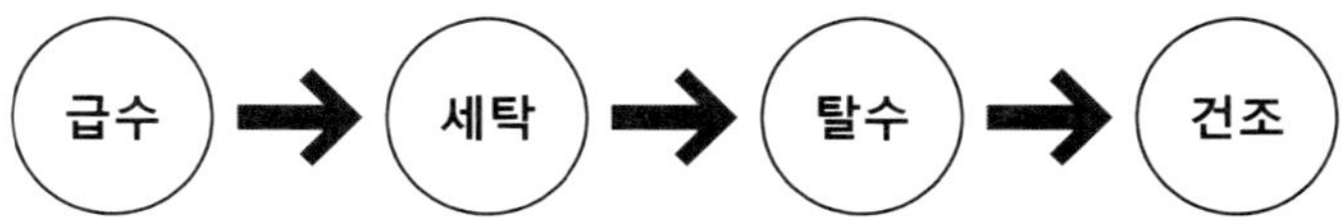

문제6. 간이 세탁기 동작 시퀀스

실험순서

① 입출력 지정표를 작성한다.

구분	간접변수명	입출력 포트	비고
입력			
출력			

② 래더 다이어그램을 작성한다.

③ 입출력 지정표와 래더 다이어그램을 보고 PLC 결선도를 작성한다.

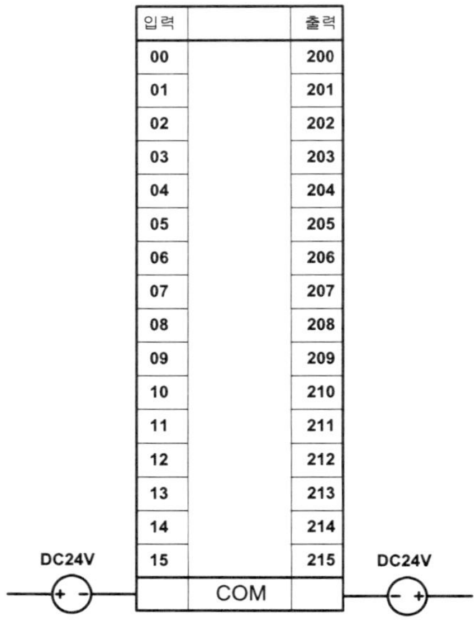

전동기구동 회로(1)

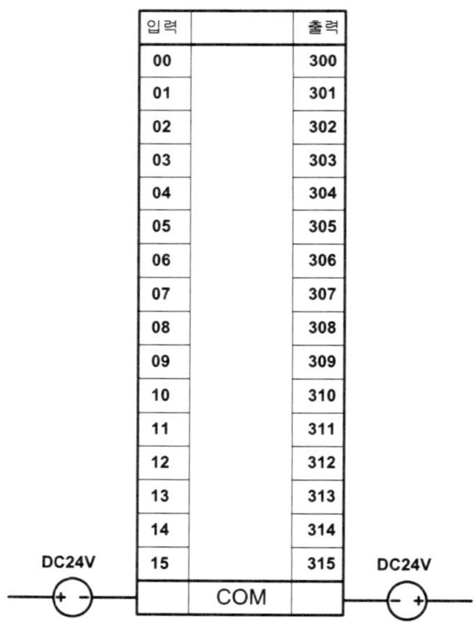

전동기구동 회로(2)

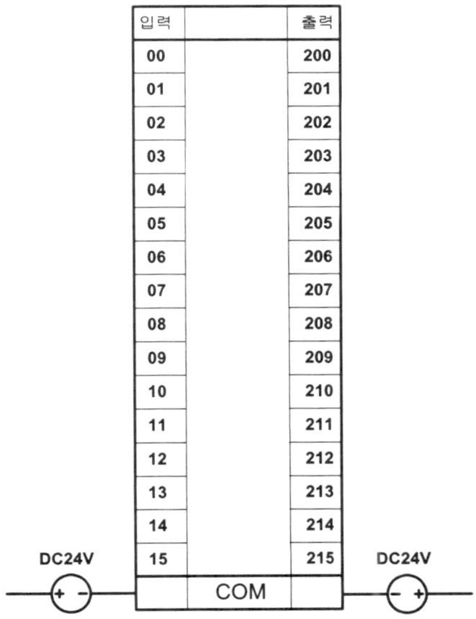

입출력 회로(스위치 및 램프)

④ PLC 결선도를 이용하여 트레이닝 키트의 입출력 장치를 연결한다.

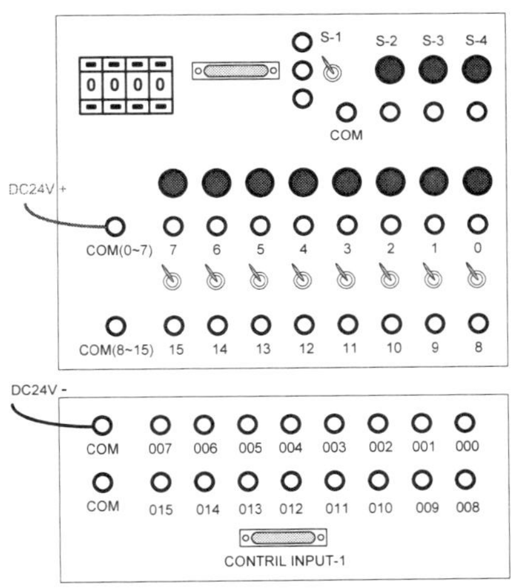

(a) 입력회로 연결

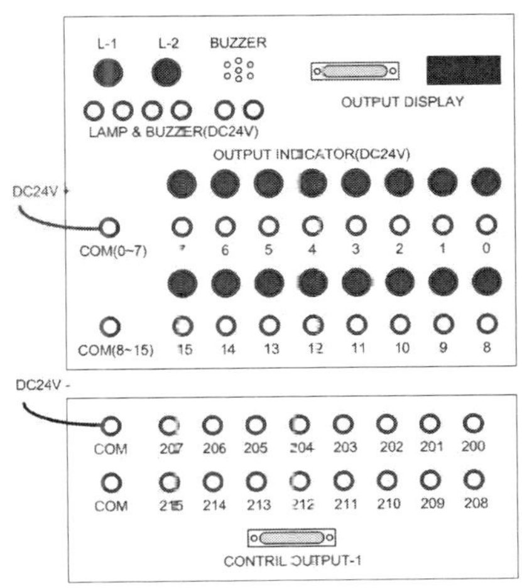

(b) 출력회로 연결

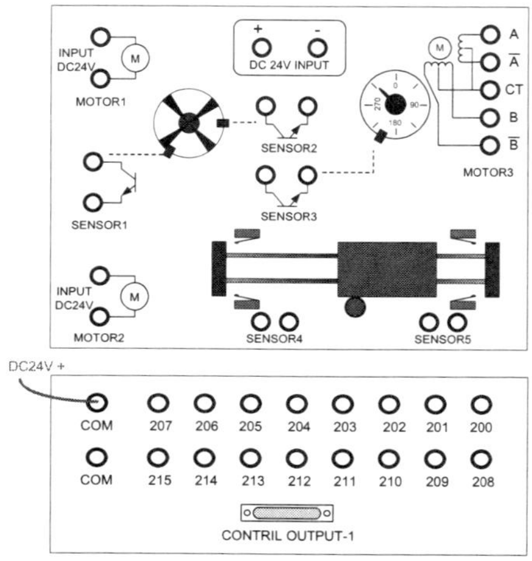

(c) 전동기 구동부(1)

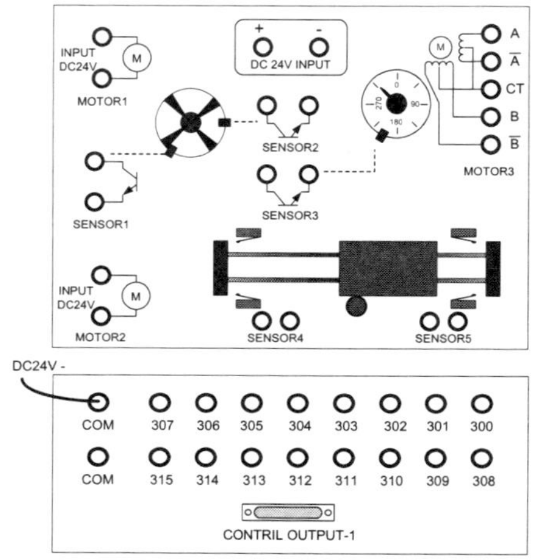

(d) 전동기 구동부(2)

⑤ 프로그램을 입력한다.

⑥ 프로그램을 실행시키고 동작을 확인한다.

문제7 자동차고 문 제어

자동차고 문 제어 장치를 PLC를 이용하여 구현한다.

■ 동작

1) 차고 진입동작

① 차가 차고 앞에 도착하면 적외선 센서를 이용하여 검출하여 차고의 문이 자동으로 개방된다.

② 차가 차고에 완전히 진입할 때까지 차고의 문은 닫히지 않는다.

③ 차가 차고에 완전히 진입하면 차고의 내부등이 자동으로 점등하고 차고의 문은 자동으로 닫힌다.

④ 차량 진입 완료시 까지 비상등이 점등된다.

2) 출차 동작

⑤ 차고 내부의 스위치를 누르면 차고의 문이 개방된다.

⑥ 차가 완전히 출차 될 때까지 차고의 문은 개방 상태를 유지한다.

⑦ 차고로부터 차가 완전히 출차 되면 차고의 문은 자동으로 닫힌다.

⑧ 차량 출차 완료시까지 비상등이 점등된다.

실험순서

① 입출력 지정표를 작성한다.

구분	간접변수명	입출력 포트	비고
입력			적외선 센서
			차량 진입 및 출차 완료 센서
			차고 문 상한센서
			차고 문 하한센서
			차고 내부 스위치
출력			차고문 구동 전동기 (정회전1)
			차고문 구동 전동기 (정회전2)
			차고문 구동 전동기 (역회전1)
			차고문 구동 전동기 (역회전2)
			내부등
			차량 진출입용 비상등

② 래더 다이어그램을 작성한다.

③ 입출력 지정표와 래더 다이어그램을 보고 PLC 결선도를 작성한다.

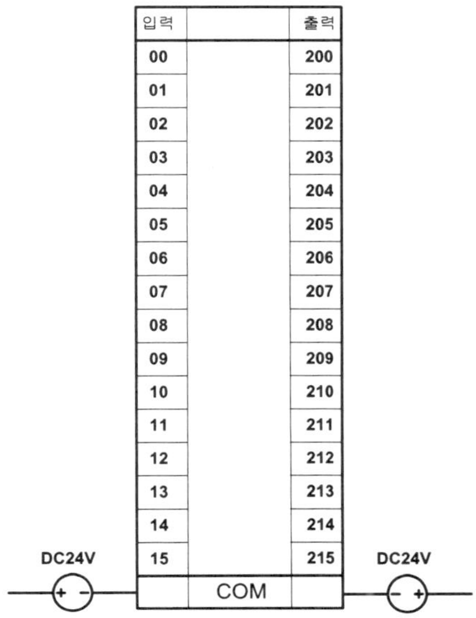

전동기구동 회로(1)

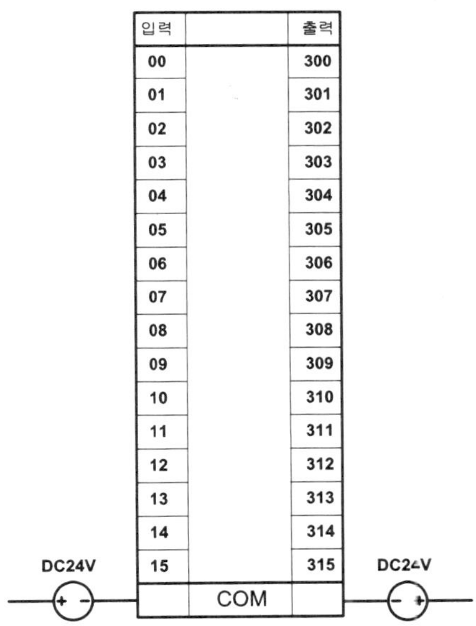

전동기구동 회로(2)

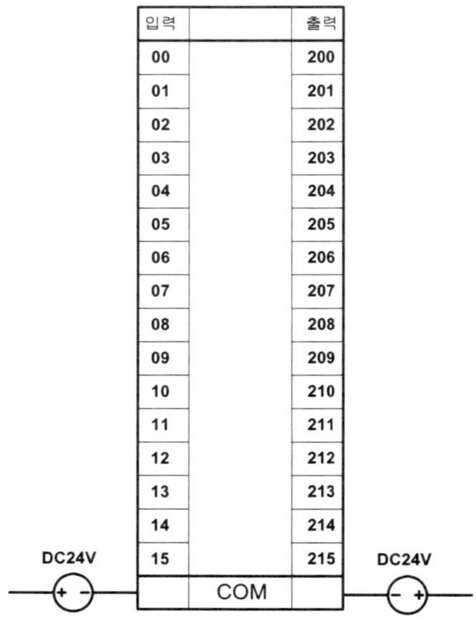

입출력 회로(스위치, 센서 및 램프)

④ PLC 결선도를 이용하여 트레이닝 키트의 입출력 장치를 연결한다.

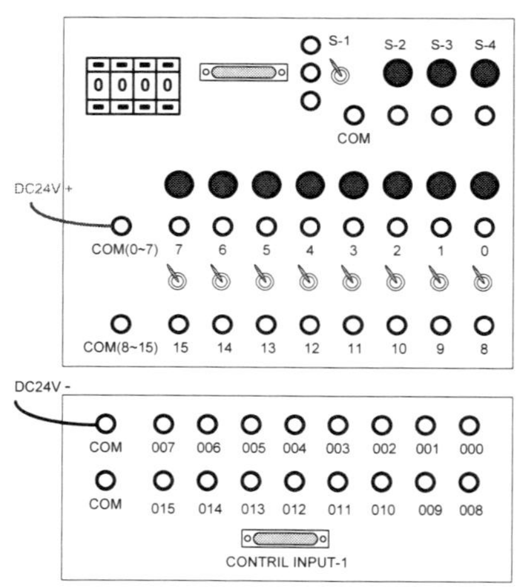

(a) 입력회로 연결

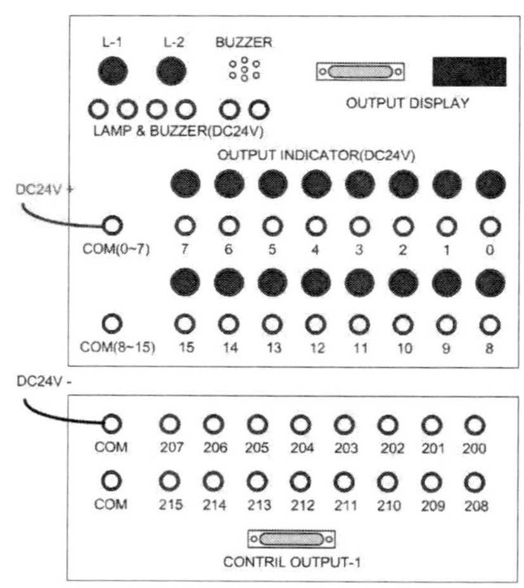

(b) 출력회로 연결

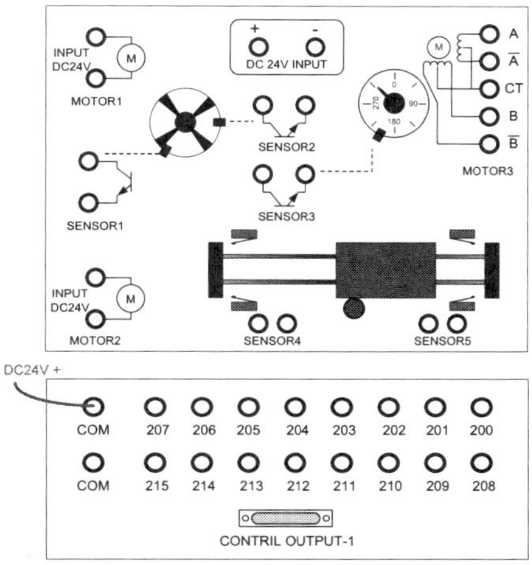

(c) 전동기 구동부(1)

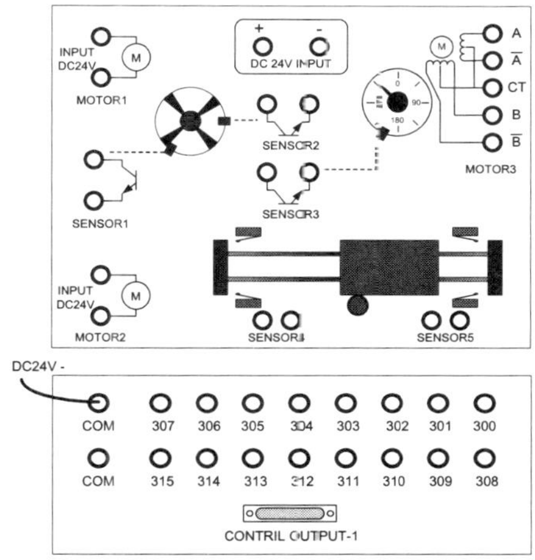

(d) 전동기 구동부(2)

⑤ 프로그램을 입력한다.

⑥ 프로그램을 실행시키고 동작을 확인한다.

문제8 간이 승강기 제어

3개 층을 운행하는 간이 승강기를 PLC를 이용하여 구현한다.

■ 동작

① 외부 호출 스위치를 누르면 승강기가 구동하고 해당 층에 도달하면 층 표시램프가 점등된다.

② 승강기 내부 스위치를 누르면 해당 층으로 이동하고 층 표시 램프가 점등된다.

③ 승강기 내부 스위치는 동시에 2개 이상의 스위치가 동작하지 않는다.

실험순서

① 입출력 지정표를 작성한다.

구분	간접변수명	입출력 포트	비고
입력			1층 외부 스위치
			2층 외부 스위치
			3층 외부 스위치
			내부 스위치1
			내부 스위치2
			내부 스위치3
출력			1층 표시램프
			2층 표시램프
			3층 표시램프

② 래더 다이어그램을 작성한다.

③ 입출력 지정표와 래더 다이어그램을 보고 PLC 결선도를 작성한다.

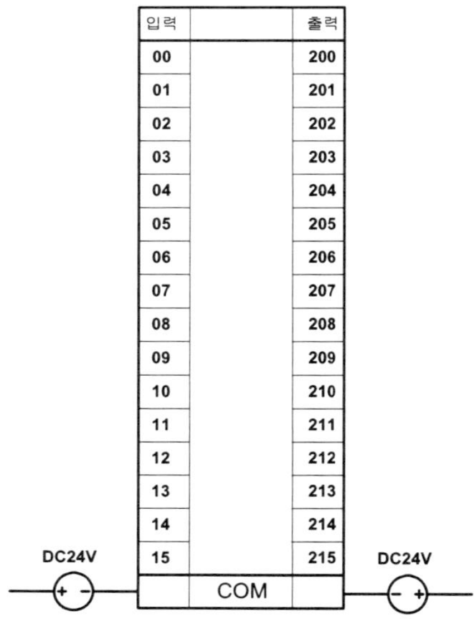

전동기구동 회로(1)

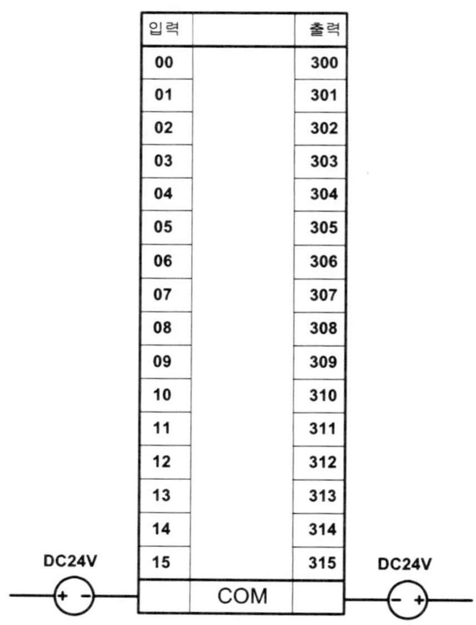

전동기구동 회로(2)

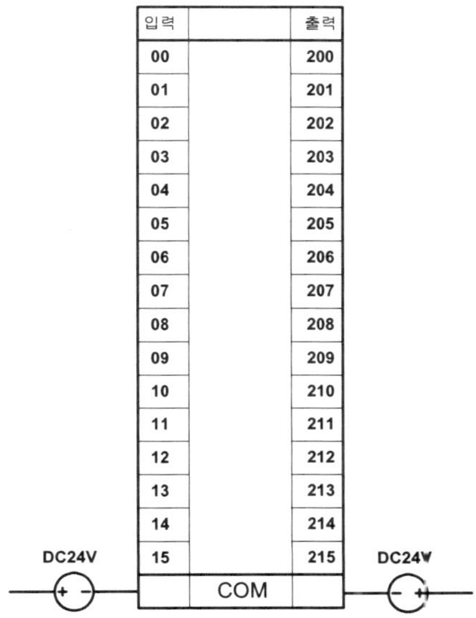

입출력 회로(스위치 및 램프)

④ PLC 결선도를 이용하여 트레이닝 키트의 입출력 장치를 연결한다.

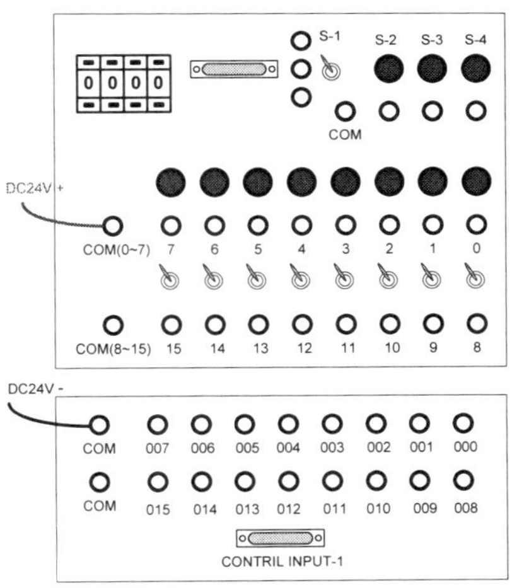

(a) 입력회로 연결

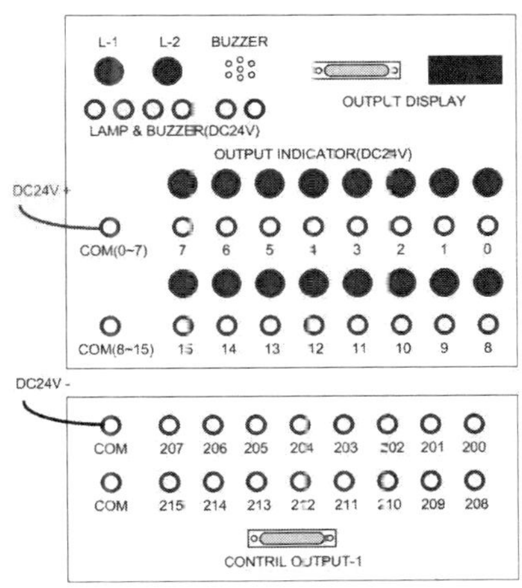

(b) 출력회로 연결(램프)

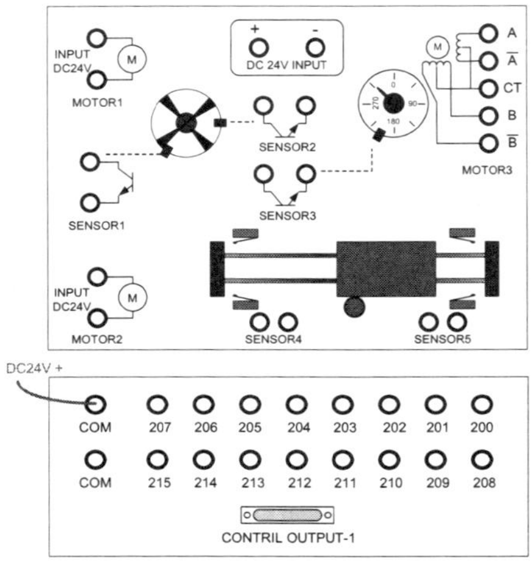

(c) 전동기 구동부(1)

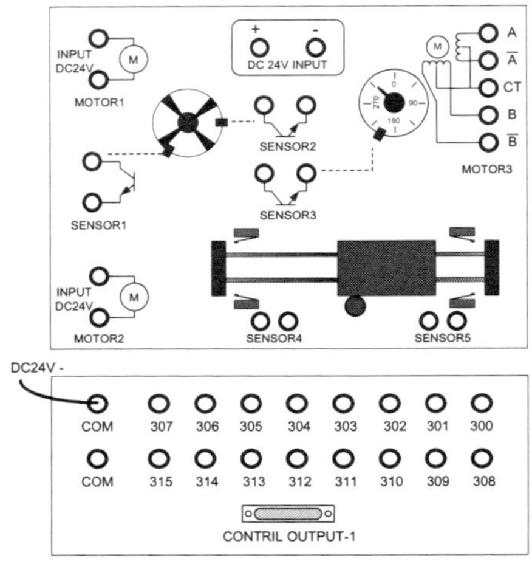

(d) 전동기 구동부(2)

⑤ 프로그램을 입력한다.

⑥ 프로그램을 실행시키고 동작을 확인한다.

저자와의
협의에 의해
인지 생략

PLC GLOFA-GM을 이용한 기초 및 응용

1판 5쇄 2022년 1월 10일

저 자 김세찬
발행인 송광헌
발행처 복두출판사
주 소 서울특별시 영등포구 경인로82길 3-4
센터플러스 807호 (우) 07371
전 화 (02) 2164-2580
FAX (02) 2164-2584
등 록 1993. 11. 22. 제 10-902 호

정가 : 18,000원
ISBN : 978-89-8000-162-0 93560

한국과학기술출판협회 회원사